교양으로 읽는
수의학 이야기

양일석 · 한호재 · 이명헌

박영
story

정년으로 학교를 떠난 지 벌써 15년에 이르렀다. 재직 중에는 수의생리학을 강의하고 연구하였으나, 십여 년 전 충남대학교 수의과대학의 요청으로 '수의역사학' 강좌를 맡았을 때 우리나라 수의학의 역사와 수의사의 역할, 활동 및 윤리 등을 소개하는 개론서가 있으면 좋겠다는 생각을 하게 되었다.

수의학은 의학을 근간으로 발달하였으며 놀라울 정도로 다양한 세부 분야가 연구되고 있다. 반려동물과 농장동물은 물론, 실험동물, 야생동물, 수생생물의학, 양봉학 등을 아우르며, 인수공통감염병을 포함한 공중보건에도 기여한다. 이러한 현실을 반영하여 이 책에는 각각의 여러 분야에 대한 설명을 간략하게 다루고 있다. 그동안 교직생활을 하며 정리해 두었던 글, 대한수의사회지를 비롯한 여러 곳에 기고한 글을 다듬어 수록하는 한편 두 분의 후학과 손잡고 이 책을 완성하도록 노력하였다.

제1편 수의학의 발자취에서는 동서양의 초기 수의술과 한국, 미국, 일본 및 북한 수의학을 비교적 관점에서 간단히 소개하였다. 제2편 동물 이야기에서는 동물의 가축화 과정과 농장, 반려, 야생동물들의 특성과 주요 질병 등을 다루었다. 제3편 수의사의 활동 영역에서는 임상, 공직, 기업, 수의 관련 기관, 단체 및 국제활동에 대해서 정리하였다.

마지막으로 제4편 수의윤리 특수성과 사례에서는 수의사 역량과 수의윤리, 수의의료 윤리준칙 및 수의윤리의 특수성과 딜레마 및 사례 등을 소개하였다. 그리고 부록에서는 주제에서 다루지 못한 현대 수의학교육의 태동기 이야기, 축산물의 위생, 생산, 살처분, 대체육 그리고 먹거리에서 축산의 중요성을 살펴보았다.

수의대생들이 우리나라 수의학과 수의학교육의 역사를 더 잘 이해하여 더 큰 미래를 열어 가기를 바라는 마음으로 이 책의 집필을 시작하였으나, 수의대생들뿐 아니라 수의학 진학을 희망하는 예비 수의대생들은 물론, 동물이나 수의학에 관심있는 일반 독자들에게도 도움이 되기를 기원해본다.

끝으로, 수정 및 보완 작업에 도움을 준 서울대학교 수의과대학 대학원생들(임재룡, 윤지현, 조지현, 박지용, 장한승, 한수종, 김수열, 김하진, 이승규, 문세진, 윤종화)과 이 책이 나오기까지 힘써 주신 박영사 관계자분들께 감사의 인사를 전한다.

2025년 2월

양 일 석

Contents

교양으로 읽는 수의학 이야기

제1편
수의학의 발자취

Contents

교양으로 읽는 수의학 이야기

제2편
동물 이야기

Contents

제3편
수의사의
활동 영역

제4편
수의윤리
특수성과 사례

Contents

교양으로 읽는 수의학 이야기

제4편
수의윤리
특수성과 사례

부 록

제1편
수의학의 발자취

교양으로 읽는 수의학 이야기

I. 동양과 서양의 초기 수의술

동양과 서양의 초기 의학을 비교하면, 동양의학은 철학적이고 포괄적이며 경험적 사고를 중시한 반면, 서양의학은 과학적이고 분석적 사고를 강조해 왔다. 그래서 동양에서는 음양오행설에 기반한 치료법을 발전시킨 반면, 서양에서는 사체액설을 바탕으로 출발하였으나 현미경의 발명과 더불어 과학적 교육을 바탕으로 현재는 분자 수준의 치료까지 이르고 있다.

초기 의학적 기록은 다양한 방법으로 남아있다. 동양에서는 거북이 배딱지(복갑, 腹甲)나 등딱지(배갑, 背甲)를, 서양에서는 찰흙이나 점토판을 활용하였다. 특히, 파피루스(papyrus)는 종이(paper)의 어원이라 불릴 정도로 중요한 기록 매체였는데, 이들 파피루스는 나일강 습지에서 자라는 식물의 속줄기를 얇게 쪼개어 만든 것이다. 이것은 우리의 선조들이 닥나무 껍질로 한지(韓紙)를 만든 방식과 유사하다. 이 무렵 동양에서는 종이 대신 비단을 사용했으며, 서양에서는 양피지를 사용하였으나, 이들은 매우 비싸 대중적으로 사용되지는 못했다. 종이는 중국에서 서기 105년 채륜에 의해 발명되어 비단을 대체하였고, 12세기 무렵 유럽으로 전해졌다.

B.C. 2,000년경 기록된 카훈(kahun) 파피루스는 부인과학과 수의학에 대한 내용을 담고 있으며, 현재 런던 박물관에 소장되어 있다. 이 파피루스에는 세 가지 소(牛) 질병에 관한 기록이 남아 있는데, 각 질병에 대해 질병명, 증상, 경과, 치료, 예후, 진행, 검사, 추가적인 치료법 등이 기술되어 있다. 예를 들어, 황소가 벌레로 인해 전신이 떨리고 몸이 굳어져 발작을 일으키는 경우, 당시 수의사는 주문을 외우고 관장을 실시한 후, 화농성 물질을 손으로 제거하는 방법을 사용했다. 또 다른 사례로, 황소가 고열과 호흡곤란을 보이며, 아래턱이 커지고 잇몸에 염증이 생긴 경우 수의사는 주문을 외우며 소를 안정시키면서 방향성 추출물을 눈, 가슴, 복부, 사지에 바르고, 소를 찬물로 목욕시켜 몸을 식혔다. 마지막으로 소의 코와 꼬리를 일부 절개하여 사혈시키기도 하였다.

B.C. 175년경 함무라비 법전은 사람뿐만 아니라 동물에 대한 의료행위도 규정하고 있으며, 현재 루브르 박물관에 소장되어 있다. 이 법전은 '어떤 사람이 다른 사람의 눈을 멀게 했다면 그 자신의 눈알을 뺄 것이다.' 즉, '눈에는 눈, 이에는 이'라는 조문

수의학의 발자취
동물 이야기
수의사의 활동 영역
수의윤리 특수성과 사례
부록

으로 유명하며, 총 282조로 구성되어 있다. 이 중 제215조부터 제233조까지는 사람에 대한 의료행위를, 제224조와 제225조는 소와 당나귀에 대한 의료행위를 다루고 있다. 제224조에 따르면, 수의사가 수술을 통해 동물을 치료하면, 소나 당나귀의 주인은 수의사에게 치료비로 1/6 세켈(바빌로니아의 화폐단위)을 지불해야 한다. 반면, 제225조에서는 만약 수술을 통해 동물이 죽으면, 의사는 소나 당나귀의 주인에게 동물 가격의 1/4을 지불해야 한다는 규정이 있다[1]. 이 규정은 수의사에게 치료의 성공뿐만 아니라 실패에 대한 책임도 부여한 것으로, 당시의 법적 체계가 의료 행위에 대한 윤리적 기준을 중요하게 여겼음을 보여준다. 또한 구약성경 출애굽기에서도 유사한 규정이 등장한다. "이 사람의 소가 저 사람의 소를 받아 죽이면 살아있는 소를 팔아 그 값을 반분하고 죽은 것도 반분하려니와"라는 내용은 소에 대한 사고 시 책임을 공평하게 나누는 원칙을 제시하고 있다.

동양의학에는 중국의학(침술, 약초), 티베트의학, 인도의학(아유르베다)이 포함된다. 이들 중 중국문화권이 상대적으로 더 발달하였기에, 중국의학이 동양의학의 대표적인 의학으로 자리 잡았다. 이 개념은 전통수의학 EVM(Ethnoveterinary Medicine)에서도 사용한다. 한편, 일본에서는 메이지 시대에 한(漢)의사들의 활동은 허용하였으나, 한의학(漢醫學) 교육을 금지했다. 이로 인해 일본뿐만 아니라 일제강점기 동안 우리나라에서도 한의학(漢醫學) 교육이 중단되었다. 우리나라에서는 대한제국 시기에 처음으로 '한의학(韓醫學)'이라는 용어가 사용되었지만, 일제강점기에는 '한의학(漢醫學)'으로 바뀌었다가, 1986년에 다시 '한의학(韓醫學)'이라는 명칭을 사용하게 되었다.

수의학에서 사용하는 '수(獸)'는 넓은 의미로 '금(禽, 날짐승)'과 '수(獸, 짐승)'를 아우르는 용어다. 좁은 의미로는 두 발과 날개를 가진 동물을 '금(禽)'이라고 하며, 네 발과 털을 가진 동물을 '수(獸)'라고 구분한다. 한편, '축자(畜字)'는 넓은 의미에서 소, 말, 돼지, 개와 같은 네발 동물뿐만 아니라 닭과 오리 같은 가금류도 포함한다. '축(畜)'이라는 한자는 현(玄)과 전(田)을 합친 것으로 '검은 밭'이라는 뜻을 지니며, 과거 농사에 적합하지 않은 습지를 목초지로 사용했던 역사적 배경에서 유래했다. '축산(畜産)'이라는 표현은 일본에서 유래했지만, 대한제국 시기에 우리말로 사용된 용어이다. 반면, 중국에서는 '축목(畜牧)' 또는 '목축(牧畜)'이라는 용어가, 조선시대에는 '목양(牧養)'이라는 표현이 사용되었다. 과거에는 '산업동물'이라는 용어가 사용되었지만, 오늘날에는 '농장동물(farm animal)'이라는 표현이 더 일반적으로 쓰이고 있다. 또한, 일제강접기부터 1960년대까지 사용되었던 '가축병원'이라는 용어는 이제 '동물병원'으로 정착되었다.

중국 역사에서 300년 이상 지속된 왕조는 오직 주(周)나라 뿐이며, 무려 790년 동안 지속된 왕조(B.C. 1046년경~B.C. 256년경)이다. 주나라의 무왕은 왕조를 세운 후 다양한 문물과 관제를 제도화했으며, 그중 의(醫)학 분야도 체계적으로 발달하였다. 이때 의학은 네 가지로 나뉘었는데, 질병을 치료하는 질의(疾醫, 내과), 종기나 상처를 치료하는 양의(瘍醫, 외과), 식이요법과 위생을 담당하는 식의(食醫), 그리고 동물을 치료하는 수의(獸醫)이다. 이렇게 수의학은 의학의 한 분야로 제도화되었고, 가축의 질병을 치료하는 전문 분야로 발전했다.

3,000년 전부터 시작된 수의술은 특히 말과 소를 치료하는 데 중점을 두었으며, 수의서적도 이들을 중심으로 기술되었다. 말은 가축화 과정에서 비교적 늦게 가축이 되었지만, 그 유용성 때문에 가장 먼저 치료의 대상으로 여겨졌다. 조선 인조 시대에 장유는 "기르는 짐승 가운데 말만큼 소중한 것이 없으며 그 쓰임이 크다"라며 말의 중요성을 강조했다. 각 나라에서 마정(馬政, 말 정책)을 중요하게 여긴 것도 이 때문이다. 말의 질병을 치료하는 사람을 수마(獸馬)라고 불렀으며, 나중에는 마의(馬醫) 또는 마사(馬師)라는 용어로 발전했다. 오늘날 우리가 사용하는 '수의사'라는 용어는 2,500년 전 주나라에서 군사용 말의 질병을 담당했던 관직인 '수의(獸醫)'에서 유래했다. 삼황오제(三皇五帝) 시대에 마사황(馬師皇)이라는 사람이 있었다. 그는 말의 병을 잘 치료하여 황제의 마사(馬師, 말 관리사)가 되었다고 전해진다. 당시 사람들은 마사황을 두고 "마사황은 황제의 성사(聖師)로, 태어나면서부터 통달하였고, 자라서는 신령(神靈)을 통하여 마우(馬牛, 말과 소)의 감정을 잘 파악하였으며, 진맥을 통해 오장(五臟)의 허와 실을 꿰뚫었다"라고 평가했다. 마사황은 중국 수의술의 시조로 여겨지며, 수의술뿐만 아니라 상마술(相馬術, 말의 좋고 나쁨을 구분하는 것)에도 능했다고 전해진다.

진(秦, B.C. 900년경~B.C. 206년경)나라의 목공(穆公) 시대에는 마사황을 계승한 인물로 백락(伯樂)이란 사람이 있었다. 백락의 본명은 손양(孫陽)이었으나, 말부림(馭馬, 말을 다루는 기술)과 준마(駿馬, 명마)와 노마(駑馬, 평범한 말)를 구별하는 안목이 뛰어나 '백락'이라는 별칭을 얻었다. 그는 백 번 말을 골라도 모두 명마(名馬)를 선별할 정도로 특출난 능력을 지녔다. 또한, 백락은 의술에도 뛰어나, 고대 중국 의성(醫聖)으로 불리던 편작이나 화타와 함께 의술의 대가로 여겨졌다. 이처럼 고대 한방 수의학의 기원은 황제와 마사황의 수의술에 대한 문답에서 비롯되었으며, 이는 황제소문(黃帝素問)에도 나타나 있다. 이러한 중국의 수의술은 우리나라로 전파되었고, 이후 일본으로 전해졌다.

초기 단계에서는 서양에 크게 뒤지지 않았지만, 동양의 음양오행설은 해부학적 지식이 부족했기 때문에 한계가 있었다. 이는 서양의 사체액설(四體液說)과 비슷한 위치에 있었는데, 이는 히포크라테스(B.C. 460년경~B.C. 370년경) 시대부터 약 2,000년간 서양의학의 중심이었다. 사체액설에 따르면, 몸의 균형이 깨지면 병이 생긴다고 여겼고 이를 바로잡는 것이 치료의 목표였다. 그러나, 모르가니가 장기(organ)의 중요성을 강조하고 비샤가 막(membrane)의 역할을 주장하면서, 치료의 초점이 몸 전체에서 특정 장기나 막으로 국소화되기 시작했다.

서양에서도 중세에 이르기까지 사후 사람의 몸에 칼을 대는 것이 금지되어 의학 발전이 더뎠다. 그러나 부검(autopsy)이 허용되면서 병리학이 발달하고, 결국 사체액설은 폐기되었으며, 병의 원인이 장기나 세포, 막, 분자 수준으로 옮겨갔다. 동양에서는 유교사상이 깊게 뿌리내려 있었기 때문에 부검은 거의 불가능했다. 유교의 사상에 따르면, 죽은 사람의 신체는 온전해야 한다고 여겨졌기 때문이다. 이러한 전통은 현대에도 남아 있어, 일부 유족들은 부검을 하면 '두 번 죽는다'는 생각 때문에 부검을 반대하고 화장을 선택하는 경우를 볼 수 있다. 이 장에서는 한국, 미국, 일본, 북한 수의학의 연원과 발자취에 대해서 이야기 해 보고자 한다.

II. 한국 수의학

수의(獸醫)는 중국 주(周)나라 때의 직제(職制)를 기록한 『주례(周禮)』의 천관편(天官篇)에 식의(食醫), 질의(疾醫), 양의(瘍醫), 수의(獸醫) 등 제도적으로 4과(科)를 두고 있어, 수의가 서기 전부터 중국에 있었으며 짐승들의 병을 전문적으로 치료하였음을 알 수 있다. 우리나라는 상고시대부터 육식이 왕성하였고 전쟁에 필요한 군마도 중요하게 여겨왔기에 수의사의 존재는 삼국시대부터 있었을 것으로 추정된다. 문헌상으로 수의사의 존재는 1388년(우왕 14년) 8월에 조준(趙俊)이 시무를 진술하는 중, 사복시에 수의 5인과 구사(驅使) 30인을 두고 나머지는 혁파하라는 기록에서 수의사가 사복시에 소속되어 있음을 확인할 수 있다. 조선시대에는 사복시에 소속된 잡직 중에 마의(馬醫)가 있어 이들이 가축도 돌보는 수의사의 역할을 담당하였을 것으로 추측된다. 농림행정이 중앙의 한 부처 업무로 자리 잡은 것은 갑오개혁(1894년 7월~1896년 2월) 이후이다. 이때 농상아문이 중앙부처 8개(내무, 외무, 탁지, 법무, 학무, 공무, 군무, 농상 <農商>)분야의 하나로 자리매김 하였다. 농상아문 소관으로 뚝섬에 1906년 농상공학교가 설립되었는데, 다음 해인 1907년 '농'을 분리하여 수원으로 이전하여 1908년 4월 입학 자격이 보통학교 졸업이고 수업연한이 2년인 수원농림학교를 설립하였다. 이때 수업연한 1년의 수의속성과가 문을 열었으나 다음 해인 1909년 3월에 20명의 졸업생을 배출하고 폐지되었다. 수원농림학교는 1910년 3년제로 되었다가 1918년 5년제 중학교 졸업 후 입학하는 수원농림전문학교(이 학교는 1922년부터 1943년까지는 고등농림학교라 하였다)로 발전하였다. 한편 수의속성과 폐지로 20년 동안 중단된 수의학교육은 1931년 보통 학교 졸업 후 입학이 가능한 이리농림학교에 수의축산과(수업연한 5년)가 신설되었고, 1937년에는 수원고등농림학교(수원농림전문학교로 개칭)에 수의축산학과가 신설되었다.

　2차대전의 종료와 함께 일제강점기가 마감되고 시작된 미 군정기에서는 12년 교육 후 입학하는 4년제 대학이 설립되었다. 이에 발맞추어 수의학교육은 수의와 축산이 분리되어 수의는 서울로 이전하게 된다. 한편 지방에는 농과대학 수의학과가 신설되어 1973년에는 8개 대학에서 수의학교육이 실시되었다. 이러한 수업연한 4년의 수의학교육은 입학년도 기준으로 1947~1997년까지 실시되었고 1998년부터는 10개 대학에서 수업연한 6년의 수의학교육이 실시되고 있다. 이 장에서는 이와 같은 우리나라 수의학교육의 연원과 변천에 대해서 기술하고자 한다.

1. 한국 수의학의 연원과 변천

　고대 한반도는 고고학적으로 동유럽에서 시베리아와 연해주(沿海州)를 거쳐 한반도 북부에 영향을 미쳤으며, 유목 타석기(打石器) 문화와 한민족의 농경(農耕) 문화 두 계통으로 요약된다. 전자는 유동적인 유목 생활로, 후자인 농경 문화보다 선행되었다 (B.C. 300년경). 하지만 북방계 종족이 한반도 북부에 이동해 왔을 때 지나(支那)북부 한민

족(漢民族) 농경 문화의 영향으로 유목 생활에서 이탈하였다.[2]

농경 문화적 사회형태를 발전시켜 나가던 무렵 B.C. 108년경에 한반도의 심장부인 평양에 한사군(漢四郡) 설치는 한국문화 역사의 새 지평을 열었다. 이때 한반도는 아직 석기시대였고 일부 금석(金石) 병용을 하는 시기였으나, 한사군 설치로 한나라의 선진 철기(鐵器) 문명을 통한 철기문화의 확산이 한반도에 새로운 역사를 마련했다.

고대 한반도와 중국 대륙과의 교섭은 일찍이 주(周)시대 말엽(B.C. 250년경)부터 있었기 때문에 다소 영향이 있었으리라 추측되지만, 문화적 접촉은 한나라 때부터이므로 한의술도 이 시대를 계기로 유입되어 낙랑(樂浪)을 중심으로 국내에 넓게 영향을 미쳤다. 그러나 한반도 의학의 근원이 된 한의학의 문헌적 수입은 삼국시대 이후로, 한의학이 한반도 전역에 걸쳐 체계적 그리고 본격적으로 영향을 끼치고 발전된 것은 역시 삼국시대 중기 이후로 보며, 이 시기에 이르러 약물치료와 침술 치료(물리치료) 등의 기술이 전파되었다. 그 시대 낙랑 고분 출토품 중 마구(馬具), 거축류(車軸類), 비(轡) 등 말에 관한 금속 유물이 있었는데, 이는 고도(高度)의 말 이용 기술이 존재했음을 증명한다. 그러므로 수의학 분야 역시 한나라로부터 수입한 술법이 그대로 응용됨에 따라 사방으로 영향을 주었을 것이다.

1) 삼국시대

밖으로는 북방 이민족들의 위협을 받고, 국내에서는 고구려(B.C. 37년~A.D. 668년), 백제(B.C. 18년~A.D. 660년), 신라(B.C. 57년~A.D. 935년) 사이의 불화가 계속되어 말의 중요성은 상당하였을 것이다. 당시 말과 소는 각각 국방과 농경에서 도시와 지방(농촌)의 운송 수단으로써 국가에서 체계적으로 관리되었다. 정확히 언제 우경(牛耕)이 시작되었는지 알 수 없으나, 철기 농기구가 보편화된 철기 시대부터 시작한 것으로 추정된다. 우리나라에서는 '신라 지증왕 3년(502년)에 우경을 장려함'이라는 기록이 있으며, 실제로도 삼국시대에 소 발자국이 발견되기도 해서 철기가 보편화된 원삼국시대(原三國時代)에 행해져 늦어도 삼국시대에 보편화된 것으로 추정된다. 이후 고려와 조선을 지나 현대에 경운기가 소를 대신할 때까지 소는 전국 곳곳에서 보편적으로 사용되었다.

삼국사기(三國史記)의 기록에 백제의 관제 중 악부(樂部), 목부(木部) 등과 더불어 마부(馬部)를 독립 부서로 한 기록이 있으나, 마부(馬部)에 대한 자세한 기록은 없다. 우리의 기록에는 찾기 어렵지만, 일본서기(日本書紀)는 '백제 근초고왕(近肖古王) 51년(284년)에 백제왕이 아직기(阿直岐; 근초고왕 때 왜(倭)로 건너간 백제 사신)를 보내어 일본에 양마(良馬) 2필을 보내 말을 사육하게 하고, 사육 공간을 구판(廐坂, 말 기르는 곳)이라고 부르게 하였다'라고 기록하고 있다. 아직기는 일본서기에 실린 것과 같이 경전에도 능하므로 일본 우지노와키이라치코(菟道稚郎子) 태자의 스승이 되었고, 천황이 아직기에게 "혹 너보다 뛰어난 박사가 또 있느냐?"라고 물으니, "왕인(王仁)이라는 분이 있는데 훌륭합니다."라고 대답하였기에 백제에 사람을 보내어 왕인을 초빙하였다고 한다(일본서기에는 백제가 아직기를 통하여 말을 조공으로 바친 것으로 기록되어 있으나 문화가 앞선 나라가 뒤진 나라에 조공을 바친 것은 있을 수 없는 왜곡의 표현일 것이다).

의학에 있어서 오(吳)나라 사람 지총(知總)이 고구려를 거쳐(얼마나 체류하였는지는 명확하지 않다) 고구려 평원왕 3년(561년) 내외전약서(內外典藥書), 명당도(明堂圖; 경혈도, 경락도와 같은 의미로, '인체의 명당 자리에 침을 놓는다'하여 붙여진 이름) 등 164점을 가지고 일본으로 건너가 활동하다 일본에 귀화하였다. 더욱이 지총은 의약 관계뿐만 아니라 일본에 우유 음용법을 전하였다는 기록이 있다. 약 30년 후 고구려 영양왕(瓔陽王) 6년(595년)에 고구려의 승 혜자(惠慈)가 일본에 건너가 불교를 홍보한 것이 일본서기에 적혀 있는데, 일본 쇼토쿠(聖德) 태자가 그의 신하인 다치바나(橘猪彌)에게 명하여 혜자로부터 요마술법(療馬術法)을 배워 그 후 대대로 그 술법을 전하게 하였다. 이러한 말 치료법을 '타이시류(太子流)'라 부르게 되었고, 이것이 일본 수의(獸醫) 시초라 기록하고 있다. 이 무렵 일본의 법흥사가 준공(596년)되었고 백제에서 건너간 혜총(惠聰) 역시 그곳에서 지냈다. 고구려의 승려이자 화가인 담징도 이 무렵에 건너가 법륭사의 금당 벽화를 남겼다.

신라는 삼국 중 지리적으로 일본과 가장 가까웠으나 군사적 대립(왜구의 활동)이 잦아 오히려 문화 교류가 활발하지 못하였다. 그럼에도 신라는 조선술(배 만드는 기술), 축제술(저수지 쌓는 기술), 도자기 만드는 기술과 의약·불상 등을 전파하여 일본 문화의 발달을 가져왔다. 따라서 삼국시대에 일본으로 전수되어 일본 수의학 창시에 공헌했던 고구려 수의학은 백제와 신라에 전파되고 다시 통일 신라를 거쳐 고려로 그 전통이 계승되었을 것이다.

석기시대로부터 신라시대까지 우리나라의 말(馬)은 과하마(果下馬), 삼척마(三尺馬)라고 하였다. 이는 과수나무 밑을 지나갈 수 있을 만한 작은 말이라는 표현으로, 나귀

그림 1-1 전장에 출전하는 말의 머리를 보호하기 위하여 말의 머리에 씌운 마면갑(가야시대). 국립김해박물관 소장

와 비슷한 왜소한 품종의 말로 향마(鄕馬) 또는 조랑말이라 하여 우리나라 고유의 말을 일컬어 왔다. 이에 비하여 호마(胡馬)는 북쪽에서 여진, 몽골을 비롯한 북방지방의 말이 우리나라에 유입된 것이다.

김해패총을 비롯하여 평양 시외의 미림리 유적(석기시대), 경기도 광주군 암사리(현 서울 강동구 암사동 금석병용기시대) 유적, 점촌유적, 함경북도 경흥군 웅기리 송평동 패총(석기시대)에서 말의 치아, 골격의 파편 등이 발견됨으로써 말의 사육은 한반도 내에서도 석기시대부터 시작됐다는 것을 알 수 있다[3]. 또한, 전쟁에 출전하는 말의 머리를 보호하기 위하여 말의 머리에 씌운 마면갑(馬面甲)(그림 1-1)이 김해 등에서 발견되는 것으로 보아 가야 시대 초기부터 전쟁에 말은 물론 그 보호 장비가 사용되었음을 알 수 있다.

2) 고려시대

고려 초기는 태조 왕건으로부터 목종(穆宗)의 말년까지 이르는 7대 92년간을 말한다. 이 시기 의학은 당(唐)의 제도를 기초로 한 신라 의학 지식을 바탕으로 하고, 신라시대에 사용하지 않았던 의업(醫業)의 과거제도를 실시하였다. 고려사(高麗史) 백관지(百官志)〈지(志)26〉에 기록을 보면 "고려 태조가 개국의 처음에 일이 많은지라 이에 신라의 구제(舊制)를 사용하였다."는 기록이 있으며, 기록 속에 의업의 직명은 태의감(太醫監), 상약(尙藥), 시어의(侍御醫), 의박사(醫博士), 복박사(卜博士), 의정(醫正), 의좌(醫佐), 식의(食醫) 등으로 구분하였다[4]. 이때부터 박사란 명칭이 존칭이 아닌 직명으로 사용되었으며, 박사(博士)라는 직함은 교수(敎授)의 임무를 맡거나 전문기술(專門技術)에 종사하는 사람에게 주는 벼슬 이름이었다. 이들은 고등교육기관에 해당하는 고구려의 태학, 신라의 국학, 고려의 국자감(國子監), 조선의 성균관(成均館)·홍문관(弘文館)·규장각(奎章閣)·승문원(承文院)에서 일하기도 하였다.

고려시대에 '말을 사육하고 개량, 번식, 수출입을 관장하거나 일반 가축을 기르는 일'을 마정목축(馬政牧畜)이라 하였는데, 이를 담당하는 관서가 셋이 있었다. 하나는 궁중의 여마구목(輿馬廐牧), 즉 궁중의 가마·마필(馬匹)과 전국의 목장을 관장하는 일을 담당하는 관청인 사복시(司僕寺)가 있었고, 둘째는 마정 이외에 농우(農牛)를 비롯한 일반 목축을 담당하는 부서인 전구서(典廐署)이며, 셋째는 내구(內廐), 즉 궁중의 가마(車馬)를 관장하는 부서인 봉거서(奉車署)가 있었다. 봉거서는 사복시와 하는 일이 비슷하여 통합되었다가 분리되기도 하였다. 이 당시(고려 14대 왕 문종 30년<1076년>)의 봉록(俸祿)은 화폐가 없을 시기였으므로 양곡을 재배하는 땅과 땔감을 공급할 수 있는 땅인 전시(田柴)로 표시하였는데, 수의의 봉록은 식의(食醫)와 비슷한 등급이었다. 수의제도(獸醫制度)가 문종(즉위 1046년) 이전이거나 적어도 문종 때부터 존재하였던 것을 알 수 있다. 또한 충렬왕 14년(1289년) 2월에는 마축자장별감(馬畜滋長別監: 국영목장 진흥책의 일환으로 목장에서 키울 암말과 암소를 징발하기 위해 파견한 관리)이라는 직제를 두어서 말 생산(馬産)에 힘을 기울였다.

고려시대의 수의학은 어떠한 정도인가? 고려시대의 수의학이 어느 수준까지 발달되어 있었는지를 알 수 있는 문헌이 없으나, 조선 정종 1년(1399년)에 편찬된 『신편집성마의방』·『우의방 新編集成馬醫方牛醫方』을 통하여 그 줄거리를 엿볼 수 있다. 방사량(房士良)이 쓴 이 책의 서문에 의하면, 좌정승 조준(趙浚)과 우정승 김사형(金士衡)이 권중화(權仲和)와 한상경(韓尙敬)에게 명하여 중국의 백락(伯樂)의 경(經)을 날(經)로 하고 원나라의 결(訣)을 씨(緯)로 하여 제서(諸書)의 효력 있는 방문들을 모은 후, 동인(東人)이 이미 시험한 술법을 채집하여 편성한 것이라 하였다. 따라서 이 책은 송(宋)나라와 원(元)나라 때의 『마의방(馬醫方)』·『우의방(牛醫方)』과 동인들의 경험방을 참작, 수집한 책으로, 고려시대 수의학의 전통을 이어 온 전문의방서라 할 수 있다.

마의방에는 양마상도(良馬相圖)·양마선모지도(良馬旋毛之圖) 등을 비롯하여 오장각부병치(五臟各部病治)·풍문(風門)·황문(黃門)·창문(脹門)·잡병문 등에 이르는 마상(馬相)·마병(馬病)에 관한 치료법이 열거되어 있고, 우의방에도 마의방과 비슷하게 상우법(相牛法)으로부터 온역문(溫疫門)·안병문(眼病門)·산병문(産病門) 및 잡병문에 이르는 우상(牛相)·우병(牛病)에 관한 술법들이 수록되어 있다. 그 밖에 동인경험방으로서 동인경험목양법(東人經驗牧養法)·동인경험치마개(東人經驗治馬疥)·치졸천수(治卒喘嗽) 등이 열거되어 있어 고려시대의 수의학에 관한 지식 전통을 확인할 수 있다.

이 책을 편찬한 조준 김사형은 고려 중신(고려 왕조의 주요 신하)으로 이조(조선) 건국에 참여한 공신이며, 편저자(編著) 권중화와 한상경은 고려 말, 과거를 통하여 조정에 참여한 대신들이다. 권중화는 특히 의학에 능하였고, 서문을 쓴 전의소감(典醫少監) 방사량은 공양왕 때에 전의시(典醫寺) 승(丞)이었다(승(丞)은 종5품의 관직이며, 참고로 박사는 종8품의 관직이다). 따라서 이 책이 주로 고려시대에 사용되던 송원(宋元)시대의 『마우방서(馬牛方書)』를 기초로 하고 고려시대 고려인들의 『경험방(經驗方)』을 더하여 편집되었다고 봄이 타당하며, 조선 태조 7년(1398년)부터 그 익년(翌年)인 정종 원년에 성립된 향약제생집성방(鄕藥 濟生集成方)에 부간(附刊)된 고려시대의 수의학적 지식의 전통을 계승한 것으로 볼 수 있다.

1231년(고종 19년) 8월부터 1259년(고종 46년) 3월에 이르기까지 28년간 무려 9차례에 걸친 몽골의 고려 침공 이후 고려가 원나라와 강화를 맺어 고려에 대한 원 간섭기(1270~1356년)에 들어가게 된다. 원나라의 반자치적인 봉신국이자 강제 동맹국으로 내정 간섭과 수탈을 받았지만, 유목기마(遊牧騎馬) 민족인 원의 지배로 말 정책이 발전하였다. 몽골 제국의 제5대 대칸이자 원나라의 초대 황제인 쿠빌라이 칸(재위 기간, 1260~1294년)은 일본 정벌을 위하여 제주도에 다루가치(達魯花赤)를 파견하고 종마 160두를 보내어 말을 생산하도록 하였다. 두 번의 일본 원정은 태풍으로 실패하였지만 일본 정벌에 사용할 목적으로 마산 정책을 폈기에 원의 수의는 제주마 육성에 도움이 되었다.

3) 조선시대

태조부터 순종에 이르기까지의 큰 흐름은 중앙의 최고 의정 기관으로 3정승(영의정, 좌의정, 우의정)과 6조(이조, 호조, 예조, 병조, 형조, 공조)가 합의체로 운영되던 '의정부'가 있었다. 그중 6조의 한 부서인 병조에는 오위, 훈련원, 사복시, 군기사, 전설사, 세자익위사가 있었는데, 이들 중 사복시는 가마, 말, 외양간 및 목장에 관한 일을 관장하는 관청이었다. 백정이 수의사의 일을 대신하였다는 기록이 있기도 하지만 조선시대의 백정은 도살업, 고리(柳器) 제조업, 육류판매업 등을 하여 살아가는 사람들로서 신분적으로 노비는 아니었으나 그 직업이 천하다 하여 노비보다 더 심한 천대를 받았다. 이들은 가축전염병의 숫자를 파악하는 통계에 도움을 준 적은 있지만 수의사와 관계는 없다.

① 사복시(司僕寺: 말, 수레 및 마구와 목축에 관한 일을 맡던 관청)

사복시의 연원은 신라시대 승부(乘府)에서 거승(車乘, 수레와 말을 담당하는 관서)을 거쳐 경덕왕 때 사어부(司馭府)로 변경되었으며, 고려 문종 때 태복시(太僕寺)를 두어 여마(輿馬)와 구목(廐牧)을 담당하게 하였고, 1308년(고려 충렬왕 34년) 태복시를 사복시로 개칭했다. 조선의 시작 시점인 1392년(태조 1년) 관제를 정할 때, 고려시대의 제도를 계승하여 사복시를 두고 여마·구목 등에 관한 일을 맡게 하였고, 1405년(태종 5년)에 그 소속을 병조로 하였다. 이처럼 사복시라는 말은 왕이 타는 말, 수레 및 마구와 목축에 관한 일을 맡던 관청으로 직위나 직책을 말하는 것이 아니다. 소속 관원에는 정2품 제조 2명을 비롯해, 정3품 정1명, 종3품 부정1명, 종4품 첨정 1명, 종5품 판관 1명, 종6품 주부 2명을 두었다. 그 아래로 종6품 안기(安驥) 1명, 종7품 조기(調驥) 1명, 종8품 이기(理驥) 2명, 종9품 보기(保驥) 2명, 정6품~종9품의 마의(馬醫) 10명이 배치되었으며, 종6품 안기부터 종9품 보기까지는 모두 잡직이다[5].

『경국대전』에 의하면 제조(종1품에 해당하지만 무관인 경우는 정2품도 맡았다)는 정승의 반열에 포함되는 직위인데, 사복시의 직·제조는 겸직이었으며 경우에 따라서는 정1품인 도제조가 맡기도 하였다. 잡직관 중 '종6품 안기'는 말을 조련하고 보양하는 임무를 총괄하는 직책이다. '종7품 조기'는 임금이 타는 수레와 말을 책임지는 관리이고 '종8품 이기'는 조기와 함께 가마와 수레를 관리하는 직책이다. '종9품 보기' 역시 조기와 이기를 보조해 수레와 말을 관리하는 역할을 한다. 말을 치료하는 수의사인 마의(馬醫)는 정6품에서 종9품으로 하였다. 사복시에는 이들 직책 외에도 15명의 서리와 600명의 일꾼, 심부름하는 관노인 차비노(14명)와 근수노(8명)가 있었고, 말을 관리하는 이마, 창고지기인 고직, 건물관리인인 대청직, 관아를 지키거나 심부름하는 나졸도 있었다.

지방에 있는 목장의 관리는 해당 지역의 관찰사가 맡았다. 목장의 수는 〈세종실록지리지〉 53개, 〈동국여지승람〉 87개, 〈대동여지도〉 114개, 〈증보문헌비고〉 209개로 소개하고 있어 상당한 수의 목장이 있었던 것으로 여겨진다. 이 목장들은 왕이 사냥할 때 필요한 말을 기르고 훈련하는 역할을 했으며, 말은 명나라와의 정치·외교적 측면(명나라는 여러 차례에 걸쳐 1만 필의 말을 요구하였다)과 교통·군사적 측면에서 비중이 커 사복시와 관할 목장 역시 중요성이 높았다.

사복시는 궁궐 밖에 외사복시가 있었고, 궁궐 내에는 내사복시(경복궁, 창덕궁에 각각 1개씩 있었다), 그리고 지방에는 목장이 있었다. 외사복시의 산하기관이었던 내사복시는 경복궁의 영추문 안쪽과 창덕궁의 홍문관 남쪽에 있었다고 하며, 1894년(고종 31년) 갑오개혁 때 폐지된 이후 현재는 표지석 조차 없다. 외사복시는 1895년 태사복시로 개칭하였다가 1907년 폐지되었는데(이 터는 정도전의 집터이었다) 표지석은 종로구 삼봉로 43(수송동 146번지) 종로 소방서 앞에 위치해 있다(그림 1-2). 사복시터(司僕寺址)는 조선시대 궁

그림 1-2 외사복시터의 표지석. 주한미국대사관 옆 종로 1길과 삼봉로 교차지점. 삼봉은 정도전의 호이기도 하다.

중에서 사용하던 수레, 말, 마구, 목장을 맡아보던 관청의 터이다.

조선말 고위문관이었던 한필교(1807~1878년)가 화원을 시켜 자신이 근무하였던 관청을 하나씩 그림으로 나타낸 화첩인 〈숙천제아도(Illustration of My Places of Work)〉는 현재 하버드 대학교 옌칭도서관에 소장되어 있다. 한필교가 사복시에 근무한 경력은 두 번 있었는데 1843년 사복시판관(司僕寺判官)으로, 또 한 번은 1855년(철종 6년) 사복시 첨정에 기용되었다.

현종과 숙종 때 마의로 이름을 떨친 백광현(白光鉉)(1625~1697년)은 마의(馬醫)였으나 침술에 능하여 어의로 활동하기도 하여 드라마로 소개되기도 하였다. 글을 모르는 까막눈 백광현이라고 표현하는 이도 있으나 마의가 되려면 시험(초시)을 한 번 통과하여야 하고 사람을 치료하는 의사가 되려면 두 번(초시, 복시)의 시험을 통과하여야 한다. 아마도 백광현이 독학으로 이룩한 성과라 그렇게 평가되고 있는 듯하다. 침술에 뛰어난 재주를 가진 그는 전의감 의원을 거쳐 내의원의 어의가 되었으며, 강령현감(현 옹진

군)과 금천현감(현 시흥시)을 거쳐 1691년 지중추부사, 그 다음 해에는 숭록대부에 이르렀다.『현종실록』11년(1670년) 8월 16일에 현종의 병환이 쾌차하여 백광현은 다른 의원들과 함께 가자(加資)(품계를 올려줌) 하였다. 또한『숙종실록』21년(1695년) 12월 9일에 임금이 명하여 어의(御醫) 백광현(白光炫)을 영돈녕부사(領敦寧府事) 윤지완(尹趾完)의 집으로 보냈다. 이 때에 이르러, 윤지완이 각병(脚病)이 있었으므로, 특별히 백광현을 명하여 가보게 한 것이다. 백광현이 종기(腫氣)를 잘 치료하여 많은 기효(奇效)가 있으니, 세상에서 신의(神醫)라 일컬었다한다.

② 농무목축시험장

조선시대에도 왕실 권세가들이 우유로 만든 낙죽(酪粥)을 먹었다는 기록이 있다. 한국 최초의 견미사절단(遣美使節團)인 보빙사(報聘使)가 귀국한 뒤 그 사절의 수행원이었던 최경석은 미국에서 각종 농작물의 종자와 가축을 들여와 품종개량과 낙농업의 진흥에 주력하였으며, 경작 기계를 구입하여 근대적 농법을 도입하려고 하였다. 최경석은 농작물의 종자를 개량하는 한편, 가축의 품종개량 및 사육 방법의 개선도 계획하여 버터, 치즈까지 생산할 수 있는 낙농업을 기획하였다. 이는 우리나라 근대 농업의 시발점이 일제총독부가 1906년 개설한 권업모법장이 아니라 농무목축시험장이었음을 말해준다. 지금은 흔적조차 찾을 수 없지만 농업(원예)은 남대문 밖에 있었고, 축산은 성동구 자양동에 있었다. 최경석이 도입한 농기구 18개, 344종이 재배목록에 등재되어 있고, 가축은 1885년 7월에 캘리포니아산 말 3두(수 1두, 암 2두), 젖소(Jersey) 3두(수 1두, 암 2두), 조랑말 3두(수 1두, 암 2두), 돼지 8두, 양 25두 등이 도입되었다.

농무목축시험장은 설치될 때부터 상부 관청에 예속되지 않고 왕실과 직접 연관을 가지면서 독립적인 기관으로 운영되었으나, 시험장 관리관인 최경석이 사망하자 1886년 내무부(內務府) 농무사(農務司)로 이관되어 간접관할로 전환되었다. 장기적인 안목으로 농업을 보다 과학적으로 연구하고 새 농법을 널리 보급시킬 교육기관 설치를 위하여 1887년 영국인 농업기술자 제프리를 2년제 농무학당(農務學堂)의 교사로 채용하여 학생들을 가르치게 하였으나, 1888년 그도 사망하였다. 갑오개혁으로 농상아문 소속이 되었지만 오래 지속되지 못하였음을 볼 수 있다. 즉, 농상아문과 공상아문이 합쳐져 농상공부가 되고 1895년 3월 25일 농상공부관제가 공포되면서 '5월 26일로 농상공부대신이 내각총리대신에게 종목국을 궁내부로 이관하도록 요청하였다'가 말해준다. 이처럼 1884년부터 1906년 3월까지 23년간 존속하였던 농목국에 이어 종목과와 전생과로 이어진 농무목축시험장(작물, 원예, 축산)은 우리나라 최초의 농업시험장으로 기록된다. 왕실의 예산지원 하에 최경석의 주관으로 힘차게 출발하였으나 최경석이 사망(1886년)하고 통감부 시대를 맞으면서 문을 닫게 되었다[6].

조선시대 초기에는 전국의 도처에 목장을 신설하거나 폐쇄하였다. 가장 대표적인 곳이 전관(箭串, 살곶이) 목장으로 왕실 소유라 내사복시가 관리하였고 조선시대 최대 목장이었다. 이 목장에는 임금이 타는 어마를 비롯해 왕실에서 사용할 말과 도성 및 국토를 방위하는데 쓰는 전마(戰馬), 명나라에 보낼 진헌마(進獻馬) 등을 사육하고 관리하였는데, 병조(내사복시)가 맡아 보았다[7]. 현재 한양대역과 서울숲 사이의 살곶이라는 지명이 옛날의 상황을 말해준다. 실록에는 "태종 13년 3월 18일 전관(箭串, 살곶이)목장을 증수(增修)하여 민전 500여 결(논밭 넓이의 단위)을 만들다."라 기록하고 있다. 또한 세조 12년(1466년) 2월 17일 '전라도 점마 별감 박식이 절이도에 목장을 수축할 것을 청하다'라는 제목의 글에서 전라도 점마별감 박식의 주청에 의하여 축성하였고 현존하는 목장 중 대표적인 것 중 하나인 고흥 절이도 목장성(牧場城)(전라남도 기념물 206호, 고흥군 금산면 어전리)이 있다.

③ 마조단(馬祖壇)터

마조단터는 말의 조상인 천사성(天駟星: 先牧·馬社·馬步)에게 말의 무병과 번식을 위해 제사를 지내던 단(壇)을 말하며, 고려시대부터 행해져 온 것으로 알려져 있다. 태종 14년(1414년) 6월 13일 예조에서 마조단 설치 규정을 아뢴 이래, 세종, 단종, 정조, 헌종 시대의 여러 차례 동물이 마조단에 들어가지 못하도록 벽을 쌓는 등에 관한 일이 기록되어 있다. '중춘(仲春, 음력 2월) 중기(中氣) 후의 강일(剛日, 일진(日辰)중 양(陽)에 해당하는 날인 갑(甲)·병(丙)·무(戊)·경(庚)·임

그림 1-3 마조단터(한양대학교 백남학술정보관과 제1공학관 사이에 위치하고 있다) 현재의 서울숲이 목장터이었음을 말해준다.

(壬)인 날)에 마조제를 지낸' 것으로 기록되어 있다. 마조단터라 하여 살곶이 목장(현재 한양대학교 백남학술정보관과 제1공학관 사이, 그림 1-3)과 제주(제주 KAL 호텔 옆, 제주시 중앙로 151)에 남아 있다. 제주는 고려 말부터 말의 조상에 대하여 제사를 지낸 곳으로 추측하기도 한다. 하지만, 두 곳 모두 1908년(순종 2년) 7월 23일 이 제사 제도를 폐지하고 해당 단의 터는 국유로 이속시킨다는 칙령을 발표한 후로 종식되었다. 이와는 달리 일반 농가에서는 음력 10월 말의 날(일진에서 오(午)날 2023년은 11월 20일) 마구간에 팥시루떡을 바치던 풍습(제사)이 있었다는 기록도 있다[8].

④ 조선왕조실록에 실린 우역과 돼지고기

우역은 중종 36년(1541년) 2월 1일에 처음 발생하였다. 병인체를 알 수 없는 시절이었으므로 '소의 질병'이라는 뜻으로 우역(牛疫)이라는 병명으로 정착하였다. 많은 수의 소가 폐사하여 조정에서는 농사를 짓지 못할까 걱정하였다. 이에 조정에서는 소의 도살을 금지하는 법령인 우금(牛禁) 제도를 지속적으로 실시하였다. 조선왕조실록에는 우금령(牛禁令)에 대한 기사가 고종 대에 이르기까지 23차례 정도 언급되어 있으며, 특히 전염병인 우역(牛疫)이 발생하였을 때는 강력한 우금(牛禁) 정책을 추진하였다. 그러나 이러한 우금령에도 불구하고 소를 밀도살하는 범도(犯屠)가 많아 다양한 처벌 제도가 도입되었는데 그중의 하나는 전 가족을 변방으로 멀리 이주시키는 전가사변(全家徙邊)이 있었다. 이외에도 태형(笞刑)에 처하거나 재산을 몰수하기도 하였으며, 관료인 경우 파직(罷職)을 시키고 추방하기도 하였다.

실록에 실린 글 하나를 보면 성종 8년(1477년) 6월 20일 을묘 "마소를 잡은 사실이 알려진 자는 온 가족을 절도에 옮기게 하다"라는 제목의 기사에서 형조(刑曹)에서 아뢰기를, "마소를 잡는 것을 금하는 법이 엄하지 않다고 할 수 없으나, 적발하기가 매우 어려워서 징계할 길이 없으니, 외지부(外知部)의 예(例)에 의하여 뭇 사람이 다 아는, 소를 잡은 자는 온 가족을 절도(絕島)에 옮기도록 하소서." 하니, 그대로 따랐다. 또한 세조 6년(1460년) 5월 13일 "의정부에 말·소·흑각을 중히 여기는 일에 대해 전지하다"라는 기사의 마지막 부분에 형조(刑曹)로 하여금 "우마(牛馬)를 도둑질한 자는 초범(初犯)이라도 교형(絞刑, 교수형)에 처하도록 하라." 하였다. 그리고 다음 해인 중종 37년(1542년) 2월 19일에는 함경도(咸鏡道) 회령부(會寧府)에 여역(癘疫, 전염성열병)이 퍼져 죽은 남녀노소가 2백여 명이고, 덕원(德源)·함흥(咸興)·홍원(洪源) 등의 고을에는 우역(牛疫)이 크게 번져 소가 매우 많이 죽었다. 그리고 인조 14년(1636년) 8월 15일 평안도에 우역(牛疫)이 크게 번져 살아남은 소가 한 마리도 없었다.

세조 3년(1457년) 2월 5일 임금이 근정전(勤政殿)에 나아가 친히 문과 중시(文科重試)를 책문(策問)하였는데, 책문에 이르기를, "도적이 날로 성하고, 육축(六畜, 소, 말, 양, 돼지, 개, 닭)이 번성하지 않고, 군기(軍器)가 단련(鍛鍊)되지 않으니, 이 세 가지는 생각해 보아도 그 요령을 얻지 못하겠다. 그대들 대부(大夫)는 마음을 다하여 대답하라."라고 기록하고 있다. 한편 돼지는 새끼가 번창하여 그 수가 문제가 되기도 하였다. 실록에는 성종 3년(1472년) 4월 17일 "돼지를 적당히 처분하여 원액을 넘지 않게 하도록 전지하다"에서 호조에 전지하기를, "듣건대, 여러 고을에 새끼치는 어미돼지(孳息.母猪)의 수가 너무 많아서 백성들의 전곡(田穀)을 해친다 하니, 각년(各年)의 새끼 친 돼지를, 경중(京中)에 상납(上納)하는 것과 관가(官家)에 소용(所用)되는 것 외에는 모두 화매(和賣 <파는 사람과 사는 사람이 임의로 팔고 삼>)하여, 원액(元額, 원래 정해져 있는 정수<定數>)을 넘지 말게 하라." 하였다.

조선시대에 돼지는 제사용·접대용 등으로 왕실에서 사육하기도 하였으나, 민간에서 많이 키우는 가축은 아니었다. 그러다 보니 쇠고기만큼 많이 먹지 않았고, 그다지 즐기는 육고기는 아니었다. 이러한 배경에는 돼지고기가 풍병(風病)이나 회충(蛔蟲)의 피해가 있다는 우려와 사육 시 곡물이 많이 든다는 현실적인 여건도 있었던 것으로 여겨진다. 그러나 돼지고기는 궁중의 잔치와 외국에서 온 손님(客人) 접대, 제례(祭禮) 때에 빠뜨리기 어려운 물품으로 빈객의 연향(燕享)을 담당하는 관청인 예빈시(禮賓寺), 목축에 관한 일을 맡아보던 관아인 전구서(典廄署)를 합쳐 사육을 담당하기도 하였다.

4) 대한제국

대한제국은 1897년 10월 12일부터 한·일 병합에 이르는 1910년 8월 29일까지를 일컫는다. 농림행정이 중앙의 한 부처 업무로 자리 잡은 것은 갑오개혁(1894년 7월~1896년 2월)의 일환으로 보인다. 이때 농상아문이 중앙부처 8개(내무, 외무, 탁지, 법무, 학무, 공무, 군무, 농상) 분야 중 하나로 독립하였기 때문이다. 농상아문(衙門)의 업무는 농업, 상무(商務), 예술, 어렵(漁獵), 종목(種牧), 광산, 지질, 영업회사 등이 규정되어 있다. 아문의 내국에 총무국, 농상국, 공상국, 산림국, 수산국, 지질국, 장려국, 회계국을 두고 있으며, 내국(內局)에는 농업기술을 관장하는 국(局)이 별도로 편성되어 있지 않다. 이와 같이 농상아문의 업무 총괄에 농무목축시험장의 변경된 명칭인 '종목'이 들어있음에도 불구하고 본청 내국으로 사무분장이 되지 않은 것은 업무의 성질상 이를 외청(外廳)으로 두고자 함이었다. 종목국이 내무부 농상사에 소속되어 있다가 농상아문의 외청이 된 것은 1894년 7월 18일 각 부 아문의 소속기관을 개정할 때 종목국을 농상아문에 소속시킴으로서 종목국이 비로소 제자리를 찾아간 것이다. 1895년 종래 8개 아문 체제에서 외부, 내부, 탁지부, 군부, 법부, 학부, 농상공부의 7개 아문으로 바뀌었다. 농상아문과 공무아문이 합쳐지어 농상공부가 된 것이다.

　1895년(고종 32년) 3월 25일 반포한 농상공부 관제 제1조에는 "농상공부대신(農商工部大臣)은 농업, 상업, 공업, 우체, 전신, 광산, 선박, 선원 등에 관한 일체의 사무를 관리한다."라고 되어 있으며, 농상공부에 농무국(農務局), 통신국(通信局), 상공국(商工局), 광산국(鑛山局), 회계국(會計局)의 5개국을 두었는데, 농무국에서는 "농업, 산림, 수산, 목축, 수렵, 잠업(蠶業), 차(茶), 인삼 및 농사에 관한 일을 맡는다"로 명시한 것으로 보아 이때 자리를 잡았다고 할 수 있겠다. 병조(兵曹)의 사복시(司僕寺)에서 관장하던 말 위주의 수의정책이 갑오경장을 계기로 이원화하게 된다. 하나는 병조를 이어받은 군부(軍部)이고 다른 하나는 새로이 창설된 농상공부이다. 군부에서는 군무국에 마정과(馬政課)를 두고, 수의와 제철(장제사)을 두어 군이 필요한 마필생산 정책을 다루었으며 농상공부에서는 농무국 농사과에서 일반 가축과 군용이 아닌 승용 혹은 역용마에 대한 수의와 제철에 대한 정책을 다루었다. 갑오경장 다음 해인 1895년 5월 16일 훈련대 사관양성소 관제가 반포되고 1896년 1월 육군무관학교로 개칭된다(그림 1-4). 이로부터 한·일 병합(1910년)이 있기까지 15년 동안 수 차례의 조문 개정이 있었으나 크게 달라지지 않았다. 1909년 7월 30일 군부(대한제국)의 해체와 함께 무관학교도 해체되면서 군대의 사관은 일본에 의뢰키로 하였다. 그러므로 대한제국 군부의 수의 정책이나 교육은 일본의 몫으로

그림 1-4 육군무관학교 터. 새문안로 3길 새마을금고 앞에 위치하고 있다.

돌렸기에 군 내부 각 부대에서의 수의라는 직명이 있기는 하지만 수의 정책이나 수의 교육을 다루는 기관은 없어지게 되었다. 그러나 농상공부는 그대로 조선총독부에 이어졌다.

1908년 1월 28일(융희 2년) 농상공부 분과 규정 제5조 농무국에 농무과, 축산과, 국유 미간지과(美墾地課)의 3과를 둔다고 하고 축산과가 관장하는 사항을 ① 축산개량에 관한 사항 ② 가축위생에 관한 사항 ③ 도축에 관한 사항 ④ 수렵에 관한 사항으로 하였다. 목양(牧養)이나 목축이라는 표현 대신 축산이란 표현으로 중앙행정부서에 축산과가 처음 자리매김하였고, 일제강점기로 이어지면서 축산이란 표현이 완전히 자리 잡았다. 이 규정은 한·일 병합이 있기 수개월 전인 1910년 3월 5일 농상공부 분과 규정의 개정이 있었는데 제5조 농무국에 농무과, 축산과, 개척과로 개정하였고 축산과 사무관장을 ① 축산개량에 관한 사항 ② 수의예방에 관한 사항 ③ 수렵에 관한 사항 ④ 수출우 검역에 관한 사항으로 하여 2년 전 규정 중 도축에 관한 사항을 제외하고 수출우 검역을 추가하였다.

도축에 관한 법률로는 1896년(고종 33년) 1월 18일 대한제국 법률 제1호로 포사(푸줏간의 뜻) 규칙(庖肆規則)이 제정 및 공포되었다. 이는 수의 관계 법률 중 제1호가 된다. 법률 제1호인 포사 규칙에는 포사 영업을 원하는 자는 관찰사로부터 회허장(허가장)을 받아야하며(단, 허가장은 농상공부에서 관할), 허가장을 인수할 때는 10원(元)의 요금을 지불해야 하고, 타인에게 대여 혹은 양도하지 못하게 하였으며, 하루에 도축하는 수(마리)에 따라 전국을 5등급으로 나누고 세금을 달리하였다. 이 법률은 위생에 관한 규정은 없고 단순히 세금을 징수하기 위한 규정으로 탁지부(현재의 재무부)의 지시에 따르게 하였다. 이는 13년 후인 1909년에 개정되어 법률 제24호 도수규칙(屠獸規則)이 되는데, 제1조에 식용에 제공하는 우, 마, 양, 돈 및 개(犬)의 도살 해체는 도살장 이외의 장소에서는 할 수 없도록 하였으며, 도축장의 허가는 지방 장관의 허가를 받도록 하였고 도수 검사, 도수 검사원, 해체료 등은 지방 장관이 시행령을 제정 공포하도록 하였다. 이어 한·일 병합과 더불어 일제강점기가 이어지고 1911년 수육판매규칙(獸肉販賣規則) 시행령이 반포되었다.

5) 일제강점기

조선총독부의 초기 위생 업무는 내무부(府) 지방국 위생과(보건계 업무)와 경무총감부(府) 위생과(위생계 업무)의 2원 체제로 출발하였다. 그러나 초대 총독인 데라우치(寺内)는 통치방침으로 질서유지를 위하여 헌병경찰제도를 실시함으로써, 일반 경찰관과 함께 헌병이 경찰업무를 맡도록 하여, 경무총감에는 주한 헌병 사령관을, 지방 각 도의 경무부장에는 각 도의 헌병대장을 임명하였다. 그리하여 1912년 4월 위생업무를 경무총감부 위생과로 통일하였다. 1919년 3·1운동 이후 일제는 '문화정치'를 표방하며 조선총독부 경찰제도를 개정하여 헌병과 경찰의 이중적 성격을 나타내는 경무총감부를 폐지하고 경무국을 설치함에 따라 위생과는 경무국 산하가 되었다. 이 당시 경무국 편제는 경무과, 고등경찰과, 보안과, 위생과였다. 1926년 4월에는 고등경찰과가 없어지고 도서과가 신설되었다. 이때 위생과의 업무가 보강되었다. 즉, 종래의 업무에 ① 약품 및 매약 ② 아편전매 ③ 수역예방 ④ 이출우검역에 관한 사항이 추가되었다. 1938년 1월에는 담당업무가 구체화되어 종두인허원(員)이 종두시술생(施術生)으로, 또한 수역예방이 가축전염병예방으로 변경되었으며, 수의사 및 가축위생에 관한 사항이 추가되었다. 1941년 11월에는 후생국(局)이 신설되었는데 편제는 보건과, 위생과(경무국에서 이관), 사회과, 노무과였다. 그러나 1개월 후인 12월 7일 일본은 하와이의 진주만을 공격함으로써 태평양전쟁이 시작됨에 따라 전시체제가 강화되면서 1942년 11월 1일(조선총독부 훈령 58호) 기구 개편으로 후생국이 폐지됨과 동시에 사회과, 노무과는 신설된 사정국으로 편입되고 보건과는 폐지되었으며, 위생과는 경무국으로 도로 이관되었다. 이후 경무국의 직제 개편이 있었으나 위생과(課) 업무는 경무국 직제로 미군정에 연결되었다. 한편 조선총독부가 설치되면서 식민지 조선의 입법, 사법, 행정의 모든 권한은 조선총독에 귀속되었다. 1910년의 조직 정비 이후 조선총독부의 조직은 여러 차례 개편되었다. 1919년 3·1운동을 전후로 조선총독부의 관제가 무단통치에서 '문화통치'의 방식으로 전환되면서 총독부의 '부(部)' 체계가 '국(局)' 체계로 바뀌었고, 농상공부는 식산국(농무과, 산림과, 수산과)으로 바뀌었다.

한·일 병합에 따른 조치인 칙령 354호(1910년 9월 30일) 〈조선총독부관제(朝鮮總督府官制)〉가 공포됨으로써, 조선총독부의 중앙조직은 각 부(部)·국(局)을 감독하는 정무총감(政務總監) 아래, 총독관방(總督官房), 총무부(總務部), 사법부(司法部), 내무부(內務部), 탁지부(度支部), 농상공부(農商工部) 로 구성되는 1관방 5부제로 구성되었다. 각 부(部)에는 장(長)으로 장관(長官)을 두고, 국(局)에는 국장을 두었다. 농상공부의 경우는 농무과, 산림과, 수산과, 광무과, 상공과의 5개가 있고 이들 과(課)는 식산국과 상공국

(광무과, 상공과)이 관할하였다. 이 중 농무과는 ① 농업과 잠업에 관한 사항 ② 축산과 수렵에 관한 사항 ③ 국유 미간지에 관한 사항 ④ 관개에 관한 사항 ⑤ 권업모범장 및 농림학교에 관한 사항을 관리하도록 하였다. 대한제국 중앙 부서에 등장한 축산과가 일제강점기에 들어와서 농무과 관할이 된다. 한편 1912년 3월 27일 총독부의 조직 개편이 있었는데, 이때 식산국이 관할하던 농무과와 산림과는 신설되는 농림국 소속으로 하고 식산국은 기존의 수산과와 상공국이 관할하던 상공과와 광무과를 관리하게 되었다. 1915년 7월 31일 또 다른 행정 개편으로 5개 과를 농상공부의 직할 체제로 하고 이들의 상부부서였던 식산국과 농림국은 폐지되었다. 이들 5개 과 중에서 농무과가 수석과(課)였으며 농업, 잠업, 수렵, 축산 등 식민지 농촌의 재래 산업 전반을 관할하였는데, 농민의 통제와 농촌지배의 확립을 위한 다양한 정책적 시도도 여기에서 이루어졌다[9].

조선총독부는 인사, 문서, 회계의 관방 3과 이외에 행정업무의 고도화, 전문화, 전시 수행을 위해 일제 후반기는 국세조사과, 조사과, 자원과, 정보과 등을 새롭게 설치하였다. 이 기관은 조선총독부가 조선지역의 행정 사무에 관한 정무 총괄권을 비롯한 '종합행정권'을 가지도록 보좌하는 기관이다. 미군정 관방은 1기까지 지속되다가 1946년 2월 국(局)이 부(部)로 승격될 때 처(處)로 변경된다. 관방에는 7과(課)가 있었는데 이들은 인사행정처, 지방행정처, 식량행정처, 물가행정처, 관재처, 외무처, 서무처로 승격되었다. 관방 이외에도 '소속관서' 분과가 있어 관립학교(농림학교는 권업모범장 관할)를 비롯한 다양한 부서 중 수의축산 분야 부서는 종마목장, 종양장, 수역혈청제조소, 농사시험장(1929년 9월 18일 권업모범장의 명칭 변경)이었다.

1938년 8월 8일(훈령 48호) 농림국에 다시 축산과가 신설되었다. 농림국 축산과는 ① 가축의 개량 증식에 관한 사항 ② 마정(馬政)에 관한 사항 ③ 축산물에 관한 사항 ④ 수렵에 관한 사항 ⑤ 수역혈청제조소, 종마목장 및 종양장에 관한 사항을 담당하였다. 1941년 11월 19일 사무분장 개정(조선총독부 훈령 제103호)에서 축산과 소관 사항으로 가축전염병에 관한 사항, 수의사 및 가축위생에 관한 사항, 종마목장, 종양장 및 종모양 육성소, 수의혈청제조소, 이출우검역소에 관한 사항으로 개정되어 경무국에 소속되었던 검역소가 축산과로 이관되었다. 이때 사무 분장 규정을 개정하면서 "가축위생"이라는 용어를 중앙정부에서 처음 사용하였다. 1942년 6월 1일 총독부 훈령 34호로 수역혈청제조소라는 이름이 가축위생연구소라는 이름으로 개명된다. 한편 1941

년 9월 1일 당시의 농림국에 농정과, 축산과, 농산과, 양정과, 식량조사과, 토지개량과, 임정과, 임업과가 있었으며, 이외에 총독부 소속 수의축산분야 부속관서로 종마목장(種馬牧場), 종양장(種羊場), 종모양육성소(種牡羊育成所), 수역혈청제조소(獸疫血淸製造所) 등이 있었다. 이처럼 1941년 전후의 기록이 널리 소개되어 "일제강점기에 축산과가 있었다"로 기술되어 왔다. 그리하여 1945년 8월 15일 광복 당시에는 조선 총독부의 농상국(農商局) 축산과가 있었고 수의 업무는 경무국 위생과(衛生課)에서 인수공통감염병의 예방과 육류 등 축산물의 위생감독을 관장하였으며, 미군정 및 과도정부가 농상국을 농무국으로 개편하였다가 농림부로 승격될 때까지 축산과로 있었다[10].

일제강점기에 미곡, 면화, 잠견, 축산, 비료, 농기구 등 농촌의 여러 분야를 망라한 '농회'라는 기구의 목적은 농촌진흥운동이었지만 실제는 만주 침략 수행에 필요한 병참 물자를 효과적으로 조달하기 위한 기구로 기록되고 있다. 수의축산분야의 농회는 가축시장에서 징수한 중계수수료로 환축의 진료를 무상으로 실시하고 소가 폐사할 경우 송아지 구입 자금을 제공하는 일종의 공제사업 형태로 운영되었다. 농회장은 군수가 맡았으며, 수의사가 농회기수를 담당하였다.

① 수출우검역소, 이출우검역소, 동물검역소

1909년 7월 대한제국 시절 수출우검역법을 제정 반포하고 농상공부 산하기관으로 수출우검역소가 부산 남구 우암동에 설치되었다. 이는 일본으로 보내지는 조선우를 검역하는 기관이었으며, 한·일 병합이 이루어지자 이출우검역소(移出牛檢疫所)로 변경되었다. 수출이란 한 나라에서 다른 나라로 보내는 것을 뜻하는데, 조선과 일본은 "같은 나라"로 간주하여 "옮겨 보냄"의 뜻인 이출을 사용하였다. 수출우검역소는 1910년 10월 조선총독부 탁지부 산하기관(부산세관)이었으나 1912년 4월 관제 개정으로 경무총감부(나중에 경무국) 소관 업무로 변경되었으며 1927년 7월 경상남도 경찰부로 지휘권이 이관되었다. 인천, 진남포, 성진, 포항에도 이출우검역소가 설치된 바 있으며, 1941년 11월 19일 조선총독부 사무분장 개정으로 이출우검역업부가 조선총독부 농림국 축산과 소속(1943년 11월 축산과가 폐지되고 그 업무는 농무과로 이관)으로 이전되었으며, 같은 해 인천, 포항, 성진 이출우검역업부는 폐지되었다. 해방 후 부산이출우검역소는 부산가축검역소로 명칭이 변경되었다가 1962년 5월 동물검역소로 명칭이 변경되었으며, 1998년 8월 1일에는 가축위생연구소와 통합하여 검역원으로 출발한다.

② 우역혈청제조소, 수역혈청제조소, 가축위생연구소

1911년 4월 "우역혈청제조소관제"에 의해서 우역혈청제조소가 설치되었는데, 1918년 3월 칙령 제31호 "조선총독부 수역혈청제조소관제"를 공포하여 우역혈청제조소를 폐지하여 조선총독부 관리하에 조선총독부 수역혈청제조소를 두어 가축전염병의 예방접종액 및 혈청의 제조시험, 기타에 관한 사무를 관장하게 하였다. 이 기구는 우역의 면역혈청을 생산하여 보급과 우역 연구를 하는 것으로 출발하였다. 우역은 현재 지구상에서 소멸(2011년) 되었지만, 당시는 우제류에 전염되는 가장 무서운 질병으로 소화기계 점막에 심한 상처를 주어 설사로 인한 탈수로 80%까지 폐사시켜 기근과 경제적 피해로 이어졌다.

수역혈청제조소는 ① 가축전염병의 예방접종액 및 혈청제조와 시험에 관한 사항 ② 가축 전염병조사 및 시험에 관한 사항 ③ 두묘(우두)의 제조 및 시험에 관한 사항 ④ 가축전염병의 예방액 및 혈청, 두묘와 그 부산물의 배포 및 판매에 관한 사항을 사무 분장하였다. 1942년 5월 6일 칙령 제485호를 공포하여 다시 가축위생연구소로 개칭됨과 동시에 부산은 본소로 하고, 안양에 지소가 설치되었으며, 미군정시대에는 보건후생부 연구국 소속이 되었다.

③ 종마목장, 종양장

1932년 10월 31일 칙령 제330호 "조선총독부종마목장관제"를 공포하여 종전의 권업모범장 목마지장의 후신인 종마목장을 조선총독 관리하에 두어 ① 종마의 개량번식육성 및 조교(調敎) ② 종빈마(種牝馬)의 종부대부(種付貸付) ③ 종빈마의 대부 ④ 마산(馬産)에 관한 제반 조사를 관장케 하였다. 1934년 8월 6일 칙령 242호 "조선총독부 종양장 관제"를 공포하여 함경북도 명천(明川)에서 조선 총독의 관리하에 조선총독부 종양장을 설치하여 ① 종양의 사양관리 개량번식 및 육성 ② 종면양의 배부대부종부 (配付貸付種付) ③ 면양, 사양의 지도 권장 감독 ④ 면양 생산물의 제조가공 등의 일을 관장하게 하였으며, 1937년 7월 조선총독부령 제104호에 의하여 종양장을 함경북도 명천과 평안남도 순천에 두도록 하였다. 1931년 총독으로 부임한 우가키 가즈시게(宇垣一成)는 농업정책을 중요시하여 농촌의 자력갱생과 이른바 남면북양(南綿北羊) 정책을 추진하여 북쪽의 두 곳에 종양장을 두었다.

6) 미군정기

미군정은 3단계로 구분된다. 제1단계는 1945년 8월 15일부터 1946년 3월 29일(부서의 명칭 변경)까지로 미군 진주로부터 제1차 미소공동위원회 개최 전까지의 기간이며 일제총독부 기구를 그대로 이용하였다. 미군정은 1945년 8월 15일부터 시작되었지만, 준비기간도 필요하고 군사작전 하듯이 일본인들로부터 인수인계를 받을 수 없었다. 또한 일본인 관료의 해임은 여론의 견지에서는 바람직하겠지만 정부 기관이나 공공단체에 유능한 한국인이 부족하였기 때문에 당분간은 이루어지기 어렵다며 명목상으로는 일본인들이 추방되었지만, 실제적으로는 계속 업무를 수행케 하였다. 수의분야에서 그러한 예로 부산 가축위생연구소 오찌(소장, 세균학)와 나카무라(바이러스학 과장)는 미군정청의 명(命)에 의하여 미군정청 기술고문으로 근무하다가 1946년 5월에 이르러 일본으로 돌아갈 수 있었다. 2단계는 1946년 3월 29일부터 1947년 6월 3일(남조선 과도정부 설치 전)까지로 1차 미소공동위원회 예비회담으로부터 제2차 미소공동위원회 개최 전까지이며, 일제총독부기구와 미국식 체제를 활용한 기간이다. 이 당시의 계통은 군정장관-부군정장관-민정장관-농무부이었는데 농무부에는 4개의 국(농산국, 산림국, 수산국, 농업경제국)이 있었다. 제3단계는 1947년 6월 3일 남조선과도정부 공포로부터 대한민국정부 수립(1948년 8월 15일) 전까지로 설정한다. 이 당시의 계통은 군정장관-부군정장관-민정장관-농무부이었고 농무부에는 2기에서와 마찬가지로 4개의 국(농산국, 산림국, 수산국, 농림경제국)이 있었다.

1948년 8월 16일부터 당시의 일간지를 살펴보면 쌀값 인상이 매일의 주요 기사로, 하루하루 생활이 어려운 모습을 볼 수 있다. 또한 일본의 패망과 더불어 치안이 허술하게 되었고, 소고기를 먹지 못하였던 국민들은 유우(乳牛)의 밀도살을 행하였다. 한우는 농사에 이용해야 하고 개인 소유가 많았지만, 유우는 정부나 지방자치단체가 관리하였고 우유 자체를 일본인들이 주로 먹었기에 유우의 밀도살이 쉬웠을 것이다. 그리하여 미군정청이 제일 먼저 내린 명령이 유우도살 금지령(1945년 9월 21일)이었고, 그후 미군정법령 제140호(1947년 6월 9일) 축우도살제한령을 발표하여 한우의 도축을 제한하여 우량종을 보호하고자 하였다.

한국 농정 20년사(농협중앙회)에서 1946년 2월 17일 군정청의 농상국(農商局)이 농무국으로 개칭되었으며 같은 달 28일 농무국 축산과에서 국립낙농목장을 신설하고 낙농 8개년 계획을 수립발표 하였다고 하였다. 이 기사에서 '농무국 축산과'라 함은 이 무렵 미군정청 직제에서 축산과가 부활된 것으로 보인다. 그러나 대한민국 농림부의 직제는 축산과가 아닌 축정과로 시작한다(1948년 11월 4일). 미군정수의사는 농림부의 수의축산보다는 보건후생부의 위생에 집중하였고, 서울대학교 수의과대학 설립과 운영에 관심을 가졌다. 이창희 교수(원장)가 임상교수로 있었지만, 1946년 6월경 공군 중령으로 입국하여 같은 해 11월 17일 예비역 대령으로 예편한 벤저민 블러드(Benjamin Blood)가 현역육군 대위 2명의 지원을 받아 귀국 때까지 수의과대학에 근무하여 임상 교육을 도맡다시피 하였다.

① 위생과, 위생국, 보건후생국(수의과), 보건후생부(수의국)

미군정청이 처음 시작한 기구 개편은 위생국의 신설이다. 1945년 9월 24일 미군정법령 제1호 "위생국 설치에 관한 건"에 의하여 조선총독부 시대 운영되었던 경무국은 위의 기술에서와 같이 위생과에서 의·약은 물론 인수공통감염병의 예방과 육류 등 축산물의 위생 감독까지 관장하였다. 이러한 막강한 경무국 위생과를 폐지하고 독립된 위생국을 설치(승격)하여 그 업무를 담당하게 하였다. 이에서처럼 조선총독부에서는 치안 차원에서 경찰계통이 위생업무를 맡아 왔으나, 미군정이 시작하면서 독립된 위생기관을 설립하여 그 문제를 전담하게 하였다.

1개월 후인 1945년 10월 27일 미군정법령 제18호로 위생국의 이름을 보건후생국으로 변경하게 된다. 곧이어 11월 7일 미군정법령 제25호에 의하여 보건후생국에 수의과(獸醫課)를 설치하도록 하였다. 이듬해인 1946년 3월 29일 미군정법령 제64호 "조선정부 각부서의 명칭"에 의해서 보건후생국은 보건후생부로 승격되어 위생국, 보건국, 실험국이 설치된다(1946년 5월 31일). 이때 장관에 해당하는 자리에 미국인 한 명과 함께 한국인 이용설이 발령된다. 이 조직은 18개의 국으로 확대 개편되며, 여기에 수의국이 3개 과인 위생과, 수의과, 방역과의 편제로 존재했다. 하지만 정부 기구가 비대해졌다는 논란이 있어, 조선 과도정부가 수립되면서 보건후생부의 국 숫자가 10개(총무국, 의무국, 예방의학국, 수의국, 약무국, 구호국, 치의무국, 조사훈련국, 간호사업국, 부녀국)로 축소되었지만 수의국은 유지 되었다(1948년 조선연감).

대한민국 정부가 수립된 이후 보건후생부 수의국이 농림부로 흡수됨에 따라 식품위생에 관한 법률은 보사부의 식품위생법과 농림부의 축산물가공처리법으로 양분되었다. 현재는 두 법률이 조정되어 생산단계 축산물 위생관리를 제외한 모든 기능은 식품의약안전처가 도맡는다.

7) 대한민국

대한민국 정부 수립 후 미군정청 보건후생부 소속의 연구국 이전(가축위생연구소)에 대한 근거를 찾을 수 없었다. 더욱이 미군정청의 보건후생부는 대한민국 정부 수립 시 사회부와 보건부로 나뉘어 발족하였다. 대통령령 제25호(1948년 11월 4일) 사회부 직제 공포 제1조에 사회부는 보건, 후생, 노동, 주택, 부녀문제에 관한 사항을 관장하고, 제 5조에 보건국에 보건과, 의무과, 약무과, 방역과, 한방과 및 간호사업과를 둔다고 하였다. 그러나 다음 해 대통령령 제149호(1949년 7월 25일) 사회부 직제 개정을 통하여 제 1조 '보건', 제3조 '보건국'을 삭제하고, 제5조 자체를 삭제하여 보건부로 이관하게 된다(대통령령 제150호). 이로 미루어 보아 가축위생연구소가 사회부에 소속(국립수의과학검역원 100년사)되어 있어도, 느슨하게 소속되어 있다가 다음의 근거로 농림부 소속이 된 것으로 보인다. 대통령령 제193호(1949년 10월 7일) 중앙가축위생연구소 직제의 "제1조 수의기술의 발달을 기하기 위하기 농림부장관의 감독 하에 중앙가축위생연구소를 둔다. 또한 제9조에는 국립부산가축위생연구소 및 국립 안양 가축위생연구소는 폐지하고 두묘부를 제외한 공무원과 설비 시설은 중앙 가축위생연구소가 이를 인수한다."의 기록을 볼 수 있다. 대통령령으로 현존하는 기구를 폐지하고 중앙 가축위생연구소라는 이름으로 변경하여 존치한 것은 미군정 이후 가축위생연구소의 소속이 명확하지 않았던 것으로 보인다.

미군정청 보건후생부 연구국 소속에서는 부산이 본소이고 안양이 지소였는데, 대통령령에 이 점에 대한 언급이 없었으나 그 후에도 본소(부산), 지소(안양)는 그대로 유지되었다. 하지만 태풍 사라호(1959년 9월 17일)가 남부지방을 강타하여 부산가축위생연구소가 큰 피해를 입은 것이 안양이 본소가 된 직접적인 계기가 되었다. 부산가축위생연구소 소장 김영한은 그 복구비를 요청하러 동분서주하였으나 국고로는 도저히 불가능하여 주한 미군 원조사절단(United States Operations Mission, USOM), 현재는 미국국제개발처 United States Agency for International Developmen, USAID)의 Gooley와 이규명을 찾아 도움을 청하게 되었다. 그 이후 두 사람은 농업연구기관을 수원 중심으로 결집한다는 명분으로 미국의 경제원조 자금을 얻어 안양의 검역본부(가축위생연구소)의 본관 건물을 신축하고 본소를 안양으로 이전하게 하였다. 이 원조사업은 사라호 태풍피해를 위해 USOM이 농촌진흥청에 지원한 유일한 사업이다[11]. 1962년 '농촌진흥법' 공포에 따라 농촌진흥청 가축위연구소로 발족되어 본소와 지소의 위치가 바뀌어 안양이 본소, 부산이 지소가 되었으며, 부산지소는 1963년 10월 폐지되었다. 가축위생연구소는 1998년 2월 수의과학연구소로 개칭, 1998년 8월 1일 국립동물검역소와 통합하여 국립수의과학검역원이 되었으며, 현재는 농림축산검역본부의 형태로 김천에 소재한다.

대통령령 제23호(1948년 11월 4일; 장관 조봉암) 제3조에 따르면 농림부에 비서실, 농정국, 양정국, 축정국, 농지국, 산림국 및 농촌 지도국을, 제7조 축정국에 축정과 및 수의과를 둔다고 하였다. 하지만 이후, 대통령령 제309호(1950년 3월 31일) 제3조 농림부에 총무과, 경리과, 조사통계과와 농정국, 산림국, 축정국, 양정국, 농지국으로, 제9조 축정국에 축정과와 수의과를 둔다고 하였으며. 수의과는 가축위생, 축산물검사, 도축장, 및 우유처리장의 지도감독, 중앙기축위생연구소 및 가축검역소와의 연락조절에 관한 사항을 분장한다고 하였다. 이 규정 말미에 "대통령령 제23호 농림부직제는 이를 폐지한다"라고 하여 대통령령 상의 중복을 피하였다. 실질적 업무는 좀 더 일찍 이루어졌겠지만, 법적인 뒷받침은 이 무렵에서야 행해졌음을 볼 수 있다. 1961년 10월 2일 각령 제182호로 축정국을 축산국으로 하고 축정과와 가축위생과를 두었고, 1962년 3월 29일 각령 614호로 축산국에 축산과를 신설하여 축정과. 가축위생과. 축산과 체제가 되었다.

2. 수의학교육

수의과대학이 개설된 대학은 강원대학교, 건국대학교, 경북대학교, 경상국립대학교, 서울대학교, 전남대학교, 전북대학교, 제주대학교, 충남대학교, 충북대학교 이다. 이들 10개 수의학교육기관은 수의학의 연구와 전문수의사들의 양성에 힘쓰고 있다. 이 장에서는 수의학교육제도의 변천 과정에 대해서 기술하고자 한다.

1) 대학교육(학사) 이전

1904년 서울 뚝섬에 농상공학교가 설립되었다. 이 학교에서 1906년 9월 농과를 농림학교로 분리하여 1907년 1월 수원으로 이사함에 따라 수원농림학교(2년제)가 설립되었다(1910년에 3년제로 변경). 이 학교의 교과과정에 농과 2년차에 축산 1시간, 수의 대의(獸醫大意) 3시간이 있었다. 1908년 3월 4일 농상공부소관 농림학교 규칙의 개정으로 수원농림학교에 같은 해 4월 25일 수의속성과(20명)가 설치되었다. 그러나 수의 속성과는 1회 졸업생만 배출하고 다음 해인 1909년 4월 폐지되었다(속성과는 수업연한이 1년이다). 이들 학생에게는 관비가 지급되는 대신 졸업 후 지정된 근무지에서 관비지급 기간의 2배에 해당하는 기간을 근무하게 하였으며, 만약 이를 이행하지 않으면 재학 중 급여 받은 장학금의 전부 혹은 일부를 상환하도록 하였다(농상공부령 제62호). 군 통수권이 일본에 넘어감에 따라 일본군 체제 하에 한국학교에서 보통(초등)학교를 졸업하고 1년 동안 교육받은 한국인 수의사가 일본군 말을 다루어야하는 것이 미덥지 못하였을 것이다. 그리고 농상공부에서의 일반 수의는 수요가 아주 적었다. 이러한 사유가 인가 1년 만에 수의속성과를 폐지하게 한 듯하다.

1909년 수의속성과의 폐지로 수의학교육은 20여년간 공백기를 가졌지만, 1931년 4월 1일에 이리농림학교에 수의축산과가 신설됨으로써 보통학교(현재의 초등학교) 졸업 후 입학하는 중등교육과정인 5년제 수의교육기관이 처음으로 탄생하게 되었다. 이에서처럼 우리나라 수의학교육의 시작은 일제강점기 보통학교 교육을 마치고 수업연한 5년의 농업학교 수의축산과에서 공부하는 중등교육과, 보통학교와 5년과정의 중학교를 졸업한 후 3년 과정의 수원농림전문학교 수의축산학과를 이수하는 고등교육으로 구분한다(농업학교 졸업생도 중학교 졸업생과 수업연한이 동일하므로 이리농림학교를 졸업하고 수원농림전문학교에 진학한 사람도 있었다). 중등교육과정을 수의축산과라하고 고등교육과정을 수의축산학과라 하였다. 한편 수원농림학교의 경우 설립 당시는 입학 자격이 보통학교를 졸업한 자로 하였다. 그러나 1918년 수원농림전문학교(보통학교를 졸업하고 5년 과정의 중학교<고등보통학교> 졸업자가 입학하는 과정으로 변경)로 개칭되었다가(수업연한 3년), 1922년 3월 수원고등농림학교(이른바 '수원고농')라 하였다가, 1944년 4월에 다시 수원농림전문학교로 개칭되었다. 하지만, 이리농림이든 수원고농(수원농림전문)이든 일본의 수의교과과정에는 '전통수의학'에 관한 교과목을 찾을 수는 없다. 이는 당시 일본의 의학교육에서 "한의학의 교육은 하지 않는다는 시책"으로 일본수의학교육은 물론 우리나라 수의학교육 역시 그 시책을 따랐다.

2) 수업연한 4년제 대학교육

미군정은 3년(1945년 8월 16일~1948년 8월 15일)이라는 길지 않은 기간이었지만 우리나라 수의학교육에 획기적인 전환점을 제공하였다. 제도적으로는 수의축산의 교육을 분리하였고, 분리된 수의를 서울로 옮기고 단과대학으로 갈 수 있도록 길을 열었다. 이 과정은 미군정 수의장교의 적극적인 도움으로 서울에 수의과대학이 문을 열게 되었다. 이후 수의학교육의 시작은 농과대학 수의학과이었지만 향후 수의과대학으로 독립하여 진정한 의미의 수의사(DVM) 교육으로 가게 되었다(국립의 경우, 일본도 '북해도 수의과대학'을 제외하면 '농과대학 수의학과'로 지속되고 있다). 또한 이때의 교육 내용 역시 말 중심의 수의학교육이 농장동물과 반려동물 중심으로 전환하였다. 사실상 서양식 수의학교육의 문을 연 셈이다.

미군정이 끝나고 대한민국 정부가 자리를 잡아갈 무렵 국회에서는 법률 제86호로 교육법(1949년 12월 31일, 현재는 고등교육법)이 통과 공포되면서 서울이 아닌 지방에도 대학이 설립되어 자리를 잡아갔다. 전북이 한발 앞서 출발하게 되었는데, ① 1947년 10월 15일 도립이리 농과대학(농학과, 임학과)과 ② 1948년 8월 1일 설립된 전주 명륜학원 그리고 ③ 1948년 9월 1일 발족한 군산대학관을 통합하여 전북대학교(1952년 6월 8일)가 출발하였다. 수의학과는 1951년 8월에 도립이리농과대학에 합류하였으나 1학기의 수업 일수가 부족하여 8월과 9월의 방학과 10월을 1학기로 간주하여 수업 일수를 채웠다고 한다(5년제 이리농림학교 졸업생은 1년간의 수학을 더 하고 4년제 대학에 입학이 가능하였다). 이후 1952년 4월 전북대학교 농과대학 수의학과로 개편되었다. 전남대학교는 3개의 도립대학(도립 광주의과대학, 도립 광주농과대학, 도립 목포상과대학)과 사립이었던 대성대학(국립대학이 발족하면 나라에 헌납하기로 하였다)이 전남대학교 설립의 모태가 되었다. 농과대학을 살펴보면 구한말 광주농림학교로 출발하여 해방 후 광주공립농업중학교(6년제)로 교명이 변경되었으며 시민들의 염원에 따라 1950년 5월 27일 광주초급농과대학이 되었고, 전란 중이었지만 4년제 대학 승격 운동이 있어 4년제 도립광주농과대학의 설립이 인가되었다. 이때 농학과와 임학과에 더하여 축산학과가 신설되었다. 이 당시의 축산학과는 다음 해인 1952년 11월 15일 교수회의에서 과명을 수의학과로 전환하도록 결정하고 승인을 받았다.

1951년 10월 6일 대구농과대학, 대구사범대학, 대구의과대학이 모체가 되고 문리과대학, 법정대학이 추가되어 국립경북대학교가 발족하였다. 농과대학이 거쳐 온 과정을

살펴보면 일제강점기말인 1943년 12월 1일 수원고등농림학교와 같은 관립대구고등
농림학교가 설립인가(농학과, 농예화학과)를 받았다. 그러나 학생 모집을 하지 못한 상
태에서 다음 해인 1944년 4월 1일 전문학교령(이른바 '고농'이 '전문학교'로 변경)에 따라
대구농림전문학교(3년제)로 개칭하고 농학과 50명, 농예화학과 50명을 모집하였다.
그러나 해방 직후인 1945년 11월 3일 미군정 방침에 의하여 대구농림전문학교는 수원
농림전문학교와 통합하기로 하고 대구농전을 폐지하였다. 그 후 대구에서는 대구농
전 부활 운동이 있었고, 이 학교가 2년제 초급대구농과대학이 되었다. 이는 다시 1951년
7월에는 4년제 대구농과대학으로 승격하였다. 이 무렵 51년 10월 6일 국립 경북대학교
의 발족으로 대구농과대학은 경북대학교 농과대학이 되었고, 1954년 4월에 수의학과
가 신설되었다. 한편 경성농업중학교는 초급대학(1950년 6월)을 거쳐 서울시립인 서울
농업대학을 발족하였는데, 경북대와 같은 해인 1954년 4월 수의학과가 신설되었다.

경상국립대 수의학과 출발을 보면 미군정 마지막 날인 1948년 8월 14일 도립 초급
진주농과대학 농학과로 인가를 받았으며 1951년에 임학과, 1952년에 축산학과가 신
설되었다. 1953년 2월에 4년제 대학으로 승격되었으며, 1955년 4월 수의학과(40명)가
신설되었다. 같은 해인 1955년 4월에 제주대학에 수의학과가 신설되었다. 그리고 유
일무이한 사학교육 기관으로 1968년 3월 서울의 건국대학교 축산대학에서 수의학교
육을 시작하였다. 그리하여 수의학교육은 1973년까지 국립 7개 학과와 사립 1개 학과
체제로 유지되었다.

1961년에는 5·16 군사정변이 있었다. 5·16 군사정변은 사회적으로 큰 변화와 함께
수의학교육에도 큰 변화를 일으켰다. 우선 1961년의 수의과대학 입학정원이 320명이
었는데 비하여 1962년 입학정원은 120명으로 감축되었다(서울농업, 전북, 제주는 폐지
되었고, 경북, 서울, 전남, 진주는 정원감축이 있었다. 서울대는 정원감축과 함께 학과로 격하되
어 수원캠퍼스로 이전하였다). 다음 해인 1963년에 서울농업대와 전북대가 부활하였고,
그 다음 해에는 제주대가 부활하였다. 이처럼 군사정부 특유의 강력한 행정력을 바탕
으로 추진된 대학 정비의 시도는 순기능도 있었지만, 급진적 시책으로 폐지와 부활을
반복하는 시행착오도 있었다.

3) 수업연한 6년제 대학 교육

수업연한 6년의 첫 입학생인 수의예과 1학년이 되는 1998년은 수의학교육에서 큰

전환점이 되었다. 학교에 따라 다소의 차이가 있겠지만 수업연한 연장으로 소동물의 임상실습이 강화되면서 새로운 교수 정원은 임상 교육에 치중되었다. 또한 우리나라의 경제성장으로 생활이 나아짐에 따라 동물보호법의 강화, 반려동물의 수 증가를 수반하였다. 농장동물 사육환경은 더 어려워진 것은 사실이지만, 우리 생활에 필수적인 먹거리이므로 수의진료가 동물별로 세분화가 정착되고 있다. 대학동물병원의 시설도 괄목할 만큼 성장하였지만, 대도시에는 2차 진료기관이 탄생하여 그 시설이 대학병원과 버금가는 곳도 있다. 특히, 서울대학교 수의과대학은 아시아에서는 처음으로 American Veterinary Medical Association(AVMA, 미국수의사회)의 교육인증을 받아 그 해부터 졸업생은 National America Veterinary Licensing Examination(NAVLE, 북미수의사자격시험)인 NAVLE만 합격하면 미국에서 수의사로 활동할 수 있게 되었다. 물론 임상수의사로 활동하려면 해당 주(state) 수의사회에서 실시하는 시험에 통과하여야 한다. AVMA 교육인증을 받지 않은 대학은 Educational Commission for Foreign Veterinary Graduates(ECFVG) 또는 Program for the Assessment of Veterinary Education Equivalence(PAVE) 과정을 거치면 NAVLE 응시 자격을 얻을 수 있다.

📚 수의학과 통합과 환원[12]

미군정의 영향으로 농과대학 수의학과가 아닌 수의학부로 출발한 서울대학교와 달리 1950년 이후에 출발한 지방에서는 농과대학 수의학과로 시작하였다. "수의학교육 강화를 위한 전국 각 대학 수의학과 통합에 관한 건의"라는 제목의 문건이 서울대학교 학장 회의에 보고되었다."는 내용이 1958년 11월 24일 서울대학교 수의과대학 교수 회의록 보고 사항으로 기록되어 있다. 이것이 수의학교육의 수업연한과 통합에 관한 최초의 공식 기록이다.

이후 4·19, 5·16이 발생하면서 공식적으로 통합이나 수업연한에 관한 논의를 할 수 있는 사회적 여건이 아니었다. 다만 수의사 수급 조절에 관한 견지에서 대학의 통합에 관한 내용의 글, 즉 백영기 교수의 '수의교육에 관한 관견(管見)'과 전윤성 교수의 '수의학과 교육의 분석과 제언'이 소개될 수준이었다. 그러나 1973년 4월 수의학과가 설치된 8개 농과대학(건국대, 경북대, 경상대, 서울대, 서울시립농대, 전남대, 전북대, 제주대) 학장과 수의학과장 연석회의(문교부장관, 민관식)에서 1974년부터 수의학의 수업연한을 6년으로 연장하기로 하고 모든 시설(사립인 건국대 제외)을 포함한 8개 대학의 교수 및 학생을 한곳에 통합하기로 결정하였다. 이것은 처음 의도와는 상당히 다른 모습으로 대통령령 제961호(국립학교설치령 중 개정령)로 실현되었다. 1973년 9월 3일, 서울대학교 대학신문을 보면 '전략(前略) 지난 4월 문교부에서는 현재 각 대학에 있는 수의학과를 폐지하고 새로운 6년제 수의과대학을 설치한다는 발표가 있었는데, 이를 수정 본교의 수의학과를 수의과대학으로 승격시키고 타 대학의 수의학과는 현재 남아 있는 학생만 졸업시킨 후 폐지키로 한 것이다. 수의과대학 신설에 따른 구체적인 내용은 학칙 개정 후에 밝혀질 것인데 현 농대 캠퍼스가 있는 수원에 설치될 것이라 한다.'라고 보도하였다.

여기까지만 하여도 타 대학에서는 긍정적으로 받아들였다. 결정적인 문제는 교수 통합이었는데, 처음에는 담당 강의가 끝난 후 연차적으로 통합한다는 견해이었으나 그 후 '서울대학교로 옮기기로 원하는 교수는 서울대학교 인사 규정에 따른다'는 본부 결정이 있고부터 다른 대학에서는 뭔가 잘못되어 간다는 견해가 대두되기 시작하였으며, 이것은 통합이 아니라 폐합이라는 우려가 대두되었다. 한편 1975년 후반기에 문교부에서는 6년제 수의학교육제도를 다시 4년으로 하고 경북대학교 농과대학과 전남대학교 농과대학에 수의학과를 부활한다는 발표를 하였다(대통령령 7930호, 국립학교설치령 중 개정령). 이것은 우리나라 수의학교육제도를 퇴보하게 한 조치였다. 이처럼 수업연한 연장이 실패하였지만, 이러한 갑작스러운 교육제도의 변화는 학생들에게도 큰 피해를 주었다. 1974년 수의예과로 입학한 이른바 74학번 입학생(80명)은 예과 2년을 마치고 본과 1학년이 아닌 수의학과 3학년에 진급하게 됨에 따라 전공 3년 과정을 2년에 마치고 졸업하는 우여곡절을 겪었다.

이와 같이 수의학과 통합의 근본적인 이유가 퇴색되자 건국대(1979년), 경상대(1979년), 전북대(1980년), 제주대(1989년)에 수의학과가 부활하였고, 충남대(1982년), 강원대(1988년), 충북대(1989년)에 수의학과가 신설되어 10개의 수의과대학(학과 포함) 체계가 되었다. 이후, 통합에 대한 논의는 1974년의 실패를 거울 삼아 수업연한 연장만 대상으로 논의하였다. 수의과대학 학장협의회에서는 전국의 모든 수의과대학 교수들을 대상으로 설문조사를 한 결과를 건의문(수업연한을 6년으로 연장)으로 작성하여 1989년 6월 9일에 교육부에 전달하였다(설문조사 결과 수업연한 연장 찬성이 99%이었으며 찬성자 중 74%는 6년제, 26%는 5년제). 수의학의 수업연한 연장을 위해 4년 2개월(1992년 7월 1일~1996년 8월 23일)이 소요되었다. 이와 같이 오랜 기간이 소요된 것은 그동안 장관(조

완규, 오병문, 김숙희, 박영식, 안병영)이 5명이나 교체되었고, 그때마다 실무자와 담당과장의 인사 이동이 있었으며, 무엇보다 수의학이 작은 학문 분야이기에 인사 이동 후에는 실무자와 담당과장에게는 수업연한 연장 타당성부터 다시 설명해야 했다. 이와 더불어 수업연한 연장의 움직임과 함께 시작한 대학승격이 경북과 전남으로부터 시작하여 농과대학(건국대는 축산대학) 수의학과로 있었던 모든 대학이 수의과대학으로 승격하였다(미국에서는 veterinary medicine과 veterinary science를 엄격히 구분한다). 수업연한이 연장되자 대학에서는 수업연한 연장에 따른 교수의 확보, 졸업생들의 진로 문제, 병역 문제(공중방역수의사), 수의과대학 신설의 난립 방지(고등교육법 시행령 28조 3항), 자연과학대학으로부터 수의과대학으로 수의예과의 소속변경 등 6년제 수의학교육 환경개선을 위해 노력하여 왔다.

4) 현재 운영되고 있는 10개 수의과대학 소개

① 강원대학교

강원대학교 수의과대학(강원도 춘천)은 1988년 설립되어 동물의 건강 및 질병과 관련된 수의학 분야의 이론과 실제를 교육함으로써 동물질병을 예방하고 치료할 수 있는 훌륭한 자질을 지닌 수의전문인력을 양성하고 있다. 현재 부설 및 협력 기관으로 동물병원, 동물의학종합연구소 그리고 야생동물구조센터가 설립되어 있고 이를 통해 반려동물과 야생동물의 진료, 교수의 연구, 학생들의 교육이 진행되고 있다. 또한 국제화 시대에 대비하여 수의사의 국제기구 진출 및 미국 수의사자격 취득 지원을 위한 프로그램 개발 및 교과과정 개편을 계획하고 있다.

② 건국대학교

건국대학교 수의과대학(서울특별시)은 1968년도에 축산대학 수의학과로서 설립되었으며 교육목표는 생명존중의 가치관을 바탕으로 동물, 인간 및 환경의 건강을 수호하는 선도적 수의사를 양성하는 것이다. 이를 위해 선도적으로 교육과정을 개편하여 임상교육 역량을 강화하기 위한 수업을 확대하고 있고, 교내 동물병원 및 교외의 대형 동물병원들과 긴밀히 협조하고 있으며 이론교육과 임상실습 등을 체계적으로 수행하고 있다. 또한 Pacific States University 주관으로 미국 동물병원과 동물보호소에서 매년 80명의 학생을 대상으로 4주간의 연수교육을 진행하고 있다.

③ 경북대학교

경북대학교 수의과대학(대구광역시)은 1954년 수의학과로 신설되었고 교육목표는 따뜻한 마음으로 동물과 소통하며, 이를 통해 동물의 건강 상태를 면밀히 관찰하고 적절한 치료를 제공함으로써 동물의 건강을 유지하는 수의사를 양성하는 데 있다. 더 나아가, COVID-19와 같은 팬데믹 상황이나 기후 변화로 발생하는 인수공통감염병에 선제적으로 대응할 수 있는 수의사를 배출하는 데 중점을 두고 있고, 인문학적 소양과 과학적 사고를 겸비한 융합형 인재를 양성하며, 인간과 동물이 함께 살아가는 건강한 생태계를 유지하는 데 기여할 수 있도록 교육하고 있다.

④ 경상국립대학교

경상국립대학교 수의과대학(경남 진주)은 1955년 설립된 경남, 부산, 울산 권역의 유일한 수의학교육 및 연구 기관으로 임상현장, 연구소, 산업체 등의 필요를 사전에 파악하여 교육과정에 반영하는 동시적 교육제도를 도입하였으며, 학생들에게 외국 대학에 장·단기 연수 등의 기회를 부여함으로써 국제화된 교육을 추진함으로써 시대적 흐름에 맞고 지역사회의 발전에 기여할 수 있는 전문 지식인을 양성하고 있다. 또한 경상국립대학교 부산동물병원 건립사업이 승인되어 2025년에 착공하여 2027년부터 국내 최상급 대학동물병원을 부산(동명대)에 개원할 예정이다.

⑤ 서울대학교

서울대학교 수의과대학(서울특별시)은 1947년 수의학부 개설 이래 국제적인 수준의 역량을 갖추기 위해 부단히 노력한 결과 2019년 미국 수의사회 교육인증(AVMA)을 획득하고, 2023년 영국 글로벌 대학평가기관인 'QS(Quacquarelli Symonds)'가 발표한 대학평가에서 49위로 평가되는 등 세계적인 수의학교육·연구기관으로서 인정받고 있다. 앞으로 서울대학교 수의과대학은 교육과정 내실화, 국제적인 연구 인프라 확보, 산학공동연구 활성화 및 동물병원 선진화를 통해 미래 사회 발전에 공헌하는 창의적인 대학으로 거듭나고자 한다.

⑥ 전남대학교

전남대학교 수의과대학(광주광역시)은 1952년에 설립되어 수의사 윤리의식에 기초하여 동물과 사람의 생명 존엄성과 건강을 수호하는 수의사를 양성하여 국가와 사회,

나아가 인류의 보건향상에 공헌함을 교육목적으로 하고 있다. 2021년 11월에는 호남권 최대 규모의 신축 동물병원을 개원하여 동물의료센터 및 임상교육기관으로서 중추적인 역할을 수행하고 있다. 더불어 국내·외의 정부기관과 지역사회 유관기관, 그리고 다수의 대학들과 유기적인 관계를 통해 국제화에 부응할 수 있도록 네트워크를 구축하고 있다.

⑦ 전북대학교

전북대학교 수의과대학(전북 익산)은 1951년 이리농과대학에서 설립되어 전북대학교의 선두 대학으로 자리매김 해오고 있다. 현재 수의과대학에는 인수공통감염병연구소가 설치 운영되고 있고 실험동물센터는 설계가 마무리되어 익산 특성화 캠퍼스에 착공을 준비하고 있다. 또한 동물용 의약품 효능 평가센터도 착공하여 건립이 진행 중에 있으며, 새로운 2단계사업으로 동물용 의약품 시제품 생산지원 시설 구축을 위한 300억 규모의 사업을 수주하였다.

⑧ 제주대학교

제주대학교 수의과대학(제주도 제주시)은 1955년 농학부 수의축산학과 개설과 더불어 시작되었고 도심과 농촌(축산), 산림과 바다가 어우러져 있기에 반려동물은 물론 산업동물(말 특성화 교육, 말 전문 동물병원 운영), 야생동물과 수생동물 등을 쉽게 접할 수 있고 유관기관이 근거리에 위치하고 있다. 이러한 천혜의 환경과 최고의 교육여건을 최대한 활용하여 다양한 분야로 진출할 수 있는 수의사를 양성하고 있으며, 이를 통하여 국내는 물론 국제적으로도 경쟁력이 있는 수의사로 성장 발전할 수 있도록 노력하고 있다.

⑨ 충남대학교

충남대학교 수의과대학(대전광역시)은 1982년에 설립되어 인류와 동물의 건강과 복지를 위해 공헌하는 전문수의사, 동물과 생명에 대해 존중할 줄 아는 태도를 갖춘 인재를 양성하고 있다. 현재 명실상부한 대전·충남·세종 시대의 새로운 거점 수의과대학으로서 자리할 수 있도록 노력하고 있다. 또한 교육시스템을 개선해 나가고 연구에 정진하여 동물과 인류의 건강과 복지를 위해 맨 앞에서 일하며 사회적으로 존경받는 리더로서의 수의사 양성을 위해 끊임없이 노력하고 있다.

⑩ 충북대학교

충북대학교 수의과대학(충북 청주)은 1989년 개교이래, 글로컬 혁신을 선도하고 인류보건 향상, 동물복지 증진 및 건강한 인간-동물-자연의 One Health를 리드하는 창의적이고 올바른 인성을 갖춘 수의사를 양성하고 있다. 실험동물연구지원센터 구축, 반려동물 중개의학 암센터 설립 및 수의방역대학원 인재양성 사업, 세종충북대동물병원 설립 운영 등의 주요사업을 선도적으로 발굴하여 수행하고 있다. 또한 지역별 특화 교육연구시설인 청주-오창-세종 캠퍼스를 구축하여 지역발전과 함께 글로컬 혁신대학으로 거듭나고 있다.

표 1-1 대한민국의 수의과대학

설립 기관	대학이름	설립 년도	입학 정원	전임 교원	위 치
사립	건국대학교 수의과대학	1968년	76	34	서울특별시 광진구 능동로 120 https://konkuk.ac.kr
국립	강원대학교 수의과대학	1988년	40	28	강원도 춘천시 강원대학길 1 https://www.kangwon.ac.kr
	경북대학교 수의과대학	1954년	57	32	대구광역시 북구 대학로 80 http://knu.ac.kr
	경상국립대학교 수의과대학	1955년	50	30	경남 진주시 진주대로 501 https://www.gnu.ac.kr
	서울대학교 수의과대학	1947년	40	47	서울특별시 관악구 관악로 1번지 https://www.snu.ac.kr
	전남대학교 수의과대학	1951년	51	25	광주광역시 북구 용봉로 77 https://www.jnu.ac.kr/jnumain.aspx
	전북대학교 수의과대학	1951년	50	37	전북 익산시 고봉로 79(특성화캠퍼스) https://www.jbnu.ac.kr/web/index.do
	제주대학교 수의과대학	1955년	40	22	제주특별자치도 제주시 제주대학로 102 https://www.jejunu.ac.kr/
	충남대학교 수의과대학	1982년	57	27	대전광역시 유성구 대학로 99 https://plus.cnu.ac.kr/html/kr/
	충북대학교 수의과대학	1989년	46	28	충북 청주시 서원구 충대로 1 https://www.cbnu.ac.kr/www/index.do

1. 전임교원은 2024년 '한국수의과대학협회' 책자에 따랐다.
2. 입학 정원(2025년)은 정원외 입학생(농어촌특별전형, 글로벌전형 등)을 포함한다.

3. 수의사 면허

1) 일제강점기

우리나라에서는 조선수의사법을 제정하지 못한 상태에서 1926년 4월 6일 법률 제53호로 일본 제국국회를 통과한 수의사법을 준용하여 1937년 9월 1일 조선총독부령 제132호로 전문 25조 및 부칙으로 된 조선수의사규칙(朝鮮獸醫師規則과 가축의생규칙(家畜醫生規則))을 공포하였다. 조선수의사규칙 제1조에는 수의사가 되려는 자는 다음 각 호에 해당하는 자로서 조선총독부의 면허를 받아야 한다고 하였다. ① 관립이나 공립 실업학교 또는 조선총독이 이와 동등이상이라고 인정하여 지정한 실업학교에서 수의학을 전공하여 졸업한 자 ② 외국의 수의학교를 졸업하였거나 외국에서 수의사면허를 받은 제국 신민으로서 수의업을 하기에 적당하다고 인정된 자 ③ 농림대신이 교부한 수의사면허증 또는 수의면장(가축의생(家畜醫生)에게 주어진 수의업 면허)을 가진 자는 이 영에 의하여 수의사면허를 받은 자로 본다라고 규정하였다(한국수의학사). 이처럼 조선수의사규칙에는 수의사 면허와 수의업 면허의 두 가지 면허를 포함하고 있었는데, 수의업 면허는 당시 활동하고 있는 전통수의사들을 한시적으로 인정하기 위한 임시방편이기 때문에 따로 가축의생규칙을 제정 공포하였다.

가축의생규칙을 좀 더 살펴보면 조선총독부의 가축의생규칙 지침 제1조에 현재 가축의 질병에 관하여 진찰 또는 치료를 업무로 하는 자로써 상당한 기량을 가진 자로 하고 활동 지역과 기간(7년)을 정하도록 각 도 장관에게 하달하였다. 그중 한 예로 경상남도가 공포한 가축의생규칙 제1조에는 20세 이상인 자로써 조선수의사규칙 시행 당시 조선에서 가축의 질병에 관한 진찰 및 치료업무를 하고있는 자 그리고 제8조에는 가축 전염병이 의심이 되는 경우 경찰관서나 가축방역위원에게 신고하도록 하였다. 그런데 가축의생이 사용할 수 있는 독약이나 극약이 안티피린, 안티헤프린, 옥도정기, 석탄산, 초산연 다섯 가지인 점으로 보아 가축의생의 치료는 극히 제한적으로 보인다.

일제강점기 조선에서의 수의사는 일본에서 교육을 받고 수의사면허를 받은 사람, 군에서 수의교육을 이수하고 일등 혹은 이등 수의라는 계급(후에는 수의장교로써 소위, 중위 등의 계급)으로 근무한 자들, 1937년 조선수의사규칙에 의하여 시험에 합격한 사람, 조선의 전통적인 수의 즉 마의 혹은 우의로 활동하다가 가축의생규칙에 의하여 수의업 면허를 받은 사람(해당 도에서만 활동), 그리고 이리농림학교 수의축산과 졸업생들이다.

1941년 6월 17일 조선총독부령 제170호로 조선수의사규칙을 개정(종전의 조선 수의사 규칙은 실업학교 졸업생이 면허를 신청하면 발급하였으나, 시험에 합격한 사람에게만 면허를 발급한다는 내용, 전문학교 졸업생은 시험을 면제)하고, 같은 날짜로 조선수의사시험규칙과 조선수의사시험위원회 규정을 제정 공포하였다. 조선수의사면허시험의 합격으로 부여받은 면허증은 일본에서는 그 자격이 유효하지 않았지만(일본수의사면허시험 응시자격은 부여) 만주국에서는 유효하였으며, 육군의 수의부 간부후보생으로 갈 수 있는 특전이 주어졌다. 시험은 1년에 두 번 실시하되, 과목합격을 3년 동안 인정하였으므로 6번의 기회를 주는 제도였다. 당시의 면허시험의 학술시험은 12과목(가축해부학, 가축생리학, 가축병리학<가축병리해부학 포함>, 가축약물학, 가축세균학 및 면역학, 가축내과학<가축전염병학 포함>, 가축외과학, 가축산과학, 수의경찰학<가축위생학 포함>, 축산학<축산제조학>, 가축사양학, 장제학<제병학 포함>)과 실기시험 4과목((<학술시험에 합격한 자>(내과임상, 외과임상, 외과수술, 장제))이 부과되었다. 수의경찰학(현재의 수의법규에 해당), 축산학<축산제조학>, 가축사양학, 장제학<제병학 포함>)이 면허시험에 포함된 것이 특이하다. 실기시험의 경우 3회부터 수원에 있는 수원고농(곧 농림전문으로 교명 변경)에서 실시되었다. 조선수의사면허시험은 1941년 11월 10일 경성부 경성공립농업학교(현 서울시립대학교 부지)에서 처음 실시되었는데, 제1회 학과 시험 최종합격자는 응시자 69명 중 15명이었다. 실기시험은 11월 24일 있었는데, 최종합격자는 11명(일본인 4명 포함)이었다. 일제강점기의 마지막 시험은 1945년 6월에 실시되었으며 최종합격자는 15명이었다.

우리나라 사람으로 수의사면허증을 부여받은 첫 번째 사람은 일제강점기 일본에서 수의사면허를 취득한 이달빈(李達彬, 1893~1979년)이다. 그는 제주에서 태어나 일본으로 건너가 1916년 오사카부립대학 예과에 입학하여 1920년 수의축산과

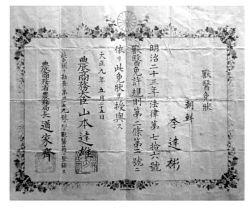

그림 1-5 한국인 최초의 수의사 면허증

를 졸업하고 같은 해 5월 25일 일본 농상무성대신의 수의사면허를 받았다(그림 1-5). 한편 조선수의사규칙에 근거하여 1938년 1월 15일부터(첫시험일은 1941년 11월10일) 1942년 12월 15일까지 수의사면허를 교부받은 사람은 298명으로, 이들은 경과규정으로 자격을 인정받아 면허를 교부받은 사람도 있고 시험을 거쳐 면허를 교부받은 사람도 있었다.

2) 대한민국

4년제 대학 수의학과 졸업자에게 국가시험 없이 수의사면허를 수여하는 제도는 1956년 12월 26일 수의사법이 제정됨에 따라 폐지되었고, 이후부터는 졸업 후 수의사 국가시험에 합격해야만 면허를 취득할 수 있게 되었다. 제1회 수의사국가시험은 1957년 9월 27~28 양일간 실시되었으며 7개의 시험과목(수의내과학, 수의외과학, 수의약리학, 수의산과학, 수의전염병학, 수의위생학, 수의법규)중 시험 60일 전에 농림부장관이 고시한 5과목을 그 해의 시험과목으로 하였다. 이 당시에도 정규과정(수의과대학)을 이수하지 않은 사람을 위해 실시하는 예비시험제도가 있었는데, 예비시험 응시자격은 문교부장관이 인정하는 고등학교졸업자 또는 이와 동등의 자격이 있는 자로 하였으며, 시험과목은 학술시험 13과목과 실기시험 2과목으로 하고 과목합격의 효력은 4년으로 하였다. 하지만 예비시험제도로 자격을 인정받아 본고사(수의사국가고사)를 거쳐 수의사 면허를 받은 사람은 아무도 없었고, 1974년 12월 26일 수의사법이 개정되면서 예비고사제도는 폐지되었다.

1975년 6월 28일 농림부령 제10조 개정으로 고시과목은 기존의 과목에 수의해부학, 수의생리학, 수의병리학이 추가되어 10과목이 되었다. 이후, 1998년 수의학교육의 수업연한 연장(1998년 입학생부터 6년)과 발맞추어 대통령령의 개정(2006년 1월 26일)으로 2011년 1월 시행되는 국가시험 과목은 기초수의학, 예방수의학, 임상수의학, 수의법규 및 축산학의 4과목으로 변경하도록 하였다. 그러나 합격 기준은 종전과 마찬가지로 모든 과목 총점의 6할 이상, 각 과목 4할 이상 득점한 자로 하였다. 수의사 국가시험은 국내 수의과대학을 졸업하고 수의학사 학위를 받았거나 6개월 이내에 받을 예정인 사람과 농림축산식품부에서 정한 "수의사 국가시험응시자격 관련 외국대학 인정기준"(농림축산식품부 고시 제2022-18호) 자격에 충족한 사람으로 한다이다.

수의사 국가시험응시자격 관련 외국대학 인정 기준은 외국의 수의과대학(수의학과)을 졸업하고 해당 대학의 나라에서 수의사 국가고시에 합격한 자로써 다음의 조건을 갖춘 자이다.

　① 국제적인 수의과대학 인증 기구(가, 나, 다)로부터 인증을 받은 대학

　　가. AVMA(American Veterinary Medical Association)

　　나. EAEVE(European Association of Establishments for Veterinary Education)

　　다. RCVS(Royal College of Veterinary Sugeons)

　② 수업연한이 5년 이상인 대학에서 전공학점이 160학점을 이수한 자.

　한편, 우리나라에서는 현재 전문 수의사에 관한 규정이 농림축산식품부장관령으로 정하여 있지 않아, 법령 미비로 전문 수의사라기보다는 '인정전문의(De facto)'라는 표현이 더 적합할 것이다. 인정전문의 제도란 법적으로 공인된 사항이 아니지만 사실상(事實上)의 의미의 표현으로 사용하는 라틴어 용어이다. 우리나라의 법령미비를 감안하여 아시아수의전문의 제도로 출발하였는데, 현재 안과·피부과가 앞서가고 내과, 외과는 국내 10개 대학의 교수들이 규정을 만들고 다듬어 전문수의사 과정이 정착되도록 노력하고 있다. 이를테면 대한수의피부과학회는 아시아수의피부과학회 회원단체로 참여하여 오태호 교수(경북대)와 황철용 교수(서울대)가 인정전문의로 인정받았고 2013년부터 서울대학교 동물병원에 아시아수의피부과전문의 정규과정이 운영되고 있다.

4. 동물병원 발달

　우리나라 최초의 동물병원(지금의 상황으로 보면 소동물병원이 맞겠지만 당시는 모든 동물을 대상으로 하는 병원)을 알리는 광고가 경성신보(1909년 8월 27일)에 게재되었다(그림 1-6). 오가와(小川) 가축병원으로 우, 마, 견, 돈이라 표시하였고 경성시 명치정(明治町, 현재의 명동) 3정목(丁目)이고 전화(437번)까지 마련하였지만, 내원하는 환축이 적어 결국 폐원하였다. 이 무렵 어느 일본인이 서울의 육정

그림 1-6
1909년 8월
27일 경성신보에
게재된 광고.
우리나라에 처음
개원한 가축병원
(대한제국 시절)

41

(旭町, 현재 북창동)에 상점 하나를 세내어 한성가축병원(漢城家畜病院)을 개원하였다. 신문에 광고를 내고 전단지를 만들어 널리 알리기도 하였지만 결과는 생각했던 것과 달랐다. "조선 사람들은 환축을 이끌고 오면 우선 며칠간 치료를 해야 하며 진료비는 얼마쯤 들 것인가를 묻고는 너무나 비싸다고 하면서 돌아가기가 일쑤였다"고 한다. 이들 외에도 동물병원 개원을 알리는 광고(1910년 12월 20일 경성신보, 1916년 12월 2일 경성신보)가 게재되었지만, 사람이 아파도 병원에 잘 가지 못하는 시절이라 가축까지 진료할 형편은 아니어서 경영이 어려워지자 동물병원을 폐원하고 당시 막 시작된 도축검사원이 되었다. 당시는 대한제국 시대였지만, 일본의 수의사들이 도축검사원(1896년에 제정, 최초의 수의 법률)으로 활동하였다. 당시 우리나라 전통 수의사들은 소와 말을 대상으로 침술 치료를 하였기에 일본인 수의사들의 눈에는 경쟁 대상이 아니라고 생각되어 일본인들이 가축병원을 개원하였으나, 경영 실적은 기대에 미치지 못했다. 지방에도 일본인 수의사 8명이 개원하였다는 기록은 있으나, 경영 실적은 서울과 크게 다르지 않았으리라 생각된다(경기 1명, 경남 2명, 황해도 2명, 평남 1명, 평북 1명, 함북 1명).

가축방역 업무를 수행하도록 1949년 10월 4일자 농림부령 제11호로 공수의 제도를 공표하였으나, 곧이어 발생한 6·25로 수당 지급을 위한 예산뒷받침이 어려워 지연되다가 수의사법이 제정(1956년)된 후 명문화되었다. 공수의 제도는 가축방역 활동이므로 소, 돼지, 닭, 개를 대상으로 하였으나 차츰차츰 그 대상이 소로 한정되었다. 서울의 경우 처음에는 9개 구에 공수의사를 두었다. 1955년 성동구에 가축병원(김정환)을 개설한 것을 시작으로 낙원동에 돈암가축병원(이병상), 서울가축병원, 협신가축병원, 대한가축병원, 이수의과병원(이윤종), 남산가축병원(이영창) 등이 개업하였으며, 개는 드물게 상대할 정도였다. 가축병원이란 명칭은 임상수의사의 진료 대상이 모든 가축이었으므로 일제강점기부터 1960년대 말 무렵까지 자연스럽게 사용되어왔고, 1970년대 무렵 들면서 수의과 병원을 좀 더 넓은 개념인 동물병원이라고 불리기도 하였다. 하지만, 농장동물 중 닭이나 돼지는 점차 가금 수의사나 양돈 수의사로 분화되었고 유우는 개인보다는 유업체가 관리하고 개인이 운영하는 목장은 숫자가 많지 않기에 대동물 수의사는 점차 줄었다. 반면에, 소동물 임상은 빨리 성장하였다. 이러한 원인을 찾아보면 대가족으로부터 핵가족화, 동물애호와 반려동물에 대한 관심의 증대와 수의대의 수업연한이 6년으로 연장되면서 임상교수의 증원과 임상실습의 강화가 일조하였다고 봐야 할 것이다.

우리나라에서 수의사 신고를 공식적으로 문서화한 것은 1977년(대한수의사회지 10월, 12월)이다. 이 자료에 의하면 신고 수의사 수는 2,480명이었다. 그 중 임상수의사는 1,092명(44.0%)이었는데, 가축병원 신고자는 781명(임상 중 71.5%), 동물병원은 269명(임상 중 24.6%), 수의과병원은 41명(3.8%)이었다. 이 당시에는 동물병원을 농장동물, 반려동물, 혼합진료(mixed practice)에 따라 구분하지 않았으며, 거의 모든 동물병원은 1인 동물병원 체계로 운영되었다. 2024년 3월 자료에 의하면 총 면허자(22,806명)중에서 4,611명(20.2%)은 사망 등으로 미신고로 파악되었다. 임상 종사자의 변화를 알아보기 위하여 1977년 자료와 비교하면 2024년은 임상분야 종사자가 44.0%에서 61.6%로 뚜렷한 증가를 보였다. 동물병원 수 역시 1977년에는 1,092 곳이었으나 2024년은 8,765곳(반려동물; 7,182, 농장동물; 981, 혼합진료; 602)으로 8배 증가하였다. 이는 애완동물이 반려동물이 되면서 사육 가구수 증가와 더불어 고양이 사육이 증가한 것도 한 몫을 한 것으로 보인다.

5. 수의축산 도서

수의축산 도서(농서로 표기된 일부도 포함)중 중국에서 들여와 그대로 사용하였거나 비록 번역하였더라도 우리나라 실정(이른바 동인경험방)을 반영하지 않은 책은 중국의 수의축산 도서로 분류하였고, 원본이 중국 것이라 하여도 우리나라 실정이 추가된 것은 우리나라의 수의축산도서로 분류하였다. 그리고 조선 전기에는 신편집성마의방 우의방, 우마양저(牛馬羊猪)염역병치료방 등 소, 말을 중심으로 한 국가 시책의 수의 서적이 발간되었으나, 조선 후기에는 한중록, 금양잡록, 농상집요, 해동농서, 산림경제 등의 일반 농민들이 사용하는 농사, 목양(축산), 가정생활에 필요한 농서가 편찬되었다. 주요 한국의 수의축산 도서를 소개하면 다음과 같다.

1) 응골방

응골방은 고려 충렬왕시대 이조년(1266~1343년)이 지은 필사본으로 현재는 그의 후손인 이원천의 번역본을 접할 수 있다. '이조년의 응골방은 국내에서 현존하는 가장 오래된 수의서이다(한국마의학사).'라고 기술되기도 하였지만 다음에 열거하는 목차에서와 같이 대부분의 내용이 매를 기르데 치중한 수의축산서적이라는 말이 타당할 듯하다. 진정한 의미의 가장 오래된 수의서는 곧이어 소개되는 『신편집성 마의방·우의방』이라고 보는 것이 타당할 것이다.

응골(매)방의 목차를 살펴보면 첫머리는 『응색편』으로 좋은 매를 고르기 위한 방편으로 매의 외모에 관한 기술이다. ① 논형체(論形體); 몸통에 대해 쓴 '형체를 논함' ② 논자탁(論觜啄); 부리에 대해 쓴 '부리를 논함' ③ 논족(論足); 다리에 대해 쓴 '발을 논함' ④ 논우색(論羽色); 깃털에 대해 쓴 '깃의 색깔을 논함' ⑤ 논천자(論天資); 성질에 대해 쓴 '천성의 자질을 논함'의 다섯 항목이 있다. 둘째는 매의 사육과 훈련에 관한 것으로 ① 먹이 주는 방법(飼食); 매는 아무 고기나 먹지 않는다. 깨끗이 씻고 잘게 찢어 주어야 한다. 못생긴 수탉, 고양이가 잡은 쥐, 두더지 따위는 먹이지 않는다. ② 기르며 길들이기(養馴); 매를 잡으면 다리를 끈으로 묶고 물부터 떠먹인다. 놀라서 속이 타기 때문이다. 이어서 사람 없는 어두운 방에 놓고 먹이를 준다. 잘 먹으면 손으로 직접 먹이를 주며 차츰 길들인다. 살아 있는 꿩의 다리에 줄을 묶어 매 앞에 풀어놓아 사냥 연습도 시킨다. ③ 훈련하는 방법(教習); 매의 종류에 따라 다른 짐승으로 훈련시켜야 한다. 본격적으로 사냥할 수 있게 되면 풀어주는데, 처음에는 너무 자주 풀어주지 말아야 한다. 매가 지치기 때문이다. 지치고 갈증이 난 매는 얕은 개울가에 앉힌다. 그러면 알아서 꼬리를 담가 열을 식힌다. ④ 조방후잡리식(調放後雜理式); 매사냥할 때의 주의 사항이다. 배가 부르면 사냥을 하지 않으니 먹이를 조금만 주어야 한다. 하지만 공복이면 감기에 걸리기 쉬우니 주의해야 한다. 매사냥은 봄가을이 좋지만, 바람 없고 볕이 따뜻하면 눈 쌓인 겨울에도 사냥을 할 수 있다. ⑤ 평안기후(平安氣候); 매가 평안할 때의 모습을 기술하고 있다. 세 번째는 ① 불안지후 부치료방(不安之候 附治療方); 불안한 징후와 부수적인 치료 방법; 매는 창공을 날아다니는 짐승이라 사람에 의하여 굴레를 쓰게 되면 멋대로 하지 못하므로 마음이 상하여 조련과 보호가 어긋나게 되고 원기를 잃고 병이 나게 된다. 이러한 상황과 몇 가지 처방을 기술하고 있다. ② 고비야증(鼓鼻也症); 코를 벌렁댐도 징후다(매의 상태가 나빠졌을 때 몇 가지 처방에 대하여 기술하고 있다). ③ 수응상비법(瘦鷹上肥法); 여윈 매 살 올리는 방법 ④ 제약법(製藥法); 약을 조제하는 방법 이 외에 마지막으로 매의 시(詩)와 부(賦) 로 구성되어 있다.

2) 향약구급방(鄕藥救急方), 향약제생집성방(鄕藥濟生集成方), 향약집성방(鄕藥集成方)

삼국시대에도 그러하였겠지만 고려 후반기에 이르면서 중국에서 들어온 약재와 함께(이를 당약이라 하였다), 우리나라에서 생산된 약재(이를 향약이라 하였다)도 시중에 유통되었다. 원(元)의 침략으로 당약은 구하기가 어려워지고, 향약의 유통이 늘면서 향약이 당약의 단순한 대체수단을 넘어 향약을 사용하는 독자적인 처방이 필요하다는 경향이 늘었다. 요사이 흔히 말하는 '로컬 푸드'처럼 재료가 신선하여 향약의 약효는 약기운이 완전하게 살아있는 반면, 당약은 채취한지 오래 되고 고가라는 점에서 향약의 관심은 커졌다. 고려말 조선초(麗末鮮初)의 향약에 대한 관심으로 발행된 세 종류의 책을 소개하고자 한다.

『향약구급방(鄕藥救急方)』은 고려시대 오랫동안 시행 되어왔던 처방을 고종 23년(1236년)경 강화도에서 팔만대장경(八萬大藏經)을 만들던 대장도감(大藏都監)에서 처음으로 간행되었으나, 작자가 알려지지 않은 우리나라에서 가장 오래된 의학서이다. 향약구급방의 장점은 병증과 치료법 위주로 이루어져 있어 의사가 아니더라도 글만 잘 이해하면 치료법을 활용할 수 있었고, 몽고전란기 이어서 중국에서 약재를 수입하기 어려웠던 시기이기에 고려인이 가장 애용하는 의서였다. 조선시대에 세종 9년(1427년 9월 11일) 다시 인쇄하여 전국에 배포하기도 하였으나, 현재 남아있지 않다. 다만 1417년 간본 1부가 일본 궁내청 서릉부에 남아 있는 것으로 전해진다.

『향약제생집성방』은 총 30권 338종의 질병 증상과 2,803종의 약방문이 수록되어 있다. 현재 완본은 전하지 아니하고 이 중 제4권과 5권은 한독의학관, 제6권은 가천박물관(인천 연수구)에 소장되어 있다.

『향약집성방』은 1433년(세종 15년) 집현전과 전의감에서『향약제생집성방』에 1년 넘게 자료를 보완하고 추가하여 85권 30책으로 구성된 의서이다.

고려의『향약구급방』과 조선의『향약제생집성방』을 비교하면 고려시대의 책인 향약구급방은 1처방 당 1.37개였고, 조선시대 책인『향약제생집성방』에서는 2.39개에 이어서 한 질병에 대한 약재 수가 증가하는 일병다약론(一病多藥論)을 말해주고 있다. 또한 고려시대에서 조선으로 이행함에 따라 약재를 재배하는 수가 채취하여 얻는 약재에 비하여 증가하였다.

3) 신편집성마의방우의방(新編集成馬醫方牛醫方)

조선 정종 1년, 1398년 4월 16일에 조준(趙浚), 김사형(金士衡), 권중화(權仲和), 한상경(韓尙敬)이 편찬한 것으로 서문은 전의소감 방사량이 적었다(발간은 다음 해인 1399년

김사형이 강원부사로 가서 발간하였다). 당시 조준은 좌정승이고, 김사형은 우정승이었다. 그래서 조준과 김사형은 행정적 지원과 함께 독려한 사람이고 권중화와 한상경이 실제 집필한 것으로 보인다. 총 4권으로 구성되어 있는데 제 1, 2, 3, 권은 마의방이고 제4권이 우의방이다. 우리나라에서 간행된 책 중 수의로 한정하면 이 책이 가장 먼저 출간되었다.

1399년 이 책을 지으며 서문에 "상감의 지극한 어지심을 본받아 나라와 백성을 잘 다스려 오래도록 편안케 하려는 나머지 이 마음을 널리 펴서 만물에까지 미치게 하고자 편찬하였다"라고 편찬 의도를 밝힌 것으로 보아 국가적 사업임을 엿보게 한다. 이 책(마의방)은 중국에서 출판된 마의서는 물론 원나라(몽골)의 비방을 참고하고 우리나라 경험 즉 동인방경험 목양법의 장을 따로 두었을 정도로 여러 책을 정리한 책이다.

이성계의 역성혁명으로 조선이 개국되자 정도전이 주도한 농지 완화정책과 더불어 농경에 있어서 절대적인 소의 사육과 치료에 관한 수의서를 널리 펼쳐 민심을 안정시키는 차원에서 국가사업으로 편찬하였다. 처음에는 『신편집성마의방우의방』이라 하였으나 판이 거듭될수록 신편집성마의방·신편우의방 혹은 소를 분리하여 신편우의방으로 소개되고 있다.

다른 농서(農書)도 마찬가지이지만 수의축산의 저자는 모두 사대부이다. 이러한 의미에서 고려, 조선시대에는 진정한 의미의 수의학자는 열거하기 어렵다. 당시 대부분 책들이 한문으로 간행되었는데, 수의축산 서적 역시 마찬가지로 한문으로 되어 있고, 중국에서 발간된 책을 참고하고 우리나라 실정에 맞도록 보완하여 간행되었으므로, 일반 서민은 책을 읽기커녕 저술한다는 것은 불가능하였다. 따라서 어릴 때 한문을 공부한 사람만이 글을 읽거나 쓰고 할 수 있었으므로 사대부들이 책을 간행하였다 추측할 수 있다. 편찬자의 신원확인이 가능한 75종의 농서를 대상으로 편찬자의 직업을 살펴본바, 70.7%가 관료사대부, 28%는 유학이나 유생들, 1.3%(1종)가 여성이었다[13]. 따라서 혜민서에 종사하였던 일부 의료인들은 사정이 좀 달랐지만, 사복시에 근무한 마의들은 학자로 나아 갈 수 없었다.

책의 구성은 우의방서(序), ① 소감정법(相牛法) ② 우사 지을 땅 선택법(選擇造牛廐吉地論) ③ 소 사육에서 피해야할 것(養牛雜忌論) ④ 우사 짓는 날 택일법(蓋造牛廐利便年月日論) ⑤소의 형상 및 털색감정법(牛形狀及毛色論) ⑥ 소 질병치료법으로 구성되어 있어 단지 소의 질병치료만이 아니라 사육 일반에 대한 종합서임을 알 수 있다.

정종 때 초간본이 나온 후 각 시대에 맞게 내용을 교정, 증보하여 복간이 되었다. 이는 초간본 후 선조 13년에 간행된 전주판, 인조 13년에 간행된 제주판 등이 있다. 이로 미루어 보아『소질병치료법』분류 추가는 초간 후에 추가 된 것으로 보인다.

4) 우마양저(牛馬羊猪)염역병치료방

1541년 봄, 평안도에 소의 감염병(우역)이 크게 유행하여 다른 도로 번질 뿐만 아니라, 양이나 돼지에게도 병이 퍼지게 되자, 왕의 명령으로 소·말·양·돼지의 염역(유행병에 의한 감염)에 필요한 치료방들을 발췌, 초록하여 그해에 간행하였다. 가축감염병에 대한 우리나라의 최초 책이다. 저자 미상으로 알려져 있지만, 평안도에 소감염병(우역)이 그게 유행하고 다른 도에까지 번지자 1541년 11월 왕명으로『우마의방』『본초』『신은(神隱)』『산거사요(山居四要)』『사림광기(事林廣記)』『편민도찬(便民圖贊)』등 수의는 물론 사람에 관한 여러 의약서의 치료방을 모아 간행하였는데 그 다음 해 사람의 감염병 방인 김안국의『분문온역이해방』이 간행된 점을 미루어 보아 김안국이 주도하고 여러 사람이 그를 도왔을 것으로 추측된다. 그러나 공식적으로는 저자 미상으로 되어 있다.

원간본으로 추정되는 책은 한 일본인이 소장하고 있는데, 활자본이며 한글에 방점 표기까지 있다. 이 책의 이름은『우양저염역치료방』으로서 '마(馬)'가 누락되어 있다. 1541년 11월 권응창(權應昌)(당시 좌정승)의 서문에서도 말에 대한 언급이 없으므로 중간본부터 '마(馬)'자가 서명에 들어간 것으로 보인다. 실은 말은 기제류이므로 우역에 감염되지 않는다. 또한 치료편을 살펴보면 참고할 내용은 없지만 당시의 진료 수준을 볼 수 있다.

체재에 있어서 한문으로 된 본문에 이두(吏讀)와 한글로 된 두 가지의 번역을 함께 실은 점이 특이하다. 그래서 이 책은 우리나라 가축의 전염병에 관한 역사적 연구의 자료인 동시에 국어사연구, 특히 이두의 연구에 귀중한 자료가 된다. 1982년 홍문각(弘文閣)에서『분문온역이해방 分門瘟疫易解方』·『간이벽온방』·『벽온신방 辟瘟新方』등과 합본으로 영인한 바 있으며,『분문온역이해방』·『우마양저(牛馬羊猪)염역병치료방』을 합본하여 세종대왕기념사업회에서 간행(2009)하기도 하였다.

이를 바탕으로 우역의 발생실태를 살펴보면 중종 36년(1541년) 제1차로 대발생하였고, 선조10~11년(1577~1578년)에 제2차 발생, 인조 14년(1636년)에 3차 발생, 인조

22~23년(1644~1645년)에 제4차 발생, 현정 9~12년(1668~1671년)에 제5차 발생, 숙종 8~10년(1682~1684년)에 제6차 발생, 영조 23년(1747년), 영조 39년(1764년) 등 계속 발생하여 오다가 조선 말기에는 거의 역병 상재(常在)국이 되어 버렸음을 알 수 있다.

5) 마경초집언해/마경언해

17세기경 『마경대전』과 『신편집성마의방』에서 필요한 내용을 간추려 마경초집이 편찬되었고, 이를 다시 한글판으로 간행한 책을 『마경초집언해』라 한다. 이 두 번의 출간은 조선 인조 때 이서(李曙)에 의하여 이루어졌으며, 상하 2권으로 곳곳에 삽화(揷畫)가 있어 이해를 돕고 있다. 내용은 노마(駑馬)·흉마(凶馬)의 변상법(辨相法), 마수(馬壽)·마치(馬齒)·장부진맥법(臟腑診脈法)·양마법(養馬法)·방목법(放牧法)·행침법(行針法)·골명법(骨名法)·혈명도(穴名圖) 등이 기술되어 있다. 또한 말의 오장육부 질환과 각종 골저(骨疽)·창상·온역문(瘟疫文) 등도 기술되어 있다. 이서는 효령대군(세종의 둘째 형)의 후손으로 어려서부터 김장생의 문하에서 수학하는 등 학문의 길을 들어섰으나, 임진왜란을 겪으면서 무장(武將)의 길로 방향을 바꾸었다. 인조반정에 참여하였고 이괄의 난을 평정하는 데 참여하였으며, 병자호란 시에는 남한산성의 수성에도 참여하였다. 중국에서 마경대전을 도입하여 마경초집언해를 간행하고, 사복시의 제조를 겸하는 등 수의에 크게 관여하였다.

이서가 어떠한 경로로 마경대전을 습득하였는지 명확하지 않으나, 한글로 간행하여 『마경초집언해』를 편찬하였다. 전문적인 마의는 마경대전을 읽을 수 있지만 말 관리에 종사하는 일반 인력은 마경대전을 읽을 수 없으므로 이들을 위해 『마경초집언해』를 편찬하였다. 사실 마경초집언해에는 서문이나 발문, 간기(刊記)가 실려 있지 않아 이 책 저자의 정확한 정보를 얻을 수 없었으나, 다행히도 『마경초집언해』에 실렸던 것으로 추정되는 『마경언해서(序)』가 '계곡(장유의 호)집'에 "완풍공(이서의 호)이 이 책을 찬술했으니 이 또한 경전의 뜻에 부합하는 것이다. 내 다행히 사복시에서 녹먹는 자가 되었으니 기쁘게 그것이 이루어지는 것을 보면서 서문을 쓰노라"라고 기술되어 이서의 작품으로 인식된다. 장유(1587~1638년)는 사복시 제조를 겸임하였고 『계곡집』 『목장지도』 등을 남겼다. 현재 시중에는 마경언해(한국마사회)와 마경초집언해(세종대왕기념사업회)의 2 종류가 있으나 내용은 동일하다.

6) 목장지도(牧場地圖)

목장지도는 원색 필사본으로 세로 44.5 cm × 가로 30.0 cm이며, 표지 1면과 본문 36면, 후서 6면 모두 43면으로 구성되어 있다. 본문은 매 면 하단은 목장을 그린 지도(地圖) 그리고 상단은 지지(地誌)로 하였는데 지지에는 도(道), 읍(邑), 별(別)로 구분하고 도(道)에는 해당 도의 현황을 기록하였다. 경기도(京畿道)를 예로 들면 '6읍 30목장 내에 목장이 설치된 곳은 15곳이다. 말: 1,387필 중 수말(雄馬)이 574필이고 소: 581두 중 수소(雄牛) 426두이며, 목자(牧子, 말 생산, 관리를 맡은 자) 874명이다. 둔(屯)을 둔 곳은 2곳이고 폐지된 목장이 12곳이다' 라고 기록하여 수말, 수소의 수, 관리하는 사람의 수, 폐지된 목장의 수 등 목장의 상황을 쉽게 알 수 있게 하였다. 이와 같이 그림으로 표현할 수 없는 숫자(말, 소, 목자, 폐지목장 등)를 제시하고 있다. 아울러 지도는 문자로 표현하기 어려운 목장 모양, 험하고 막히고 굽은 지형 등을 효율적으로 그림으로 표현하였다. 그래서 서거정은 동국여지승람에서 "8도의 지리(地理)가 마음과 눈에 훤하여 문 밖을 나간 적이 없지만 손바닥 들여야 보듯"하다 하였듯이 목장지도는 국가의 마정(馬政)에 크게 기여하였다.

목장지도는 인조 13년(1635년) 사복시 제조 이서와 장유가 편찬하였는데, 말미에 있는 후서에 장유가 "조선전기의 목장지도가 있었으나, 난리(임진왜란)로 유실된 지 오래되었다"라고 기술하고 있었지만, 편찬연대, 내용, 개수(改修) 등에 대한 언급이 없었다. 그리하여 이서와 장유의 목장지도가 처음이라 말하여지기도 한다. 다음으로 효종 9년(1658년)에 사복시 제조 정태화, 정유성의 목장지도가 있다. 효종의 북벌 정책으로 마정이 중요시되고 있는 때이고 병자호란의 전란 후의 목장 상태를 점검하는 의미에서 목장지도를 편찬하였다. 또한 조선후기 숙종 4년(1678년) 사복시 제조 허목(許穆), 김석주가 종전에 간행되었던 목장지도를 보완하여 편찬하였는데, 이 책이 국립중앙도서관에 소장 되어 있고, 이를 원본 규격대로 영인한 목장지도가 서울대학교 규장각에 소장되어 있다. 2007년 남도영이 『목장지도해제』를 세상에 내어 놓음에 따라 일반인들도 쉽게 다가가게 되었다. 당시의 마정과 목장에 관한 시책을 알 수 있는 귀중한 자료로 인정받아 서울특별시 유형문화재(1992년)로, 2008년에는 대한민국 보물 1595호로 지정되었다.

조선시대 목장 분포를 살펴보면 북쪽보다는 남쪽이, 내륙보다는 해안(섬 포함)에 목장이 많았다. 도(道)에 따른 편차가 커서 전라도(당시는 남북으로 나누어져 있지 않았다)가

59개소로 가장 많았고 강원도는 한곳도 없었다. 목장을 설치할 때 고려된 사항으로는 "백성이 적게 살고 토지도 넓은 지역으로 물과 풀이 모두 풍족한 지역으로 하였다. 무엇보다 중요한 것은 호랑이가 적거나 없는 곳"이었다. 호환(虎患)으로 소나 말의 피해가 컸기 때문이다. 그러다보니 제주도, 강화도, 거제도를 비롯한 섬이나 전라도에 목장 설치가 많아졌다.

7) 한정록(閑情錄)

저자 허균(1569~1618년)이 한정록을 편찬한 목적이 농서를 쓰고자 한 것이 아니라 은거하는 사대부들에게 농경은 필수적인 지식이므로 치농의 방법을 기술하였다. 한정록은 16편으로 구성되어 있는데, 농업기술에 관한 치농편은 마지막의 제16편에 수록되어 있다. 한정록의 시작은 1610년이라 되어 있지만 완성은 그가 생을 마감하기 직전이라 여겨진다. 한정록 범례를 보면 1614년과 1615년 등 두 번 중국 갔을 때, 4천여 권의 책을 구입한 후 한정록을 편찬하는데 참고 하였다고 한다. 그 책들의 모두가 농서가 아닐지라도 대단히 많은 장서량이며, 홍길동전 및 한정록은 자신의 처형을 예견하고 작품을 외손자에 보내어 보존하도록 하였기에 허균의 복권은 조선말에 이루어졌지만, 그의 작품은 망실되지 않고 햇빛을 보게 되었다. 1429년 세종의 명으로 편찬된 『농사직설』이 주곡위주의 전문농서라면 한정록 치농편은 작물, 원예축산, 양어로 망라된 종합농서로 구성되어 있다.

8) 농상집요(農桑輯要)

이 책의 원본은 1286년 원나라(중국) 시대에 발간된 농서이다. 1349년 고려 충정왕 시대 이암이 고려로 도입하였다. 원나라에서 발간된 만큼 원나라를 기준으로 기술되어 있다. 이 책의 제7권 가축 번식시키기(孳畜)이 있어 말, 소, 양 그리고 날짐승(닭, 거위, 오리)과 물고기(양어), 밀봉(꿀벌)에 대한 기록이다. 말편에 제민요술의 내용이 요약되어 있는 것을 볼 수 있다. 소의 경우는 사시류요(四時類要), 박문록(博聞錄)에 있는 처방 상당수를 소개하고 있다. 지금 수의술에는 도움이 되지 않지만, 당시의 진료 수준을 짐작하게 한다. 지금은 수우(水牛)가 없어졌지만 『한씨직설』에서와 같이 수우는 "여름철에는 반드시 못(水池)을 만들고 겨울에는 따뜻한 외양간과 우의(牛衣)를 준비해야 한다."라고 말하고 있다. 그리고 양, 돼지 편에는 제민요술과 사시류요의 내용을 많이 인용하였다.

9) 해동농서(海東農書)

조선의 농학을 기본으로 하고 중국 농학을 참고 편찬한『해동농서』는 조선 정조 때 서호수가 편찬하였다. 8권으로 구성되어 있으며 제5권에 목양(대한제국 이전에는 축산이라는 용어를 사용하지 않고 목양이라 하였다). 치선(治饍), (반찬 조리법)이 있는데 여기서는 목양 편 중 "돼지 기르기"를 소개하려한다.

📚 돼지 기르기(養猪)

돼지우리(돈사)의 배수 방향을 제시하면서 돈사의 방향이 좋아야 돼지가 번성한다 하였고, 돼지우리 만들면 좋은 날은 갑자일을 비롯하여 60일 중 17일을 열거하였다. 입식하면 좋은 날은 계미일이라 하고 흉한 날을 무진일, 기묘일을 비롯한 6일을 제시하였다. 이와 같은 택일 이외에도 어미돼지와 새끼돼지를 같은 우리 안에 두면 모여서 놀기만 하고 잘 먹지 않아 충실히 살찌지 않는다. 그러나 수돼지를 새끼돼지와 한 우리에 두는 것은 괜찮다고 기술하였다. 치료법은『산거사요(山居四要)』에 제시된 한 가지를 기록하였다. 원나라 학자인 왕여무의『산거사요』중 제3권『위생지요(衛生之要)』(사람과 가축의 질병 예방방법) 편 중 해동농서가 인용한 돼지장역(瘴疫) 치료법을 옮겨본다. 돼지장역(무덥고 습기가 많은 지역에서 발생하는 유행성 열병)을 치료하려면 무(蘿蔔)나 그 잎을 먹인다. 이러한 것은 돼지가 좋아하는 먹이이다. 무는 성질이 냉하여 그 열독을 해소시킬 수 있고, 또 장(腸)과 위를 돌려 흐름이 통하게 할 수 있다. 만일 돼지가 먹지 않으면 치료하기 어렵다. 해동농서에는 돼지 기르기 외에도 소 기르기, 말 기르기, 양 기르기, 양계, 물고기 기르기, 양봉, 학 기르기, 사슴 기르기, 들새 기르기에 관한 내용이 소개되고 있다.

10) 사시찬요초(四時纂要抄)

제목에서 볼 수 있는 바와 같이 당나라 한악이 편찬한『사시찬요』를 초록한 농업서로 보인다. 그러나 서술하는 방법이 24절기별로 이루어진 것은『사시찬요』를 본 뜬 것이지만, 여러 내용이 한국적이다. 특히 사시찬요초는 단일 농서의 초록이 아니라 여러 농서를 인용하여 우리 실정에 맞도록 엮은 것이라 할 수 있다. 이 책은 강희맹이 작고한 1483년까지 8년간 금양(지금의 시흥)에 머물면서 자기 아들의 표현대로 '황건 야복(黃巾野服)의 농부' 차림으로 몸소 농사를 지으며 쓴 책이라 일반 사대부들의 책과는 차이가 있다.

사시찬요(사요라 약함)와 사시찬요초(사초라 약함)를 비교하여 다음과 같이 요약하였다[14].

① 사초는 체제면에서 월령식과 일반농서의 복합체제로 구성되어 있어 사요와 체제면에서 다르다.

② 사초는 사요만을 초록한 것이 아니라 사요 이외의 여러 농서를 인용하여 그 분량이 사초 전체의 약 반에 불과하다.

③ 사요에 있는 내용을 초록한 경우라도 축소 확대하여 자기의 독창성을 발휘하고 있다.

④ 전체적으로 볼 때 사요에서 초록한 것은 농가월령적인 간단한 내용이거나 미신적인 부분이 많고 이론적이거나 장문의 문장들은 나른 농서를 인용하거나 원전 미상의 인용 또는 강희맹 자신의 글로 믿어진다.

⑤ 사초는 한국적 풍토를 중심으로 한국화된 내용을 엮었다.

11) 금양잡록(衿陽雜錄)

조선 성종때 강희맹이 좌찬성을 떠나 금양(지금의 서울 금천, 경기 시흥 부근)에 작은 농가를 짓고 농사를 지을 때, 농노들과의 대화를 통해 얻은 견문을 기록한 책으로 그가 1483년 수를 다하였으나 큰아들 강구손이 1492년 책을 간행하였다. 조선 초기 농서인 『농사직설(農事直設)』은 관찬(官撰)이었지만, 금양잡록은 개인의 경험과 견문을 기록한 농서로 대비된다.

내용은 농가곡품(農家穀品)·농담(農談)·농자대(農者對)·제풍변(諸風辯)·종곡의(種穀宜)·농구(農謳)의 6개항으로 나누어져 있으며, 주곡(수도작, 전작)에 대한 내용을 이루고 있다. '소가 없는 사람은 9명의 인부를 고용하여 쟁기를 끌어야 가히 한 마리의 소가 하루에 갈 수 있는 힘을 대신할 수 있다.'[13]는 기록이 있다. 당시 농가에서 기르는 소(한우)가 고기 소(육우)가 아니고 일 소임을 말해준다.

12) 색경(穡經)

색경은 숙종 시절 문신 박세당(1629~1703년)이 경기도 양주 수락산 근처에서 중국의 여러 농서를 참고하고 자신이 농사를 지으면서 편찬(1676년)하였으며, 위치가 경기도이다보니 중부지방 농사에 적합한 농서이다. 그는 함경북도병마평사, 홍문관수찬의 내외직을 역임하였으나 당쟁에 혐오를 느껴 관직에서 물러나 초야에 묻혀 제자(문하생 중에는 좌의정 조태억 등이 있다)를 양성하고 책을 쓰며 지냈다. 그는 대사헌, 한성부판윤, 예조판서, 이조판서를 제수 받았으나 사양하고 부임하지 않았다.

이 책은 상·하 두 권으로 구성되어 있는데, 농업에 관한 경서란 뜻으로 색경이란 제목을 붙였다하나 '거둘' 색(穡) 자가 마치 과수, 화훼, 약초, 양잠, 담배농사를 어떻게 하면 잘 거둘 수 있는가를 연상하게 한다. 수의축산분야로는 하권에 저(猪, 돼지), 계(닭, 鷄), 아압(鵝鴨, 오리), 어(魚, 물고기), 밀봉(蜜蜂, 꿀벌)이 기술되어있다. 그리고 농산제조(술 담그기, 초 담그기)까지 기술하고 있다. 이때가 조선후기이라 다른 농서와 마찬가지로 가정생활에 필요한 여러 가지가 기술되어있다. 그런데 소, 말에 대한 기록은 없다.

13) 산림경제 /증보산림경제(增補山林經濟)

서명(書名)에서 산과 숲 즉 임업경제를 연상하게 한다. 그러나 여기서의 산림경제는 가정살림을 의미한다. 그래서 가정살림의 생활과학서 성격을 띠고 있는 가정보감(家庭寶鑑) 책이다.

이 책을 '아직 미개척인 한국식품사의 적호한 문헌이 된다.'로 기술되기도 하였고, 최근에는 가정 '살림'의 의미를 가진 치선(治膳)편에 소개하는 음식(주식류와 부식류, 후식류) 부분만을 골라 '증보산림경제'라는 단행본으로 출판되어 있기도 하다.

산림경제는 숙종 때 편찬되었으나 간행되지 않고 필사본으로 전해졌기에 저술이 된 30년 후까지도 저자의 이름이 밝혀지지 않아 저자가 정약용 또는 박세당이라고 잘못 알려지기도 했다. 홍만선(1643~1715년)의 사후 30년이 지난 다음에, 그의 종형(홍만종)이 쓴 서문이 발견되어 저자가 홍만선으로 인정되었다. 그리고 원저의 약 50년 후인 영조 42년(1766년) 유중림이 홍만선의 16항목으로 구성된 "산림경제"에 7항목을 추가하여 23항목의 '증보산림경제'를 간행하였다. 산림경제에 없던 분야가 추가되기도 하였고 내용의 순서가 달라지기도 하였다. 목양편에서 달라진 점은 오리, 개, 매가 추가 되었고 사슴은 제외되었다.

산림경제의 구급편 일부를 소개하면 소의 기창병(氣脹病)[고창증], 소의 창만병(脹滿病)[복수가 차는 병], 오줌에 피가 섞여 나오는 증상, 소의 눈에 백막(白膜)이 생기는 증상, 쇠발굽 사이가 짓물러진 증상[부저병], 해수병(咳嗽病), 열병, 우역(牛疫)을 막는 각종 방법이 실려 있다.

Ⅲ. 미국 수의학

수의학교육의 시작은 유럽에서 시작되었다. 1711년에서 1779년까지 유럽에 우역이 창궐하여 2,000만 마리의 소가 죽어남에 따라 농사마저 어려워지고 흉년이 계속되어 아사자가 늘어남에 따라 소를 전문으로 치료하는 사람의 필요성이 대두되어 프랑스 루이 15세의 재무장관인 베르탕(Henri Leonard Jean Baptiste Bertin)이 이를 문제 삼았다. 승마술에 능하던 프랑스의 부젤라(Claude Bourgelat)가 의사 두명의 협력을 얻어 리옹에 수의학교 설립을 계획하는 과정에서 베르탕에게 재정 지원을 요청하였다. 그 후 부젤라는 리옹의 수의학교를 파리로 옮길 생각을 갖고 베르탕을 찾아가서 의논한 결과 베르탕이 예산지원을 하는 조건으로 리옹의 학교는 그대로 두고 파리(알포르)에 수의과대학을 새로 설립하여 부젤라가 두 개 대학을 관리하도록 결정하였다. 리옹이나 알포르 수의과대학을 졸업한 사람들이 주축이 되고 해당 국가의 뜻있는 사람들과 합심하여 유럽의 전역에 수의과대학이 설립되었다. 1712년 토머스 뉴커먼(Thomas Newcomen)이 증기기관(steam engine)의 상업화에 성공하면서 기차나 선박에 의한 소의 이동이 용이해 지면서 우역이 영국에도 전파 되었다. 독일 역시 우역으로 큰 피해를 입었고, 그로 인해 프로이센의 프리드리히 벨헬름 2세는 1778년 1명의 의사를 알포르 수의학교에, 또 1명은 빈 수의학교에 유학시켰고, 그들은 이후에 베를린 수의학교의 교수로 임명되었다. 또한 영국은 기병대의 말 치료와 우역의 대비를 위해 1791년 런던에 왕립수의대학을 설립하였다. 이와 같이 유럽에서는 리옹에 수의과대학이 설립된 후 알포르(1766년), 비엔나(1766년), 괴팅겐(1771년), 웁살라(1775년), 기센(1777년), 하노버(1778년), 라프치히(1780년), 뮌헨(1790년), 런던(1792년), 에딘버러(1823년), 토론토(1862년) 등 불과 한 세기 동안 19개의 수의과대학이 세워졌다[15]. 수의과대학을 국가별로 정리한 "List of schools of Veterinary Medicine"에서 전 세계 수의과대학을 확인할 수 있다.

1. 미국 수의학교육의 연원과 현황

1820년 무렵 뉴욕은 작은 소도시이었으며 수의 임상가는 없었다. 한편 1850년 가축 수는 말 오백만, 소 천 칠백만, 양 이천 이백만, 돼지 삼천만 마리에 이르렀다. 1884년 무렵 뉴욕의 수의사 수는 500명이었는데 미국 대학의 졸업자는 46%, 캐나다 졸업자 42%, 유럽(영국, 스코틀랜드, 프랑스, 독일)의 졸업자 12%로 미국에서 교육받은 수의사는 절반에 불과하였다. 이 무렵 필라델피아, 뉴욕, 보스턴, 시카고와 같은 대도시에서 수의학교육이 시작할 즈음 다른 지역에서는 농업학교의 고학년을 대상으로 수의학 교과목을 강의하기도 하였다. 그러한 학교 중 현재는 폐교가 된 곳도 있으며(Agricultural School of Amherst 등), 이름이 남아 유지되는 학교(Maryland Agricultural College 등), 모릴 토지허여법(Morrill Land-Grant Act)의 도움으로 굳건히 농학교육을 이어가고 있는 학교(Agricultural College of Pennsylvania, 이 학교는 1855년 펜실베이니아 농업고등학교로 시작하였고, 1874년 펜실베니아 주립대학이 됨)도 있다. 수의교과목에 대한 강의의 시작은 1813년 필라델피아에서 의사인 제임스 미즈(James Mease)와 1846~1850년 로버트 제닝스(Robert Jennings)의 농업분야 청강생과 의과대학생에 대한 강의가 처음이다. 1853년 보스턴에서는 처음으로 의사인 슬레이드(Slade)가 말의 해부와 질병에 대해 강의를 시작하였다.

미국에서 수의학교육이 가장 먼저 시작된 곳은 1852년 필라델피아수의과대학(Veterinary College of Philadelphia, 1852~1866년)이다. 그러나 이 학교는 졸업생을 배출하지 못한 채 폐교되었다. 졸업생이 처음 배출한 곳은 1854년 보스턴 수의 인스티튜트(Boston Veterinary Institute, 1854~1860년)이다. 세 번째 설립된 학교는 뉴욕수의과대학(New York College of Veterinary Surgeons, 1857~1899년)이고 네 번째가 시카고 수의 인스티튜트(Veterinary Institute of Chicago, 1862~1869년)이다. 이처럼 미국의 초창기 수의학교육은 대도시를 기반으로 사립 수의과대학에서부터 시작되었다.

다니엘 살먼(Daniel Salmon, 1850~1914년)은 1868년 코넬대학에 입학하여 1872년 BVS(Bachelor of Veterinary Science) 학위를 받았고, 1876년 DVM(Doctor of Veterinary Medicine)

학위를 수여 받았다. 그래서 미국수의사회(AVMA)는 그를 미국의 첫 DVM이라 소개한다. 1880년 소의 전염성 흉막폐렴이 발병함에 따라 영국과 캐나다로 수출이 봉쇄되어, 1883년 미국농무부(USDA)에 BAI(Bureau of Animal Industry)가 신설되었다. 그는 농무부에서 8년 동안 전염성 소 흉막폐렴과 소의 텍사스열병(cattle Texas fever) 퇴치에 전력을 기울였다. 또한 동물이나 선박에 대한 수출입 검역을 시작하였으며, 가축으로부터 오는 사람 질병을 조사하였다. 그는 뉴저지에서 임상을 하였고 1877년 조지아대학에서 수의학 분야 강의를 하였다. 또한 그는 1892년 워싱턴 D.C.에 National Veterinary College를 설립하여 1898년까지 학장을 역임하였다. 이때 1898년 9월 네브라스카 오마하의 정기총회에서 수의사회회장에 선임되었고 재임 중 USVMA를 AVMA로 명칭을 변경하였다. 그 후 1906년 여름까지 살먼은 남아메리카 우루과이 몬테비데오대학교 수의학과장으로 5년 동안 활동하면서 수의학을 자리 잡게 하였다. 세균이 돼지열병(hog cholera)의 원인균이라고 생각했던 시절(그 후 원인균은 바이러스라고 밝혀졌다)에 Salmon의 이름을 따서 살모넬라(Salmonella)라 명명되었다.

미국의 수의과대학 설립을 시기별로 보면 세 단계로 나누어 볼 수 있다. 첫 번째 단계는, 수업연한이 2~3년으로 짧고 말의 치료가 주목적이었던 미국의 초창기 수의과대학으로 이 당시에 의사들은 수의사를 이해하고 도움을 주었다. 그래서 어떤 의사들은 말과 개를 치료하기도 하였고 수의 영역에서 일하기도 하여 의학과 수의학의 벽이 다소 낮았다. 그래서 두 종류의 자격을 가진 사람도 있었다. 그 예로 프랑스 뚜루우즈 수의과대학 출신의 알렉산더 리오타드(Alexandre Liautard, 1835~1918년)는 의학도 공부하였다. 그는 1851년 뉴욕으로 이주하여, 처음에는 임상을 하였다. University Medical College(현 NYU School of Medicine)를 졸업한 그는 의사이면서 평생을 수의 영역에서 활동하여 미국 수의학의 아버지라고 불리고 있으며, 2013년 AVMA 150년 기념호에서 미국 수의계에 영향을 남긴 12명 중 한 사람으로 기록되고 있다. 그는 New York American Veterinary College를 설립하여 학장으로 일하였으며, 미국수의사회(USVMA, 현 AVMA)를 설립하는 데 중요한 역할을 하였고, 회장을 역임하였다. 또한 American Veterinary Review(현 JAVMA)를 만들어 편집인을 맡기도 하였다.

이 그룹에 해당하는 수의과대학은 1913년부터 1916년 사이 그 수가 가장 많았는데 1927년 이들 사립대학은 거의 문을 닫았다. 이 당시에는 왜 사립대학만이 설립되었는가? 초창기에는 말(馬)이 교통수단이었고 운송 수단이었으며, 전쟁 시에는 말이 필수이었다. 이에 비하여 농장동물은 상대적으로 중요성이 낮아, 주정부가 수의과대학을 운영하기에는 지원자 수도 적고 재정 부담이 너무 커 사회적 여건이 마련되지 못하였기에 사립대학만 설립된 것이다. 그렇다면, 왜 1920년대에 이르러 사립대학은 문을 닫게 되었는가? 1890년 동서 철도가 연결이 완성되는 등 내연기관(자동차, 기차)의 발달은 사람이나 물자 운반의 발전을 시작으로, 말이 교육의 중심이었던 초창기 대도시 수의과대학은 대부분이 1920년 지나면서 문을 닫았다. 이에 따라, 미국 전역으로 보면 수십만 필에 이르는 엄청난 수의 말이 줄어들었고 수의사는 수 천 명이 감소하는 결과를 낳았다. 한 예로 1918년 미국의 수의과대학 졸업생은 867명이었는데 4년 후 졸업생은 250명 이하로 줄었다. 그리하여 1920년대 중반 펜실베이니아대학(사립이지만 수의과대학은 주정부에서 지원)과 오하이오 주립대학(수의과대학)을 제외하고는 도시의 수의과대학은 문을 닫았다. 이에 비하여 100년(1850~1950년) 사이에 미국에서 55개의 수의학교가 개교하였는데 이들 중 34개가 문을 닫았다는 기록도 있다.

두 번째 단계는, 토지허여법령에 힘입어 대도시를 벗어나 지방으로, 또한 대상동물은 말에서 농장동물과 반려동물로 변화하면서 수의학이 발전하였다. 뉴욕주〈Ithaca〉, 워싱턴주〈Pullman〉, 콜로라도〈Fort Collins〉, 캔자스〈Manhattan〉,아이오와〈Ames〉, 텍사스〈College Station〉, 앨라배마〈Auburn〉, 미시간〈Lansing〉, 오하이오〈Columbus〉 등의 주로 동부와 중서부에 있는 지방을 중심으로 설립된 수의과대학으로 수의임상(농장동물과 소동물의 확대), 연구, 안전 축산 및 말, 인수공통감염병 통제를 교육의 주목적으로 하였다. 필라델피아 수의대는 기존의 의과대학이 설립되어 있어 비교적 수의과대학의 설립이 용이하였다. Lippincott가(家)에서 수의대 설립을 위한 여러 차례의 기부와 주정부의 재정적지원, Bolton 가(家)(New Bolton Center 조성) 및 다른 기부자들의 도움으로 대학이 성장할 수 있었다.

1944년과 1948년 사이에 7개의 수의과대학이 설립되었고(미네소타, 미주리, 일리노이, 조지아, 오크라호마, 앨라배마<Tuskegee>, 캘리포니아), 1957년 여덟 번째로 Purdue(인디애나)에 수의과대학이 설립되었다. 그리하여 1960년까지 총 18개의 수의과대학이 설립되었다. 활동적인 젊은 수의사들은 뉴욕의 동물의료센터(Animal Medical Center), 보스턴의 엔젤 메모리얼 의료센터(Angell Memorial Medical Center), 록펠러연구소(Rockefeller Institute) 같은 대도시 연구소에서 비교의학을 연구하면서 수의학 전문 분야 발전에 기여하였고, 코넬대학은 반려동물 주요 전염병 예방을 위한 백신 개발 목적의 질병 연구

기관을 설립하였다. 수의학이 농장동물이나 공중보건뿐 아니라 반려동물의 진료에 박차를 가하게 되면서 교과과정에 반려동물 관련 내용이 점차 추가되었으며, 수의의 전문영역이 확대되었다.

2차 대전 중 수의과대학의 군사훈련을 받은 졸업생들은 수의단(Veterinary Corps)의 중위로 임관되어 전투에 직접 참여하지는 않았지만, 식품 검사를 수행하고 해외에도 파견되었다. 일환으로 우리나라가 미군정시대의 수의장교들에 의해 수의와 축산의 경계가 구분되었고, 일제강점기의 말 중심 수의(축산)교육이 농장동물과 반려동물로 전환되는 계기가 되었다(이때 수원농림전문학교의 수의축산학과가 수의과와 축산과로 구분되어 서울로 옮겨 농과대학 수의학부가 되었으며 닥터 블라드(Dr. Blood)등의 수의장교들이 소와 개를 대상으로 실습을 하였다. 그리고 식품위생은 보건후생부 수의국에서 농장동물은 농림부 축산국에서 관할하였다).

세 번째 단계는 20세기 중반의 세계대전을 지나면서 수의학의 영역은 더욱 확대되었다. 1970년대 수의과대학 설립의 필요성이 증대되어 루이지애나, 위스콘신, 플로리다, 노스캐롤라이나 주립 수의과대학이 출범하였으며 대학 내 의학과 농학을 바탕으로 주정부의 토지허여제가 뒷받침하였다. 이 무렵의 터프츠(Tufts)대학의 수의과대학은 사립으로 비교의학을 추구하는 목적으로 설립되었다. 이외에 미시시피, 오리건, 테네시, 애리조나, 버지니아-메릴랜드, 롱아일랜드, 웨스턴대학교(CA), 링컨메모리얼(TN), 미드웨스턴(Az) 수의과대학이 설립되어 32개에 이른다. 50개 주 중에 28개 주에 수의대가 있지만(24개 주는 1개씩, 4개 주는 2개씩) 총 32개의 수의과대학이 있다. 두 개씩 있는 주는 다음과 같다. 앨라배마주에는 주립의 Auburn 수의과대학과 사립의 Tuskegee 수의과대학이 있고, 애리조나 주에는 주립의 Arizona 수의과대학과 사립인 Midwestern 수의과대학, California 주에는 주립인 University of California 수의과대학과 사립인 웨스턴대학교, 뉴욕주에는 코넬대학교 수의과대학(주정부의 재정지원)과 사립인 롱아일랜드대학교(long island university) 수의과대학(on line)이 있다.

미국 전역의 수의과대학 분포는 동부에 많고 서부에는 적다. 서부지역의 몇 개 주는 남부의 주(예, 콜로라도)와 협정을 맺고, 워싱턴 주립대학은 하와이, 알래스카를 비롯한 여러 주 출신에 대하여 개방하고 있다. 모든 주립대학은 해당 주 출신자를 우대하고 있다. 학력이 우수한 다른 주의 출신자들에게 문호를 개방하고 있지만, 애리조나대학의 경우 연간(3학기) 수업료는 주민은 사만 오천 달러인데 비하여 비주민은 칠만

표 1-2 미국의 수의과대학(2020년 현재)

대학교	소재지	설립년도
Auburn University, College of Veterinary Medicine	Auburn, AL	1907
Colorado State University, College of Veterinary Medicine and Biomedical Sciences	Fort Collins, CO	1907
Cornell University, College of Veterinary Medicine	Ithaca, NY	1894
Iowa State University, College of Veterinary Medicine	Ames, IA	1879
Kansas State University, College of Veterinary Medicine	Manhattan, KS	1905
Lincoln Memorial University, College of Veterinary Medicine	Harrogate, TN	2014
Louisiana State University School of Veterinary Medicine	Baton Rouge, LA	1973
Michigan State University, College of Veterinary Medicine	East Lansing, MI	1910
Midwestern University, College of Veterinary Medicine	Glendale, AZ	2012
Mississippi State University, College of Veterinary Medicine	Starkville, MS	1997
North Carolina State University, College of Veterinary Medicine	Raleigh, NC	1981
Ohio State University, College of Veterinary Medicine	Columbus, OH	1885
Oklahoma State University, College of Veterinary Medicine	Stillwater, OK	1948
Oregon State University, College of Veterinary Medicine	Corvallis, OR	1979
Purdue University, College of Veterinary Medicine	West Lafayette, IN	1959
Texas A&M University, College of Veterinary Medicine & Biomedical Sciences	College Station, TX	1916
Tufts University, Cummings School of Veterinary Medicine	North. Grafton, MA	1978
Tuskegee University, School of Veterinary Medicine	Tuskegee, AL	1945
University of California Davis, School of Veterinary Medicine	Davis, CA	1946
University of Florida, College of Veterinary Medicine	Gainesville, FL	1976
University of Georgia, College of Veterinary Medicine	Athens, GA	1946
University of Illinois Urbana-Champaign, College of Veterinary Medicine	Urbana, IL	1948
University of Minnesota, College of Veterinary Medicine	Saint Paul, MN	1947
University of Missouri, College of Veterinary Medicine	Columbia, MO	1946
University of Pennsylvania, School of Veterinary Medicine,	Philadelphia, PA	1884
University of Tennessee, College of Veterinary Medicine	Knoxville, TN	1976
University of Wisconsin-Madison, School of Veterinary Medicine	Madison, WI	1983
Virginia-Maryland College of Veterinary Medicine	Blacksburg, VA	1978
Washington State University, College of Veterinary Medicine	Pullman, WD	1899
Western University of Health Sciences, College of Veterinary Medicine	Pomona, CA	1998
University of Arizona, College of Veterinary Medicine	Tucson, AZ	2020
Long Island University, College of Veterinary Medicine	Brookville, NY	2020

1. 설립년도는 농업계 수의학과(BVS) 설립년도가 아니라 수의과대학(DVM) 입학기준으로 하였다.
2. 애리조나와 롱아일랜드 대학은 2020년 신입생 모집을 기준으로 하였다.
  (출처: 미국의 수의학교육, 대한수의사회지, 2020년)

달러로 주 출신자에 비해 등록금은 월등히 높다.

코넬 수의과대학은 주정부에서의 예산지원이 있어 New York State Veterinary College로도 부른다. 대체로 수의과대학은 예산이 많이 소요되기 때문에, 사립대학이라도 UPenn 수의과대학이나 뉴잉글랜드의 Tufts 수의과대학처럼 주정부에서 예산 지원을 받는다. 이와 비슷하게 연방정부에서 산업발달을 위하여 주정부에서 대학 설립을 지원하면서 농과대학과 공과대학에 예산지원을 하였다. 그래서 예전에는 대학교의 이름에 A&M이 더러 있었지만 현재는 Texas A&M University에만 그 명칭이 남아 있다. 32개 수의과대학 중 6개(Louisiana, Tufts, Tuskegee, UC Davis, U Penn, Wisconsin)는 School을 사용하여 School of Veterinary Medicine이라 표기하고, 명칭에 있어 의미의 차이는 없지만 나머지 대부분의 대학은 College of Veterinary Medicine으로 표기한다. 수의과대학의 명칭이 College인지 School인지 관계 없이, 각 대학은 석사과정(M.S.), 박사과정(Ph.D.)의 대학원이 있었지만, 최근 들어 석박사통합과정이 개설되면서 석사과정은 폐지되고 있다. 수의과대학 졸업할 당시의 진로실태조사를 보면 상급 과정교육(advanced education)이 34%로 많은 분포를 차지하고 있지만 순수학문의 길보다는 전문수의사의 길을 택하는 졸업생이 늘고 있다.

최근에 문을 연 애리조나 수의과대학은 3학기제이다. 2년 동안(6학기) 기초과목(해부학, 생리학 등의 과목은 없고 모든 교과목이 공통교과목으로 구성되어 있으며 5학기에 걸쳐 case-based critical thinking과 one health 과목이 있다)을 배우고, 3학년(3학기)의 전반기는 임상과목 및 후반기는 임상실습, 4학년은 임상 로테이션으로 구성되어 있다. 이러한 신설대학의 교과과정을 한국의 수의과대학 교과과정 개정 과정에 참고하여 지속적인 개선 중에 있다.

2. 수업 연한

초창기의 수의학교육 수업연한은 2~3년에 불과하였지만 1903년경부터 4년, 1930년경부터는 5년과 1948년 이후 현재와 같은 6년으로 늘어났다. 영국 에딘버러 수의과대학을 졸업한 제임스 로(James Law)는 뛰어난 수의사이며, 영국에서 교단에 서기도 한 그는 1868년 코넬 수의대에서 첫 강의를 시작했다. 그리고 1871년 마이런 카슨(Myron Kasson)이 코넬 수의대의 첫 BVS 학위수여자가 된다. 한편 1871년 미국 내에서 시행되지 않고 있었지만, 코넬 수의대는 BVS 취득자의 경우 부가적인 2년의 수업연한을 연장하여 DVM을 수여하는 안이 결정되었으며, 코넬 수의대의 BVS 학위수여자(1872년)인 다니엘 살먼이 DVM 학위의 첫 수여자가 되었다. 이 학교는 1893년 문을 닫고 다음 해인 1894년 코넬대학교에 주정부가 지원하는 하나의 단과대학으로 주립수의대(New York State Veterinary College, 현재 코넬 수의대)로 새로운 출발을 하게 된다. 이 때문에 현재 코넬대학교 수의과대학의 설립연도(1894년)로 간주하고 있다. 코넬수의대의 수업연한은 1868년 정규 고등학교 졸업 후 4년이었으며, 1896년 정규고등학교 졸업 후 3년, 1920년 4년 그리고 1932년에는 1년 대학교육(예과과정) 후 4년 수업연한을 채택하였다.

한편 Iowa State 수의 학교는 1879년에 공식적으로 설립되었으며, 미국 서쪽의 첫 수의과대학으로 지정되었다. 이 대학의 1887년에 교과과정은 3년으로, 1903년에서 4년으로 연장되어 다시 아이오와 주를 미국 최초의 4년 교과과정으로 하였다. Ohio 수의대 역사를 살펴보면 1885년에 설립 초기에 입학시험은 특별전형, 고등학교 졸업, 선생님의 추천장으로 가름하였고 1897년 School이 College로 대학 이름이 변경되었고 1885년부터 1914년까지는 수업연한이 3년이었으나(1885년 첫 입학생은 1887년 졸업하였다는 것으로 보아 수업연한이 2년인듯하다) 1933년에 1년 과정의 예비과정이 추가되었고, 1949~1950년 학사력에 1년이 2년으로 변경되었다. 1931년과 1936년 사이 미국 수의사회 교육위원회는 전문직(수의과대학 진입) 직전 1년 동안의 훈련을 요구하며 수업연한을 5년으로 연장하였다. 그리고 1949년까지 모든 학교는 1년의 예비과정 기간을 2년으로 연장하도록 하였다.

미국의 영토의 역사가 말해주듯 국토가 차츰차츰 확대되었고 대학의 행정이 주정부의 영향을 많이 받았으므로 수업연한마저 대학에 따라 차이가 있었다. 그러나, AVMA가 창립되고 교육부로부터 권한을 위임받은 교육위원회가 AVMA 내에 설치되면서 수의과대학 평가가 이루어지고 수의과대학 수업연한을 전국적으로 통일하였으며(1949년), 미국 내의 경우에는 수의사회 교육위원회는 근래에 AVMA 인증을 받은 후 수의과대학 학생 모집을 하도록 하고 있다. 미국에는 수의학 학사과정(DVM program)이 없더라도 대학원에 수의학계의 과정이 개설되어 있기도 하다. 이러한 대학원(수의학계) 과정을 졸업하였더라도 DVM program과는 무관하므로 수의사 면허와는 관계가 없다. 농학계 대학 중 수의학 강좌 교육이 이루어지는 대학을 몇 개 들어보면 다음과 같다.

① 애리조나대학교(Dept of Anim. Path.) ② 아칸소 대학교(Dept of Anim. Sci) ③ 코네티컷 대학교(Dept of Anim. Dis.) ④ 델라웨어 대학교(Dept of Anim. Sci. & Agric. of Biochem.) ⑤ 아이다호 대학교(Dept of Vet. Sci.) ⑥ 켄터키 대학교(Dept of Vet. Sci.)

미국에서의 수의과대학 과정은 학사과정(undergraduate)이 아니고 우리나라의 전문대학과 같아서 자연계열 2년 이상의 수료자를 대상으로 수의 전문과정 선발 전형을 거친다. 그래서 미국의 수의과대학 과정을 학사과정이라 하지 않는다. 수의과대학에 입학이 허가된 사람 중에는 학사학위 소지자는 물론 석사(MS)학위, 박사(phD)학위 소지자도 있다. 따라서 예과 과정이 없는 것이 우리와 다르다.

3. 전문 수의사(American Board of Veterinary Specialties, ABVS)

ABVS는 1959년 처음 설립되었는데, 미국수의사회가 인정하는 전문 수의 과정(레지던트)은 다음 22종류가 있으며 해당 협회의 연수(기본적으로 2~3년이지만 분야마다 다름)를 마치고 소정의 시험에 합격하면 Diploma의 학위를 수여한다. 처음에 소개되는 개원 수의사협회 지원 요건을 살펴보면 두 종류의 과정(path)이 있다. 하나는 '개원 수의사 과정'이고 다른 하나는 '레지던트 과정'이다. 개원 수의사 과정을 지원하려면 5년 동안의 임상수의사 경험이 요구되고, 레지던트 과정의 지원에는 1년 동안의 '로테이션 인턴' 경력이나 1년 동안의 임상 경험이 요구된다. 이처럼 과정뿐 아니라 지원조건에도 차이가 있으므로 지원하기 전에 온라인으로 확인할 필요가 있다.

① American Board of Veterinary Practitioners(미국 개원 수의사협회)

② American Board of Veterinary Toxicology(미국 수의 독성학협회)

③ American College of Laboratory Animal Medicine(미국 실험동물 의학협회)

④ American College of Poultry Veterinarians(미국 가금 수의사협회)

⑤ American College of Theriogenologists(미국 가축 번식학자협회)

⑥ American College of Veterinary Anesthesia and Analgesia(미국 수의 마취의협회)

⑦ American College of Veterinary Behaviorists(미국 수의 행동 학자협회)

⑧ American College of Veterinary Clinical Pharmacology(미국 수의 임상약리학협회)

⑨ American College of Veterinary Dermatology(미국 수의 피부학협회)

⑩ American College of Veterinary Emergency and Critical Care(미국 수의 응급의학협회)

⑪ American College of Veterinary Internal Medicine(미국 수의 내과학협회)

⑫ American College of Veterinary Microbiologists(미국 수의 미생물학자협회)

⑬ American College of Veterinary Nutrition(미국 수의 영양학협회)

⑭ American College of Veterinary Ophthalmologists(미국 수의 안과의협회)

⑮ American College of Veterinary Pathologists(미국 수의 병리 학자협회)

⑯ American College of Veterinary Preventive Medicine(미국 수의 예방의학협회)

⑰ American College of Veterinary Radiology(미국 수의 방사선학협회)

⑱ American College of Veterinary Surgeons(미국 수의 외과의협회)

⑲ American College of Zoological Medicine(미국 야생동물의학협회)

⑳ American Veterinary Dental College(미국 수의 치과학협회)

㉑ American College of Animal Welfare(미국 동물 복지학협회)

㉒ American College of Veterinary Sports Medicine and Rehabilitation(미국 수의 스
포츠의학 및 재활의학협회)

4. 미국수의사회(AVMA)

1863년, 미국수의사회는 수의 임상의 질을 향상시키고, 교육을 통한 자기 개발의
필요성을 인식하여 설립되었다. 이를 위해 7개 주(뉴욕, 매사추세츠, 뉴저지, 펜실베이니
아, 메인, 오하이오, 델라웨어)의 대표 40명이 뉴욕에 모여 비영리 기관을 구성하였으며,
초대 회장으로 보스턴 출신의 조시아 스틱크니(Josiah Stickney)를 선출하고, 이 기관을
USVMA로 명명하였다. 그리고 1889년 현재의 명칭인 AVMA라 하였다. 등록 회원
수는 1913년 1,650명, 2019년 94,211명의 회원들이 사람과 동물의 건강과 복지를 돌
보며 환경을 지키고 있다. AVMA 교육위원회가 관장하는 인증은 수의과대학 교육과
수의테크니션교육(Committee on Veterinary Technician Education and Activities, CVTEA)이다.
외국에서 수의학 공부를 한 사람이 미국에서 수의사로 활동하기 위한 수의사 면허를
받는 길은 ECFVG(또는 PAVE)를 거치는 방법과 AVMA의 교육인증을 취득한 수의과
대학에 진학하는 것이다. 먼저 ECFVG (Educational Commission for Foreign Veterinary
Graduates)의 시행 과정을 살펴보면 ECFVG 인증 프로그램안은 1971년 하원에서 통과

되어 1973년 7월 처음 시행되었는데 첫 해는 13명이 응시하여 3명이 합격하였다. 이러한 과정은 다음의 4단계를 거치도록 하고 있다. ① 수의과대학을 졸업한 사실(BVS이냐 DVM이냐를 따지기도 하였다) ② 영어로 의사소통이 가능한지 여부 ③ 미국수의사국가고사(National America Veterinary Licensing Examination NAVLE = National Board Examination for Veterinary Medical Licensing <NBE>에 Clinical Competency Test<CCT>을 추가한 것을 의미한다)를 통과할 수 있는 능력 ④ ECFVG가 인증하는 슈퍼바이저의 지도 아래 일 년 동안의 임상경험을 받아야 한다. 근래에는 ECFVG와 PAVE(The program for the assessment of veterinary education equivalence)가 시행되고 있다.

ECFVG 과정을 순서대로 살펴보면 다음과 같다. 1단계: Registration and Proof of Graduation, 2단계: English Language Ability, 3단계: BCSE(Basic and Clinical Sciences Knowledge), 4단계: CPE(Clinical Skills Assessment). PAVE는 다음과 같은 단계를 거치게 된다. 1단계: Registration and Proof of Graduation, 2단계: English Proficiency exam, 3단계: Qualifying exam(QE), 4단계: Evaluated Clinical Year at AVMA accredited school. ECFVG와 PAVE를 비교하면 4단계가 다르다. ECFVG도 처음에는 일 년 동안의 임상경험을 요구하였지만 2~3일 동안의 임상시험으로 대체되었으며, PAVE는 일 년 동안의 임상로테이션 과정을 거친다. 1단계와 2단계를 통과하면 미국수의사회가 주관하는 NAVLE를 거치게 된다. 여기(3단계)까지 모두 통과 했을 경우 개원하기를 원하는 주의 주면허시험(State Licensing Board)을 통과(실기)하여야 한다. State Board는 각 State 마다 다르므로 확인하여야 한다.

다음은 수의과대학 인증에 대하여 살펴보려 한다. 2020년 3월 현재, AVMA 교육인증을 받은 대학은 미국의 수의과대학 32개(Arizona대학교와 Long Island 대학교 포함), 캐나다 5개(Calgary, Guelph, Atlantic, Montreal, Saskatchewan), 오스트레일리아 4개(Murdoch, Sydney, Melbourne, Queensland), 영국 4개(The Royal, Glasgow, Edinburgh, Bristol), 서인도제도 2개(Ross, St.George's), 프랑스 1개(Vetagro sup<Lyon>), 아일랜드 1개(Dublin), 멕시코 1개(Mexico), 네덜란드 1개(Utrecht), 뉴질랜드 1개(Massey), 대한민국 1개(Seoul) 총 53개이다. 여기에 열거된 순서는 인증 순서와는 관계없다. 미국과 캐나다를 제외한 국가 중에서 가장 먼저 인증을 받은 대학은 네덜란드의 Utrecht(1973년 9월 21일 인증)이다.

AVMA 교육인증을 받은 대학의 졸업생은 미국의 수의과대학을 졸업한 경우와 마찬가지로 NAVLE만 합격하면 State Board시험을 볼 수 있다. 그리고 인증대학 졸업생이든 비인증대학 졸업생이든 우리나라의 국가고시 합격증을 요구하지는 않는다. 수의사가 될 자질의 교육을 받았는지가 중요하지, 우리나라의 수의사면허증이 필요한 것은 아니기 때문이다. 그러나 미국 면허와 별개로 언젠가 우리나라에서 임상 활동을 하려면 대학을 졸업할 무렵 국가고시에 합격하여 두는 것은 불문가지이다. 그리고 미국 수의사 면허취득과 영주권 취득은 별개의 문제임을 밝혀둔다. 미국수의사회는 수의과대학의 평가와 인정을 비롯하여 수의사 국가고시, 전문 수의 제도, 평생교육, 수의 보건 위생업무, 그리고 2종류의 잡지(JAVMA와 AJVR)를 발행하고 있다.

📚 재미한인수의사회

1950년대 개인적으로 유학을 떠난 학생들 중 연구원이나 대학교수로 미국에 남거나, 업무차 건너가 미국 시민이 된 이들도 있다. 이들은 1960년대 후반에 들면서 외국에서 수의과대학을 졸업한 사람에게도 ECFVG를 통해 임상가로서의 길이 열리면서 미국 임상 수의사의 활동상을 보고, 스터디 그룹을 조직하여 공부하는 식으로 미국에 정착할 기회를 넓혀갔다. 이들이 주축이 되어 1972년 재미 한인수의사회가 설립되었다. (초대회장 조병율, 총무 이일화) 이 당시의 뒷이야기는 한국수의인물사전(이일화 편)에서 볼 수 있으며, 재미 한인수의사회는 2022년 50주년을 맞음에 따라 행사 준비를 하고 있다. 한편 2019년 재미 한인수의사회 주소록에 등재된 활동 회원 수는 185명이었다. (이 글은 대한수의사회지(2020년 11월)에 게재하였던 '미국의 수의학교육'을 바탕으로 작성하였다.)

Ⅳ. 일본 수의학

일본은 네 개의 큰 섬(홋카이도, 혼슈, 시코쿠, 규슈)과 오키나와를 비롯한 많은 작은 섬들로 구성되어 있다. 일본은 서기 285년경 백제로부터 좋은 말 2마리를 전해 받았다는 기록과 융마풍토기(蘢馬風土記)에 말의 절건술(切腱術)에 관한 기록(456년)이 있지만, 수의의 효시로는 595년 고구려의 승 혜자가 와서 말 치료하는 법을 전해준 '태자류'가 일본수의사회 연표에 수의의 효시로 기록되어 있다. 일본은 삼국(고구려, 신라, 백제)시대부터 우리나라와 교류가 많아 대륙으로부터 불교, 의술, 수의술이 전해졌고 일본 역시 수, 당 때부터 중국과 직접 교역하면서 중국 문화의 영향을 받았다. 일본 수의학은 최초에는 우리나라(삼국시대)에 의하여 시작되었으며, 이후 당나라와의 교역이 확대되면서 당나라의 영향을 받았다. 대항해시대에는 "난학(蘭學)"의 영향으로 수의학이 발달하였으며 근·현대에는 서양(유럽, 미국) 수의학의 영향을 받아 발전해왔다. 일본의 수의과대학 위치에 대한 이해를 돕기 위해 도도부현(都島府県, 일본의 자치단

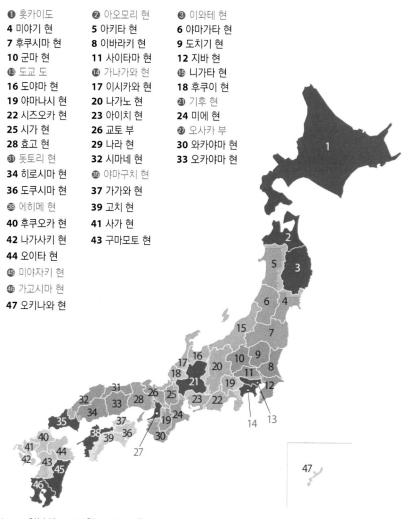

❶ 홋카이도　　❷ 아오모리 현　　❸ 이와테 현
4 미야기 현　　**5** 아키타 현　　**6** 야마가타 현
7 후쿠시마 현　　**8** 이바라키 현　　**9** 도치기 현
10 군마 현　　**11** 사이타마 현　　**12** 지바 현
❸ 도쿄 도　　⓮ 가나가와 현　　⓯ 니가타 현
16 도야마 현　　**17** 이시카와 현　　**18** 후쿠이 현
19 야마나시 현　　**20** 나가노 현　　㉑ 기후 현
22 시즈오카 현　　**23** 아이치 현　　**24** 미에 현
25 시가 현　　**26** 교토 부　　㉗ 오사카 부
28 효고 현　　**29** 나라 현　　**30** 와카야마 현
㉛ 돗토리 현　　**32** 시마네 현　　**33** 오카야마 현
34 히로시마 현　　㉟ 야마구치 현
36 도쿠시마 현　　**37** 가가와 현
㊳ 에히메 현　　**39** 고치 현
40 후쿠오카 현　　**41** 사가 현
42 나가사키 현　　**43** 구마모토 현
44 오이타 현
㊺ 미야자키 현
㊻ 가고시마 현
47 오키나와 현

그림 1-7　일본의 도도부현. 수의과대학이 있는 곳은 지도에서 색깔을 달리 하였다. 일본에는 17개의 장소에 수의과대학이 있지만 홋카이도(道)와 도쿄도(都)에는 각 3개의 수의과대학이 가나가와현에는 아자부와 니혼대학의 2개가 있고, 또 기타사토는 1,2학년이 수학하고 상급반은 아오모리에 있다.

체)을 소개한다(그림 1-7).

1. 에도(江戶)시대(1603~1868년)

도요토미 히데요시가 정유재란(1597~1598년) 중 교토의 후시미성에서 숨을 거두자 (1598년 9월 18일) 그의 유언에 따라 퇴군하였다. 이후, 도쿠가와에게 오사카성을 빼앗기고 어린 후계자가 참수되면서 도요토미 시대는 막을 내리고 에도시대가 시작된다. 1687년 1월 최초의 '살생금지령'을 발표하였다. "사람이나 짐승이 병이 들면 버리는데, 이후는 이것을 금한다. 발각되면 엄하게 처벌한다. 목격하면 신고하라. 그러면 당사자라도 벌을 감하고 상을 줄 것이다." 이러한 쇼군(쓰나요시)의 명령은 요사이와 같은 '동물보호론자'의 뜻이 아니라 전국시대에서 동물의 목숨은 사람의 목숨과 동등하게 대우받았다는 것을 말해준다. 또한, 이와 더불어 '환자를 버리지 마라', '어린이를 버리지 마라', '길에서 쓰러진 자를 보호하라' 등과 같은 규범은, 사람 생명에 대한 존엄성을 사회에 인식하게 하여 살생이나 죽음을 싫어하는 풍조가 퍼지게 하는 계기가 되었다. 대항해시대의 바람을 타고 일본에 도착한 네덜란드인은 서양의학을 일본 땅에 심었는데. 이 당시 뿌려진 서양의학의 씨앗이 메이지 시대에 꽃을 피우게 했다. 그러한 의미에서 에도시대에 네덜란드의 의학과 수의학은 일본에 큰 족적을 남겼다.

1) 마 의술의 전수

1821년 네덜란드 Utrecht에 The State Veterinary College(현재의 Utrecht 수의과대학)가 창설되었고, 유럽에서 가장 먼저 미국수의사회(AVMA) 교육위원회의 인증을 받은 대학이 되었다. 1725년 네덜란드의 카이서(Hans Jurgen Keijser, 1697~1735년)가 마부의 말 치료 목적으로 초청되어 나가사키에 도착하였다. 그는 말 치료법, 승마사술에 대한 문답과 더불어, 네덜란드에서 가지고 온 말의 치료에 관한 서적을 번역 집대성하여 일본 최초의 서양 수의학서인 화란마양서(和蘭馬養書) 전 5권을 출판하였다. 에도시대(1603~1867년)에 요시무네(吉宗; 도쿠가와 8대) 장군은 마필의 개량, 마술의 진보, 마의술의 발전을 크게 생각하고 1720년 당마(唐馬)의 수입을 명하여 청나라인인 이부구가 당마(唐馬) 2마리를 일본에 싣고 왔다. 1724년 당나라 시익형(施翼亨)은 "원형료마집" 1부를 지참하고 나가사키에 상륙하였다. 다음 해인 1725년 "료마서"가 도입되었고 마구도 도입되었다.

2) 남만의학

포르투갈, 스페인이 위도상으로는 일본보다 북쪽이지만 배를 타고 남쪽으로부터 왔기에 이들을 남만인(南蠻人)이라 하였고 선교사들이 일본에 가져온 의학을 '남만의학(南蠻醫學)'이라 한다. 또한 쇄국 후 네덜란드인들의 의학을 '난의학(蘭醫學)' 혹은 난방의학(蘭方醫學)이라 부른다. 네덜란드의 의학 전파에 따라, 의학용어를 일본어로 번역하는 것에 어려움을 겪었다. 이를 해결하기 위해 일본은 다음과 같은 원칙을 정하였다. ① '번역' 즉 네덜란드어에 해당하는 단어가 일본어에 있을 경우는 그대로 사용한다. ② '의역(義譯)' 즉 네덜란드어에 대응하는 일본어가 없을 경우, 원래 말의 의미를 따져 이와 유사한 새로운 말을 만드는 것이다. ③ 앞의 두 가지 원칙으로도 번역이 어려울 경우에는 네덜란드어와 유사한 한자어의 음을 따라 새로운 용어를 만든 경우이다. 지금 널리 쓰이는 '신경' 또한 번역의 과정에서 탄생한 단어이다. 서양의학은 오래 전부터 신경을 중요시했으나 중국에서는 이에 대한 관심이 거의 없었고 경맥이나 경락이라고 한 것에 신경이 포함되어 있다고 생각하는 정도이다. 따라서 이때 처음 신경학이 일본에 소개된 것이다[16]. 일본의 의학 학술용어 중 상당수가 이때 제정되었다고 하니 수의학 용어도 이때 제정, 정착된 후 우리나라로 건너와 아직도 사용되는 용어가 더러 있을 것으로 여겨진다. 하나의 예를 든다면 흔히 사용되는 '산업 동물'이 영어로부터 왔다면 '농장동물'로 번역되었을 터인데 우리에게는 생소한 산업 동물로 정착된 것으로 보인다.

에도 말기에는 데라코야(寺子屋)라는 현재의 초등 교육기관에 해당하는 교육기관을 사찰 내에 설치하여 서민도 교육을 받도록 하였고 번(藩)이 운영하는 교육 시설인 번학(藩學), 민간의 교육 시설인 사숙(私塾)이 활성화되면서 일본을 교육 대국으로 이끄는 초석을 놓았다.

2. 메이지시대(1868~1912년)

1853년 미국의 페리(Perry)제독이 4척의 함선을 이끌고 에도항(도쿄항의 옛 이름) 앞바다에서 개항을 촉구하는 공격을 하였다. 공식적으로 네덜란드와만 무역을 하던 일본은 미국과 개항 협상을 하면서 세계 다른 선진국과 문호 개방의 보조를 맞추었다. 미국에 문호를 개방한 일본은 이제 네덜란드, 중국, 조선 외의 국가들에게도 문호를 개방하는 것을 피할 수 없게 되었다. 이러한 문호 개방은 메이지 유신을 앞당기고 선진 문명을 받아들이는 계기가 되었다. 1868년(明治元年) 메이지 시대를 맞으며 서양문명을 도입하여 농목축산업의 진흥을 추진하였다. 정부 내에 개척이 논의되어 다음 해인 1869년에 민부성(民部省)은 성내에 권농국을 설치하고 농사, 축산을 개량 권장하였다. 1871년, 오오쿠보(大丘保)는 해외 시찰을 통해 구미의 발전된 농업과 목축법을 접하고, 이를 일본에 도입할 필요성을 절감했다. 이에 그는 미국에 인원을 파견하여 목축업을 시찰하도록 하였다.

문교정책의 기반으로 1871년(메이지 4년) 문부성을 설치하고 다음 해인 1872년 학제를 공포하였다. 에도말부터 번학(藩學)과 사숙(私塾)이 교육을 이끌었지만, 이를 폐지하는 한편, 華(일본은 영국 체제를 모방하였는데 왕의 귀족 등 높은 신분), 士族(사찰의 승려, 고관, 번의 책임자), 사, 농, 공, 상의 계층을 구분하지 않고, 모든 국민이 교육을 받는 체제로 전환하였다. 1872년 학제 공표에서 학제는 대학, 중학, 소학으로 구분하고(고등학교가 없다) 농업, 공업, 상업학교는 중학에 위치하고 소학교는 상급반(8~13세), 하급반(6~9세)으로 구분하였으나 1875년에 소학교를 통합하고 8~14세로 하였다. 1872년의 학제로 정해진 수의학교의 임상교육 과목은 가축내과학, 가축외과학, 수의술이었으며, 1877년에 창설된 고마바 농학교의 임상교육 과목은 가축내과학, 가축외과학, 가축산과학이었다. 1873년 제정된 전문학교는 "법학교, 의학교, 이(理)학교, 예술학교, 광산학교, 공업학교, 농업학교, 상업학교, 수의학교 등으로, 외국 교사가 교육하는 학교로 얻은 학술을 일본 사람에게 교육할 목적으로 한다."하였다. 수의학교는 1873년 제정된 전문학교 안에 포함되어 있으나, 전문학교 입학은 "소학교를 졸업하고 외국어학교 하급반 교과를 학습한 16세 이상의 자"를 입학 자격으로 하였으며, 수업연한은 예과 3년, 본과 2년의 과정을 실시하였다. 수의학교의 예과는 ① 어학 ② 산술 ③ 대수학 ④ 기하학 ⑤ 박물학(동물학, 식물학, 금석학, 지질학) ⑥ 의학물리학 ⑦ 의화학 ⑧ 약초식물학 ⑨ 번역(영문을 일문으로)이 있고 본과 교과로는 ① 동물학 ② 생리학 ③ 해부학 ④ 내과 ⑤ 외과 ⑥ 실지경험 등이다. 이와 같이 전문학교 교육을 살펴보면 농업과 수의교육을 권농사업(모범사업)의 앞에 두고 있다. 경제가 발달하지 않은 나라에서는 임업과 수산(섬으로 구성된 일본의 경우는 특히) 교육에 공을 들일 만도 하지만 일본이 농업교육과 수의교육을 초반기 전문학교의 선두에 배치한 것은 메이지 초반 해외사절단(유럽)의 시찰 결과 수의를 통하여 축산을 자리 잡으려 한 것으로 보인다(실업학교의 전문학교 교육이 확대된 것은 1903년 실업학교령이 개정되면서이다).

이 무렵 메이지 정부는 북해도 지역의 개발에 관심을 가지게 되었다. 1871년 9월 아모야마(靑山)에 개척(開拓)사가 설치되고, 다음 해 4월 개척사 가교사가 개설되어, 관비생, 사비생 각 50명씩 모집하였다. 이 학교는 1875년 삿포로로 이전하여 1876년 삿포로농학교로 개칭되었고, 나중에는 북해도대학(수의학부)의 전신이 되었다. 이와 더불어 문부성 관할의 도쿄대학교(1877년), 공부(工部)성 관할의 공부대학교(1871년), 사법성의 법학교(1873년), 척식사(拓植使)의 삿포로농학교(1876년), 농상무성의 고마바(駒場)농학교(1878년) 등을 만들어 근대화 추진에 필요한 전문 관료를 육성했다. 일본에서 대학 교육기관이 처음 설립된 것은 1877년으로 동경개성학교와 동경의학교가 병합되어 이루어진 것으로 이때는 고마바농학교 시절이었으므로 대학에 포함되기 전이다. 수의학을 포함한 농학이 동경대학에 편입된 시기는 1890년이었다. 1890년에 설치된 제국대학 농과대학 수의학과에서는 수학연한 3년 동안의 임상교육 과목은 가축외과학, 외과수술학, 가축내과학, 가축산과학, 가축안과학, 가축피부병론, 발굽병이론, 가축병원 실습을 이수하도록 규정하고 있다. 구제도의 고등수의학교, 수의축산 전문학교의 수학수업연한은 4년간이며, 교육내용에 다소의 차이는 부정할 수 없으나, 교육 과목수는 전기 농과대학의 교과와 유사하다.

제국대학령(1886년)에 따라 시행된 제국대학은 일본 본토의 7개교, 식민지의 2개교(경성제국대학, 타이페이제국대학)가 연차적으로 설치되었으며, 패전 후인 1947년 제국대학은 폐지되었다. 수의학분야는 도쿄대학, 홋카이도대학이 제국대학이었다. 설립 순서에 따라 도쿄 제국대학을 제1제국대학, 경성제국대학은 제6제국대학 등으로 불리기도 했다. 당시 구제전문학교나 대학의 재학생을 '생도'라고 부른 것과 달리 제국대학의 학부생은 '학생'이라 불렀다. 제국대학에서는 누가 가르쳤을까? 도쿄대학에서는 주로 영국인·미국인이 영어로 법학·이학·문학 분야를 가르쳤고, 의학부에서는 독일인 교사가 독일어로 의학과 약학을 교육했다. 사법성 법학교는 프랑스인이 프랑스법을, 공부대학교는 영국인이 공학을, 삿포로농학교는 미국인이 농학을, 고마바농학교는 독일인이 농학을 가르치는 등 학교에 따라 각각 학문의 국적과 교수 용어가 달랐다. 수의학은 얀손 등이 독일인이었지만 영어로 교육하였다(제국대학, 근대 일본의 엘리트 육성 장치). 대학교육에 있어서 수의학의 임상 교육 과목은 1890년에 설치된 제국대학, 농과대학, 수의학과에서는 수업연한 3년 동안 가축외과학, 외과수술학, 가축내과학, 가축산과학, 가축안과학, 가축피부병론, 발굽병이론, 가축병원 실습을 이수하도록 규정하고 있다. 구제도의 고등 수의학교, 수의축산 전문학교의 수업연한은 4년간이며, 교육내용에 다소의 차이는 부정할 수 없으나, 교육 과목 수는 전기 농과대학의 교과와 유사하다[17].

한편 1899년 문부대신의 실업교육 진흥방책에 따라 실업학교령이 공포되었고, 1903년에는 실업학교령이 개정되어 '실업학교 가운데 고등교육을 희망하는 경우는 실업전문학교'라 하여 전문학교령의 규정을 적용함으로써 전문학교 확대 방안을 발표하였다. 이때 전문학교의 입학 자격은 중학교 이상 학력이나 수업연한 4년 이상의 고등여학교 수학(修學) 이상으로 하였으며, 전문학교 수업연한은 3년 이상으로 하였다. 일본에서는 처음으로 1902년 3월 모리오카에 고등농림학교 설치가 결정되었고, 이어서 1908년에 두 번째의 고등농림학교가 가고시마에 탄생하였다. 개교 당시 가고시마 고등농림학교의 학과는 농과, 임과의 두 개의 과였으나, 수의과는 1939년 4월에 개설되었다. 이 당시의 농학교는 소학교를 졸업하고 2년의 보통교육을 받는 제도인 고등소학교를 졸업한 후 3년 과정의 수의학교육을 이수하였다. 1903년 실업학교령의 개정으로 수의 분야는 고등교육 과정인 실업전문학교(고등농림학교)와 중등교육 과정인 실업학교로 나뉘게 되었다. 이후 실업전문학교의 수는 점차 증가했으며, 2차 대전 종전 후에는 4년제 정규 대학으로 발돋움하였다. 이처럼 일본은 메이지 시대에 교육을 통하여 엘리트육성과 산업 근대화에 큰 노력을 기울였고, 이러한 흐름에 발맞추어 농학교 수준에서 사립을 포함한 수의학과가 30개를 넘었던 시기도 있었다. 한편 동경에서는 1876년 10월 구마바농학교가 농학과 20명, 수의학과 29명의 입학을 처음으로 허가하였다.

1) 초빙교사와 일본수의학

일본에는 대항해시대 이후 2번의 해외교사를 초빙했던 시대가 있었다. 하나는 에도시대에 있었던 네덜란드로부터의 전문가 초빙(카이서)이고 다른 하나는 메이지 시대의 얀손(Janson)을 비롯한 여러 학자를 초빙한 시기이다. 서양으로부터 근대적인 학문이나 기술을 도입하기 위해 메이지 정부는 여러 분야의 외국인 교사를 '초빙 외국인 교사'라는 이름으로 초청하였다. 초빙 외국인 교사의 수의학교육은 북해도와 동경의 두 지역에서 이루어졌다. 1872년 청산(북해도)의 개척사가교사(假校舍)에 농학교가 설치되고 1876년 삿포로로 이전하여 삿포로농학교가 된다. 같은 해 미국 Massachusetts 주립농과대학장 클라크(William. S Clark, 1826~1886년) 일행이 1년 동안 근무하면서 현 북해도대학의 터전을 마련하였다. 또한 그가 삿포로의 귀국환송식에서 남긴 말, 'Boys! Be ambitious.'는 지금도 북해도대학의 건학정신으로 남아있다. 이어 1878년 9월 23일 카트(John C Cutter)가 도착하여 1880년까지 2년 동안 수의학 강의와 실습을 담당하였다. 그 후는 국내에서 수학한 졸업생들이 북해도 수의학부의 교육을 이끌었다. 한편 동경에서는 영국의 맥브라이드(McBride, J. A)나 독일의 얀손(Janson, J. L.)이 잘 알려져 있다. 맥브라이드는 에딘버러에서 대학을 졸업하였고, 왕립농과대학(Cirencester Royal Agricultural College)의 교수로 근무하던 중 일본에 왔다가 3년간의 계약이 만료한 후 영국으로 돌아갔다. 그가 귀국한 후는 잠시동안 육군 마의관이 교육을 이어갔으며, 1889년 10월 22일 독일인 얀손(Janson) 일행이 왔다. 그는 1849년 1월 9일 프로이센(현 독일)에서 태어나 베를린 수의학교(1866~1869년)를 졸업하고 육군 수의사가 되었다. 그는 1871년에 베를린 대학으로 돌아와 병리학을 공부하고 1878년 베를린 수의학교의 조교수가 되었다. 그는 31세의 나이로 구마바농학교에 부임하여, 해부학, 병리해부학, 내과학, 외과학, 전염병학, 방역학, 유육검사, 사육학, 산과학, 기생충병학의 강의와 병원에서의 임상실습을 담당하였다. 같은 해 트로이스터(Troester)가 도착하여 생리학, 약리학, 안과학, 조직학, 제병학, 장제학 및 라틴어를 가르쳤다. 한편 1881년 구바마농학교에 동물병원이 개설되었고, 1890년에 구마바농학교는 동경제국대학 농학부가 되었다. 얀손은 22년(동경대 정년 후 2년 동안은 고등농림학교)이나 일본에 체류하면서 수의학교육을 이끌었고 동경제국대학 명예교수가 되었으며 1914년 10월 28일 작고하였다. 퇴직 시 제자들의 기부로 제작된 흉상은 현재도 도쿄대학농학부 교정에 남아 그를 기리고 있다.

2) 육군마의(馬醫)교육

1869년 최초의 육군 수의사(당초에는 마의)는 군무관 부속 마의(무라이 하야노스케)가 있었다. 다음 해에는 의학교병원 군의관 나이토 모교이가 마의로 임명되었고, 나아가 오사카 육군병원 등에서 마의를 모아 말의학을 수강하게 했다. 또 막부 말기에 프랑스인 기병 교관의 가르침을 받은 전막부 마의였던 후카야 슈조가 1872년에 상등마의로 임용되어 군의관 기숙사의 말의학 일을 일임받아 육군 수의관의 양성이 시작되었는데, 1873년는 육군병학 기숙사에 마의생도 15명이 입학했다. 이듬해에는 프랑스 육군 수의교관 앙고(Angot, A.R.D.)가 초청되어 일본에 6년 반 체류하면서(1880년 8월 20일 귀국) 육군 수의학교육의 진전에 크게 기여하였다. 그 후, 육군 수의사의 인재육성을 위해 앙고가 배웠던 툴루즈(Toulouse) 수의학교에 유학생을 보내기도 했다. 1925년 수의부 중장에 상당하는 수의총감이 있었으나 1945년 8월 15일 종전과 함께 육군마의부는 폐지되었다. 이처럼 메이지시대의 수의학교육은 농학교 수의학과가 여러 곳에 있었지만 삿포로농학교, 구마바농학교, 육군수의부를 중심으로 외국에서 해당 교수를 초청하여 수의학교육을 맡도록 함에 따라 에도시대(1603~1867년)에 비하여 질 높은 교육이 되었다. 한편 삿포로농학교와 구마바농학교 졸업생들이 전문학교 교사로 근무하면서 후진을 양성하였다.

일본은 수의학교육의 질을 높이기 위해 네덜란드, 독일, 영국, 미국, 프랑스 등의 학자들을 초빙하여 교육에 참여하도록 하였다. 의학에서 1897년 이질균(Shigella)을 발견한 시가 가요시는, 1901년 노벨 생리의학상 첫수상자가 독일의 베링으로 결정되었음에도 일본의 기타사토가 마지막 순간까지 함께 하였다. 이들 두 사람은 1905년 생리의학상을 수상한 코흐의 실험실에서 같이 연구한 코흐의 문하생이기도 하다. 그는 1894년 홍콩에서 발생한 흑사병의 병원체를 공동으로 발견하는 성과를 남겼으며, 기타사토 대학의 창립자이자 기타사토 연구소를 설립한 인물이기도 하다. 이 연구소의 설립 과정에는 많은 수의사들이 참여하였다. 이러한 공로를 인정받아 일본 화폐 1,000엔 지폐에 그의 모습이 도안되기도 하였다. 2000년대에 생리의학 분야의 노벨상 일본인 수상자가 세 사람이나 있다. 이러한 일들이 단기간에 이루어질 수는 없다. 서양의학이 일본에 들어오기 전에는 당연히 한방의가 많았는데, 1874년 기준으로 한방의 8명이 있으면 서양의는 2명 정도이었다[18]. 한편 메이지유신 직후 군의감이었던 오무라에키조로(大村益次浪)는 "의(醫)는 서양의 것이 우수하며, 특히 군병원을 경영하기에는 한방의학은 전혀 쓸모가 없다"는 견해를 보였다. 이러한 생각은 대체로 당시 메이지 정부의 중심인물 모두의 견해였다. 이런 분위기 탓일까? 메이지 28년(1895년)에 일본 국회가 한방의의 존속을 금지하는 법령을 통과시킴으로써 중국으로부터 전래된 한의의 긴 역사는 종지부를 찍게 되었다. 이러한 이유로 지금은 우리가 일본을 여행할 때 한방의원(의사가 한방전문의 과정을 이수한 한방전문의는 있다)을 찾아보기 힘들다. 이러한 영향으로 한방 수의도 자취를 감춘 것으로 추측된다.

양손은 학교(일본)에서 영어로 교육하였지만 의학 분야는 독일어로 교육이 이루어졌는데, 이러한 배경에 대하여 살펴보면 다음과 같다. ① 영국과 프랑스가 임상을 중요시했지만, 독일은 실험실 연구 활동을 중시하여 다른 나라에 앞서가고 있었다. 베링과 코흐가 노벨상을 수상하고 기타사토(현재 일본에는 기타사토대학에 의대는 물론 수의대도 있다)와 시가(이질균 발견) 등 일본의 유명학자들이 독일에서 연구를 수행하였다. ② 독일 의학 교재가 일본어로 번역되어 대학에서 널리 사용되고 있었다. ③ 독일 출신의 지볼트(Siebold, 1796~1866년)의 영향도 있었다. 그는 학교 교육의 시작 직전인 에도 말기 시절 일본인에게 서양의학을 가르친 최초의 사람으로 기록된다. 지볼트는 독일에서 의학을 공부하고 미지의 세계를 알아보기 위하여 일본에 가기로 마음먹었다. 일본에 가려면 독일보다 국가무역이 활발한 네덜란드가 용이하므로 네덜란드로 가서 네덜란드군 외과의사가 된 후 일본으로 파견되었다. 처음에는 데지마에 체류하였으나, 의사라는 이유로 나가사키에서의 활동이 허락되어 개인적으로 의학을 공부하고자 하는 젊은이들을 교육하였다. 동시에, 그 인맥을 활용해 일본 각지를 여행하며 식물(종자)과 동물에 관한 자료를 채집하였다(당시는 외국인 혼자 일본 국내 여행은 금지). 그 후 그는 자료 채집 문제로 국외 추방(재입국 금지)이 결정되어 네덜란드로 돌아가 일본의 동·식물에 관한 자료를 많이 발표하였다(그래서 동식물학자로 알려지기도 한다). 일본인 부인과 사이에 태어난 딸은 일본에서 의사로 활동하였는데(왕궁에서의 출산 과정에도 참여하였다). 30년 동안이 지난 후 재입국 금지가 해제되어 일본으로 돌아와 다시 수년 활동하였다.

3. 현대 수의학교육

2차 세계대전 이후(우리나라의 해방 이후)를 '현대'라 일컫는다. 일본에서는 패전 이후 미군정 체제 아래 수의학교육은 1946년 3월 동경대학 농학부장이「일본의 수의학교육」을 미군총사령부에 보고한 후 수의학교육 기준을 만들기 시작하였다. 핵심은 "수업연한은 4년으로 한다. 한 학급의 정원은 40명 이하, 입학 자격은 고등학교를 졸업한 자로 한다"이다. 그 후 1952년 미군사령부 공중위생복지부 비치우드(Beechwood)

의 조언을 받아 대학기준협회수의학기준을 만드는 등 교육체계가 자리를 잡았다. 현재와 같은 12년 교육 후 대학 4년의 일본 수의학교육은 1945년 이후에 정착하였다[19]. 그러나 우리나라가 1974년부터 8개 수의학과를 하나의 수의과대학으로 통합하고, 수업연한을 6년으로 변경하는 방침을 발표하자, 이에 놀란 일본은 수의사법 시행령을 개정하여 1978년부터는 석사(修士) 과정을 수료한 사람만 수의사 국가고시에 응시할 수 있도록 하는 6년제 수의학교육을 도입하게 되었다. 그 후 1984년 수의사법 개정으로 수업연한을 6년으로 연장하였다. 일본은 수업연한을 연장하면서 교과과정을 4(종전교과과정)+2(석사과정)시스템을 원용하였다. 또한 수의학영역의 다양함을 효과적으로 교육하기 위하여 국립대학을 중심으로 다음과 같이 대학원 중심, 반려동물 중심, 농장동물 중심의 연합대학을 이루었다.

> ** 기후대학연합대학: 기후 대학, 동경농공 대학, 이와테 대학, 오비히로축산 대학,
> ** 야마구치대학연합대학: 야마구치대학, 돗토리대학, 가고시마대학, 미야자키대학

이 연합대학안은 각 구성 대학 간의 교수 및 학생 교류, 공통 세미나, 특별강의 등을 통한 학술교류 및 정보교환이 활발히 이루어짐으로 전반적으로 수의학교육과 연구가 향상되는 장점도 있었다. 그러나 구성 대학이 지역적으로 산재해 있어 학술회의와 공통 강의를 실시하는 데 어려운 점이 있었다. 또한 대학원(박사과정), 반려동물, 농장동물 중심으로 하는 각 대학에 적절한 예산지원이 어려워, 현재는 연합대학 시스템은 운영되지 않고 있다.

현재, 일본에는 수의학교육을 실시하는 대학이 17개교 있다(표 1-3). 국립대학이 10개교(오비히로축산대학, 홋카이도대학, 이와테대학, 도쿄대학, 도쿄농공대학, 기부대학, 돗토리대학, 야마구치대학, 미야자키대학, 가고시마대학), 공립대학 1곳(오사카부립 대학), 사립대학 6곳(낙농학원 대학, 기타사토대학, 일본대학, 일본수의생명과학대학, 아자부대학, 오카야마대학)이며, 단과대학의 형태보다는 대부분이 학과의 형태이다(국립이든 공립이든 현재는 법인화되어 있다). 입학생 기준 매년 1,070명의 졸업생이 배출되고 있다. 오비히로축산대학, 이와테대학, 미야자키대학, 낙농학원대학, 기타사토대학(임상)은 축산업이 번창한 지역을 배경으로 하고 있어 농장동물에 주력하고 있다. 이에 비하여 홋카이도대학, 도쿄대학, 도쿄농공대학, 일본대학, 일본수의생명과학대학, 아자부대학, 오사카부립대학, 가고시마대학은 대도시에 입지하고 있으므로, 개나 고양이 등의

반려동물 임상이 교육 연구의 중심이 되고 있다. 국립대학 10곳과 공립대학 1곳의 학생정원은 한 학년에 40명 정도로, 한 학년에 100명이 넘는 유럽, 미국의 수의과대학과 비교하면 적은 편이다. 한편 사립대학의 정원은 80명에서 140명으로 많다. 즉, 규모가 작은 편이 교육을 잘할 수 있다고 생각될 수도 있지만, 학생 수가 적어도 필수 교수와

표 1-3 일본의 수의과대학

설립자	대학 이름	설치 년도	입학정원	교수, 준(부)교수, 전강		위치
국립	북해도대학 수의학부 공동수의학과정	1880년 수의학교육개시 1910년 수의학강좌설치 1952년 수의학부로 승격	40	45	공동수의학과정	Sapporo, Hokkaido http://www.vetmed.hokkaido.ac.jp
	오비히로축산대학 축산학부 공동수의학과정	1941년	40	32		Obihiro, Hokkaido http://www.obihiro.ac.jp
	이와테대학 농학부 공동수의학과	1902년	30	16	공동수의학과정	iwate-hyun morioka-shi http://www.agr.iwate-u.ac.jp
	동경농공대학 농학부 수의학과	1890년	35	33		Tokyo-do Fuchu-shi http://www.taut.ac.jp
	동경대학 농학부 수의학과정	1878년 수의학교육 개시 1890년 4년제 수의학과	30	37		Tokyo-do, Bunkyo-ku http://www.vm.a.u.ac.jp
	기후(岐阜) 응용생물과학부 공동수의학과	1940년	30	24	공동수의학과정	Gifu-hyun Gifu-shi http://www.abios.gif
	돗토리대학 농학부 공동수의학과	1939년	35	32		Tottorihyun tottori-shi https://www.rs.tottori-u.ac.jp
	야마구찌대학 공동수의학부 수의학과	1885년	30	31	공동수의학과정	Yamaguchi-chi http://www.vet.yamaguchi-u.ac.jp
	가고시마대학 공동수의학부 수의학과	1885년	30	31		kagoshima-hyun Kagoshima-shi http://www.vet.kagoshima-u.ac.jp
	미야자끼대학 농학부 수의학과	1938년	30	28		Miyazaki-hyun Miyazaki-shi https://www.miyazaki-u.ac.jp/

표 1-3 일본의 수의과대학(계속)

설립자	대학명	설립년도	입학정원	전임교원	연락처
공립	오사카 공립대학 수의학부	1888년 오사카부립대학→ 2022년 오사카공립대학	40	44	Osaka http://www.omu.ac.jp/vet/
사립	낙농학원 수의학군 수의학류	1964년	120	48	Hokkai-do, Ebetsu-shi http://www.rakuno.ac.jp
	키타사토 수의학부 수의학과	1966년	120	38	Aomori-hyun Towada-shi http://www.kitasato-u.ac.jp Kanagawa-hyun Sagamihara-shi http://www.kitasato-u.ac.jp
	일본수의생명 대학수의학부 수의학과	1881년	80	58	Tokyo-do Mushino-shi https://www.nvlu.ac.jp/
	일본대학 생물자원과학 부 수의학과	1907년	120	39	Kanagawa-hyun Fugisawa-shi http://www.hp.brs.nihon-u.ac.kr
	아자부대학 수의학부 수의학과	1890년	120	57	Kanagawa-hyun Sagamihara-shi http://www.azabu-u.ac.kp
	오까야마 리과대학 수의학부 수의학과	2018년	140	52	Ehime-hyun Imbari-shi http://www.vet.ous.ac.jp

+ 백영기 명예교수님의 자료를 이용하여 표를 작성하였다.

실험 장비가 뒷받침되어야 하므로, 교육의 효율성에는 바람직하지 못하기에 국립대학은 연합대학의 교육을 시도하였다. 그러나 기대에 미치지 못하여 포기하고 현재는 공동수의학과 형태를 유지하고 있다.

1) 국립수의과대학(10개)

① 동경대학 농학부 수의학과

1876년 10월 고마바농학교로 출발, 1886년 도쿄산림학교와 합병하여 도쿄농림학교가 되었고, 1890년에 제국대학 농과대학, 1897년에 도쿄제국대학 농과대학이 되었고, 1947년 제국대학 폐지로 도쿄대학 농학부 수의학과로 현재에 이르고 있다.

② 북해도 수의과대학 공동수의학과

1880년 삿포로농학교에서 수의학교육 시작, 1952년에 농학부 수의학과가 수의학부로 승격, 단일학과의 수의과대학이다.

③ 동경농공대학 농학부 공동수의학과

동경고등농림학교, 동경농림전문학교, 동경제국대학 농과대학 을(乙)과, 동경제국대학 농과대학실(実)과, 창립이래 수의학과는 1944년 4월 수의축산과로 개칭, 대학교육으로는 1949년 농학부 수의학과 [이와테대학과 제휴]

④ 이와테대학 농학부 공동수의학과

1902년 모리오카 고등농림학교 수의학과 설치, 대학교육으로는 1964년 수의학전공 설치 [동경농공대와 제휴]

⑤ 기후대학 응용생물과학부 공동수의학과

1938년 기후고등농림학교의 축산학과에서 수의학과를 분리하면서 시작, 대학교육으로는 1956년 수의학전공 설치 [돗토리대학과 제휴]

⑥ 돗토리대학 농학부 공동수의학과

1939년 돗토리 고등농림학교에 수의학과 신설
대학교육으로는 1955년수의학전공 설치 [기후대학과 제휴]

⑦ 오비히로 축산대학 공동수의학과

1941년 오비히로 고등수의학교로 출발 〈수의학과만의 관립 단과〉, 대학교육으로는 1949년 5월 오비히로 축산대학(수의학과, 낙농학과)으로 개칭 [북해도대학과 제휴]

⑧ 미야자키대학 농학부 수의학과

1938년 미야자키 고등농림학교의 축산학과가 축산과 수의가 분리되면서 수의학과 신설, 대학교육으로는 1956년 수의학전공 설치

⑨ 야마구치대학 수의학부 공동수의학과

1885년 야마구치 농학교 수의학과로 시작 1948년 이 학교는 1948년 야미구치농업 고등학교가 된다. 대학교육으로는 1959년 수의학전공 설치 [가고시마대학과 제휴]

⑩ 가고시마대학 공동수의학부

1939년 가고시마 고등농림학교에 수의학과 신설 대학교육으로는 1954년 수의학 전공 설치 [야마구치대학과 제휴]

2) 공립수의과대학

1883년 수의학강습소 시작이 오사카부립대학의 출발이다. 대학교육은 1949년이 며, 현재는 오사카부립대학 생명환경과학부 수의학과이다.

3) 사립수의과대학

나까야마에 의하면 일본의 10개 국립대학과 1개 공립대학의 입학정원은 370명이 다. 그리고 6개 사립대학의 입학정원은 700명이다. 국공립 교육기관은 11개이지만 매 년 370명이고 사립교육 기관은 6개이지만 매년 700명이 입학한다. 국공립대학의 수 의학과 통합교육에 많은 논의가 있었으나 만족할만한 결과는 얻지 못했다.

사립대학에서 수의사 양성 과정을 마련하고 있는 것은, 현재 6개교이다.

① 일본수의생명과학대학 수의학부 수의학과(東京)

1881년 육군마의(馬醫) 학사를 졸업한 육군 수의관들이 도쿄에 설립한 사립 수의학 교가 폐교와 개교를 반복하다가, 1911년에 일본 수의학교로서 재출발하였다. 그 후 일본고등수의학교, 일본수의축산전문학교를 거쳐 1949년 일본수의축산대학이 되었 고, 현재 일본수의생명과학대학 수의학부가 되었다. 수의학부에 수의학과와 수의보 건간호학과가 있다.

② 아자부대학 수의과대학(Kanagawa)

1890년 도쿄 아자부에 도쿄 수의강습소가 개설되어, 아자부 수의학교, 아자부 수 의축산 전문학교를 거쳐 1950년 아자부수의과대학에 이르렀다. 수의학부에는 수의학과와 동물응용과학과가 있다.

③ 일본대학 생물자원과학부 수의학과(Kanagawa)

1907년 도쿄 수의학교는 도쿄고등수의학교, 토쿄 수의축산 전문학교를 거쳐, 1949년에 토쿄 수의축산대학이 되었다.1951년 일본대학 농학부와 합병하여 다음 해에 일본대학 농수의학부가 되어, 현재의 일본대학 생물자원과학부 수의학과가 되었다.

④ 낙농학원대학 수의학부 수의학과(北海道)

1964년에는 낙농학원대학에 수의학과(당초에는 낙농학부 수의학과, 1995년에 수의학부 수의학과로 개편)

⑤ 기타사토대학 수의학부 수의학과

1966년 기타사토대학에 축산학부 수의학과가 설치되었고 2007년에는 수의학부(수의학과 · 동물자원과학과 · 생물환경과학과)로 변경, 1, 2학년은 본교(main campus, Kanagawa)에서 수학하고 3, 4, 5, 6학년은 아오모리 캠퍼스에서 수학한다.

⑥ 오카야마 이과대학 수의학과

시코쿠 지방 에히메현 2018년 수의학과 신설

나카야마(2019년)에 의하면 최근 5년 정도 사이에 일본의 수의학부 교육, 즉 수의사 양성 교육은 극적인 변화를 겪고 있다. 서구 수준의 교육내용, 교육환경을 달성하기 위해 ① 공통 핵심교육과정 ② 공용시험과 참여형 임상실습을 실시 ③ 국립대학에서는 공동수의학교육과정(공동수의대나 공동수의학과 포함) 설치 ④ 대학기준협회에서 수의학교육의 평가를 시작하였다. 이는 각 대학이 재량으로 운영하던 수업과 실습 내용을 전국적으로 통합하였음을 의미한다.

이와 같이 일본에서는 수의학교육의 내실화를 위해 끊임없이 노력하고 있음을 말해준다.

4) 특이점

① 일본의 대학을 표기할 때 영어로는 University로 표기하지만 어느 대학이든지

대학교가 아니고 "○○대학(大學) ××학부(學部) 수의학과(獸醫學科)"로 표기한다.

② 일본의 대학에서 수의학부 수의학과(우리의 수의과대학 수의학과)로 표기된 대학은 국공립대학(11개) 중 북해도대학 하나뿐이고, 사립대학(6개) 중 5개 대학(酪農學園大學, 北里大學, 日本獸醫生命科學大學, 麻布大學, 岡山理科大學)은 수의학부 수의학과로 소개하고 있다. 다른 대학은 축산학부, 농학부, 생명환경과학부, 생물자원과학부 소속의 수의학과로 되어 있다[19].

③ EU(European Union)의 수의학교육평가기관인 EAEVE(The European Association of Establishments for Veterinary Education)는 1988년 프랑스 파리에서 창설되었으며 대부분의 회원교는 EU 국가의 수의학교육기관이다. EU 이외의 국가로는 이스라엘, 터키, 러시아, UAE의 수의과대학 들이 참여하고 있고 아시아에서는 태국 방콕의 출라롱콘 대학교, 일본은 야마구치대학과 가고시마대학이 연합한 남부팀(VetJapan South)과 홋카이도대학과 오비히로 대학, 라쿠노가쿠엔(낙농학원)대학이 연합한 북부팀(VetNorth Japan)의 준회원교로 참여하고 있다(2020년 현재).

V. 북한 수의학

1. 대학 교육 제도

북한에서는 소학교(4년)와 중학교(6년)를 마치고 대학에 입학한다. 이에 비하여 우리는 유치원교육을 제외하고 12년의 교육을 마친 후 대학에 입학함에 따라 대학을 졸업하는 연령이 북한은 남한보다 2년 빠르다. 한편 남자는 10년, 여자(의무는 아니지만 신분상승을 위하여)는 7년의 병역의무가 있다.

북한의 대학은 국가에 의하여 관리 운영되는 <국영>대학이다. 남한의 국립대학과 같이 국가에서 재정을 담당하는 것은 물론 대학의 설립과 확장 폐쇄, 교육과정, 교수의 임명과 해임, 대학생의 입시와 졸업 후 배치 등 모든 것이 국가가 좌지우지한다.

우리나라는 1991년까지 대학의 규모에 따라 법으로 종합대학(university)과 단과대학(college)으로 구분하였다. 그러나 현재는 종합대학과 단과대학을 구분하지 않는다

(교육법 109조, 1991년 12월 31일 개정). 전통적으로 북한의 종합대학은 김일성종합대학 (평양, 인문사회계 중심), 김책공업종합대학(평양, 자연계중심), 고려성균관 종합대학(개 성, 경공업부분 중심)이 있었으나 2010년 10월 김일성종합대학, 김책공업종합대학, 고 려성균관대학, 그리고 리과대학 종합대학(평양)을 제외하고 다른 종합대학은 부문별 (우리의 단과)대학으로 전환하였다.

현재(2021년) 북한의 대학은 종합대학(5개), 부문별대학(125개, 우리의 단과대학), 직업 기술대학(48개, 종전의 전문학교를 폐지하고 대학으로 승격하거나 공장/농장/어장대학으로 개편), 공장/농장/어장대학(93개, 대규모 기업소, 공장, 농장, 어장 등에 부설된 산업체에서 "일하면서 배우는 교육"체계)이 있어, 북한의 대학 수는 271개이다[20]. 또한 인트라넷을 이용하는 원격교육이 있다. 원격교육은 1940년대 후반 성인 대상 우편교육으로 시작 하여, 1970년대에는 라디오와 TV를 활용한 방송교육으로 발전하였으며, 2000년대 들어 컴퓨터와 네트워크에 기반을 둔 이러닝을 활용한 교육으로 발전하였다. 김정은 시대에는 '전민과학기술인재화'의 기치 아래 대학원격교육과 사회원격교육의 투 트 랙으로 원격교육을 발전시켰다.

북한에는 간부양성을 위한 대학이 별도로 존재한다. 중앙급으로 김일성고급당학 교와 인민경제대학, 금성정치대학이 있으며 각 도마다 공산대학이 있다. 이러한 대학 은 내각이나 도교육부가 아니라 중앙당이나 도당에서 직접 관리 운영한다. 북한은 군 부도 자체의 대학을 가지고 있다. 군부의 대학은 김일성군사대학과 김일성정치대학, 김책공군대학, 해군대학, 군의대학이 중추대학이며 이외에 단과대학 형태로 조직된 대학들이 있고 직업기술대학(종전의 전문학교)과 유사한 학교로서 군관학교(국방대학) 들이 병종별로 조직되어 있다. 이에서처럼 북한의 교육체계는 쉽게 변화하고 분야가 다양하다.

한편 1953년에 결정된 농업대학의 수업연한 (1953년 7월11일 내각 결정 제111호, 북한 법령집)을 살펴보면 수의학과, 토지계획학과, 농기계 및 전기화학과는 5년으로, 기타 학과는 4년으로 하였다. 이로써 1953년부터 수의학교육의 수업연한은 5년이 되었다. 평성수의축산대학을 졸업한 탈북인이 전해준 말에 의하면 현재 평성수의축산대학의 수의학 수업연한은 6년(1+5)이라는 주장이 있기도 하다.

북한 최초의 수의학 교육기관은 김일성종합대학(1946년 10월 개교)의 농업대학이다. 그러나 1948년 종합대학의 공대, 의대, 농대를 분리하여 김책공업종합대학, 평양의

학대학, 원산농업대학으로 발전시켰다(이로써 김일성대학에는 농대가 없어졌다). 김일성대학의 농대 전체를 원산으로 옮긴 것은 그 당시 교수요원의 부족이 가장 큰 요인이라 여겨진다. 그 후 농업대학이 없어진 평양에는 평양시의 농업 부문 일꾼을 양성한다는 이름 아래 1981년 3월 부문별(단과) 대학인 평양농업대학(수의축산학과 포함)을 설립하였다. 후발 주자였지만 평양에 위치하여 빠른 속도로 발전하였다. 평양농업대학은 계응상-사리원 농업대학과 더불어 2012년 1월부터 2019년 11월까지 김일성종합대학의 단과대학으로 있었다. 이처럼 평양농업대학이 김일성종합대학의 단과대학이었던 것은 그 지리적 위치 때문에 쉽게 이해할 수 있지만, 황해북도에 위치한 계응상-사리원 농업대학이 김일성종합대학의 단과대학이었다는 것은 이해하기 어렵다. 이 무렵(2012년 1월~2019년10월) 수의 축산분야의 대학이 종합대학으로 편성된 다른 농업대학은 평북종합대학(신의주농업대학이 소속), 평성 수의축산종합대학, 원산농업종합대학이었다. 그러나 이 대학들도 2019년 10월 이후에는 수의 분야의 다른 대학과 마찬가지로 모두 부문별(단과) 대학으로 전환되었다. 그래서 현재 수의과대학 중 종합대학에 소속된 대학은 없고 9개 대학 모두가 부문별(단과) 대학이다.

이 글의 앞 부분에서처럼 김일성대학 농업대학이 원산으로 옮겨 원산농업대학이 되었고(1948년), 1955년 7월 26일 평성 수의축산대학 수의학과가 원산농대 수의 축산학과에서 분리 설립되었고, 강계 농림대학(자강대학) 수의학 역시 1955년 8월 원산농대에서 분리하여 설립되었다. 이때는 원산농대의 일부 교수들이 평성과 강계(6·25전란중 우리가 평양을 지배하였을 때 임시수도)로 옮겨 수의학교육을 이끈 것으로 보인다. 북한에서는 대학을 국가 관리의 관점에서 중앙대학과 도급(道級,일반)대학으로 구분한다. 중앙대학은 국가가 직접 관리하는 대학으로 전국적 범위에서 학생들을 모집하고 졸업생을 배치하는 대학이다. 도급대학은 도 범위에서 학생들을 모집하고 졸업 후 취업도 도를 위주로 배치하는 대학이다. 각 도에 있는 공업대학, 사범대학, 교원대학, 농업대학, 의과대학, 음악대학 등 전문계열의 대학이 여기에 속한다[21].

북한의 수의과대학 교과과정을 구할 수 없는 실정이라 수의축산대학 수의학부, 수의학과, 수의축산학과 그리고 농업대학 수의학과, 수의축산학과의 구분이 쉽지 않다. 북한의 교과서인 집짐승 생화학 판권 상단에 "이 책은 수의축산대학 수의학과, 축산학과, 가금학과, 수의축산학과와 농업대학 수의학과, 축산학과, 가금학과, 수의축산학과(주간, 통신) 학생들의 교과서이다."라고 표기하고 있고, 수의축산학부라 하여 수의학과, 축산학과가 별도 개설되어 있지 않고 수의축산학과로 통합 개설되어 있는 곳(김제원-해주농업대학)도 있다. 그 대학의 졸업생에게 문의한 결과 학생 수가 적어 수의학과와 축산학과를 분리할 수 없었기 때문이라는 대답을 들었다. 그래서 이 책에서는 수의축산학과가 실제로는 농장동물만 교육하고(실제 평성 수의축산대학 수의학과에서도 반려동물 교육과정은 없다) 축산학과에 준하는 교육을 하더라도 수의학교육기관으로 간주하였다.

정부의 대북지원팀의 일원으로 북한을 다녀온 임상수의사의 방북 체험담을 들어보면 "북한에는 두 종류의 수의사가 있는 듯하다. 북한에서 두 사람의 수의사와 한 팀이 되어 일을 하였는데, 나이 차이가 아니고 두 사람 간의 차등이 있는 듯하여 조용한 기회에 한 수의사에게 '다 같은 수의사인데 친구 수의사에게 왜 그렇게 차별을 두느냐'고 물으니 '그 수의사와는 차등이 있는 수의사'라고 말하는 것을 들었다"고 하였다. 그 뜻은 아마도 평성 수의축산대학 수의학과를 졸업한 수의사(북한에는 면허에 대한 국가고시가 없으므로 졸업장이 곧 면허증이다)와 도급대학의 수의축산학과를 졸업한 수의사로 구분된다고 할 수 있다. 평성 수의 축산대학 수의학과 졸업자마저도 반려동물과 말에 대한 교육을 받은 일이 없다고 할 정도이니 도급대학의 수의 축산학과를 졸업한 사람은 농장동물인 소, 돼지, 닭(가금학과가 따로 있기도 하다)에 대하여 축산학

표 1-4 북한의 수의과대학

	조선향통대백과사전(2005)	조선대백과사전(1998)	위치
평양농업대학	수의축산학부	수의축산학부	평양
평성수의축산대학	수의학부	수의학부	평남 평성시
신의주농업대학	수의축산학부	수의축산학부	평북 신의주시
강계농업대학(자강대학)	수의학부	–	자강도
김재원-해주농업대학	수의축산학부	수의축산학부	황남 해주
계응상-사리원농업대학	수의축산학부	수의축산학부	황북 사리원
원산농업대학	수의축산학부	수의축산학부	강원 원산
함흥농업대학	수의축산학부	수의축산학부	함남 함흥
청진농업대학	수의축산학부	–	함북 청진

* 조선대백과사전(1998년)은 평양에서 발행되었으며, 조선향토대백과사전(2005년)은 남북한공동으로 서울에서 발행되었다.

과보다 좀 더 나은 정도의 공부를 하는 과정으로 여겨진다. 더욱이 다른 학문 분야도 마찬가지이지만 수의는 국민경제가 나아지지 않으면 결코 발전할 수 없는 영역이다. 북한에는 아직도 단고기(개고기) 먹는 것이 생활화되어있는 실정이고, 식량부족으로 먹고살기에 급급한데 국가에서 반려동물을 위한 수의사 양성이 필요하겠는가? 수의학이 작은 학문 분야이고 북한의 관련 자료를 접하기 어려운 실정이라 통일부 자료실 자료와 로동신문을 뒤적이어도 지역에 '축산기지' 건설이라는 구절은 있어도 수의에 관한 말은 찾기가 쉽지 않다. 북한 농업대학의 학부와 학과의 경계가 명확하지 않고 (실제로 북한 자료에서 학부와 학과는 같은 의미로 사용된 곳이 더러 있었다) 지방의 한두 군데 대학에서 수의학과로 표시된 곳도 있었지만, 수의축산학과와 차이를 구분할 수 없었다.

2. 수의과대학 목록

1) 평성 수의축산대학

평안남도 평성시 삼화동에 소재하며, 1955년 7월 26일에 원산농업대학의 수의 축산학과에서 분리하여 창립되었고, 수의 축산 부문의 종합대학이어서 수의학부, 축산학부, 가금학부 등의 학부가 있으며 통신학부도 설치되어 있다. 학사 수업연한은 5~6년이며, 석사, 박사과정이 있다. 김일성이 방문하였을 정도로 북한 수의학교육의 본산이라 할 수 있다. 이 대학을 졸업한 어느 탈북인은 '실질적인 수의과대학은 평성 수의축산대학이 유일하고 다른 대학은 축산학과와 같다고 보면 된다.'라고 하였으며, 한해의 모집인원은 80명이다. 그래서 필자의 추측으로는 평성 수의축산대학 수의학과가 유일하게 중앙대학으로 존재하고 다른 대학에는 어떻게 표기되어 있더라도(비록 수의 축산학부라 표기되었더라도) '수의 축산학과' 형태로 유지되는 것으로 여겨진다. 평성 수의축산대학 수의학과의 졸업생은 전국 주요 축산농장, 농장, 목장, 과학원에 배치된다. 이 대학에는 부속 건물로 수의방역소, 실험 목장, 실습공장 등이 있다.

2) 평양농업대학

평양시 용성구역에 있으며 1981년 3월 28일에 설립되었다. 농학부, 농기계 학부, 수의 축산학부, 농업 생물학부를 비롯한 학부와 농학과, 과수학과, 남새학과 등의 학과들이 있다. 평양 인근에는 남새, 축산, 가금 기지가 많기 때문에 농업대학이 설립되었다. 또한 평양시민의 채소공급을 위하여 남새학부가 시발이 되어 농업대학이 설립되었다는 주장도 있으며, 정책적으로 설립된 농업대학이지만 평양 시내에 위치하여 발전이 빨랐다. 작물 토양, 관개, 하천, 농학, 축산, 수의 등 종합적 농업 부문 기사를 양성하여 농업 과학원 연구사, 이국 파견 기술자, 농장 기사로 진출한다. 평양에는 농수산계열의 부문별(단과) 대학인 김보현 대학(평양시 낙랑구역)이 있지만 이 대학은 주로 북한의 농업 간부재교육대학으로 활용되고 있다.

3) 신의주농업대학

평안북도 의주는 한동안(1907년 무렵) 도청소재지이었을 정도로 평북의 중심지이었다. 일제강점기에는 남한의 이리 농업학교와 맞먹는 의주 농업학교가 있었다. 그러나 일본제국에 의하여 압록강에 압록철교가 가설되고 경의선이 개통되면서 신의주가 중심도시로 부상하고 의주는 도시의 세력이 약화 되었다. 신의주 농업대학은 1969년 10월에 발족하였으며 평안북도 신의주시에 소재한 평안북도 내의 농업 기술 일꾼을 양성하는 기관이다. 농학부, 과수학부, 농기계 학부, 수의축산학부, 가금학부 등의 학부와 많은 강좌들이 설치되어 있다.

4) 강계 농업대학(자강대학)

전쟁 직후인 1955년 8월 원산농업대학 수의 축산학부 중 수의학부가 분리되어 설립되었다고 알려져 있다. 어느 북한 출신 인사에 의하면 강계 농업대학이 1992년 자강대학으로 개명되었다가 다시 강계 농업대학으로 되었다고 한다. 주요 학과(학부)로는 농학, 잠업학, 농기계, 수의 축산학, 임학, 삼림 공학, 목재학, 삼림 기계학, 원예학이 있다.

5) 김제원-해주농업대학

김제원-해주농업대학은 황해남도 해주시에 위치하며 도내 과학 기술 일꾼들을 양성하는 농업대학이다. 1960년 12월 1일에 해주농업대학으로 발족하였다. 북한에는 해당 분야에 많은 업적을 남긴 유명 인사들을 기리기 위하여 대학명을 인명으로 변경하였다. 해주농업대학의 경우에는 해주 출신인 농민인 김제원이 애국미(米) 헌납 운동을 1946년에 시작하였다. 이를 기릴 목적으로 1990년 10월 31일 김제원 농업대학으로 개칭하였다. 그러나 김제원 농업대학, 해주농업대학 두 가지로 불리게 됨에 따라 혼란이 있어 김정일의 지시에 따라 (탈북 인사의 증언) 2004~2005년에 공동명칭인 김제원-해주농업대학으로 변경하여 공식 명칭으로 자리를 잡았다. 대학에는 농학부, 과수학부, 산림 하천학부, 수의축산학부, 농기계학부, 농업경영학부 등의 학부와 학과들이 설치되어 있다. 농업과학연구소와 연구원, 박사원, 출판소가 있다. 이 밖에 통신학부가 있다.

6) 계응상-사리원농업대학

계응상-사리원농업대학은 1959년 9월 1일에 설립되었으며, 1990년 10월 31일 잠사학자이며 유전학자인 계응상(桂應相)의 이름을 따서 계응상대학(桂應相大學)으로 학교명이 변경되었다. 김정은 집권 후에는 수년간 김일성종합대학에 소속되기도 하였으나 현재는 부문별(단과) 대학이다. 학제는 9개 학부(농학부, 수의 축산학부, 농업 생물학부, 농업 화학부, 과수학부, 잠학부, 산림 하천학부, 농업 기계 화학부, 농업 경영학부)와 50여 개의 강좌 그리고 농업생물공학연구소, 작물재배학연구소, 잠학연구소, 수의축산학연구소, 경제식물학연구소, 농업공학연구소 등의 부설 연구소가 있으며, 박사원, '일하면서 배우는' 통신학부(원격교육)도 운영되고 있다.

7) 원산농업대학

김일성종합대학의 농업대학이 원산으로 이전하여 1948년 9월 1일 개교하게 됨에 따라 농학교육의 본산이 되어 농학부, 수의축산학부, 농업 기계화학부, 수리공학부, 경제식물학부, 농업경영학부 등과 수십 개의 전공학과를 두고 있다. 또한, 통신학부(원격교육), 야간학부, 재교육부가 있다.

8) 함흥농업대학

함흥농업대학은 함경남도 함흥시에 위치하며, 1958년 10월 9일 농업 부문 기술 교원양성을 위한 기술사범대학으로 창립되었다. 1973년 11월 함흥농업대학으로 개칭되었으며 1990년 10월 31일 중앙인민위원회 정령에 따라 함흥지방의 넓은 벌을 상징하는 금야 대학으로 개칭하기도 하였다(금야군은 행정적으로 함흥시는 아니다). 대학에는 농학부, 과수학부, 수의축산학부, 농업기계화학부를 비롯한 여러 개의 학부와 전공학과, 강좌가 있다.

9) 청진농업대학

함경북도 청진시 나남구역에 위치하며 1970년 6월 농업 부문 일군 협의회에서 함경북도의 지역 특성에 맞는 농업을 발전시키고 과학연구사업을 강화하기 위하여 농업대학을 건립하였으며 그해 9월 1일 함북농업대학의 이름으로 개교하였다. 함북농업대학, 함북대학으로 명명되기도 하였으며, 나남구역에 위치하므로 나남농대라 불리기도 한다. 조선 향토 대백과사전에는 청진농업대학으로 소개하고 있으며, 로동신문(2020년 8월 28일)도 청진농업대학이라 보도하고 있다.

북한에서 수의학과가 설치된 대학(9개) 중 가금학과가 설치된 대학이 6개(평성 수의축산, 신의주농업대학, 김제원 해주농업대학, 계응상-사리원농업대학, 함흥농업대학, 청진농업대학)라는 점이 특이하다. 또한 북한의 농업대학에서는 남한의 원예학과가 과수학과(부), 채소학과로, 임학과는 임산공학부, 목재 가공학, 삼림 기계학 등으로 세분되어 있다. 또한 농공학과는 기계학부, 자동화학부, 농업 기계 화학부, 산림 하천학부로 구성된 점이 눈에 띄며 경제 식물학과가 개설된 대학도 있다. 평성 수의 축산대학 졸업생의 도움을 받아 작성한 표 1-5에서 엿볼 수 있는 바와 같이 '집짐승' 과정만으로 편성되고 있으며 개, 고양이와 같은 소동물의 교과과정이 없다. 또한 앞에서 언급한 바와 같이 다른 북한 출신 인사에 의하면 개, 말에 대해서는 대학에서 배운 적이 없다

표 1-5 평성수의축산대학을 졸업한 탈북민이 전해준 수의학과교과과정

구분	교과목
기초(선수)과목	수학, 무기화학, 유기화학, 물리학, 집짐승해부학, 외국어, 체육 등 (1학년과정)
정치과목	김일성, 김정일, 김정숙 혁명력사, 김일성주의기본, 주체철학, 주체사상, 김일성,김정일 로작, 정치경제학 등
전공과목	집짐승생리학, 집짐승생화학, 생물물리학, 집짐승약리학, 미생물학(세균학), 비루스학, 집짐승조직학, 병태생리학, 기생충학, 림상병리학, 전염병학, 집짐승내과학, 집짐승외과학, 집짐승림상진단학, 집짐승산과학, 집짐승동의학, 유전학, 생물공학, 위생학, 먹이학(사료학) 등

* 집짐승병리학은 착오로 누락된 듯 함

는 것으로 보아 농장동물 이외에는 교육이 실시되지 않는 것으로 여겨진다. 선택과목 없이 필수과목만으로 구성되어 있어 모든 학생이 동일한 과정을 이수하게 되어 있다. 아울러 수의학교육에 한한 것은 아니지만 농번기에는 영농지원전투와 교과과정의 20% 정도가 정치사상 과목으로 구성되어 있다. 북한에서 사회 체계상 대학 졸업 후 수의사는 동물병원 개원이나 개인적으로 농장경영을 할 수 없다. 따라서 수의학과를 졸업하면 별도의 수의사 면허증 없이 졸업장으로 중앙부서인 농무성 산하기관, 도와 군의 수의방역소, 대학을 비롯한 교직, 국영농장과 협동농장의 축산지도원이나 수의 사로 근무하면서 진료 및 위생 방역업무와 사양관리에 종사하고 있다.

3. 수의축산분야 남북협력

남북한 사이의 교류협력은 주로 북한에 대한 인도적 지원과 교역에 중점을 두고 있으며 남북경제협력사업(이하경협)에 대한 관심은 상대적으로 적다. 그 동안 경협을 활성화하기 위한 제도적 장치와 인프라 구축에 많은 노력을 기울였음에도 불구하고 아직까지 가시적인 성과가 나타나지 않고 있다. 2008년 7월 11일 금강산에서의 박왕자 씨 피살 사건, 2010년 11월 23일 연평도 피침, 더욱이 2020년 6월 16일 북이 남북공동연락사무소를 폭파하는 사고가 발생한 후로는 경협은 사실상 중단상태이다. 그 동안 남북정상회담이 있었지만 북은 핵개발이나 미사일 발사로 응수함에 따라 남북대화는 사실상 중단상태이다.

농업분야에서 가장 모범적으로 진행되었던 사례는 옥수수사업이지만 이 글은 수의축산분야에 국한하고자 한다. 남북한 교류협력에 참여하고 있는 비정부단체(Non-Governmental Organization, NGO)를 포함한 남한의 단체로는 현대아산(금강산관광개발사업의 일환으로 추진되어온 고성군 양돈장), 월드비젼, 우리민족서로돕기운동, 한국이웃사랑회, 새마을운동중앙회, 남북농업발전민간협력연대, 한국 JTS(Join Together Society), 굿네이버스 등이며, 지방자치단체로는 북한과의 접경 도인 강원도, 경기도가 있으며 또한 종교단체들을 들 수 있다. 수의축산분야 대북지원의 가장 모범사례로는 평양 외곽에 위치한 구빈리 협동농장(굿네이버스)을 들 수 있다.

수의축산관련 물품 지원 종류를 살펴보면 분유, 젖염소, 배합사료, 수의(동물)약품, 젖소, 젖소정액, 인공수정기, 우유멸균가마솥, 크림분리기, 우유통, 인공수정기기,

우유멸균기, 주사기, 이표, 이표장착기, 우유냉장운반차량, 우유멸균기, 분유, 양계사료, 병아리, 전지분유, 건초, 축사관련기자재, 착유설비와 원유냉각기, 치즈가공설비, 염소목장지하수개발 시범단지조성(양계, 양돈)등이다. 고병원성 조류인플루엔자로 인하여 오리고기 등 가금육이 중국으로부터 수입이 금지되기 전 국내의 한 업체에서 북한으로부터 오리고기 반입요청이 있어 농림부에서 북한의 가금육 위생상황을 파악하도록 현지에 조사단을 파견하게 되었다. 조사단의 활동은 2003년 9월 30일~10월 4일이었으며 반입직전에 북한에 조류인플루엔자가 발생하여 취소된 적이 있은 후 현재까지 북한의 축산물이 남한에 반입되지 않았다. 이와 같이 북한에 대하여는 수출, 수입이라는 표현 대신에 반출, 반입이리는 표현을 사용한다. 또한 우리나라 최북단역인 도라산역에서 개성방향에 '출경'이란 표지판이 있다. 이들은 우리나라 헌법 제3조에 '대한민국의 영토는 한반도와 그 부속도서로 한다'는 표현에서 유래된 듯하다. 현대아산의 정주영 회장이 500마리의 소떼를 몰고 1차 지원방문(1998년 6월 16일)시에는 검역이 문제가 되자 소를 실고 간차량을 북한에 두고 돌아온 일화도 있다(4개월 후에 있은 정 회장의 2차 방문시 501마리의 소가 갔다). 그러나 북한에 소는 현재 한마리도 남아 있지 않다.

평양에 있는 수의방역소 화단에 김일성주석의 친필로 새겨진 표지석이 있다. "축산에서 가장 중요한 것은 방역사업입니다. 그러므로 방역 규율을 엄격하게 지키고 위생문화사업을 잘 하여야 합니다." 내용을 보면 방역은 체제나 이념과 관계없이 어느 나라에서나 중요하게 다루어지고 있음을 볼 수 있다.

참고문헌

1. 천명선, 근대수의학의 역사, 한국학술정보, 2008

2. 홍이섭, 조선과학사, 정음사, 1949

3. 강면희, 한국축산수의사연구, 향문사, 1994

4. 김두종, 한국의학사, 중세편, 정음사, 1955

5. 박영규, 조선 관청기행, 김영사, 2018

6. 양일석, 근대수의학의 발자취, 대한수의사회지, 2015

7. 남인식, 축산실록, 팜커뮤니케이션, 2019

8. 김정희, 김병선, 도란도란 들려주는 말이야기, 플러스81 스튜디오, 2009

9. 정준영, 조선총독부의 식산행정과 산업관료, 사회와 역사, 2014

10. 한국농촌경제연구원 편찬, 한국농정 50년사, 한국농촌경제연구원, 1999

11. 김영한, 축산과 함께 걸어온 50년, 1998

12. 양일석, 제6편 수의학교육, 한국수의 60년사, 대한수의사회, 2008

13. 김영진, 한국농업사 이모저모, 한국학술정보(주), 2017

14. 김영진, 농촌경제 8권1호, 1985

15. 노정연, 천명선 옮김(야마노우치 카즈야 원저), 우역의 종식, 2016

16. 여인석, 황상익, 일본의 해부학 도입과 정착과정, 대한의사회지, 1994

17. 이케모도, 요시가와, 이토우 감수, 獸醫學槪論, 錄書房, 2018

18. 김중명, 이원길, 의사학개론, 경북대학교 출판부, 2017

19. 나까야마 히로유끼, 獸醫學を學ぶ 君たちへ, 東京大學出版會, 2019

20. 조정아, 이춘근, 엄현숙, '지식경제세대' 북한의 대학과 고등교육, 통일연구원, 2020

21. 차종환, 신법타, 양학봉, 이것이 북한 교육이다, 나산출판사, 2009

제2편
동물 이야기

교양으로 읽는 수의학 이야기

수의사는 동물의 질병과 상해를 예방, 진단, 치료하고 관련 연구를 수행하는 전문 가이다. 수의사가 되기 위해서는 대학에서 수의학을 전공하고 수의학사 학위를 취득한 후 국가 시험에 합격하여 농림축산식품부 장관의 면허를 받아야 한다. 동물의 진료, 진단, 치료를 담당하는 임상은 크게 크게 대동물과 소동물로 나뉜다. 대동물은 소, 돼지, 말, 양, 닭과 같은 농장동물을 의미하며, 여기서 대동물(Large animal)은 사전적 의미를 넘어 농장동물까지 포함하기 때문에 작은 닭이나 기타 조류도 포함된다. 소동물(Small animal)은 주로 개와 고양이처럼 가정에서 기르는 반려동물을 가리킨다(맹도견, 경찰견, 군용견 같은 특수목적견은 사역 동물로 구분된다). 또한 수의사법에 따르면 진료 대상 동물로 규정된 동물 외에도 노새, 당나귀, 시험용 동물과 같은 다양한 동물이 포함되며, 특히 수생동물에 대해서는 별도로 수산질병관리사 제도가 마련되어 있다. 수산질병관리사는 수산생물의 질병을 다루는 전문 자격자로, 수의사와 협력하여 해당 영역을 개척해가고 있다. 이 장에서는 임상수의사가 주로 다루는 농장동물, 반려동물 및 야생동물의 특성과 질병에 관해 소개하려고 한다.

Ⅰ. 가축화

냉장 시설이라고는 생각지도 못했던 수렵시대에 사냥한 고기는 부패하기 쉬워서 보존이 매우 어려웠다. 따라서 고기가 필요할 때 언제든지 사냥해서 도살할 수 있는 동물을 기르는 방법을 모색한 것이 가축이다. 기후의 변화로 건조화가 지속되자 고대인들은 항상 물을 접할 수 있는 수원(水源) 주위로 모여 살게 되었으며, 공동체가 이루어지면서 수렵은 줄어들어 소형 초식동물부터 가축화하기 시작하였다. 잽싸게 도망다니는 사슴이나 가젤을 사육하는 것보다는 염소나 양이 훨씬 수월했기에 이들이 우선적으로 가축화되었고, 그 뒤 돼지, 소, 말, 닭이 이어졌다. 가축화된 동물들의 야생 조상 종은 무플런(*Ovis orientalis*, 양의 조상), 들염소(*Carpa aegagrus*, 염소의 조상), 멧돼지(*Sus scrofa*, 돼지의 조상), 오록스(*Bos primigenius*, 소의 조상)로 알려져 있다. 가축화 시기는 저자에 따라 의견이 다소 다르지만 여기서는 재레드 다이아몬드의 견해를 중심으로 소개하려 한다. 1865년 영국의 골턴(Galton)은 야생동물이 가축이 되기 위한 필요조건을 다음과 같이 정리하였다. ① 튼튼해야 한다(새로운 환경에 적응하며 자랄 수 있어야 한다). ② 천성적으로 사람을 잘 따르고 좋아해야 한다. ③ 생활환경에 대한 욕구가 너무 높지 않아야 한다(가젤이나 영양처럼 가두어 두거나 과밀한 상태에서 사육하면 먹이를 먹지 않거나 번식이 중단될 수가 있다). ④ 고대인들에게 유용성이 커야 한다(언제든 고기를 제공할 수 있는 상태가 되어야 한다). ⑤ 자유로운 번식이 가능해야 한다. ⑥ 사육이나 관리가 쉬워야 한다.

동물 중에 가장 먼저 가축으로 순화된 것은 개다. 개는 약 15,000년에서 30,000년 전 어린 늑대를 집(움막)에 데리고 와서 먹이를 주어 키웠고, 외부의 침입자로부터 경고의 신호를 보내 주인을 보호하는 것에서 유래하여 가축화된 것으로 추정된다. 늑대가 개로 가축화되는 과정을 가설로 제시한 사람은 오스트리아 동물심리학자인 콘라드 로렌츠(Konrad Z Lorenz, 1903~1989년, 1973년 노벨상 수상)이다. 로렌츠는 '사람이 개를 만나다(Man meet Dog)'라는 저서에서 사람이 늑대의 새끼를 우연히 데리고 와서 키우기 시작했는데 이 중에서 길들이기 쉬운 개체를 선발하여 개가 되었다는 주장을 펼쳤다. 하지만 개의 성격이 늑대와 너무 차이가 크기 때문에 '자칼이 개의 조상이지 않을까'라는 재추정도 했었다. 개의 가축화 유래가 늑대의 새끼들을 데리고 와서 길들인 것이라는 기존 주장의 가능성이 낮다고 보는 이유는 생후 21일 이후의 늑대 새끼를 새로 사회화 교육을 통해 길들이는 것이 매우 어렵기 때문이다. 늑대는 개와 달리 사회화 시기가 더 빠르고 쉽게 지나가기 때문에 사람이 단순히 늑대 새끼를 데리고 와서 길들이기는 거의 불가능했을 것이라는 주장도 있었다. 그러나 현재는 개와 늑대는 유사한 생물학적 특징을 공유하기 때문에 개의 조상이 늑대라는 의견에 동의하고 있다.

개는 성장한 후에는 주인의 사냥을 돕기도 하고 주인에 대한 충성심을 가져 큰 사랑을 받아왔다. 또한 체온을 나눠주거나, (오스트레일리아 원주민들은 최근까지도 몸을 덥힐 때 개의 체온을 이용하였다) 짐을 나르거나, 북극지방에서 썰매를 끌면서 주인과 함께 살아왔다(개의 조상이 자칼이라는 주장에 대해 비뉴는 '이러한 관점이 배제되고 있어, 늑대가 조상이라는 주장을 지지한다'라고 하였다).

개 다음으로 가축화된 동물로는 염소와 양이다. 기원전 8,000년경 기후가 건조한 서남아시아의 비옥한 초승달 지대(터키 남부, 이스라엘, 요르단, 시리아, 이라크 북부, 이란의 자그로스 산맥 남쪽 지역)에서 유제류(有蹄類 발굽을 가진 동물, 우제류(偶蹄類), 기제류(奇蹄類), 장비류(長鼻類) 등으로 구분한다)인 양, 염소, 돼지, 소가 여기서 가축화되기 시작하였다고 하였다. 지금도 아라비아 반도, 북아프리카, 중동 지역에 사는 유목민 부족인 베두인(Bedouin) 사람들이 염소를 키우며 유목 생활을 하고 있다. 이러한 생활 방식은 과거 건조한 사막 환경에서 살아가기 위해 발달시킨 전통적인 방식으로, 염소(양)를 기르면서 고기와 젖을 얻고 수분부족과 생계를 유지하였다.

다음으로 가축화된 동물인 돼지의 가축화 시기는 양과 동일하다고 말하는 사람들도 있지만, 유목민과 동행할 수 있었던 양(염소)에 비해 돼지는 주로 정착 생활에서 길러지기 때문에, 양(염소)에 비해 다소 늦은 시기(인류가 농경 정착 생활을 시작한 시기)에 가축화되었을 것으로 추측한다. 줄리엣 클러튼 브록(Juliet Clutton-Brock)의 야생 멧돼지 분포도를 살펴보면 북아메리카, 호주, 아프리카 남부를 제외한 거의 모든 지역에서 멧돼지(25종류의 아종)가 있었기 때문에(우리나라에도 한 종류의 아종 야생 멧돼지가 있었다), 산림 속에 살던 멧돼지를 중국과 서남아시아에서 먼저 가축화를 시도하여 정착된 후 유럽과 미주(아메리카)로 이동했을 것이다[1]. 돼지는 순하고 번식력이 좋으며(다산, 多産) 발육이 빠르고, 적당한 울타리가 있으면 숲속 야산이라도 잘 적응하기 때문에, 가축화에 유리하였다. 현재는 돼지를 집단 사육하기에 정제된 사료를 먹이지만 원래 돼지는 식성이 워낙 좋아, 허드렛물에 있는 음식물 찌꺼기와 더불어 사람이나 개가 먹고 남은 잔반을 먹고도 잘 자라는 잡식성동물이다.

한편 지역에 따라 부정한 동물(서아시아에서 돼지가 금기시되었던 풍습이 있었음)로 간주 되어 돼지를 가축으로 키우지 않는 곳도 있다. 유대인과 무슬림들은 돼지고기를 먹지 않는데 이는 종교적 이유이다. 성경 중 구약의 레위기 11장 7절 '돼지는 굽이 갈라져 쪽발이로되 새김질을 못하므로 너희에게 부정하니' 8절 '너희는 이러한 고기를 먹지 말고 그 주검도 만지지 말라'라고 기술되어 있어 구약만 성경으로 믿고 신약은 신봉하지 않는 유대인들은 돼지고기를 먹지 않는다. 또한 무슬림들은 쿠란에 '죽은 고기와 피와 돼지고기를 먹지 말라. 그러나 고의가 아니고 어쩔 수 없이 먹게 될 경우는 죄악이 아니라'에 근거하며, 가공식품이라 할지라도 '할랄' 인증을 받은 식품만이 유통하도록 하고 있다.

그 후 대형 반추동물인 소가 가축화 되었다. 동남아시아산(産)의 소(Zebu cattle)를 제외하면 가축우는 모두 단일한 야생종인 오록스(이미 멸종)가 그 선조의 종이다. 다른 야생종들은 가축화되기 전 세계 곳곳에 살다 멸종되었다. 하나의 예를 들면 북미주에 분포하였으며, 흔히 버팔로(buffalo)라고 불리기도 했던 아메리칸 바이슨(American bison)은 가축화되지 않고 그 수가 급격히 감소하였으며, 현재는 동물원에서나 만나볼 수 있다. 오록스는 유럽 전역과 북아프리카, 서아시아, 인더스강 유역을 비롯하여 광범위하게 오래 살다가 17세기 초 폴란드에서 마지막 한 마리가 죽임을 당하며 지상에서 자취를 감추었다. 비뉴는 오록스 멸종 요인으로 '목축과의 경쟁, 생태학적 서식지 축소에 따른 개체군 감소 및 개체 약화(생물은 다양한 생태계에서 서식할 때 더 잘 피할 수 있는데 오록스는 산림 벌채로 인해 제한된 구역으로 내몰렸다), 계속된 사냥, 그리고 가축이 옮긴 질병'을 기술하였다. 중세에 있었던 크고 작은 전쟁도 멸종의 주요한 요인 중 하나이었을 것이다. 하지만, 주거지 주변에 서식하는 소 떼는 부정적인 환경 영향을 미칠 수 있어, 적절한 관리와 균형 있는 방목이 요구된다. ① 소는 어린 풀과 새싹을 먹는 습관이 있어 나무의 아래쪽 잎과 덤불을 먹어 치워 황폐하게 만들고 풀숲을 짓밟아 수원(水原)을 오염시킨다. 이는 개간한다는 측면에서는 경작지의 확대가 수반되는 셈이다. ② 울타리를 쳐서 가두지 않으면 경작지에 파종된 작물을 먹어 치울 것이다. ③ 소와 송아지가 있으면 고양잇과 육식동물(호랑이 등)을 불러 모으기도 한다.

들닭(野鷄)을 가축화한 목적은 ① 고기와 알을 식용화하기 위해 ② 닭싸움(동남아시아 일부 국가에서는 투계장을 아직도 볼 수 있지만 우리나라에서는 동물보호법에 위배)을 위해 ③ 새벽을 알리는 하나의 종교적 신앙으로 생각하기도 하였다. 약 5,000년 전 인도에서 처음 가축화가 되었을 것으로 추정하고 있으며, 3,000년 전에는 인도에서 닭을 사육하였다는 기록이 있다. 이집트에서는 2,000년 전에 대규모 인공부화가 있었다는 기록이 있다[2]. 우리나라는 중국을 거쳐 들어온 경로와 인도와 동남아로부터 바다를 거쳐 들어온 경로가 전래되고 있고, 구지봉(龜旨峯)의 알에서 김수로왕이 태어났다는 가야국의 건국 설화 또는 경주 계림에서 탄생한 김알지의 신라 설화도 있다. 우리나라에서 닭의 가축화는 2,000년 전으로 알려져 있다.

말과(馬科) 동물은 다리 힘이 강해 이동 속도가 빠르다. 말 과를 가축화하려면 상당한 노력이 필요하고 그 과정이 험난했지만, 가축화에 성공하여 내연기관(자동차)이 등장할 때까지 사람과 함께 생활해 왔다. 그러나 얼룩말(zebra)의 경우, 오랫동안 가축화를 시도하여 마차를 끄는 정도에 이르기도 하였지만 나이가 들수록 성질이 나빠져(사람을 꼭 물고 놓지 않는 버릇이 있음) 위험해질 수도 있었다. 아울러 이런저런 이유로 영양, 사슴, 아메리카들소, 치타, 가젤(우리에 가두어 두면 번식이 되지 않음), 코끼리는 오랜 노력에도 불구하고(일부 농장에서 사육하는 경우는 제외), 가축화에 성공하지 못했다.

특히 코끼리는 일부 지역(태국이나 인도 등)을 제외하면 가축화는 불가능하여 동물원에서 관리되고 있다.

이어 토끼 같은 소형 포유류를 가축화하였는데, 그 후로는 실험용으로 쥐와 생쥐를 가축화하였고 햄스터를 애완용으로 가축화하였다. 그러나 표 2-1에서와 같이 현재를 기준으로 4,500년 동안은 추가 가축화된 주요 동물은 없다.

동물이 가축화하게 됨에 따라 사람의 삶에 가져온 변화를 다음과 같이 정리하기도 하였다[3]. ① 굶주림에서 벗어나 문명을 창조할 시간을 가지게 되었다. ② 가축을 키우기에 전념하는 유목민이 등장하였다(소나 말, 양 떼를 데리고 다니면서 먹이 걱정을 하지 않고 사육하는 유목민이 등장하게 되었다). ③ 농업 생산성이 급증하였다(소의 경우 장정 10명 몫의 일을 한다고 한다. 9명이라는 기록도 있다. 또한 양, 돼지, 닭 등 농사에 직접 도움이 되지 않는 동물이라도 분뇨로 농사에 보탬이 된다). ④ 교통, 운송, 군대, 전쟁 분야가 변화하였다(말의 경우 전쟁에는 필수적인 도움이 되었으며 소나 말은 운송에 큰 도움이 되었다). ⑤ 동물에 대한 지식은 크게 고대 의학이나 산업발달에 크게 기여하였다. ⑥ 사람들은 가축의 부산물을 아주 유용하게 이용하였다(모피는 방한용으로, 유제품은 식품으로, 또한 소의 뿔은 활을 만드는데 이용하여왔다).

표 2-1 동물들의 가축화 시기와 지역[4]

가축이름	가축화시기(년전)	가축화시작 지역	비고
개	12,000	서남아시아, 중국, 북아메리카	
양	10.000	서남아시아	
염소	10,000	서남아시아	
돼지	10,000	중국, 서남아시아	
소	8,000	인도, 서남아시아, 북아프리카	
말	6,000	우크라이나	
라마/알파카	5,500	안데스	
닭	5,000	인도, 중국	한국가금발달사
낙타	4,500	단봉(아랍), 쌍봉(중아시아)	

II. 농장동물

소·돼지·양·산양·닭과 같이 식품으로서 젖, 고기, 알을 생산하는 동물을 농장동물이라 한다. 종전에 대가축, 소가축이라 구분하던 시절 수의사들을 대동물 수의사, 소동물 수의사라 구분하기도 하였으나 현재는 한국우병학회, 한국임상수의학회, 한국소임상수의사회, 한국돼지수의사회, 한국가금학회, 한국실험동물학회, 한국소동물수의사회, 한국고양이수의사회, 수생동물질병수의사회, 한국말수의사회 등으로 세분되어 있다.

농장동물 수의사는 ① 동물 생명의 존엄성을 염두에 두고 동물의 건강을 챙겨야 한다. 농장동물은 개체 치료가 필요하지만, 그보다는 군(herd) 전체를 염두에 두고 관리하여야 한다. 그리하여 영양 관리나 감염증의 통제가 우선되며, 외과 진료보다는 백신접종이나 내과적인 진료에 중점을 둔다. 또한 농장동물 수의사는 ② 수의사인 본인이 하는 일이 공중보건에 이바지함을 인식하여야 한다. 즉 우리가 먹고 있는 먹거리와 직결되어 있음을 인식하여야 한다. ③ 이율배반적이기는 하나 농장동물은 경제적 동물이라는 생각을 하여야 한다. 이를테면 소 한 마리가 결핵으로 확진되었다고 가정해 보자. 이 소로부터 사람이 결핵에 감염될 수도 있고, 감염된 소의 결핵을 완치하려면 소값보다 더 많은 돈이 축주에게 요구될 수도 있다. 이 경우 수의사는 감염된 소를 개체 치료하기보다는 축주에게 살처분을 권유하는 것이 바람직하다. 따라서 농장동물에서 질병의 예후를 조기에 판단하여 진료하고 치료하는 것이 중요하다.

농장동물의 병원을 방문하면 반려동물 병원에 비하여 병원 시설이 너무 허술하다는 생각이 들 수 있다. 이는 수의사법 17조 5항의 농장동물 병원 기술 부분에서 "축산농가가 가축에 대한 출장 진료만을 위한 동물병원은 진료실과 처치실을 갖추지 아니할 수 있다"라고 동물병원 시설기준을 정하고 있기 때문이다. 1950년대 서울대 정창국 교수(수의외과학)의 미국 생활(미네소타)의 단면을 보면 농장동물 수의사의 애환을 간접적으로 느껴볼 수 있다. "한 학기가 끝나고 나서 지도교수인 아널드 교수로부터 '방학 동안에는 일선 수의사들과 같이 일을 해 보라'는 권유에, 학교에서 약 50 km 떨어진 조그만 도시의 대동물 수의사가 운영하는 병원으로 갔다. 병원에는 입원실, 치료실은 없고 조그만 실험실, 약품실, 전화와 무선전화가 비치된 사무실이 있었다. 치료에 필요한 기재와 약품들은 모두 치료용 차 안에 들어 있었다. 둘째 날부터는 기상 시간, 식사 시간, 취침 시간을 규칙적으로 지킬 수 없었다. 전화가 오면 꼭두새벽이라도 곧장 목장으로 달려가야 했고 시골에는 먹을 만한 식당도 없었다. 차가 한번 병원을 떠나면 매일 평균 약 160 km을 달렸다. 축사에 들어가서 환축과 한바탕 결투를 벌이고 난 후에는 차에 돌아와 무선전화로 병원을 지키고 있던 자기 부인과 통화하여 다음 행선지를 결정하였다. 매일매일 이런 활동의 연속이다[5]." 또한 최근의 농장동물(목장) 수의사의 글을 옮겨본다[6]. 글쓴이의 병원 매출 70%는 목장 컨설팅이 차지하고 30% 정도만 일반 치료로 충당된다. 목장 컨설팅은 ① 전체 소들의 영양 설계 ② 반복적인 질병 발생 또는 목장 생산성 저하 시 사료의 배합비를 검토하고 사양관리를 점검 ③ 정기적인 방문으로 번식 검진 ④ 대사판정시험(Metabolic Profile Test, MPT) 분석을 통한 목장 소들의 건강 검진 ⑤ 정기적인 발굽 삭제 및 발굽질병 관리 ⑥ 전염성 질병에 대한 예방 백신 및 방역 업무로 구성된다.

국가재난형질병의 대부분은 농장동물에서 비롯되므로, 농장동물 수의사는 국가방역상 최일선에서 동물 질병을 모니터링하고 의심축 발생 시 방역 당국에 신고하는 등 핵심적인 역할을 하고 있다. 이에서 볼 수 있는 바와 같이 농장동물 수의사는 감염병을 예방하고 치료만 하는 수의사보다는 경영의 개념에서 수익을 창출하는 수의사가 되어야 한다. 따라서 농장동물 수의사를 희망하는 사람을 위해 Master of Business Administration(MBA) (현재 우리나라에는 이러한 과정이 없지만) 과정이나 적어도 최고경영자 과정에 농장동물 과정이 개설되면 하는 바람이 있다.

1. 소(牛)

1) 한우(韓牛)

기원전 100년경 한사군, 삼국시대부터 소를 사육하였다는 기록이 있다. 김해 패총(貝塚)에서 소의 치아가 발굴(A.D. 1~2세기)되기도 하였다. 한우의 역사에서 중요한 변화는 체형의 발달인데, 4~6세기 한우가 농경에 본격적으로 이용되면서 어깨 부분이 발달한 체형이 되었으나 내부 장기가 발달하면서 식용으로 전환됨에 따라 뒷다리가 발달한 체형으로 변화되었다.

한우의 사육연대는 문헌상으로 2천년 전인 반면, 일본에서의 소 사육은 3세기경부터 5~6세기경이다. 한우를 들여와 일본에 방목했다는 최초의 기록은 일본 천왕 안칸(安閑) 2년인 535년, 우리의 신라 법흥왕 22년에 해당한다. 따라서 일본 소(牛)인 고베(神戸)의 화우(和牛) 선조는 한반도에서 유래한 한우라는 것이 변함없는 정설이다. 일본에서 소를 방목한 지역은 한반도와 지리적으로 가까운 오사카(大阪)북부 혼수(本州) 섭진(攝津)이었고, 고대 한국인들이 일본에 진출하기 쉬웠던 지역이라는 특성을 가지고 있다[7]. 실제로 일제강점기 시절의 오사카에는 공장이 많아 조선 사람들이 일자리를 구하기 위해 모여들었다고 전해진다.

한우라는 말은 1958년 10월 30일 국무회의에서 '한우 수출에 관한 건'이라 논의된 것이 공식적으로 처음이며, 이후 한우라 불리면서 정착되었다. 조선시대에는 한우의 털 색깔이 다양하여 한우를 농우(農牛), 축우(畜牛), 황우(黃牛), 누렁이라 불리었고, 일제강점기에는 조선우(朝鮮牛)라 불리었다. 한우 모색에 대하여 살펴보자면, 1399년 편찬된 『신편우의방』은 한우를 총 9종으로 분류하였고, 일제강점기의 권업모범장 조사(1928년)에 의하면 한우 모색은 적갈색 77.8%, 황갈색 10.3%, 흑우 8.8%, 호반무늬 2.6%, 갈색백반우 0.4%, 흑색백반우 0.1%로, 한우는 대부분 적갈색이었고 지금과 달리 다양하였지만, 이때 지금 한우의 색깔로 통일되었다. 『신편우의방』에서 언급한 '소 감정법'에는 '작은 머리, 긴 얼굴, 큰 눈동자, 부드러운 코, 반듯하고 큰 입, 흰색 이, 짧으면서 모나고 굵은 뿔'을 가진 소가 좋은 소라고 하였다.

그러면 현재와 같이 한우 모색이 황갈색이 된 것은 언제일까? 이는 '종축 및 후보종축 심사기준(1964년)'과 1970년 한국종축개량협회가 한우 등록을 위해 설정한 '한우 심사표준(종우, 비육우)'에 기인한다고 할 수 있다. 이 표준은 일제가 1930년대에 체형에 대한 연구를 수행하고 1938년 '조선우 심사 표준'에 바탕을 두고 있다. 일제는 이 표준에서 소의 모색을 황갈색으로 정하였다. 한편 정부는 한우 도축검사 시 이모(夷毛, 흰색 또는 검은색 반점이 생긴 한우의 털색) 색으로 인해 한우로 인정받지 못하는 민원을 해소하기 위하여 칡소와 어느 정도의 이모색이 있는 경우라도 한우로는 인정하지만, 종축으로 사용하지 않는다는 '한우 기준(2008년)'을 설정하였다.

고이즈까(肥塚正太)의 '조선의 산우(朝鮮之産牛)(有隣堂, 1911년)'는 수의사로서 한·일 병합 이전부터 한국에서의 경험을 토대로 한우에 대해 저술한 책이며, 한·일 병합 전후한 시기에 한우 실태에 관한 종합서이다. 한우의 특징으로 그가 열거한 것은 다음과 같다[7]. ① 성질이 극히 온순하여 다루기 쉽다. ② 영리하여 능히 명령에 따라 일을 감당한다. ③ 체격이 크고, 체질이 강건하여 병에 잘 걸리지 않는다. ④ 혹한과 혹서, 비바람에도 잘 견딘다. ⑤ 거친 사료를 감내하기 때문에 사양관리에 수고로움이 덜 든다. ⑥ 생산비가 저렴하여 소값이 극히 싸다. ⑦ 체력과 사지가 강하고 특히 발굽이 단단하여 힘든 일도 오래 견딘다. ⑧ 비육성이 풍부하여 경제적으로 비양(肥養)을 할 수 있다. ⑨ 수태력이 왕성하다. ⑩ 짐을 지거나 끄는 힘이 강하며 걷는 것도 비교적 빠르다. ⑪ 유용종(乳用種) 개량의 지반으로 적당하다. ⑫ 송아지는 두창(천연두) 백신 생산용으로 가장 적당하다.

농협 산하의 한우 개량 사업소(충남 서산)에서는 유전능력이 우수한 씨수소를 선발하여 우량 정액을 확보한 후 인공수정사를 통하여 전국의 한우농가에 보급하고 있다. 한우의 사육 목적으로는 ① 희생용(犧牲用): 제사에 사용하기 위함인데 종묘나 사직 등의 제향에 사용하는 소는 검은 소인 흑우를 우선적으로 사용하였다. 또한 교육을 맡아보던 최고기관인 성균관의 문묘에서 공자를 비롯한 성현에게 제사하는 석전(釋奠)에서는 붉은 소인 성우(騂牛)를 사용하도록 되어 있으나, 구하기가 쉽지 않아 황우를 사용하였다. ② 농경용: 농사에 이용 ③ 교통수단: 승용, 수레 운반용 ④ 식용이었다. 음식점에서 '국내산 소고기'라 표기되어 있는 고기는 엄밀히 말해 한우를 뜻하는 것이 아니다. 국내산이라는 용어는 수입 소고기와 대칭되는 말로 품종에 관계없이, 우리나라에서 태어나고 자란 소(젖소를 포함한다)이거나, 외국에서 산 채로 들여와(육우를 포함한다) 6개월 이상 기른 소의 고기를 말한다. 그러므로 국내산 소고기와 한우는 혼용되어 사용되면 안된다.

2) 젖소(乳牛)

버터, 케이크, 푸딩, 소프트아이스크림, 요구르트, 파스타, 빵, 유과(乳菓) 같은 먹거리는 우유가 들어가야 맛이 난다. 이처럼 우리 주변에는 유제품이 '넘쳐난다'는 표현이 무색할 정도로 많다. 인류는 언제부터 우유를 마셨는가? 옛날부터 우유를 마시기 시작한 지역은 적은 강우량으로 토양의 수분이 적어 식물이 거의 없는 사막이나, 나무가 드문 초원의 유목민이 사는 지역 등 건조지역이다. 이처럼 건조한 지역은 강우량이 적어 작물보다는 가축을 기르는 비중이 높다[8].

우리나라에서는 고려시대 말(末) 왕족들이 우유로 만든 낙죽(酪粥)을 먹었다고 한다. 마유를 즐기던 몽골의 영향이랄까? 조선시대에도 왕실 권세가들이 낙죽(酪粥)을 먹었다는 기록이 있다. 이는 한우(분만 후 일정 기간은 착유가 가능하다)의 젖으로 만들어졌으며 이용 계층은 극히 제한적이었다.『세종실록』에 세종 원년에 목장을 두고 왕실에서 우유를 음용 하였다'라는 기록이 있지만 이 또한 한우로 착유 하였으며, 유우소(乳牛所)가 존재하여 착유만을 목적으로 기르는 한우를 사육하였다. 한편 단종실록에는 우유를 생산하는 젖소를 경기(京畿)의 민가에서 색출하지 말고 안성에 있던 국가 목장에서 길러 민폐를 덜게 하자는 논의가 있었다.

우리나라에 처음 젖소를 도입한 계기는 미국견학공식사절단인 견미(見美) 사절단의 수행원으로 참여한 최경석이 1885년 젖소(Jersey) 3두(수 1두, 암 2두) 등의 가축을 우리나라에 도입하여 현 성동구 자양동에 축산단지(농우목축시험장)를 조성한 것으로 시작된다. 그러나 다음 해, 최경석이 사망하였고, 후임으로 왔던 외국인 농업기술자 제프리도 취임 후 10개월여 만에 병사하면서 농무목축시험장 프로젝트는 실패로 끝나고, 낙농으로 이어지지 못하였다. 그 후 1900년 대한제국 농상공부의 프랑스인 기사 쇼트(Shorte)씨가 일본에서 홀스타인 젖소 20여 두를 우리나라에 도입하여 신촌에서 목장을 시작하였으나 쇼트 역시 다음 해 사망하여 낙농으로 이어지지 못하였다. 1906년 조선 후기의 농업 교육 기관인 권업모범장(화성지장)이 설치되면서 젖소가 도입되었다는 기록이 있다. 이어 1937년 경성 우유 농업 협동조합이 결성되고 최초의 우유 처리장도 설립되었다. 일제강점기에는 일본인들이 개인 목장을 운영하였다. 1915년 일본인 아카호시(赤星鐵馬)는 성환(현 천안시) 목장을 개설하고 아랍종(말)을 도입하여 종마(種馬) 사업을 시작하였다. 해방되면서 관할권이 충남 도(道)로 이관되고 다시 정부가 수립되면서 국립 축산시험장으로 유지되다가 농촌진흥청과 함께 전북 완주로 이전하고 일부는 축산과학원 축산자원개발부로 유지되고 있다.

1963년 우리나라 낙농업의 현황은 1,087 농가에서 5,199두의 젖소를 사육하여 농가당 평균 4.99두의 아주 영세한 규모였다. 이 무렵 박정희 대통령은 차관을 얻기 위하여 미국에 갔으나 카터 대통령의 거절로 실패하고, 독일의 차관을 교섭하여 승인을 받으면서 그들의 임금을 담보 형식으로 하고 우리나라의 광부와 간호사를 독일에 파견하였다. 이듬해인 1964년 박정희 대통령이 그들을 격려하고 차관을 매듭짓기 위하여 독일을 방문하여 얻은 성과 중 하나가 안성의 '한독낙농목장'이었다. 우리나라가 부지를 조성하고 그 외의 모든 사항은 독일에서 제공하여 주는 조건이었다. 독일은 구제역이 발생했던 지역이었기 때문에 모든 젖소를 캐나다에서 수입(임신우 200두)하여 가져왔으며 수의사와 목장 관리자 등 4명의 전문 기술자를 파견해 주었고 목장 관리에 필요한 트랙터 등을 적극적으로 지원했다. 현재 이 지역은 축산테마파크로 발전하였으며, 안성팜랜드로 정착하여 있다.

1968년 한국은 낙농 근대화 사업을 위해 뉴질랜드 정부와 한·뉴 낙농 시범 목장 설치 협정을 맺었다. 이때 농수산물유통공사의 자회사로 평택 목장을 관리하는 '한국낙농가공'이란 업체가 설립되었고, 현재는 매일유업이 되었다. 이처럼 1980년까지는 낙농의 본격적 성장기로서 낙농 육성책이 실시되고 민간 회사의 설립도 증가하게 된다. 1980년부터 현재에 이르기까지는 한국 낙농의 안정기로 분류할 수 있는데, 현대식의 낙농업 기술을 갖추고 안정적인 유제품 소비시장이 구축된 시기이다.

1944년 미국에서 암송아지를 의미하는 단어인 헤퍼(Heifer)를 사용하여 헤퍼 인터내셔널(Heifer international) 재단을 만들었다. 설립된 재단은 암송아지를 통하여 '일회성의 구호나 원조를 넘어 경제적 자립 기반을 마련하여 어려운 농가에 우유를 공급하여 빈곤에서 벗어날 수 있도록 지원'하는 민간 국제개발 비영리기관으로, 암송아지를 기증받은 농가가 첫 번째 태어난 암송아지를 다른 농가에 전달하여 나누도록 하여(Passing on the Gift) 지역사회가 함께 발전하도록 돕고 있다. 우리나라는 6·25 전쟁이 지속되던 1952년에서 1976년까지 총 44회에 걸쳐 헤퍼인터내셔널을 통하여 젖소(암 897마리, 수 58마리), 염소, 돼지, 닭 등 3,200마리의 가축과 150만 마리의 꿀벌을 지원받았다. 이들 암송아지는 농가뿐만 아니라 '낙농 산업을 발전시키기 위한 기반이나 체계를 구축'하는 목적으로 일부 대학에도 보내졌는데 1962년 연세대에 기증된 홀스타인 암송아지 9마리와 수소 1마리는 연세우유의 기반을 마련하였다. 농축식품부는 2022년 12월 22일 비정부기구(NGO)인 헤퍼코리아를 도와 전국에서 기증 선발된 젖소 101마리(수소는 별도)를 우리나라에서 네팔로 보냈다[9]. 이는 네팔 외교부가 우리나라 외교부에 정식 요청하여 시작되었으며 이 시점에서, 우리나라는 낙농 분야에서 다른 나라의 원조를 받던 국가에서 이제는 원조를 제공하는 국가로 변화하였다.

🍃 초식동물의 소화

동물은 먹이 종류에 따라 초식동물, 육식동물, 잡식동물로 나뉘며, 섭취하는 먹이에 따라 소화관의 구조와 기능도 각기 다르다. 특히 초식동물의 소화 과정은 육식동물이나 잡식동물과 비교해 독특한 특징을 가지고 있다. 초식동물은 육식동물에 비해 소화관이 길고 소화 시간이 더 오래 걸리며, 미생물에 의한 소화가 중요한 역할을 하지만, 육식동물의 대장에 서식하는 미생물은 소화에 크게 기여하지 않는다. 초식동물이 주로 섭취하는 섬유소(cellulose)는 다당류(polysaccharide)에 속하는 탄수화물로, 포도당(glucose) 분자가 β-1,4-글리코사이드 결합으로 길게 연결된 사슬 형태이다. 사람을 포함한 대부분의 동물은 셀룰라아제(cellulase)를 분비하지 않기 때문에 섬유소를 직접 분해할 수 없지만, 초식동물은 셀룰라아제를 분비하는 미생물의 도움을 받아 섬유소를 분해하여 휘발성 지방산(아세트산, 프로피온산, 부티르산)을 만들어 에너지원으로 사용한다.

초식동물은 크게 단위 초식동물(말, 토끼)과 반추동물(소, 양)로 나눌 수 있다. 단위 초식동물의 경우, 단일 위를 가지고 있으며 상부 소화관은 사람과 유사하지만, 하부 소화관(대장)의 용적이 매우 커서 식물성 먹이가 오랫동안 머물며 소화된다. 즉, 단위 초식동물의 대장에서 미생물이 활발히 활동하여 섬유소를 발효시켜 소화율을 높인다. 단위 초식동물은 반추동물만큼 섬유소를 효율적으로 소화 시키지 못하지만, 대장에서의 발효 과정 덕분에 섬유소에서 에너지를 얻을 수 있다. 이러한 복잡하고 정교한 소화기 구조와 기능은 초식동물이 단백질과 지방이 아닌 풀만 먹고도 생명을 유지할 수 있게 해주는 놀라운 생존 전략이다.

먹이를 삼킨 뒤, 다시 입으로 되돌려 씹는 반추 행동을 하는 반추동물의 위(stomach)는 네 부분으로 나뉘어져 있다. 제1위(rumen), 제2위(reticulum), 제3위(omasum)를 합한 용적은 매우 크고 미생물에 의한 발효가 활발히 일어나지만 분비샘을 가지고 있지 않기 때문에 전위라고 하며, 제4위(abomasum)가 단위동물의 '위'와 같은 고유한 분비 기능을 가지고 있다. 반추동물은 주로 가장 용적이 큰 제1위에 서식하는 미생물[세균(1010~1011/내용물 g당)과 원충(105~106/내용물 g당)을 포함]에 의해 소화가 진행되며 많은 양의 섬유소를 분해하고 휘발성 지방산을 생성한다. 이때 생성되는 휘발성 지방산은 반추동물이 필요로 하는 에너지의 70%를 충당할 정도로 많은 양을 제공한다. 이처럼 반추동물 소화에서는 미생물의 역할이 상당히 중요한데, 반추동물과 제1위 내 미생물은 공생 관계를 맺고 있다. 반추동물은 반추 행동을 통해 먹이를 더 잘게 부숴 미생물이 부착하여 소화할 수 있는 표면적을 증가시킨다. 또한 미생물 발효 과정에서 생성된 가스를 트림으로 방출하거나 제1위 벽을 통해 흡수함으로써 미생물의 성장에 필요한 최적 환경(pH)을 유지해 준다. 반대로 미생물은 반추동물의 주요 에너지원인 휘발성 지방산을 생성하고 비단백 질소(요소, 질산염, 핵산)를 암모니아 생성원으로 이용하여 아미노산과 단백질을 합성할 수 있다.

　단위동물(사람)은 단백질 대사 후 대부분의 질소 성분을 요소로 전환하여 소변으로 배출하지만, 반추동물은 간에서 생성된 요소를 체외로 배출하지 않고 타액이나 혈액을 통해 제1위로 되돌려 보낸다. 이를 통해 반추위 미생물이 단백질 합성에 요소를 재활용할 수 있어 매우 효율적인 대사 과정을 구현한다. 세균에 의한 단백질 분해는 세포 외 단백질 분해효소에 의하여 펩타이드로 분해가 먼저 일어나고 식작용에 의하여 세포 내로 섭취되어 더욱 가수분해되는데 최종 산물은 아미노산이다. 아미노산의 일부는 다른 미생물에 의하여 섭취되고, 나머지는 탈아미노화되어 암모니아와 지방산이 된다. 반추동물에서 암모니아는 제1위 내 미생물이 성장하는데 필요한 체단백질 합성의 원료로 이용되며, 이때 탄소골격으로 휘발성 지방산이 이용된다. 따라서 반추동물은 별도의 동물성 단백질 섭취하지 않아도 단백질 부족이 발생하지 않으며, 식물성 단백질만으로도 충분한 영양소를 얻을 수 있다.

　반추동물이 섭취하는 사료 지방은 구조지방(풀)과 저장지방(종자류)이다. 구조지방의 경우 주로 세포막을 구성하는 당지질과 인지질이 주종을 이루고 건조 과정에서 세포 구조가 변화하여 인지질이 상대적으로 증가할 수 있다. 종자류는 유리지방산과 중성지방이 주요 성분이다. 제1위로 들어오는 대부분의 사료 지방은 미생물에 의해 글리세롤과 지방산으로 가수분해된다. 글리세롤은 에너지원으로 사용되거나 휘발성 지방산으로 전환되며, 지방산은 미생물에 의해 수소와 결합해 포화지방산으로 전환된다. 반추동물의 경우 불포화지방산이 필요하지만, 대부분의 불포화지방산은 반추위에서 포화지방산으로 전환되기 때문에, 필요한 불포화지방산은 미생물의 체내 지질 또는 소장에서 일부 흡수된 불포화지방산을 통해 얻는다. 반면, 단위동물은 아라키돈산 같은 불포화지방산을 직접 흡수해 프로스타글란딘 합성에 사용한다.

📖 동물의 환경 적응

　영국의 동물학자인 조오지 쇼(George Shaw)는 낙타의 탁월한 탈수 저항력을 바탕으로, 반추위 외에 또 다른 물 저장고가 있을 것이라고 주장하였다(1801년). 이후 낙타의 혹(hump)이 주목을 받았지만, 그것이 물이 아닌 지방으로 이루어져 있어, 직접적으로

물을 저장하는 기관이 아님을 확인하였다. 노르웨이 출신의 슈미트-닐센(Knut Schmidt-Nielsen, 1915~2007년)은 듀크 대학교 교수로 재직하면서 극한 지역에 사는 동물에 대한 비교생리학 연구로 큰 업적을 남겼다. 그는 애리조나주 사막에 사는 쥐(캥거루쥐, The desert rat, Scientific American, 1953년)에 관한 연구와 1950년대 후반 알제리 사하라사막 인근에 사는 낙타에 대한 연구를 진행하여 발표하였다(Scientific American, 1959년). 그의 저서 '낙타의 코(1998년)'에서는 이러한 연구 결과를 상세히 설명하고 있다.

사람이나 동물은 노폐물 배설을 위한 소변 생성, 호흡기와 피부를 통한 불감손실(insensible loss) 등으로 계속되는 수분 손실이 발생한다. 초식 동물은 대변을 통해 배출되는 수분량이 많아 쉽게 탈수에 이르게 된다. 초식 동물은 대변을 통해 배출되는 수분량이 많아 쉽게 탈수에 이르게 된다. 그러나 낙타는 체내 수분을 효율적으로 보존하고 사용할 수 있는 능력이 있어 체중의 25%의 수분 손실에도 견딜 수 있으며 30% 수분 손실에도 살 수 있다는 기록이 있다. 낙타는 10분 이내에 체중의 25%에 해당하는 물을 마실 수 있지만, 사람이 낙타처럼 빨리 물을 섭취하면 혈장의 삼투압이 일시적으로 낮아져 수분중독이 나타날 수 있다. 실제로 정상 사람(70 kg)은 중등도의 심한 탈수가 되었더라도 체중의 3%(생수 2.0 L)를 단번에 마시기 어렵다. 낙타는 사람에 비하여 탈수가 일어날 때 총수분량 감소에 비해 혈장량의 감소가 적다. 이는 순환장애가 늦게 나타나도록 하여 생존에 유리하게 작용한다. 이러한 현상은 낙타뿐만 아니라 양에서도 관찰되며, 이는 양도 탈수 저항력이 있음을 보여준다.

낙타가 사막 등 극한 환경에서 탈수에 적응할 수 있는 능력은 여러 가지 독특한 생리적 기전을 통해 이루어진다. 첫째, 낙타는 소화관 내강액을 통해 체내 수분을 효율적으로 관리한다. 슈미트-닐센에 따르면, 낙타의 소화관 내강액은 총수분량의 약 20%를 차지하며, 이는 탈수 상태에서도 천천히 흡수되어 혈장량 감소를 최소화한다. 사람의 경우 소화관 내강액이 총 수분량의 1.4%에 불과하지만, 낙타와 같은 반추동물에서는 세포외액량 보다 차지하는 비율이 높아 중요하다. 따라서, 낙타에게는 소화관이 일종의 물 저장 기관 역할을 하고 있음을 알 수 있다. 둘째, 낙타는 체온의 일간 변동을 통해 물을 절약한다. 사람의 경우 하루 동안 체온 변화는 1℃ 미만이지만, 낙타는 수분을 충분히 공급받았을 때 체온 변화가 2℃(36℃~38℃)이며, 탈수 시에는 일간 변동이 7℃까지 증가한다. 이러한 체온의 변동은 500 kg 낙타가 하루 5 L의 물을 절약할 수 있도록 한다. 일반적으로 포유류는 정상 기초 체온을 유지하기 위해 체온이 증가하였을 때, 즉시 땀을 통해 수분을 증발시켜 체온을 다시 낮춘다. 그러나, 낙타는 체내 수분 보존을 위해 체온이 최대 41℃ 이상이 되었을 때 땀을 흘리기 시작해 수분의 손실을 예방한다. 셋째, 낙타의 코는 호흡 시 배출되는 습기를 재흡수하는 데 중요한 역할을 한다. 슈미트-닐센은 낙타가 며칠 동안 물을 마시지 못하면 날숨의 상대습도

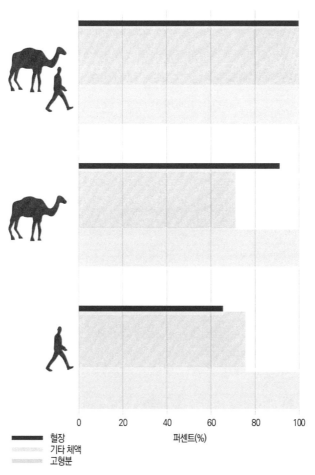

그림 2-1 사람과 낙타의 정상상태 및 탈수상태에서 혈장량 비교[10]

낙타는 탈수시 혈장량 감소가 적어 일정 부분 탈수적응에 기여한다. 정상상태(그림 위)에서 사람이나 낙타의 혈장량은 총수분량(60%)의 1/12(5%)이다. 총수분량의 1/4이 탈수(그림 중앙)된 낙타 혈장량은 1/10 만큼 감소하였다.그런데 동일한 조건에서 사람의 혈장량은 1/3만큼 감소한다(그림 아래). 이러한 상황에서 사람은 혈액의 점성이 증가하여 순환장애로 인한 체열발산이 어려워 치명적이게 된다(낙타는 탈수로 인한 총수분량 감소보다 혈장량 감소가 적은데 비하여 사람은 오히려 혈장량 감소가 크다).

가 50% 이하로 떨어진다는 사실을 발견하였다. 낙타가 숨을 들이쉴 때 건조한 외부 공기가 코 내강을 지나며 표면을 건조하게 하고, 내쉴 때는 허파의 습한 공기가 마른 표면을 지나며 습기를 제거하여 체내 수분의 손실을 막는다. 넷째, 대사수(metabolic water)를 이용하는 방법도 있다. 낙타의 등에 있는 혹 속 지방은 지방산을 거쳐 에너지로 사용되기 위해 분해되며, 이 과정에서 물을 생성할 수 있다. 이때 생성되는 수분을 대사수(metabolic water)라고 한다. 이처럼 지방은 탄수화물이나 단백질에 비하여 연소 과정에서 더 많은 양의 물을 생성하기 때문에 낙타의 혹 속 지방이 수분 손실을 막기 위한 역할을 하고 있는 것이다. 낙타는 쉴 때 태양을 보고 서서 복사열을 최소화한다. 사막에서는 그늘이 거의 없기 때문에, 태양을 마주 보고 서 있으면 몸에 닿는 햇볕의 양을 줄일 수 있다. 이는 복사열을 적게 받아서 몸의 열 흡수량을 감소시키고, 결과적으로 체온 조절에 도움이 된다.

닭 또한 탈수에 잘 견디기 위해 몇 가지 독특한 생리적 적응을 가지고 있다. 우선, 닭은 땀샘이 발달하지 않아 열 발산이 주로 호흡을 통해 이루어진다. 이는 수분 손실을 줄이는 데 도움이 되며, 닭이 고온 환경에서도 어느 정도 체온을 조절할 수 있게 해준다. 그리고 닭은 요산 형태로 노폐물을 배출하여 물 사용을 최소화한다. 이는 물의 재흡수를 최대화하고, 탈수 상태에서도 체내 수분을 효율적으로 유지할 수 있게 한다. 이러한 배설 방식은 닭이 극한의 환경에서도 생존할 수 있는 중요한 요소이다.

이와 같이 동물들은 오랜 시간 각각의 생활 환경에 맞춰 독특한 생리적 적응 또는 진화를 통해 극한 환경에서도 효율적으로 생리 현상을 유지해 가고 있다.

📖 의리를 지킨 소 이야기

경상북도 선산군 관아 동쪽에 문수점(文殊店)(현재는 구미시 산동읍 소재)이라는 작은 마을이 있었다. 이곳에 사는 백성 김기년(金起年)은 암소 한 마리를 키우고 있었는데, 어느날 쟁기와 보습을 소에 지우고 밭을 갈고 있었다. 그때 숲속에서 호랑이가 뛰쳐나와 소를 향해 덤벼들었다. 기년은 깜짝 놀라 어쩔 줄을 몰라 하다가 쟁기를 손에 쥐고서 소리를 지르며 호랑이를 쫓았다. 그런데 호랑이가 갑자기 소를 놔두고 사람에게 달려들었다. 갑작스러운 호랑이의 공격에 다급해진 기년은 대응할 길이 없었다. 기년이 어찌할 바를 모르고 거꾸러지는 사이 소는 소리를 지르며 뛰어들어 호랑이를 들어 받았다. 몇 차례 들어 받지 않았는데도 호랑이는 허리 등짝 곳곳에 소뿔의 공격을 받아

피가 솟구치고 심각한 상처를 입었다. 호랑이는 마침내 기년을 놔두고 달아났으나 멀리 못 가서 쓰러져 죽었다. 정강이와 다리를 물린 기년은 한참 지난 뒤에 정신을 차리고 절뚝거리며 소를 끌고 집으로 돌아왔다. 소는 호랑이에게 공격을 당하기는 했으나 물리는 상처를 입지는 않았기에, 기년이 병으로 누운 이후에도 밭 가는 일을 계속하며 태연자약한 모습이었다. 물을 마시고 여물을 먹는 것도 전과 다름이 없었다. 그러나 기년은 상처가 갈수록 깊어져 스무날을 견디다 죽었다. 기년이 임종을 앞두고서 집안사람들을 돌아보며 "호랑이 뱃속에 장사지내는 것을 모면하고 목숨을 연장하여 지금에 이르게 된 게 누구의 덕이 겠느냐? 내가 죽은 뒤에라도 이 소는 팔지 말거라! 소가 죽는다 해도 그 고기를 먹지 말고 반드시 내 무덤 곁에 장사지내도록 하여라."라고 유언을 하였다. 그러나 소는 주인이 죽던 날 미친 듯이 울부짖고 펄쩍펄쩍 뛰면서 물과 여물을 일체 끊은 채 안절부절 하였다. 무릇 사흘 밤낮을 그러다가 마침내 죽고 말았다. 이러한『의리를 지킨 소 이야기』는 1630년(인조 8년) 초가을 선산부사 조찬한(趙纘韓)이 서문(序文)을 쓰고 의우도(義牛圖)는 1704년(숙종30년) 조구상(1645~1712년)이 간행한 목판본『의열도(義烈圖)』에서 발췌한 그림을 묶은 것이며, 현재 구미시 산동읍 임덕리 104-1에 의우총(義牛塚)(경상북도 민속문화재 제105호)이 있고, 인근에 문수지라는 연못이 있다.

2. 돼지(豚)

돼지를 한자로 표기할 때 돈(豚), 해(亥), 시(豕), 저(猪)로 표기하기도 하는데 해(亥)는 십이간지 마지막에 있는데 현재는 일진(日辰)이나 십이지(열 두 띠 동물)를 표기한 달력에서나 볼 수 있다. 시(豕)는 민속에서, 그리고 저(猪)는 음식점에서 저육이 아닌 제육으로 남아있다. 또한 감자탕은 '감자'가 들어있는 탕(湯)이 아니라 감저탕(甘猪湯)이 감자탕으로 변화되었다. 우리말 돼지는 '도', '또또'에서 고려시대는 '돗', 조선시대에서는 '돋', '돝'이라 하였다. 가축의 새끼를 의미하는 '아지'와 합성어인 돋아지, 돝아지를 거쳐 '도야지'로, 다시 돼지로 변화되었다[11].

우리나라의 돼지 사육은 고구려 시대 한민족이 만주 지방에서 남쪽으로 이동하면서 들여와 기르기 시작한 것으로 추정된다. 삼국지 위지동이전의 기록으로 미루어 우리나라는 적어도 2000년 전부터 돼지를 사육한 것으로 여겨지고 있다. 돼지의 임신기간은 114일(3개월 3주 3일)이며, 젖 먹는 기간은 28일, 이유식 먹는 기간이 60일, 이후 출하에 필요한 성장 기간이 90일이어서 생후 180일이면 출하가 가능하다. 이때의 평균 체중은 118 kg에 이른다. 이처럼 돼지는 ① 다른 동물에 비하여 새끼를 많이 낳고 ② 성장 속도가 빠르며 ③ 살코기 1 kg 얻는데 필요한 곡물의 양도 적고 ④ 공태기간을 감안하더라도 일 년 동안에 2번의 새끼를 출산할 수 있기 때문에 소, 양, 염소, 닭에 비하여 육류 공급이 뛰어나다. 돼지 사육은 폐기물(배설물)로 인한 환경오염의 문제가 있지만, 소 사육이 차지하는 공간에 비하면 돼지나 닭의 사육은 좁은 공간을 효율적으로 사용할 수 있고, 사료로 곡류를 이용하지만, 증체율이 우수하고 번식력이 월등히 좋다는 특성 때문에 돼지와 닭 사육에 대한 선호도가 높게 유지된 것으로 보인다.

돼지고기는 문화적 신념 때문에 돼지고기를 먹지 않는 나라를 제외하더라도, 중국, 인도 등 인구가 많은 나라에서 가장 많이 소비되는 고기이다. 우리나라는 생활이 나아지면서 고기 소비량이 증가하자 정부는 재벌의 축산진출을 독려하였는데 1970년 중반 삼성이 아시아 최대 규모의 양돈장을 용인에 건설하면서 기업형 양돈 시대가 열리게 된다[12]. 기업양돈이 되면서 잔반(殘飯)이 아닌 배합사료를 활용해 사육했고 거세 등 선진 사양 기술을 적용하였으며, 개량종을 이용해 규격돈을 생산하게 이르렀고, '잡내'를 제거하기 위한 특별한 조리 과정 없이도 돼지고기를 소비할 수 있게 되었다. 당시는 수출지상주의 시대였으므로 안심과 등심은 '돈가스'용으로 수출(주된 지역은 일본)하였다. 초기에는 살아있는 돼지(생돈)를 수출하였지만, 국내에서 해체한 후 지육과 부분육만을 수출하기 시작하면서 부산물(내장, 족발 등)이 수출업자의 몫으로 남게 되었다. 이들 부산물이 산업화되고 시중에 유통되면서 우리의 친근한 먹거리(삼겹살, 족발)가 되었다. 현재는 슬라이스 상태의 삼겹살을 냉동 상태에서 바로 불판으로 이동하여 '패스트푸드'화 되고 있어 수효가 상당히 지속될 것으로 보인다[12]. 이렇게 '수출하고 남은 고기'에서 한국인이 가장 좋아하는 돼지고기 부위가 된 삼겹살과 부산물인 족발은 K팝, K드라마를 타고 뻗어나가는 한류 덕에 외국까지 알려지게 되었다. 한국드라마를 통해 일본에 전파되었을 뿐만 아니라 이젠 영국의 식당에서도 삼겹살을 파는 등 삼겹살의 수요가 국내에서 머무르지 않고 점점 국제화되고 있다.

한편 돼지는 성장했을 때 장기의 크기가 사람과 비슷하여 심장, 콩팥, 간, 폐, 각막, 피부 등을 사람에게 이식하기 위한 이종장기이식(xenotransplant)을 위한 최적의 동물로 선정되어 연구되고 있다. 물론 이종 단백질로 인한 면역 거부 반응이 있을 수 있고

(면역거부 반응은 약물로 많이 개선) 돼지에서부터 유래한 미상의 질병이나 돼지에만 존재하는 바이러스의 감염에 대한 우려가 있지만 하나씩 해결되어 가고 있다. 최근(2022년) 미국 메릴랜드에서 돼지 심장을 사람에게 이식하여 2개월 동안 생명을 유지하였지만 예상하지 못한 돼지 바이러스 증식으로 실패한 일이 있었다. 하지만 과학자들은 포기하지 않고 지속적인 노력을 기울여 이종장기이식기술을 개발해 가고 있고, 장기이식을 받아야 하는 수많은 이들에게 희망을 주고 있다. 우리나라에서도 2006년 후반기에 이종장기이식을 위한 돼지 사육이 있었고, 2023년 10월경 췌도 이식의 시도가 진행되었다.

3. 면양(綿羊)

우리나라에서는 1909년 일본에서 메리노(Merrino)종과 슈럽셔(Shropshire)종을 도입하여 면양을 사육하기 시작하였으며 그 후 1912년 만주로부터 몽고 양을 도입하여 사육하였으나 그 수는 소수에 불과하였다. 해방 직전, 전국의 면양 수는 45,485두로, 대부분은 북한에 있었고 남한에는 8,000두가 경주지방에서 사육되고 있었다. 해방 후 혼란한 과정을 거치면서 면양의 두수는 급격히 감소하였다. 이러한 사정을 감안하여 정부에서는 1952년 5월 10일 축산시험장 경주지장(경주종양장)을 설치하여 면양 352두를 기초로 면양의 생산과 면양 사육시험 사업을 시작하였다. 1961년 11월 제주도 이시돌 농촌 개발협회(이시돌 목장)에서 코리델종 500두, 1966년 7월에는 롬니종 415두를 뉴질랜드에서 수입하여 사육하였고, 제주도의 송당목장에서는 미국에서 메리노종 357두를 도입하였다. 경기도 여주군에서는 면양 단지를 조성하여 약 100두를 농가에서 사육하였다. 1968년에는 축산시험장 경주지장이 폐쇄되고 면양은 대관령 고령지 시험장으로 옮겨져 총 면양 400두를 사육하게 하였다.

1968년 대통령이 호주를 방문하여 양국 원수 간의 합의에 따라 면양 시범 목장을 전북 남원군 운봉면에 국립종축장 운봉지장을 설치하였으며, 여기에 1973년에는 호주에서 코리델종 1,070두를 도입하여 증식시킨 후 농가에 공급하기로 함에 따라 1979년에는 면양의 수가 8,181두에 이르러 통계적으로 가장 많은 해로 기록되었다(축산연구를 위한 통계 자료집, 2012년). 하지만, 우리나라의 남부지방(경상, 전라)에는 면양의 성장이 여의치 않아, 일제강점기에는 남면북양(南綿北羊) 정책을 실시하였다. 1970~1980

년대 낙농정책과 더불어 오스트레일리아, 뉴질랜드 등으로부터 면양을 수입하여 증식을 시도하였으나 정책이 안착하지 못하고 현재는 소수의 양목장만이 남아있다. 농림부통계(2021년)에 의하면 전국 면양사육농가는 77가구이고 사육되고 있는 양은 총 2,410마리이다.

4. 산양(山羊)

우리나라의 재래산양은 고려 충선왕(忠宣王) 시대에 중국으로부터 들어온 후 제물용으로 사육되다가 16세기에 이르러 제물 대상이 돼지로 바뀌어짐에 따라 보혈 강장제로 인정되어 사육되어 왔다. 또한 호남지방에 산양의 사육이 많은 것을 바탕으로 중국 남부에서 배편으로 유입된 것으로 간주하기도 한다. 산양은 초식 가축으로 면양에 비하여 거친 사료도 잘 먹어 사육하기 쉬울 뿐 아니라 또한 번식력이 강하다.

산양은 염소, 고양, 재래산양이라 불리우는데 우리나라에는 흑염소 외에 흰색이나 갈색의 자아넨종이 있다. 이들은 멸종위기종이자 천연기념물로, 설악산, 오대산 부근에 서식하는 산양은 흔히 말하는 흑염소(재래산양)와 구분되어야 한다. 북한에 비해 남한이 양의 사육에 더 적합했기에 일제 말경 만주 북방의 군인 방한용으로 양모와 면(綿)이 크게 필요하게 되었다. 이에 따라 1934년 남면북양(南綿北羊)이란 농업정책을 세워 북한에는 면양을 남쪽에는 목화를 대대적으로 장려하였다. 이러한 영향으로 우리나라는 목화밭은 흔히 볼 수 있었으나 양(양모종)의 사육은 찾기가 힘들었다. 축산의

표 2-2 양과 염소의 비교

	양	염소
염색체수	54	60
목길이	짧다	길다
털	부드럽다	빳빳하다
입술	둘로 나뉨	소처럼 하나임
성격	수동적	능동적
생활습관	군집성	개별활동
서식지	초원	거친지형 잘 이용

(출처: naver.com)

발전과 더불어 호주(뉴질랜드)에서 양을 도입하여 양목장을 만들었으나 번성하지 못하고 관광용 목장으로 몇 군데 남아있을 뿐이다. 근간에는 강원도를 무대로 유산양의 증식을 시도하기도 한다[13].

5. 닭(鷄)

조류인 닭은 포유류에 비하여 체온이 높고(40~41℃) 피부에 땀샘이 없어 환경온도가 높아지면 체온조절이 어렵다. 그래서 환경온도가 26.7℃를 넘어서면 닭은 스트레스를 받기 시작한다. 또한 환경온도가 30℃가 넘으면 산란율이 감소하고, 32℃에 도달하면 체온과 심장박동이 증가하고 호흡이 거칠어지며, 사료효율이 낮아진다.

신선한 유정란을 온습도가 일정하게(초기 온도 37.7℃, 습도 55%) 맞추어진 부화기에 두면 알 속의 병아리가 성장하면서 난각(알껍질)이 얇아지는데, 21일(20일~22일)에 이르면 스스로 난각을 깨고 나오게 되는 부화의 과정을 거치며 병아리가 탄생한다. 암탉은 수탉이 없어도 알(무정란)을 낳을 수 있으나 수탉과 지내면서 생성한 알(유정란)은 부화의 과정을 거쳐 병아리가 된다. 시장에서는 유정란, 무정란을 구분하기도 하지만 농가에서는 사육환경(① 자유방목 ② 축사에서 평사 ③ 밀집사육에서 약간 개선 ④ 밀집사육)을 달걀에 표시하도록 하고 있다.

병아리는 (원)종계, 육계와 산란계의 세 가지 길을 걷게 된다. 원종계(原種鷄)를 수입하여 별도로 육성, 산란하여 종계를 만들고 종계부화장, 종계육성농장을 거쳐 달걀을 얻는다. 이러한 달걀은 일반부화장을 거쳐 육계와 산란계의 병아리를 얻게 되므로 (원)종계의 병아리는 시장에서 시민들이 접하기는 어렵다.

육계는 보통 암수 구분 없이 방사상태로 키우다 태어난 지 30일 정도가 되면 시장에 출하한다. 이보다 오래 키울 수 있지만 경영수지의 면에서 30일 쯤에 출하하는 것이 가장 이상적이다. 그래서 우리가 즐겨 먹는 치킨은 30일 정도의 육계이다. 삼계탕 닭은 이보다 며칠 적은(25일령) 닭을 사용하기도 한다. 육계는 우리 안 이곳저곳을 돌아다니며 사는 것은 물론, 한 달에 한 번씩 새 닭이 들어와 비교적 쉽게 우리를 청소하고 관리할 수 있다.

산란계는 아파트처럼 좁고 한정된 공간에서 사육하며 개체 수도 많은 데다가, 육계보다 오래 살기 때문에 위생 관리나 방역활동이 자주 이루어지지 않고 있다. 때문에 산란계가 육계보다 바이러스에 빨리 노출되고 감염이 쉽다. 산란계는 병아리로 출발하여 120일(겨울철이고 영양상태가 부족한 경우는 150일)에 이르면 초란을 낳는다. 산란계는 보통 약 20개월 동안(200개/1년 정도) 300개쯤의 알을 낳은 후 '노계(폐계)'의 길을 걷게 된다. 물론 이때에도 산란을 하지만 생산능력이 감소하므로 농장주의 입장에서는 생산능력이 좋은 닭을 사육하는 것이 경제적이다. 이러한 닭(老鷄)은 고기용으로 시장에 출하한다.

시중에 판매되고 있는 달걀판에 동물복지축산물인증표시를 볼 수 있다. 이는 농장 동물의 사육환경에 복지개념을 도입하여 사육밀도를 고려한 적정공간, 사육 방법, 운반, 판매 전반에 걸쳐 복지 기준을 정하고 이를 만족하는 동물복지축산물인증제를 운영하고 있음을 의미한다. 한편, 닭은 사육장의 전구 빛 색에 따라 생산량이 달라진다. 이를 연구한 국립축산과학원의 결과에 따르면 산란계는 빨간색의 전구 아래에서 산란율이 높았고 육계는 노란색 전구 아래서 증체율이 증가하였다.

1) 달걀

글로벌 육종회사들은 성장이 빠르고 알을 많이 낳도록 개량한 두 종류의 종란을 부화시킨 후 산란계로 시중에 출하하는 방법으로 달걀을 공급해 왔다. 하나는 흰색 품종(레그혼)이고 다른 하나는 갈색 품종(로드 아일랜드 레드·뉴햄프셔 등)이다. 1960~70년대는 백색레그혼이 산란계의 대부분을 차지하였기에 시중의 대부분 달걀은 흰색이었다. 그러나 소비자로부터 갈색 달걀이 소위 '토종 달걀'이라는 분위기가 잡혀 1986년부터 갈색 산란계의 비율이 60%, 1990년 80% 등으로 높아졌으며, 현재 시장에서 보이는 달걀의 대부분이 갈색 달걀이다. 한편 미국의 시장은 우리와 반대로 백색란이 90%를 차지한다. 하지만, 시장의 선호도만이 우리나라에서 갈색란이 유행한 유일한 이유는 아니다. 산란계 종류에 따라 취약질병이 다르다는 사실도 갈색란의 선호에 영향을 준 것으로 보인다.

백색란을 생산하는 백색 레그혼은 닭에게 있어 매우 치명적인 질병인 조류 백혈병(avian leukosis)에 상대적으로 더 취약하다. 이 질병의 병원체인 레트로 바이러스는 닭과 닭 사이에서 일어나는 수평감염도 일으킬 수 있지만, 모계로부터의 수직감염(난계대감염)을 더 쉽게 일으킨다. 물론, 갈색 달걀을 생산하는 품종에서 더 취약하고 난계대감염으로 전달되는 질병(가금티푸스)도 존재하지만, 이 질병은 병원체가 바이러스가 아닌 세균에 의한 것이며, 백신의 개발로 방역이 비교적 쉽다는 특성 때문에 결과적으로 우리는 갈색 달걀을 더 빈번하게 접할 수 있다. 소비자의 입장에서 백색란과 갈색란의 차이는 없다. 난각(달걀의 껍질)이 흰색은 0.4 mm, 갈색은 0.6 mm로 알려져 있으나 소비자들은 이를 느끼지 못한다. 세척란의 경우 45일(냉장)이 가능하지만(식품의약안전처, 수입식품안전관리 특별법에 근거), 닭에서 산란은 총배설강으로 통하여 이루어지므로 세척하지 않은 날달걀(특히 여름철)을 취급하고 손을 씻지 않은 상태에서 다른 음식을 조리를 할 경우 살모넬라균에 의한 식중독이 유발되기도 하므로 주의하여야 한다.

2) 병아리 감별사

수평아리는 산란계에서는 소용이 없기에 부화한 지 24시간이 지난 병아리의 항문(총배설강)을 손으로 열어 그 안에 있는 생식 돌기의 형태와 각도, 색상 등을 보고 암수를 구분하는 방법이다. 이러한 병아리 감별 기술은 1920년대 일본의 수의사인 마즈이 기요시(松井清)가 확립하였는데, 총배설강이 원형으로 돌출되어 있고 탄력이 없는 것은 수컷이고, 총배설강이 타원형이고 편평하며 탄력이 있는 것은 암컷이다. 이를 구분하는 것은 쉬운 듯 하지만 생식 돌기의 크기가 좁쌀의 반 정도밖에 되지 않아 세심한 관찰력과 집중력을 필요로 한다.

1960년대부터 발달하기 시작한 우리나라 양계산업은 60년대 후반부터 병아리감별사에 관심이 높아졌다. 우리나라 사람이 손재주가 있고 침착성이 있어 병아리 감별에 적합하였기 때문에 해외 취업이나 이민의 수단이 되었다. 이로 인해 서울에는 병아리감별사학원이 여러 곳 생겨나기도 했다. 그 결과 전 세계 병아리 감별사의 60%를 차지할 정도로 한국인 병아리감별사가 인기가 있었으며 독일, 캐나다, 브라질로 진출하였다. 그러나 병아리 감별을 통한 수평아리의 인위적 퇴출(육계용으로는 가능하다)은 동물 복지가 대두되면서 병아리 감별의 대안을 모색하기 시작하였다.

2000년대 후반기부터 병아리의 날개깃털 길이 차이를 통해(암컷은 길이의 차이가 있지만 수컷은 획일적) 암수 구별이 가능하여졌다. 2016년 독일 라이프치히대학의 알무트 아인스파니어는 사람의 임신 테스트 원리를 원용하여 병아리가 부화 중인 달걀에서 암수를 감별할 수 있는 기술을 처음으로 개발하였다. 이는 달걀 껍데기에 레이저로 아주 미세한 구멍을 내고 달걀의 요낭에서 극미량의 체액을 뽑아 에스트론을 확인하는 방법(정확도 98.5%)이다. 물론 부화중의 달걀이므로 2시간 이내에 모든 작업을 마치고 부화기 안으로 돌려보내야 하며, 수평아리가 될 달걀은 부화를 멈추고 다른 동물의 사료로 사용되었다. 하지만 육계는 암수구별이 필요하지 않고, 프랑스는 2021년 말 수평아리 도태를 법으로 금지하였으며 2022년 독일도 수평아리 도태를 금지하였다. 이로 미루어 보아 점차 병아리 감별사는 머지않아 직업군에서 사라질 것으로 보인다.

여담으로 옛날 초등학교 앞에 팔던 어린 병아리들은 암수 감별 후 수평아리로 판정 받은 병아리가 유출된 것이다. 한두 마리 사서 집에 가져와 키우다 2~3일 내에 죽어버려 병든 병아리를 팔았나 싶었겠지만 사실은 병아리의 체온(39~40℃)을 유지할 수 없는 환경이 병아리를 죽게 한 것이다(체열은 체중(mass)에서 생성되고 발산은 체표면적에서 이루어지므로 체중에 비하여 체표면적이 큰 병아리(체구가 작을수록 열 손실이 크다)는 성숙한 닭에 비하여 체온유지가 더 어렵다).

6. 말(馬)

가축마는 세 가지 기본적인 범주 ① 힘이 센 역마(役馬)인 '냉혈종(cold blooded horse)' ② 아라비아 말과 같은 온혈종(warm blooded horse)의 기초가 되는 종 ③ 영국의 서러브레드(throughbred) 종처럼 교잡에 의한 만들어진 온혈종의 범주로 분류하고 있다. 이는 체온조절에서 냉혈종과 온혈종으로 구분하는 것과 관련은 없다. 가축화 시기는 개나 다른 가축에 비하여 다소 늦었지만, 교통수단이 없던 시절에 말은 교통수단으로서, 전쟁 시에는 물자 운반이나 공격 수단으로서, 평시에는 짐을 나르는 동력으로, 상류층 사람들의 운동(사냥, 승마)의 수단으로 이용되었을 뿐만 아니라 관청에서 공문을 운반하는 역마(서신 전달)와 같은 체신 업무 연락에 이용하는 등 소보다도 사용 범위나 역할이 광범위하였으며 말은 대부분이 국가 소유였다.

고려시대에 이르러 말은 역마(驛馬), 국방의 전마(戰馬), 외교의 증송물(增送物)로 사용되었고, 이밖에 식육용, 무역용, 승용, 상사용(償賜用), 격구용(擊毬用) 등으로 사용되었다. 조선시대는 말이 군마, 역마, 파발마(擺撥馬), 준마(駿馬), 만마(輓馬), 농마, 교역마, 식용 그리고 말가죽, 말꼬리, 말갈기 등이 일용품으로 이용됨으로써 그 수요가 크게 확대되었다. 따라서 역대 통치자들은 마정(馬政)의 중요성을 강조하여 "나라의 중요한 것은 군사요, 군사의 중요한 것은 말"이라고 하였으며 심지어는 나라의 강약은 말에 달려있으므로, 임금의 부(富)를 말을 세어봄으로써 알 수 있다고 알려졌다. 따라서 국(國), 사영(私營) 마목장(馬牧場)을 크게 발전시켜 성종 때는 약 4만필이 사육되고 있었다[14].

주로 말(기마파발)을 타고 소식을 신속하게 전달하기 위해 사용된 제도인 파발제는 중앙의 긴급 지휘문서를 급속히 전달하기 위하여 설치한 통신제도로서, 중앙집권적 통치 방식을 효율적으로 유지하는 데 중요한 역할을 하였다. 또한, 외국 사신의 내왕에 따른 편의를 제공하며 외국과의 문화교류에도 기여해 왔다. 역제(驛制)는 고려시대와 조선시대에 들어와서 중앙집권 체제가 강화됨에 따라, 수도 서울과 지방간의 교통·통신이 국가 운영상 긴요함으로 전국의 요지 30리마다 역을 설치하여 중앙과 지방의 관문서 전달, 관물의 수송, 공무 출장하는 관리의 숙박 제공 등을 임무로 하였다.

넓은 평야와 완만한 초지로 이루어진 지역이 많아, 목축에 적합한 환경을 가지고 있는 제주도는 탐라국이라 불렸는데 고려 충렬왕 21년(1295년) 제주목(濟州牧)을 설치함으로써 제주라는 이름이 유래하게 되었다. 제주는 청동기 시대부터 말을 가축화하여 삼국시대를 거쳐 고려시대부터는 조정에 말을 바쳐 왔다. 고려말에는 원나라가 북방마(몽골마 등)를 전래하여 몽골식 목장을 설치함으로써 마정사상(馬政思想)의 획기적 변화를 가져왔다. 마종(馬種)의 개량으로 양마가 산출되고 생산된 후에 말은 원(元)과 명(明)에 수출되었다.

1945년 이전까지 약 34,000필의 말이 있었지만, 해방 됨에 따라 말의 두수는 급격히 감소하여 수천 두에 이를 때도 있었다. 하지만 현재는 제주조랑말까지 합쳐 약 30,000필로 회복되었다. 말을 제외한 다른 가축은 해방 후 꾸준한 증가를 가져왔으나 유독 말은 감소 추세를 보였는데, 2차 대전 후의 전쟁이나 산업의 수단이 기계화함으로써 말의 수요가 줄어들었기 때문이기도 하다. 또한 국민소득의 증가로 인해 국민의 여가 활동 수단인 경마나 승마용으로 말의 역할이 국한되었다. 지금도 운동의 수단으로 승마나 오락(경마)으로 남아있다. 그래서 요사이는 말이 대동물이기는 하지만 농장동물로 간주하지 않고 반려동물로 간주하기도 한다. 그러나 여기서는 반려동물이 아니고 농장동물에 다루게 됨에 있어 양해를 구한다.

말은 상당히 오래전부터 인류와 함께해 왔고, 삼국시대부터 말 중심의 수의(獸醫)가 자리 잡았다. 말은 말 전문 수의사가 진료를 별도로 맡고 있다. 조선시대 말(末) 대한제국이 시작하면서 정부조직법에 농상공아문(현재 농림축산식품부, 산업통상자원부, 중소

기업벤처기업부 등으로 세분되어 있다)이 등장하면서 일반 수의축산은 농무국 축산과에서(우리나라 농가에서는 대부분 말이 아닌 소가 이용되었다), 군사용은 군부(軍部; 현재 국방부)의 군무국 마정과(馬政課)에서 수의를 맡았다. 일반 마는 내연기관이 등장하기 전까지는 짐을 실어 나르는 역용(役用)으로 중요한 역할을 하였다.

1) 장제의 기원

영국 속담에 "No hoof, No horse"라는 말이 있다. 아무리 좋은 말이라 할지라도 발굽이 제대로 발달하지 않으면 말로서의 가치를 잃는다는 뜻이다. 기원전 수천 년 전부터 발전해온 장제 기술은 말의 발굽을 관리하고 보호하기 위한 기술로 수의사라는 직업이 있기 전에는 장제사(farrier)가 수의사를 대신하였다. 과거 우리나라에서는 윤필상이 명의 요청으로 1479년(성종 9년) 12월 건주위(建州衛; 현 만주, 이 지역은 후금을 거쳐 청이 된다) 정벌 중 겨울에 얼음이 얼어 땅이 미끄러워 소에 짚신을 신기듯 말발굽에 칡(葛)으로 짠 신을 신겨 미끄럼을 방지하였다. 이를 대갈(代葛)이라 하였고, 이 대갈이 장제의 기원이라 할 수 있다.

현재 장제 기술은 말의 발굽(한 달에 1 cm 정도 자란다)을 칼로 깎고 그곳에 쇠로 된 편자를 장착하는 것으로, 경마장이나 승마장에서 볼 수 있다. 실제로 우리나라 농림부에서 "말 발톱 삭제가 수의사의 진료행위인가?"라는 민원에 대한 회신으로 부상 및 부제병 예방 등을 위해 수의사 지도 감독하에 삭제하여야 하며, 수의사 이외의 자가 발톱 삭제 영업행위를 하는 것은 위법이라는 판단을 내렸다.

2) 경마, 승마, 마사회

우리나라에서는 승마와 경마의 개념이 확립되기 훨씬 전부터 기사(騎射) 기창(騎槍) 기검(騎劍) 마상재(馬上才) 등이 무예의 형태로 실시되었고 조선시대에도 무과의 필수 과목으로 시행되었다. 경마의 기원은 1780년 영국에서 제1회 더비(Derby)경마가 효시이다. 대한제국 시절인 1898년 5월 28일 관립외국어학교 연합운동회에서 육상경기의 한 종목으로 동대문운동장에서 학생들이 말이 아닌 나귀를 타고 달리는 경주를 하였는데, 이것이 우리나라 경마의 효시로 간주하기도 한다. 최초의 말을 이용한 경마는 1909년 6월 13일 근위기병대장들이 기병대를 인솔하여 훈련원에서 기병경마회를 개최하기도 하였다. 그 뒤 1914년 4월 3일 용산에 있는 옛 연병장 자리에서 열린 월간 조선 공론사 주최 조선(全鮮)경마대회가 우리나라 최초의 경마대회로 기록되고 있다. 이후 지방(대구, 부산, 평양, 원산 등)에서 경마구락부(클럽)가 주최한 경마대회가 있었다.

조선경마구락부는 1922년 5월 20일에 설립 인가를 받은 경마 클럽으로, 말 경주를 주관하는 단체이다. 비록 일제강점기였기 때문에 일본인이 주도하였지만, 이것이 우리나라에서 설립된 최초의 경마법인이자 마사회의 모태다. 조선경마구락부는 1942년 조선마사회가 설립되기까지 경마를 주관하였다. 조선경마구락부의 재단 설립 인가를 기점으로 마사회는 이날을 1995년부터 '승마의 날'로 지정하고 기념하고 있으며, 2022년에는 창립 100주년을 맞았다. 이러한 경마의 개최 및 마필에 관한 각종 사무를 담당하기 위하여 1942년 7월 일본인들에 의하여 조선마사회가 설립되었다. 광복 후 1945년 9월에 인수하고, 10월 20일 신설동에서 첫 경마가 시작되었으며, 11월에 한국마사회로 개편하여 초대 회장에 나명균(羅明均)이 취임하였다.

마사회의 명칭은 1949년 9월 29일 한국마사회로 공식 인가되었는데, 6·25 동란(1950년)으로 경마가 멈추었다가 휴전(1953년)이 되고 뚝섬에서 경마를 준비하여 1954년 5월 8일에 경마가 개최되었다. 이후 '뚝섬경마장시대'가 열렸지만, 86년 아시아경기와 88년 올림픽 승마경기 대회 준비를 위하여 뚝섬 시대를 접고 1989년 과천으로 이전하게 된다. 1971년 11월 가축위생연구소장(현 농림축산검역본부장)과 축산국장을 역임한 이남신이 상임감사로 부임하면서 마사회는 모습이 달라졌다. 그는 회장(김동하)과 손잡고 1972년 기업 마주제를 해지하였고 마필보건소(소장 김효중, 진료계와 시험연구계)를 설치하여 마필 관리를 활성화하였다. 1974년 마필보건위생연보 창간호가 발행되었으며, 현재는 경주마보건연보라는 제호로 이어지고 있다.

1972년 기업 마주제가 해지되고 단일 마주제로 전환된 후 경마계의 숙원사업이었던 개인 마주제가 거론되었으나 올림픽 승마 건설장의 건설과 경마장 이전이라는 너무나 큰 문제가 대두되어 있어 1993년에 비로소 개인마주제로 전환되었다. 개인 마주제 시행과 더불어 개인 마주들의 편의를 위해 마사회 내에 말 전문 동물병원의 개원이 허락되었다. 물론 개원 수의사가 고가의 진료 장비를 갖출 수 없기에 고난도의 수술이나 진료업무는 마사회의 진료팀이 맡아주어야 했다.

1989년 9월 과천에서 문을 연 '서울경마장(마사회)'이 하는 일 중 경마 이외의 일을 살펴보면, 안전 경마를 위한 진료, 방역(감염병 예방), 장제, 연구를 진행하는 마필보건소를 비롯하여 1976년 도핑검사(doping test)를 위한 도핑검사소가 운영되고 있다. 이와 더불어 마사회에서는 말에 관한 서적(마문화연구총서)을 발행하였고 마사박물관, 국산경주마 생산(코리언더비경마도 있다)와 생활 승마를 위해서도 노력하고 있다[15].

7. 농장동물의 분포

1) 국내 현황

우리나라 축산업은 경제성장에 발맞추어 육류 소비량이 증가함에 따라 조금씩 증가하여 왔다. 통계청 가축동향조사 결과(2024년 3월 1일 기준, 그림2-2)에 의하면 한육우는 351만 마리(육우 약 7만 두 포함), 젖소 39만 7천 마리, 돼지 1,116만 9천 마리, 닭 1억 7,156만 마리(산란계 7,042만 8천, 육계 8,999만, 종계 1,114만 2천), 오리 570만 6천 마리가 사육되고 있다. 지역에 따른 축종별 사육분포를 보면 그림(지역별)과 같다. 그림에서와 같이 한육우는 경북(21.9%)에서, 젖소는 경기(39.9%), 돼지는 충남(20.5%), 산란계는 경기(27.4%), 경북(20.3%), 육계는 전북(28.6%), 오리는 전남(63.5%)에서 가장 많이 사육되고 있다. 전체 육류 소비량은 1990년 86만 톤에서 2019년 288만 톤으로 29년간 3.3배 증가하였으며, 같은 기간 동안 1인당 육류 소비량은 19.9 kg에서 54.6 kg으로 약 2.7배 증가하였다.

2) 국가별 사육분포

① 소, 돼지, 양, 염소

전 세계 가축의 사육두수를 비교하면 우리나라에서의 분포와 달리 소가 가장 많다(그림 2-3). 이는 이슬람 국가에서 돼지를 사육하지 않기 때문이다. 또한 인도의 경우 1억 5천만 두의 소가 사육되고 있지만 인도 전체 인구 82% 정도가 소를 신성시하는 힌두교이기 때문에 소고기를 식용으로 사용하지 않는다. 그렇더라도 전 세계적으로 소(15억 마리)의 사육 두 수가 돼지(9억 5천 마리)보다 많다고 하면 쉽게 납득이 되지 않는다. 그에 더하여 돼지 사육두수가 양이나 염소보다도 적다면 통계가 문제가 있는 게 아닌가 생각할 수 있다.

신성시하므로 인도에서의 소(1억 9천 마리)가 돼지(880만 마리)보다 많음은 사실이다. 이는 세계적으로 돼지보다 소의 두수가 많은 이유의 하나로 볼 수는 있다. 각각 소와 양을 많이 사육하는 남미, 호주에서 돼지를 많이 사육하지 않는다는 점, 무슬림 국가

(단위: %)

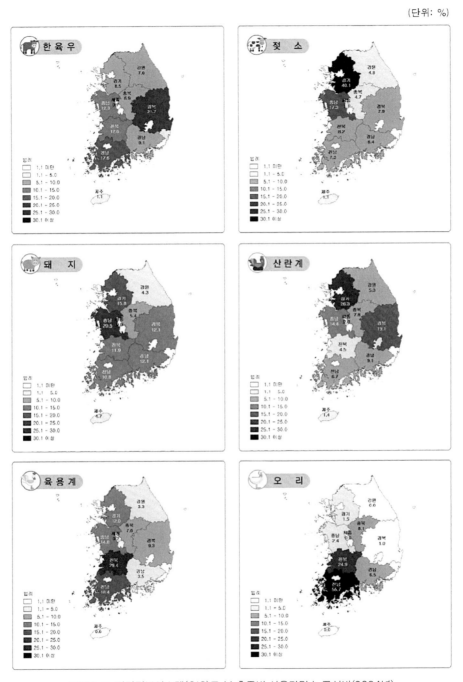

그림 2-2 지리정보시스템(GIS)로 본 축종별 사육마릿수 구성비(2024년)

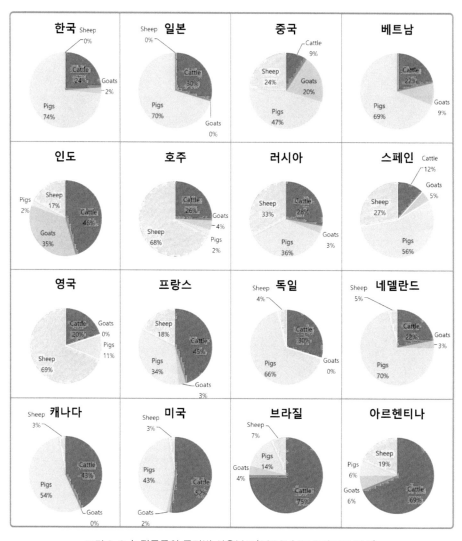

그림 2-3 농장동물의 국가별 사육분포(2020년 FAO자료로 작성)

에서 돼지를 사육하지 않는다는 것 또한 큰 이유일 것이다. 한편 전 세계적으로 면양의 사육두수(12억 6천 마리)가 돼지(9억 5천 마리) 사육두수보다도 많다는 것은 우리에게는 의외로 생각된다. 이 통계 결과는 한국을 포함한 주변국에서는 돼지를 많이 사육하지만, 이란, 파키스탄, 튀르키예 등의 이슬람 국가에서는 돼지 사육을 거의 하지 않고 양이나 염소를 사육한다는 사실에서 기인하게 되었다. 또한 아프리카(북부의 이집트, 리비아, 튀니지, 모로코는 이슬람국가)는 나이지리아, 남아프리카를 제외한 대부분 국가에서 돼지의 사육 두수는 아주 적다. 또한 오세아니아 역시 돼지 사육은 적고 대신 양의 사육은 많다. 그래서 우리가 많이 먹는 고기와 관계없이 지구상의 가축두수는 우리가 예상하는 바와 달리 소> 양> 염소> 돼지>의 순서로 사육되고 있다. 이를 미루어보면 주변뿐만 아니라 다른 나라도 함께 살펴 세계의 흐름을 인식하게 되면 예상치 못한 통계 결과를 수용할 수 있게 된다.

돼지는 네덜란드(70%), 독일(66%), 스페인(56%) 정도가 사육되고 있어 그 나라 사람들의 선호도에 기반함을 알 수 있다. 네덜란드나 캐나다는 돼지 품종 개량에 선두 주자이기도 하고, 스페인은 '이베리코 돼지'라고 알려져 있으며, 햄의 한 종류인 '하몬<하몽>'은 우리나라에서도 익히 소개되어 있다. 아시아 지역에서는 한국(74%), 일본(70%), 베트남(69%), 중국(47%)에서 사육되고 있다. 특히 중국의 경우 나라가 크고 다민족이 함께하면서 돼지고기를 선호하기에, 그림 2-3에서와 같이 분포 비율은 우리의 절반에 가까울 정도이지만 우리나라의 사육두수는 천만두 정도에 비하여 중국은 4억 8천만두 정도이다. FAO 자료에 의하면 돼지 사육이 많은 나라 순은 중국(4억 8천만 두), 미국(6천 5백만 두), 브라질(3천 7백만 두), 독일(2천 8백만 두), 베트남(2천 6백만 두) 순이다.

② 닭, 오리

전 세계에서 가장 사육두수가 많은 농장동물은 닭이다. 닭은 단백질원으로서 달걀과 고기를 가성비 높게 효율적으로 생산하는 뛰어난 가축이며 종교상의 금기도 적어 전 세계에서 약 330억 마리가 사육되고 있다. 아시아에서는 중국(세계의 15%), 인도네시아(11%), 파키스탄(4%)에서 많이 사육되고 있어 전 세계의 절반에 가까운 153억 마리가 사육되고 있다. 국가별로 보았을 때 가장 많이 사육되고 있는 나라는 미국이고(세계의 28%) 남미의 브라질(4.4%)에서도 비교적 많이 사육되고 있다. 특히 브라질은 철새가 없어 조류인플루엔자가 없기도 하다. 조류인플루엔자 발생이 인정된 나라에서의 가금육이나 달걀의 수입은 그 병원성 등을 고려하여 일시 정지된다.

오리는 전 세계 사육두수의 약 60%가 중국이 차지하고 있다. 마치 북경 오리(Beijing Duck)란 말을 연상하게 한다. 중국 다음으로 사육이 많은 국가는 베트남으로 매콩강 하류에 많이 사육되고 있다. 그 다음은 방글라데시, 인도네시아로 주로 아시아 지역에서 사육되고 있다.

8. 농장동물의 주요 감염병

농장동물에 질병이 하나둘이었겠는가? 대체로 질병은 외부로부터 들어오기 마련인데 외부와 내왕이 적은 조선시대는 사육 가축 수도 적어 질병 자체가 적기도 하였지만, 과학이 발달하지 못한 탓에 감별진단이 어려워 단순하게 명명하였다. 그래서 소의 병은 우역, 돼지의 병은 돈역, 닭의 병은 계역이라 하였다.

1) 우역(牛疫, Rinderpest)

조선시대에는 우역으로 큰 피해를 입었다. 중종 때 피해가 가장 컸고, 고종 때에도 발생하여 일본으로 전파되기도 하였다. 이러함이 수출우검역소(이출우검역소로 명칭 변경하였고 해방 후 동물검역소로 명칭 변경)를 설립하게 하였다. 한편 우역을 예방 및 치료할 목적으로 혈청 제조소(부산가축위생연구소로 명칭 변경)를 설립하였던 바, 이 두 기관이 통합되어 현재의 농림축산검역본부가 되었다. 부산에서 만든 '면역혈청'을 함경도와 평안도의 만주 국경 소에 주사하여 '면역존(immune zone)'를 만들어 우역 예방조치를 취하였다. 그러나 1945년 해방 직전 함경도와 평안도에 우역이 발생하여 긴장하게 하였으나 다행히 해방 후에는 발생하지 않았고 이제 우역은 지구상의 야외 어디서도 발생하지 않는다.

2) 구제역(口蹄疫, Foot and Mouth Disease)

구제역은 그 증상에 따라 "발굽(우제류, 굽이 짝수인 포유류)이 무르고 침을 흘리는 병"이라 하기도 하였지만, 이는 증상을 설명한 것이고 유행성아구창(流行性鵝口瘡)이라 불리기도 하였다. 하지만, 현재는 구제역으로 통일되어 불린다.

병원체는 피코르나바이러스과(*Picornavirus*)로 *Picornaviridae* 속의 *aphthovirus* 과로 소아마비를 일으키는 바이러스의 사촌이고, 7종(species)이 있을 정도로 복잡하다. 소, 물소, 돼지, 면양, 산양, 낙타, 순록 등에 감염되어 발육, 비유, 운동, 번식 등의 장애를 유발한다. 야생동물을 포함하여 감수성 동물 종이 많고 전파력이 대단히 강하며, 바이러스형이 많아서 방역이 어렵다. 소는 백신의 효과도 있어 방역이 다소 잘 이루어지지만, 돼지는 전파력이 크고 백신의 효과도 뚜렷하지 않아 가장 피해가 크다. 구제역의 증상은 동물의 종에 따라 감수성이 아주 다르다. 우제류라 하더라도 구제역

바이러스에 대한 감수성이 높은 소와 돼지에 비하여 양과 산양은 감수성이 낮아 아무런 증상도 없이 보균 상태로 지내는 경우가 많다. 사람이 구제역 바이러스에 감염되는 경우는 매우 드물며 감염되더라도 손발이나 입속에 발진이 돋는 것 외에는 별 증상이 없다. 그래서 수의전염병 교과서[16]에는 바이러스병 질병편에 제일 먼저 등장하지만 인수공통감염병이 아닌 것으로 분류한다. 그러나 넓은 의미로 인수공통감염병으로 분류하면서 "어렴풋하게나마 구제역이 인수공통감염병이라는 것을 아는 사람은 거의 없다."라는 주장도 있다.

구제역이 발병한 가축들은 열이 나고 다리를 절며, 입속과 주둥이, 발에 수포가 생긴다. 감염은 직접 접촉이나 사료, 분뇨 등을 통해서도 이루어질 수 있지만, 돼지는 체내에서 바이러스가 증식되어 호흡기를 통하여 수 킬로미터까지 전파될 수 있다. 체내에서 바이러스나 병원체가 대량 증식한 후 엄청난 양을 방출하는 동물 종을 증식 숙주라 하는데, 돼지는 구제역의 증식 주라 할 수 있다. 구제역에 걸리면 가축들은 사료를 잘 먹지 않고 새끼를 낳지 못하며, 전파성이 대단히 크기 때문에, 수익성이 감소하므로 현대의 기업적 축산에서는 재앙이 된다. 따라서 살처분밖에는 도리가 없다. 그래서 어떤 양돈장에 증상이 없지만, 바이러스가 한 마리에서라도 검출되었다면 SOP(긴급행동지침)에 따라 살처분할 수밖에 없다. 우리나라 농림축산식품부 방역정책국에 구제역 방역과가 있을 정도이니 구제역 방역은 국책사업이다. 일단 발생하면 SOP에 따라 가축의 이동이 금지되고 '예살'이 이루어지며, 국내 가축의 피해는 물론이고 WOAH에 보고되고 소나 돼지의 해외 교역은 정지되니 엄청난 일이다.

기록상으로 구제역이 처음 발생한 기록은 대한제국 융희 2년(1908년 1월) 평안북도 지역에서 구제역이 발생하여 24두가 폐사한 기록이 처음이다. 1914년 평북 희천에서 발생되었고 1919년 일제 강점기 중 가장 심하여 36,397두에서 발생하였다. 1931년, 1933년, 1942년에 발생이 있었다[17]. 우리나라에서 구제역의 근래 발생 보고는 2023년 5월 충북 청주시 한우농장에서 발생한 사례이며, 현재까지 추가 발생 사례는 보고되지 않았다.

3) 브루셀라(Brucella)

병원체는 그람 음성의 간균이며, 1887년 David Bruce에 의하여 처음 발견되었으며, 우리나라에서는 1955년 미국에서 도입한 젖소에서 처음 발견되었다. 균의 숙주동물에 따라 B. abortus(소), B. suis(돼지), B. melitensis(산양, 면양), B. canis(개), B. ovis(면양)이 있으나 면양에만 감수성이 있는 B. ovis를 제외하면 사람과 다른 동물에 감수성이 있다.

브루셀라 균은 암소에서는 불임증 및 임신 후반기(7~8개월) 유·사산을 일으키고 수소에서는 고환염을 일으키며 '전염성 유산(contagious absortion)'을 유발한다. 브루셀라로 소가 생명을 잃지는 않지만 한번 발생하면 농장 내에서 지속적으로 반복 발생하여 유량 감소·체중 감소가 일어나고, 유·사산, 불임 등으로 송아지 생산이 감소하여 축산농가에 큰 경제적 피해가 생긴다. 이처럼 '농가의 생산성을 떨어뜨리는 대표적 소모성 질환'이므로 방역당국에서는 한·육우 암소와 젖소에 대하여 정기검사, 거래·출하 가축에 대하여 검사 의무화를 통한 양성축을 색출하여 살처분하는 정책을 펴고 있다.

사람(주로 축산업 관련 종사자 : 농장·도축장 종사자, 수의사, 인공 수정사, 채혈요원, 실험실 근무자 등)도 감염되는 인수공통감염병으로 동물에서 나타나는 임상증상과는 달리 사람에서는 감기와 유사한 증상을 보이며, 항생제로 치료가 가능하다. 가축전염병예방법상 제2종 가축전염병이며 WOAH 지정전염병이다. 우리나라에서는 주로 소에서 문제가 있는데, 혈청검사로 2019년(609 두), 2020년(784 두), 2021년(1610 두)에서 양성 판정이 있었다.

4) 탄저(炭疽, Anthrax)

탄저는 그람 양성 세균인 *Bacillus Anthracis* 감염에 의한 인수공통감염병으로 초식동물(소·말·양 등)은 감수성이 아주 높고 육식동물은 아주 낮으며 사람은 중간이다. 호흡기형·피부형·소화기형의 3가지가 있지만 사람에 나타나는 피부형은 동물에는 없다. 고대 이집트 나일강 하류의 주민이 탄저에 감염되었다는 기록이 있을 정도로 오래전의 기록이 있으며, '탄저'의 어원은 그리스어 'anthrax'로, '석탄'을 뜻하는데, 이 병에 걸리면 피부에 물집이 생기고, 검은 딱지(피하출혈)가 마치 '연탄처럼 검게 변한다'하여 '탄저'라는 이름이 붙었으며, 발열 등의 증상이 나타나지만 급성으로 진행되면 사후에 비공, 항문 등의 천연공에서 응고 불량의 타르 같은 혈액이 관찰될 수 있다.

탄저균은 온도와 습도가 적절하지 못하여 세균이 활성화하기 어려운 상태가 되면 아포(spore)를 형성하여 존재하는데 이러한 아포는 토양 중에 20~30년 생존할 수 있다. 홍수 시에 아포가 하류 지역으로 떠내려가 방목우의 풀을 소가 먹게 됨에 따라 하류 지역에서도 발병할 수 있다. 파스퇴르에 의하여 예방백신이 개발되었으며, 치료제로 항생물질(ciprofloxacin 등)이 권장된다.

탄저는 감염경로에 따라 피부 창상을 통한 접촉감염(피부 탄저), 흡입감염(호흡기 탄저), 경구감염(소화기 탄저)으로 나뉜다. 감염 대상 동물로는 초식동물(양, 산양, 소, 말, 나귀, 물소, 낙타, 사슴, 코끼리), 육식동물(사자, 곰, 여우, 밍크, 개, 고양이), 잡식동물(돼지, 쥐), 조류(닭, 타조)로 광범위하다. 어린 동물은 저항성이 낮으며, 조류, 돼지, 개는 비교적 저항성이 강하다. 주로 온도·습도가 높은 우기에 많이 발생한다. 방목하는 초식동물들은 오염된 흙에서 자라나는 먹이를 통해 감염되고, 잡식동물과 육식동물은 오염된 고기, 뼈 혹은 기타 먹이로 전파된다. 야생동물은 주로 탄저로 죽은 동물을 먹고 감염된다. 또한, 가축 및 야생 초식동물이 죽을 때 흘린 피로 세균을 퍼트린다. 이러한 성질 탓으로 치사율은 높으나 전파력이 낮으며, 흔히 풍토병이라 한다.

우리나라에서 사람에 발생한 적이 있는 지역은 경기도 평택시(1952년), 경상남도 함안군(1962년), 경상북도 달성군(1964년, 1968년), 대전광역시(1992년), 경상북도 경주시(1994년), 서울 영등포구(1995년), 경상남도 창령시(2000년)[18]의 기록이 있다. 다행스럽게 2001년 이후는 사람이나 소에서 탄저 발생한 보고된 바는 없다.

5) 결핵(結核, Tuberculosis, TB)

결핵균은 마이코박테리움(*Mycobacterium*) 속의 여러 종류(bovis<소>, tuberculosis<사람>, avium<가금>, intracellulare<돼지>, simiae<원숭이> 등)가 있다. 가장 중요하게 다루어지는 경우는 사람과 사람, 사람과 소의 감염이다. 사람 간의 감염은 기침이나 재채기할 때 나오는 물방울을 통한 기도감염, 소로부터의 감염은 우유를 통한 경구감염(장결핵)이다. 소의 결핵은 대부분 소에서 소로 감염되지만, 사람이나 돼지, 염소, 양, 사슴 등도 감염될 수 있다. 우리나라는 소 결핵을 근절하기 위하여 젖소에 대해서는 매년 전 두 수에 대한 검사를 실시하고(12개월령 이상의 젖소는 연 1회 정기 검진을 받는다) 그 외의 소는 도축 시 검사를 통해 결핵병을 검색하고 있으나 발생이 지속되고 있다. 결핵균은 분비물이나 우유, 분변 등으로 배출되므로, 우유를 반드시 살균하여 시중에 출하해야 한다. 소들 간의 감염경로는 밀집 사육으로 인한 공기 전파가 주된 경로이며 감염된 어미로부터 새끼가 젖을 빨 때 경구감염이 될 수 있다. 젖소의 경우 매년 전수 조사를 실시하며, 결핵으로 판정된 소는 살처분하고 해당 농가에 보상금을 지급한다. 물론, 치료를 할 수 있지만 소가 경제적 가치를 지닌 동물이기 때문에 이러한 조치가 이루어진다. 젖소는 미근(꼬리안쪽)에 튜버클린 주사법을 사용하여 결핵 검사를 진행하며, 한육우(한우, 육우)는 효소면역반응법(ELISA)를 이용하여 도축 시 결핵 여부를 확인한다.

사람에서의 결핵은 경제 사정이 좋지 않을 때 많이 발생한다. 우리나라는 특히 일제 강점기 시대와 해방 직후에 결핵환자가 많았다. 지금도 가난한 나라에서 성장기의 어린이나 청소년들의 발병률이 높은 것을 볼 수 있다. 그러나 경제 사정이 나은 국가에서도 간혹 감염 사실을 볼 수 있다. 결핵균에 감염된 사람 중 약 10%만 발병하여 결핵환자가 되고 나머지 90%의 감염자는 평생 발병하지 않는다. 발병하는 사람들의 50%는 감염 후 1~2년 안에 발병하고 나머지 50%는 그 후 일생 중 특정 시기에, 즉 면역력이 감소하는 때 발병하게 된다.

6) 럼피스킨병(Lumpy Skin Disease, LSD)

폭스바이러스과(*poxviridae*)의 바이러스에 의하여 발생하는 소(물소)의 감염병으로 다른 동물이나 사람에는 감염되지 않는다. 흡혈 곤충에 의하여 매개되고 직접 접촉이나 물, 오염된 주사기 등에 의하여 감염될 수도 있다. 우리나라는 2023년 10월 19일 서산의 한 농가에서 임상수의사에 의하여 발병이 확인되어, 제1종 법정 가축전염병으로 지정되어 있다. 잠복기는 4~14일이고 증상은 고열(~41℃) 화농성 피부결절(~5 cm)이 발생하고 림프 종창이 나타나 울퉁불퉁한(그래서 질병 이름에 lumpy<혹덩어리>라는 표현이 붙었다) 모습을 쉽게 볼 수 있다. 그러나 전신질환이기 때문에 피부병만을 치료하는 노력은 도움 되지 않는다. 증상으로는 만성 쇠약, 모유 감소, 성장 부진, 불임, 낙태, 그리고 폐사(10%)를 초래한다. 예방백신(피하투여)이 개발되어 있다. 우리나라에서는 2023년 10월 19일 충남 서산 한우농가에서 최초로 발생하였으며, 현재까지 전국 47개 시·군에서 131건의 발생이 확인되었다.

7) 돼지생식기호흡기증후군(Porcine Reproductive and Respiratory Syndrome, PRRS)

1987년 미국에서 처음 발견되었으며, 1990년 유럽에서 그리고 그 후 돼지를 많이 사육하는 국가인 중국, 베트남, 한국, 일본 등 대부분의 국가를 비롯하여, 거의 모든 국가(호주와 남미 일부 국가 제외)의 돼지에서 발생하고 있다.

대표적인 돼지의 소모성 질병으로, 병명에서 말해주듯이 번식돈에서 번식장애(암

컷: 유산, 사산/ 수컷: 정액성상의 이상)가 온다. 모든 연령층의 돼지에서는 호흡기 장애와 발열, 통증이 수반되며, 성장이 지연되는 질병으로, 병원체는 아테리비리데(*Ateriviridae*)에 속하는 PRRS 바이러스이며, 폐의 대식세포, 태반, 림프 기관 등 일부 조직 및 세포에서만 증식할 수 있는 제한적인 친화성을 가지고 있고, 숙주 환경에서 변이가 잘 일어난다. PRRS 바이러스는 오줌이나 대변으로 배설된다. 이러한 이유로 자궁 내 또한 우유, 초유, 오줌이나 분변, 타액, 혈액(혈청)을 통하여 감염되고, 공기로는 10 km까지 전파가 가능하다. 바이러스 자체는 기온이 낮고 습한 조건에서도 생존한다(냉동상태에서는 수년간, 습하고 차가운 환경에서는 11일, 21℃에서는 6일, 60℃에서는 30분 이내에 사멸). 이에 백신이 개발되어 있지만, 근절이 쉽지 않아 풍토병화가 되고 있다. 다행인 것은 PRRS는 돼지 이외의 동물에서는 발병한 적이 없다. 2022년 10월까지 390개 농가 777건에 대하여 PRRS 발생 현황을 분석한 결과, 390개 농가 중 299개 농가가 PRRS 항원 양성 농가(양성률 76%)였으며, 샘플 777건 중 522건이 양성(양성률 67.2%)이었다.

8) 돼지열병; 돼지콜레라(Swine Fever, Hog Cholera)

인수공통감염병과 관계없이 우리나라 농장동물에 큰 피해를 남긴 돼지 관련 감염병은 1920~30년대에 발생한, 돼지호열자로 불리기도 한 돼지콜레라이다. 돼지콜레라는 우리나라 돼지 산업에 엄청난 피해를 주었을 뿐 아니라 전 세계의 양돈산업에 가장 피해를 준 감염병이다. 돼지콜레라는 몇 년마다 한 번씩 풍토병(감염병의 주기적 유행)처럼 발생하여 전파력이 대단히 강하고 폐사율이 높아 2000년대 초반까지 막대한 피해를 주었다. 돼지콜레라는 사람은 물론 다른 가축에는 전파되지 않는 질병이지만 사람 콜레라와 명칭의 유사성 때문에 오해가 종종 있었다. 그러나 두 질병은 병원체부터 전혀 다르다. 돼지콜레라는 바이러스이고 사람의 콜레라는 세균이다. 그래서 돼지콜레라의 잠복기는 7일 정도(6~11일)이지만 사람의 콜레라는 잠복기가 하루(24시간) 정도이다. 그리하여 돼지콜레라(hog cholera)라는 명칭을 돼지열병(classic swine fever, 단순히 swine fever)으로 변경하자는 의견이 많았다. 이는 가축전염병예방법 일부개정(2007년 8월 3일)으로 확정되어 현재는 돼지열병으로 통일하여 부르고 있다.

우리나라에서는 해방 직후 미군정시대에 서울 인근(현재의 신촌 부근) 양돈장에서 돼지콜레라(1947년, 현재는 돼지열병이라 부른다)가 발생하였다. 이때까지만 해도 우리나라의 돼지콜레라 예방을 위한 백신은 사독백신으로, 돼지의 간과 비장을 이용한 장기 예방약을 통해 만들어진 백신이었다. 하지만, 이 백신은 생산 비용이 높고 효과가 완벽하지 않아서 돼지콜레라 방역에 어려움이 있었다. 이러한 문제를 해결하기 위해 도입된 백신이 일본에서 만들어진 생독 백신인 ROVAC이다. ROVAC 백신은 안양에서 기초실험과 야외 실험을 통해 그 효과가 입증되었으며, 이후 돼지콜레라 방역에 획기적인 전환점이 되었다. 이전의 사독백신에 비해 훨씬 더 효과적이고 경제적이어서 돼지콜레라 방역에 중요한 변화를 가져왔다.

9) 아프리카돼지열병(African Swine Fever, ASF)

아프리카돼지열병(ASF)은 사람이나 다른 동물은 감염되지 않고 돼지과(Suidae)에만 감염되는 전염성이 매우 높고 치명적인 출혈성 바이러스성 질병이다. 돼지 이외의 동물로는 유일하게 물렁진드기(soft tick)가 보균자로 바이러스를 옮기는 역할을 하며, (우리나라는 현재까지 물렁진드기가 없는 것으로 확인되었다) 증상은 돼지열병과 비슷하다. 병원성에 따라 고병원성, 중병원성 및 저병원성으로 구분한다. 고병원성은 보통 심급성(감염 1~4일 후 폐사) 및 급성형(감염 3~8일 후 폐사)이며, 고병원성의 경우 치사율이 100%이다. 중병원성은 급성(감염 11~15일 후 폐사) 및 아급성(감염 20일 후 폐사)형 질병을 유발한다. 저병원성은 풍토병화된 지역에서만 보고되어 있으며 준임상형 또는 만성형 질병을 일으킨다. 특히, 아급성이나 만성형의 잠복기는 9~14일이고, 임신 돼지에서 유산을 일으킬 수 있다.

전파경로는 ① 직접 전파(감염된 동물이 건강한 동물과 접촉할 때 발생) ② 간접 전파(환경에 분비물 등 노출에 의해 발생) ③ 인위적 전파(수렵, 수렵견, 오염된 차량 등에 의해 발생) ④ 매개체 전파(감염된 *Ornithodoros spp.* 물렁진드기가 멧돼지를 흡혈하며 발생) 구강이나 비강을 통해 감염된다. 상처를 통하여 피부 또는 피하로 감염된다. ASF에 감염된 돼지는 분비물(눈물, 콧물, 침, 오줌, 분변 등)을 통하여 바이러스를 배출하고, 감염 후 회복되더라도 돼지 및 야생멧돼지의 경우 보균동물이 되어 다른 돼지에 질병을 직접 전파한다. 아프리카 지역의 야생돼지인 혹멧돼지(warthog), 숲돼지(giant forest hog) 또는 강멧돼지(bushpig)는 감염이 되어도 임상증상이 없어 아프리카돼지열병 바이러스의 보균 숙주 역할을 하고 있다. 따라서, 이 질병이 발생하면 세계동물보건기구(WOAH)에 발생 사실을 즉시 보고해야 하며 돼지와 관련된 국제교역도 즉시 중단하게 되어 있다. 우리나라에서는 이 질병을 가축전염병예방법상 제1종 법정전염병으로 지정하여 관리하고 있다.

ASF 바이러스는 혈액 내(37℃)에서 1개월간 감염성을 잃지 않지만 70℃에서 30분간 가열하거나 −20℃에서 불활화되고, −70℃에서는 무기한 불활화된다. 또한 단백질 매체가 없는 경우에는 생존율이 감소한다(이오형아프리카 돼지열병발생현황과 대책). 현재 우리나라는 물론 세계적으로 사용가능한 백신이나 치료제 개발을 위해 노력하고 있지만 제품화되지 못하고 있다. 2020년 1월. 미국 정부와 학계 전문가들이 '100% 효과가 있는' 백신을 개발했다고 한 언론이 미국미생물학회를 인용하여 보도하였으나 아직 베트남에서 백신효과를 확인 중이다.

국내에서는 2019년 9월 17일 경기도 파주의 양돈농가에서 최초로 발생하여 2024년 현재까지 전국 50개 농장에서 발생하였다. 발생지역은 경기, 인천, 강원, 경북 등 전국 19개시·군에서 발생하였다. 포획된 멧돼지에서 바이러스가 확인됨에 따라 멧돼지에 한해 한시적으로 야생동물 보호법을 정지하는 것으로 결정하였다. ASF에 대한 공식적인 역학조사 발표가 있었던 것은 아니지만 많은 사람들이 '휴전선을 통하여 넘어온 멧돼지가 전파한 것이 아닌가' 의심하고 있다. 중국이나 베트남처럼 전국 단위로 전파되지 않고 있는 것은, 그동안 감염병에 대하여 쌓아온 방역당국의 노력과 주민들의 협조에 기인한 것이다.

10) 뉴캣슬병(Newcastle Disease, ND)

19세기 중엽부터 뉴캣슬병이 발병한 것으로 추측하고 있으나 병원체가 바이러스이기에 쉽게 확인하지 못하였다. 국내에서의 뉴캣슬병 발생은 오찌와 하시모토에 의하여 처음 확인되었다. 이들의 보고에 의하면 닭의 병을 계역(鷄疫)이라 부르던 1924년, 질병이 발생하여 평양(1925년), 함경도(1926년)까지 발병되었다.

뉴캣슬병은 인수공통감염병으로, 사람을 감염시킬 수 있지만, 대부분의 경우 증상이 없으며, 드물게는 미열과 인플루엔자와 같은 증상을 보인다. 잠복기는 4일에서 6일로, 소화기, 호흡기 및 신경증상을 일으키며 비백신계군에 감염 시 100% 폐사한다. 우리나라에서 닭의 질병으로 가장 크게 피해를 준 뉴캣슬병은 1900년대와 2000년대 초반까지만 하여도 매년 발병하였으며 2000년에는 1,257,000 마리가 이 질병에 걸렸다. 하지만, 2001년 정부의 '뉴캣슬병 방역실시요령' 시행 이후 부화장·농장에 백신을 의무로 접종하면서(근래에는 먹는 백신이 개발됨) 발생 건수가 점차 감소하였고, 지난 2010년 6월부터는 국내에서 발병된 사례가 보고되지 않았다.

11) 가금콜레라(Fowl cholera), **추백리**(Pullorum Disease), **가금티푸스**(Fowl Typhoid)

가금콜레라, 추백리, 가금티푸스는 모두 세균성 질병으로, 병원체에 감염된 가금류는 다른 가금류에 질병을 전파할 수 있다. 특히, 오염된 환경, 물, 먹이 등을 통한 전염이 주요 경로이다. 하지만 원인균은 각각 다르다. 가금티푸스와 추백리는 살모넬라균(각각 *Salmonella gallinarum*와 *Salmonella pullorum*)에 의해 발생하는 반면, 가금콜레라는 *Pasteurella multocida*라는 다른 종류의 세균에 의해 발생한다.

가금콜레라는 가금호열자라고 불리기도 하였으며 병원체는 세균으로 *Pasteurella multocida*이다. 프랑스의 파스퇴르가 닭에서 처음 발견하였다. 분뇨보다는 접촉감염으로 많이 발생하고, 야생조류에서 많이 발생한다. 잠복기는 24~36시간 정도이고, 급성형은 발병 후 몇 시간 안에 폐사한다. 세균이므로 치료제(테트라사이클린)가 있으며, 백신도 개발되어있다.

살모넬라균에 의해 발생하는 추백리(Salmonella gallinarum)와 가금티프스(Salmonella pullorum)의 병원체는 서로 가까운 균종으로 임상증상이 비슷하며, 혈청학적으로 두 병원체의 구분이 불가능하므로 균 분리를 위해 생화학검사를 해야 한다. 주요증상으로 추백리는 어린 병아리(주로 부화 후 1주일 이내에 발생)에게 주로 발생하는 급성 전염병으로 백색 설사를 유발하지만, 성조(성장한 닭)의 경우 경증 또는 불현성이다. 가금티푸스는 주로 성조에게 영향을 미치는 질병으로, 병에 걸린 닭은 벼슬 육수가 검은빛깔을 띠며 열이 나고, 호흡이 빨라지며 식욕 저하, 무기력, 체중감소, 녹황색 설사 등의 증상을 보이며 폐사율이 높다. 가금티푸스는 2012년에는 51만 수에 발병이 있었으나 백신이 개발되면서 그 수가 현저히 감소하였다.

12) 조류인플루엔자(Highly Pathogenic Avian Influenza, HPAI)

우리나라에서 처음으로 조류인플루엔자가 발생한 것은 1996년 3월 경기도 화성 육용 종계농장이다. 비록 H9N2형의 저병원성이었지만, 방역 경험이 없었음에도 불구하고 적극적인 방역 조치로 비교적 성공적으로 마무리되었다. 역학팀이 질병의 주원인이 철새라고 밝히자 말 못하는 철새에게 책임을 돌린다는 비난을 하는 사람도 있었지만 방역당국이 양계를 많이 하는 브라질은 철새가 없기에 조류인인플루엔자가 발생하지 않는 점을 들기도 하였다.

농림부는 현장(닭, 오리) 중심이다보니 가금인플루엔자라 하였고 보건복지부(질병관리본부)는 조류독감이라는 용어를 사용하였다. 그리하여 이 회의에서 '조류인플루엔자'로 통일하는 것으로 의견을 모았고 이후 가축전염법예방법 일부개정(2007년 8월 3일)으로 '조류인플루엔자'로 확립되었다[19].

2000년 조류인플루엔자가 재발하고 전국적 확산과 함께 상재(常在)화를 우려할 무렵 2003년 12월 충북 음성에서 고병원성 조류인플루엔자(HPAI)가 발생하였다. 이는 가금(닭, 오리)의 100% 가까운 폐사율을 보이므로 양축농가의 피해규모는 급격하게 늘어나지만 가금에서 사람으로 전파할 것인가?(1997년 홍콩에서 18명이 감염돼 6명이 사망하였던 홍콩조류독감<H1N1>과 같은 혈청형이었다) 그리고 감염된 사람으로부터 다른 사람으로(person to person) 전파될 것인가?라는 점에서 보건복지부를 포함하는 정부의 대책회의가 있었다.

2007년에 처음으로 H9N2형 저병원성 조류인플루엔자백신을 도입하는 등 방역 정책의 변화가 시작되었다. 가금에 감염되면 100% 가까운 폐사율을 보이는 이른바 고병원성 조류인플루엔자(HPAI)가 국내에 상륙하면서 양축 농장의 피해 규모는 급격하게 늘어나고 사회 전반에 미치는 파급 효과도 막대하여짐에 따라 심각한 현안 사항으로 대두되었다. 2020년 겨울 H5N8형 HPAI에 반경 3 km 예살(예비적살처분)이 적용됨에 따라 살처분 피해가 3천만 수에 이르렀다. 이처럼 고병원성 조류인플루엔자(HPAI)가 폐사율이 높고 경제적 피해가 크므로 HPAI가 조류인플루엔자의 대명사처럼 사용되기도 한다. 한편 철새로부터 바이러스가 전파된 원발 발생이 이어졌지만, 방역이 상대적으로 우수한 농장까지 일괄적으로 예살된 것에 대한 문제의식도 높아짐에 따라 예살을 탄력적으로 적용하는 「가금질병관리등급제」를 실시하겠다는 정부의 발표가 있었다.

Ⅲ. 반려동물(伴侶動物)

조선시대에는 개가 소, 말, 돼지, 염소, 닭과 함께 육축으로 분류되었으나, 현재는 축산물 위생 관련 법령(축산물위생 관리업 등)에서는 개고기가 포함되지 않아 개고기를 판매하는 행위 자체가 불법일 뿐만 아니라, 축산물 이력 관리에서도 가축의 범주에서 제외되고 있다. 특히, 2024년 1월 9일, 개 식용 목적의 사육, 도살 및 유통을 금지하는 특별법인 『개 식용 금지법』이 국회를 통과했다. 이 법은 공포일로부터 3년의 유예기간 후인 2027년부터 시행되며, ① 식용 목적으로 개를 도살할 경우, 3년 이하의 징역 또는 3,000만 원 이하의 벌금, ② 사육·증식·유통·판매의 경우 2년 이하의 징역 또는 2,000만 원 이하의 벌금에 처해 지게 된다. 그러나 육견 업계를 포함한 일부 단체들은 개를 반려견과 식용견으로 구분하고, 축산법의 하위법인 축산물위생처리법을 개정하여 개고기를 먹거리로 인정해달라는 주장을 하고 있다. 반면, 동물보호단체와 다른 사람들은 "개 식용 금지법을 엄격히 시행해 달라"고 요구하고 있고, 근래 동물보호법에 따라 개는 '가축'이 아닌 '가족(반려)'으로 인식되고 있어, 이러한 상반된 의견 속에서도 개는 점점 가축이 아닌 가족으로 인식되는 추세다.

예전에는 우리가 기르는 개와 고양이를 애완동물(pet)이라고 지칭하였다. 하지만, '애완'이라는 표현이 '장난감'이라는 이미지로 연결되어 쉽게 싫증을 느끼고 버리는 뜻을 내포하고 있어 1983년 10월 오스트리아 빈에서 열린 국제 심포지엄에서 애완동물 대신에 반려동물(companion animal)이라는 용어를 제안하였고, 이후 널리 사용되고 있다. 우리나라에서는 2007년 동물보호법(제정: 1991년 7월 1일) 개정 이후 이 용어가 보편화되었다. 2022년 국민 인식 조사에 따르면, 반려동물을 많이 기르는 순서로는 개, 고양이, 물고기, 햄스터, 거북이, 새 등이 있으며, 토끼와 파충류도 포함되지만, 대부분은 개와 고양이이다. 그러나 일부지역(미국)을 제외하고 반려동물의 크기가 작아지는 경향을보이는 것은 사실이다. 이들 반려동물은 농장동물(대동물)과는 반대의 의미로 '소동물'로 표현되기도 한다.

1. 개

반려동물로 가장 많이 기르는 개와 고양이는 여러 면에서 차이가 있다. 개는 사람의 말을 비교적 잘 이해하며, 자신의 이름을 부르면 애교를 부리며 좇아온다.

1) 의사 표현

개는 의사 표현을 할 때 소리, 얼굴, 표정, 자세, 꼬리와 몸의 움직임(바디랭귀지)으로 표현한다. 개는 소리뿐만 아니라 꼬리를 흔드는 방식이나 미간의 움직임을 통해 감정과 의사를 전달한다. 우리는 개 언어의 원리를 이해해야 진정한 소통을 할 수 있다. 개는 다른 개와 사람과의 의사소통이 잘 이루어진다. 특히 시각장애인을 위한 안내견인 래브라도 리트리버는 훈련을 통해 주인과의 소통이 매우 원활하다. 개가 짖을 때 우리의 귀에는 경계의 의미로 들릴 수 있지만, 개는 '소리의 높이', '길이', '반복되는 빈도'를 조합해 의사를 표현한다(그림 2-4).

개와 고양이는 어릴 때부터 한집에서 생활하게 되면 다소 의사소통이 이루어지지만, 사용하는 언어가 서로 다르기 때문에 성견이나 성묘가 처음 만났을 때 의사소통이 되지 않아 서로 친해질 수가 없다. 종이 다르면 언어도 다르기 때문이다. 예를 들어, 개는 호의적이거나 상대가 우세하다고 생각할 때 앞발을 들고, 복종의 의미로 배를 내밀기도 한다. 반면 고양이가 앞발을 들면, 경우에 따라 위협감이나 불쾌감을 표현하기도 한다. 고양이는 앞발을 가볍게 잘 사용하기 때문에 가만히 앉아있다가 앞발로 쉽게 상대를 공격하기도 한다. 신체 접촉에 있어 개는 사람이나 다른 개에 부딪혀 자신의 우월성을 나타내지만, 고양이는 서로 안고 구르는 행동을 통해 자신의 냄새를 남기고자 한다.

2) 털갈이

개는 일반적으로 봄, 가을에 털갈이를 많이 한다. 단모종보다 장모종이 털갈이를 많이 하며, 실온이 일정하게 유지되는 실내 사육 시, 품종에 따라 차이가 있지만, 일반적으로 모두 털이 빠지는 편이다. 푸들이나 그레이하운드는 거의 털갈이를 하지 않지만, 골든리트리버나 오스트레일리안 셰퍼드는 털갈이를 많이 하므로 정기적인 그루밍이 필요하다.

3) 발정

수컷은 연중 내내 교미가 가능하지만, 암컷은 연 2회 정도 발정기가 있다. 발정기는 라틴어 '광기'에서 유래한 용어로, 21일간 지속되며 세 단계로 나뉜다. 첫

그림 2-4 반려동물(개) 행동의 기본 자세

번째 단계인 발정 전기에는 9일간 암컷이 불안해하고 돌아다닌다. 이 시기에 물을 많이 마시고 배뇨량도 증가하여 여기저기 방뇨한다. 수컷은 발정기의 암컷이 눈앞에 있거나 그 오줌에서 나오는 호르몬 냄새를 맡을 때 성욕을 느낀다. 암컷의 질 분비물에 피가 섞인 상태는 발정이 끝나가는 신호로 여겨지며, 사람들은 이를 개가 생리를 한다고 표현한다. 그러나 사람의 생리와 달리, 개의 생리는 배란 전에 발생한다. 개에서의 생리는 배란 준비가 끝났다는 것을 의미한다. 수캐가 모여들지만 암캐는 배란전이기 때문에 수캐를 거절한다. 배란이 이루어지고 2~3일이 지나면 난자가 정자를 받아들일 준비가 되어 암컷은 수컷을 선택하게 된다[20]. 이러한 수정적기의 타이밍을 사람들은 알아채지 못하였다. 이러던 차에 황우석 교수팀은 호르몬의 분석과 이른바 '젓가락 기술'로 세계 처음으로 2005년 Snuppy(snu서울대학교+puppy강아지)를 복제하여 개과의 복제에 대한 문을 열었다.

4) 품종

반려견으로 인기 있는 품종은 타고난 애교와 공감 능력을 가진 작고 귀여운 소형견들이 많다. 대표적인 소형견으로는 말티즈, 시추, 푸들, 치와와, 요크셔 테리어가 있다. 반면 안정감과 든든함을 원하는 사람들 사이에서는 중/대형견도 인기를 끌고 있으며, 골든 리트리버, 불독, 비글 등이 여기에 해당한다.

① 래브라도 리트리버(Labrador Retriever)

원산지는 캐나다 뉴펀들랜드 섬의 래브라도 반도로, 이 지역이 영국의 식민지이었기에 영국에서 사냥개의 한 종류로 정착되었다. Retrieve(회수하다, 되찾아오다)가 뜻하는 바처럼 사냥터에서 물새(오리 포함)를 물어다 주인에게 가져다주는 역할에서 출발하였다. 전 세계로 퍼지게 된 것은 영국으로 건너가고 나서였다. 래브라도 리트리버는 골든 리트리버에 비해 털이 짧고, 부드러운 입과 복종이 잘 훈련되어 사냥개나 인도견으로 적합하다. 우리나라에서는 시각장애인의 인도견으로 주로 사용된다.

② 치와와(Chihuahua)

멕시코의 치와와 주가 원산지이다. 19세기 말 미국으로 건너가 1904년 미국 애견협회(American Kennel Club, AKC)에 '치와와'란 이름으로 품종 등록이 되었으며, 단모 소형견으로 유명하다.

③ 푸들(Poodle)

푸들은 독일이 원산지이지만 프랑스에서 국견(國犬)으로 여겨질 정도로 인기가 높다. 체고(바닥에서 어깨뼈까지의 높이)에 따라 토이푸들(24~28 cm), 미니어처 푸들(28~35 cm), 미디엄 푸들(35~45 cm), 스탠다드 푸들(45~60 cm), 원종 푸들(44~59 cm)로 구분된다. 초보자가 기르기에는 다른 품종에 비해 털이 잘 빠지지 않으며 훈련이 용이하고, 문제 행동도 상대적으로 적어 수월하다. 하지만, 헛 짖음과 분리불안 증세가 있으며, 원래 수렵견이라 높은 운동 요구도를 가지기 때문에 어린 시절 건강관리에 신경 쓰는 것이 좋다.

④ 말티즈(Maltese)

말티즈(Maltese)는 지중해의 몰타(Malta)섬(리비아와 이탈리아 사이)이 원산지다. 소형견의 대표적인 품종으로, 작은 체구와 순백색의 하얀 털을 가진 귀여운 외모가 특징이다. 털빠짐이 적고 초보자도 기르기에 적합하여 아파트와 같은 주택에서도 비교적 수월하게 키울 수 있다. 이로 인해 한국에서 반려견 1순위로 키우는 품종이다. 다만 활발한 성격 때문에 약간 소란스러울 수 있으며, 자기주장이 강해 공격성을 보이기도 한다. 타인에게 짖으며 달려들거나 입질하는 습관이 있을 수 있어 어릴 때 훈련이 필요하다. 또한, 슬개골 탈구가 잘 발생하므로 주의가 필요하다.

⑤ 비글(Beagle)

원산지는 영국이며, 체고는 35~38 cm 정도로 비교적 소형견이다. 후각이 발달하여 주로 사냥개(토끼)로 활용되었고, 탐지견(마약 등)으로도 이용되고 있다. 또한 온순하여 실험견으로 많이 사용되어 왔다. 단모종이며 귀엽고 민첩하고 붙임성이 있지만, 훈련에 대한 적응력이 떨어져 애완용으로는 인기가 감소하였다.

⑥ 시츄(Shih Tzu)

원산지는 중국 티베트이다. 이 견종은 체고가 23~27 cm로 소형견이며, 성격이 사교적이고 친근하며 영리하여 동양(한국, 일본, 중국)에서는 인기가 높은 편이다. 털이 길고 화려하며 잘 빠지지 않으며, 식탐이 좀 많은 편이고 가끔 고집을 부리기도 한다.

⑦ 프렌치 불독(French Bulldog)

프랑스가 원산인 견종으로, 체고는 25~33 cm, 무게는 9~13 kg 정도인 중형견이다. 프렌치 불독은 영국 원산의 불독이 1860년대에 프랑스로 유입된 후 개량되어 탄생한 견종이다. 19세기 산업화로 일자리를 잃은 영국인들이 프랑스 노르망디로 이주할 때 불독이 함께 들어온 것으로 추정된다. 이후 프랑스인들에 의해 다른 종과 교배되었으며, 특히 프랑스 토종 테리어와 퍼그와의 교배가 많았다. 원래 투견이었던 불독을 소형화하고 개량하여 온순해졌지만, 공격적인 본능은 여전히 남아있다. 코믹하고 귀여운 외모와 행동 덕분에 한국뿐만 아니라 많은 서구권 국가에서도 꾸준히 사랑받고 있다. 2014년 영국에서는 등록된 모든 품종 중 4위, 미국에서는 6위를 기록했으며, 호주에서는 현재 3위를 기록 중이다. 19세기 말 이 견종이 미국으로 전래 된 이후 다른 나라에도 본격적으로 알려지게 되었다. 이름에서 불독을 연상하게 하지만 불독에 비해 크기가 작고 활달하며 명랑하고 믿음직스러워 반려견으로 호평받고 있다. 2023년에는 미국에서 31년 동안 1위를 지켰던 래브라도 리트리버를 제치고 선호도 1위에 올랐다.

⑧ 포메라니안(Pomeranian)

포메라니안은 중앙유럽, 오늘날의 독일 북동부와 폴란드 북서부에 있는 포메라니아 지역에서 유래된 스피츠 종류의 반려견이다. 작고 귀여운 외모와 복슬복슬한 털이 특징이며, 털빠짐이 많다. 포메라니안(Pomeranian)이라는 이름은 사모예드와 스피츠를 소형화하여 실내견으로 만든 북독일의 포메른 공국에서 유래되었다. 포메른(Pomern)의 라틴어 및 영어식 표기가 포메라니아(Pomerania)이다. 포메라니안의 가장 큰 특징은 모량이 아주 풍성한 이중모이다. 모량이 매우 풍부하고, 스피츠 계열이라 직모인 이중모이기 때문에 다른 장모종과 달리 털이 몸에 붙지 않고 붕 떠서 솜뭉치와 같은 외모를 가지고 있다.

⑨ 닥스훈트(Dachshund)

닥스훈트는 추위를 많이 타는 견종이다. 단모종이 그러한 경향이 많으며, 몸이 소시지처럼 길고 다리가 짧은 닥스훈트는 독일에서 사냥개로 개량된 품종이다. 독일어로 '오소리 개'를 뜻하는 닥스훈트는 사랑받는 견종 중 하나로, 기형적으로 짧은 다리와 가늘고 긴 몸체가 특징이며 '소시지 개'라고도 불린다. 체고(키: 18~25 cm)와 체장(흉골단에서 좌골단까지)의 비율이 1:2이다. 고대 이집트 벽화에도 등장하며, 12~13세기경에 독일에서 오소리 사냥용 개로 개량되었다. 이들은 굴집을 만들어 놓고 사는 오소리나 여우를 잡기 위해 굴집에 쉽게 들어갈 수 있도록 몸통이 길고 다리가 짧게 개량되었다. 닥스훈트는 표준, 미니어처, 그리고 카닌첸(독일어로 '토끼'를 의미함)의 세 가지 크기로 구분되지만, 표준 크기와 미니어처 크기가 보편적으로 인정되고 있다.

⑩ 시바견(Shiba Inu) (일본어: 柴犬, しばいぬ)

수컷은 38~41 cm, 암컷은 35~38 cm 정도의 체고를 가진 중소형 견종이다. 이 견종은 일본에서 천연기념물로 지정된 6개 견종 중 하나로, 1936년 12월 16일에 지정되었다. 현존 6개 견종 중 유일한 소형견 종 이지만, 사육하는 수는 가장 많다. 일본견 보존회에 따르면, 일본에서 사육되는 일본 견종 6종 가운데 시바견이 약 80%를 차지하고 있다.

⑪ 요크셔 테리어(Yorkshire Terrier)

요크셔(Yorkshire)는 영국의 지방 이름이고, 테리어(Terrier)는 '작은 동물을 사냥하는 작은 사냥개'라는 뜻이지만, 흙을 상징하는 테라(Terra)에서 유래하였다. 요크셔 테리어는 1872년 북미에 도입되었고, 1885년 아메리칸 케널 클럽에 등록되었다. 빅토리아 시대 영국과 미국에서 인기가 있었으나, 소형견보다 중형견을 선호하던 1940년대에는 인기가 떨어졌다. 그러나 현재는 소형견으로 호평받고 있다.

⑫ 로트와일러(Rottweiler)

이 견종은 독일 남서부 바덴뷔르템베르크 주에 위치한 로트바일(Rottweil)시에서 유래되었다. 색상은 도베르만과 비슷하지만, 전체적으로 체구가 더 크고 강인한 모습이다. 큰 골격과 굵은 뼈대를 지니며, 특히 뒷다리는 도약력이 좋다. 중성화수술을 하지 않은 수컷은 공격성이 강해 경비견으로 평판이 있지만, 헌신적인 반려견이다. 식탐이 있어 과식으로 쉽게 체중이 증가할 수 있으며, 우리나라에서는 맹견으로 분류되어 있다.

⑬ 진돗개(진도개)

진돗개(진도개)는 '우리나라의 개'로 공인된 품종으로 이외 삽살개, 풍산개, 그리고 경주시 일대에서 길러져 온 '동경이(2012년 천연기념물로 지정)'가 있다. 진돗개는 중대형견에 속하는 우리나라의 대표적인 견종으로, 용맹하고 충성심이 강해 주인을 잘 따른다. 그러나 한 주인에게 매이는 성격이 너무 강하여 사역견으로는 적합하지 않다는 주장도 있다. 진돗개의 꼬리는 생후 3개월부터 왼쪽으로 말리기 시작하지만, 개체에 따라 안 말리는 경우도 있다. 진돗개의 피모색은 흰색과 누런 갈색이 주를 이루며, 백구(白狗), 황구, 흑구, 재구(wolf grey), 칡개, 네눈박이(black and tan) 등 6종류로 소개된다. 국어 표준 표기는 진돗개로 해야 하지만, 문화재청이 천연기념물(1962년) 제53호로 지정할 때 진도라는 지역의 의견을 수용하여 진도개라 표기하기로 하였다(국어사전에서는 '진돗개'가 바른 표기로 소개되지만, 진도개라는 표현도 사용되고 있다).

📖 오수견(獒樹犬)

전라도 남원부 거령현(居寧縣, 현 전라북도 임실군 지사면 영천리)에 살던 김개인(金蓋仁)은 충직하고 영리한 개를 기르고 있었다. 어느날 잔치에 초대된 김개인은 잔치에서 몹시 취한 나머지 돌아오는 길 둔남면 상리(현 오수면 오수리) 부근의 풀밭에서 잠이 들었다. 때마침 들불이 일어나 사방에서 타들어오니, 개가 가까이 있는 내(川)에 뛰어 들어가 몸에 물을 적셔 와서는 개인이 잠들고 있는 주위를 뒹굴어 풀(잔디)에 물기를 뿌렸다. 이 행동을 반복하여서 불을 껐으나 개는 기진하여 죽고 말았다. 김개인은 잠에서 깨어나 자신의 주변을 둘러보니 불에 탄 자신의 주변과 검게 그을린 채 화상을 입고 쓰러져 있는 자신의 개를 발견하게 된다. 자신을 위해 목숨을 바친 그의 개를 보며 몹시 슬퍼하며 개를 묻어주고 개를 기억하기 위해 자신의 지팡이를 개의 무덤 앞에 꽂았다. 나중

그림 2-5 오수견 비. 오수면 사무소 앞 공원에 설립된 의견비. 의견비는 원동산에도 세워져 있다.

표 2-3 인기 반려견 순위

	미국	대한민국	일본
1	래브라도 리트리버	말티즈	푸들(토이푸들)
2	저먼 셰퍼드	푸들	닥스훈트
3	골든 리트리버	포메라니안	미니어쳐 닥스훈트
4	프렌치 불독	믹스견	포메라니안
5	불독	치와와	요크셔 테리어
6	스탠다드 푸들	시츄	파피용
7	비글	골든 리트리버	시츄
8	로트와일러	진돗개	프렌치 블독
9	포인팅 독	요크셔 테리어	시바견
10	웰시코기 펨브로크	시바견	미니어처 슈나우저

(출처: google.com)

에 이 지팡이가 실제 나무로 자라나게 되었고 훗날 '개 오(獒)'자와 '나무 수(樹)'를 합하여 이 고장의 이름을 '오수(獒樹)'라고 부르게 되었다. 이 이야기에 감동을 받은 고려 충렬왕이 그 충성심을 기리기 위하여 특별히 하사하여 세운 비(碑)로 전 세계적으로 유일하게 왕이 세운 개 비석이다. 의견비(義犬碑)는 오수면 원동산(圓東山)에 있으며 전라북도 민속자료 제1호로 지정되어 있다.

오수견의 종은 티베티안 마스티프의 혼혈종이며, 학술대회나 연구위원회를 통하여 오수견 발굴과 보존을 위해 오수견 커뮤니티센터가 설치되어 있고, 제37회 의견문화제(5월 5일~7일)가 열리고 있다.

2. 고양이

고양이가 언제부터 인간과 함께 살았는지 명확하게 알 수 없지만, 사람이 집에서 고양이를 키웠다기보다 양곡을 쌓아둔 곳에, 쥐가 서식하게 되었고 고양이가 그 쥐를 사냥하면서 사람과 함께 생활하였다고 본다. 서양에서는 개와 함께 고양이도 많이 길렀다. B.C. 2000년경부터 고양이는 집에서 가축으로서 확고한 자리를 잡았고, 약 6000년 전 고대 이집트와 초승달 지역인 바빌로니아의 피라미드에서는 고양이 미라가 출토되기도 하였다. 또한, 고양이 머리의 여신인 바스테트(Bastet)를 섬기며 고양이가 신으로 대접받기도 하였다. 1347년부터 1351년 사이, 중세 유럽에서 유행했던 '흑사병'이라고 불리는 페스트는 약 3년 동안 2천만 명에 가까운 희생자를 냈지만 감염 경로조차 몰랐다. 하지만, 대부분 고양이가 없는 지역에서 발생하였기 때문에, 페스트균을 가진 들쥐와 집쥐가 아무런 방해도 받지 않고 번식하였기 때문이라 예상된다. 이후 1727년 프랑스에서는 고양이 하나만을 주제로 한 최초의 책인 프랑수아 오귀스트 파라디 드 몽크리프의 『고양이의 역사』가 출간되기도 하였고, 중동 지역(이슬람)에서는 종교적인 의미로 개보다 고양이를 많이 키웠다.

반면, 우리나라에서는 삼국시대에 불교가 전래된 후, 왕실이나 사찰에서 쥐를 퇴치하기 위해 고양이를 사육했다는 주장이 있다. 조선시대에 이르러 『증보산림경제(1766년)』, 『농정회요(1830년)』, 『임원경제지(1842~1845년)』등에 고양이를 기르는 방법이나 고양이 선택법, 질병 치료법 등이 수록되어 있었으나, 일반 가정에서는 고양이 사육이 활성화되지 못했다. 고양이는 쥐를 잡아먹는 '길냥이' 정도로 여겨졌고, '영물'이라 하여 일반 가정에서 고양이를 기르기를 꺼렸다. 하지만 2000년대부터는 반려동물에 대한 개념이 변화하면서 개와 함께 고양이의 사육도 증가하고 있다. 고양이는 반려동물의 의미에서 개와 동등하게 사랑받고 사육되지만, 개에 비해 충성심이 낮고, '영역의 동물'로서 자기 영역을 지키려 한다. 최근 몇 년간의 반려동물 사육 실태를 보면, 아직은 개에 비해 고양이 사육이 적지만, 그 속도가 빠르게 증가하고 있다. 이러한 영향으로 고양이 전문 동물 병원의 개원도 활발히 이루어지고 있다. 반려묘의 경우 길고양이 또는 유기묘를 데려온 경우(45.1%)가 많았다. 사육되는 고양이 품종은 코리안 숏헤어(흔히 코숏이라고 불림)가 45.2%를 차지하고 있고, 페르시안과 러시안 블루가 공동 2위(18.4%)를 차지하였으며, 4위는 샴(16.6%)이 가장 많았다.

1) 의사 표현(울음소리)

고양이는 우리의 귀로 들을 수 있는 울음소리인 '야옹', '그르렁', '으르렁'을 비롯한 여러 종류의 소리를 낸다. 사람이 아주 숙달되지 않으면 고양이의 울음소리중 기본적인 몇 가지를 제외하면 이해하기 어렵다. 이 중 고주파 소리는 우리가 듣지 못하지만, 고양이가 친구를 불러 모으는 소리도 있다. 이때 고양이의 귀를 보면 움직임이 보이며, 곧 친구가 나타난다.

'야옹'은 어린 고양이의 울음소리에서 잘 들을 수 있으며, 어미에게 배고픔을 호소하는 의사 표현으로 어미에게 자신의 위치를 알리는 역할을 한다. 집고양이의 경우, '야옹'은 집사에게 배고프다는 신호이거나 문을 열어달라는 의사 표현이다. 따라서 어린 고양이가 자라면서 '야옹'이라는 울음소리는 듣기 어려워진다. 다만, 집고양이는 집사를 어미라고 생각하고 배고플 때 '야옹' 소리를 내기도 한다. '그르렁' 소리는 상대적으로 어린 고양이가 배부르거나 만족감을 나타내는 소리이다. 이 소리 역시 고양이가 성장함에 따라 들을 수 있는 빈도가 줄어든다. '으르렁' 소리는 개와 고양이에서 공통으로 들을 수 있는 소리로, 마치 싸우는 것처럼 들린다. 이는 상대방에게 더 가까이 오지 말고 거리를 두라는 의미다.

또한 암고양이의 발정기에는 수컷 고양이를 불러 모으기 위해, 고양이끼리 싸우는 것처럼 외치는 소리를 내기도 한다.

2) 성장과 사회화

고양이는 생후 7일부터 10일 사이에 눈을 뜨기 시작하며, 뜨기 시작하고 2~3일 후엔 완전히 눈을 뜬다. 이처럼 시각의 발달이 다소 늦기 때문에 새끼 때에는 어미가 꼭꼭 숨겨 놓는다. 고양이의 눈 모양은 특이하게도 품종에 따라 동그란 형, 타원형, 아몬드형으로 다양하게 나타난다[21]. 새끼들은 생후 4주가 되면 고형식을 먹을 정도로 소화기계가 발달하며, 이때 어미는 고형식을 입에 가득 물고 새끼에게 가져다준다. 또한 이때 길냥이의 어미는 새끼에게 사냥하는 법을 가르친다.

사교적인 고양이가 되는 학습을 사회화라고 한다. 어린 시절(2~7주) 동안 사람과의 친숙함과 다른 새끼 고양이와의 친숙함을 통해 사회화가 이루어진다. 자연스럽게 사람과 자주 접촉하고, 다른 새끼 고양이와 스스럼없이 장난치고 친숙하게 지내는 것이 올바른 사회화 과정이다. 새끼 고양이가 한 마리인 경우, 가만히 누워있는 어미를 대상으로 장난치고 노는 것도 사회화 과정의 일환이다. 사회화 과정에서 어떤 경험을 했는지가 고양이의 성격을 결정한다. 풍부한 경험을 한 새끼 고양이는 대범하고 활발한 성격으로 성장하게 된다. 특히, 사회화기에 개나 새들과 함께 자란 고양이는 평생 개와 새를 동료로 여기며 함께 살아간다. 다시 말해, 사람과 고양이, 고양이와 고양이가 사이좋게 지내는 데는 사회화기의 경험이 크게 영향을 미친다.

고양이는 영역을 지키는 동물이기 때문에 무리를 이루는 일은 별로 없지만, 2~3마리는 친하게 지내기도 한다. 만났을 때 서로 머리를 맞대거나 부둥켜안고 구르며 그루밍을 하기도 한다. 그러나 먹이를 먹을 때는 자신의 앞에 있는 것보다 상대방 앞에 있는 것을 먹으려고 서로 머리를 밀며 경쟁하기도 한다.

3) 그루밍(grooming)과 털 갈이

고양이가 노는 모습을 바라보고 있노라면 두 마리가 서로 구르기도 하고 안기도 하며 장난을 치다가 상대를 핥아주기도 한다. 또한 혼자 앉아 있을 때 자신의 털을 핥으며 정리하고 있는 모습을 자주 볼 수 있다. 이러한 행동을 그루밍(grooming)이라 한다. 개나 고양이의 혀에는 식도 방향으로 가시모양의 돌기가 있어, 그루밍 과정에서 털이 소화기관으로 넘어가 장관 내에 털이 뭉치는 경우가(헤어볼) 발생할 수 있다.

장모종이든 단모종이든 털갈이는 봄과 가을에 일어난다. 일 년 내내 온도가 일정한 환경에 있는 집고양이는 일 년 내내 털갈이를 하기도 한다. 집고양이의 경우, 장모종은 헤어볼 발생 방지를 위해 빗질하여 제거해 주는 것이 좋다.

4) 탄수화물 소화

고양이는 오래전부터 사람과 함께 살아왔지만 여전히 육식동물이다. 따라서 단백질이나 지방을 소화하는 데는 문제가 없지만, 사람의 음식으로 고양이의 배고픔을 해결하는 것은 적절하지 않다. 고양이의 소장 점막에는 유당을 분해하는 효소인 락타아제(lactase)의 활동이 낮아 우유를 조금 먹이는 것은 괜찮지만, 유당이 제거된 우유(lactose-free milk)를 주는 것이 더 좋다. 또한 설탕을 분해하는 효소인 수크라아제(sucrase) 역시 활동이 낮다. 전분(starch)은 포도당이 α-글리코시드 결합으로 연결된 탄수화물로, α-1,4 글리코시드 결합으로 직선형 구조인 아밀로오스(amylose)와 α-1,4 글리코시드 결합뿐만 아니라 α-1,6 글리코시드 결합으로 가지(branch)가 형성된 구조인 아미로펙틴으로 구성된다. 이 전분은 소장에서 α-아밀라아제(maltase)에 의해 단당류로 분해되어 흡수된다. 하지만 흡수되지 않은 이당류 이상의 다당류는 대장에서 발효 과정을 거쳐 작은 분자로 변하거나, 가스로 전환되어 배출된다. 흡수된 포도당은 혈액을 통해 간이나 근육 세포에 글리코겐(glycogen) 형태로 저장된다. 이는 포도당이 개별 분자로 세포 내에 존재하면 세포의 삼투압을 증가시킬 수 있기 때문에, 삼투압을 조절하기 위해 포도당을 글리코겐으로 변환하여 저장하는 것이다. 혈액 내 포도당이 필요해지면, 간과 근육 세포 내에서 글루코키나아제(glucokinase)의 작용에 의해 글리코겐이 분해되어 다시 포도당으로 전환되고, 혈액으로 방출된다. 육식동물인 고양이의 경우, maltase의 활성은 낮지만 α-1,6 글리코시드 결합을 분해하는 isomaltase의 활성은 높다. 또한 고양이는 다른 동물과 마찬가지로 포도당과 갈락토오스를 Na^+/Glucose co-transporter(SGLT1)를 통해 장 세포막을 통과시킨다. 과당(fructose)은 Na^+에 의존하지 않고 GLUT5라는 수송체를 통해 상세포로부터 혈관으로 이동한다. 이를 미루어보아 고양이에게 고탄수화물 사료를 지속적으로 급여하면 당뇨병을 유발할 수 있다.

5) 땀샘과 체온조절

사람은 기온이 높아지면 땀을 흘리며, 땀이 증발할 때 기화열로 많은 열이 소실된다. 이 때문에 땀을 흘릴 때 바람이 불면 기화열로 열이 소실되어 시원한 느낌이 든다. 반면 고양이는 피부에 땀샘이 없고, 발바닥의 볼록살에 땀샘이 있다. 따라서 고양이는 땀을 흘리는 것이 체온 조절에 큰 도움이 되지 않는다. 오히려 그루밍을 통해 피부털에 침을 묻혀 털을 다듬으며 기화열로 열을 발산시킨다. 물론 고양이는 덥지 않을 때도 때때로 그루밍하는 모습을 보인다.

6) 피지샘과 발톱

고양이 피부의 여러 곳에는 피지샘(sebaceous gland)이 있어, 이들을 이용해 여러 장소에 '문질러' 자신의 영역을 표시한다. 고양이의 발톱, 특히 앞발톱은 보통 걸을 때 피부에 숨겨져 있지만, 먹잇감을 사냥하거나 나무에 오를 때 날카로운 발톱을 앞으로 내밀어 유용하게 사용한다. 이때 발가락 사이의 피지샘에서 채취한 물질로 흔적을 남기기도 한다. 그래서 나무에서 내려올 때 고양이는 미끄러지듯 내려오다가 지면에 가까워지면 훌쩍 뛰어내린다. 집고양이는 앞발로 물체를 긁어 흠집을 내는 모습을 보일 수 있는데, 이는 오래된 발톱을 제거하여 새로 자라게 하기 위함이다.

7) 발정

암고양이는 보통 태어난 지 10개월 또는 1년 정도가 지나면 발정이 온다. 고양이는 다발정성(polyestrus) 및 유도배란(induced ovulation) 동물로, 따뜻한 봄철에는 여러 차례의 발정이 나타나며 페로몬을 발산하고, 교미자극에 의해 배란이 일어난다. 집고양이는 밖으로 나가려 하며, 상당한 거리에서도 들을 수 있을 정도로 큰 울음소리를 낸다. 이때 수컷 고양이도 울음소리에 맞추어 합창하기도 한다. 한 마리의 암고양이는 서너 마리와 교미를 한다. 임신 기간은 약 63일 정도이다.

8) 품종

1인 가구를 비롯한 젊은 세대들 사이에서 깔끔하고 도도하며 독립적인 성격의 고양이를 선호하는 트렌드가 확산되고 있다. 이들 고양이의 종류도 다양하여 페르시안, 코리안 숏헤어, 샴, 러시안 블루, 터키시 앙고라, 아비시니안 등 흔히 볼 수 있는 품종만 해도 10여 종에 달한다.

① 코리안 숏헤어(Korean short hair)

한국에서 자생한 길고양이의 후손으로, 보통 코리안 숏헤어의 준말인 코숏으로 불린다. 다만, 코리안 숏헤어는 정식 품종명으로 등록되어 있지 않고 애칭으로 사용되며, 축산과학원에서는 이를 Domestic Korean Short Hair Cat(DKSH)로 소개하고 있다. 코리안 숏헤어는 자연에서 다양한 유전자가 섞인 만큼 특별한 유전 질환이 없고 튼튼한 편이다. 또한 다양한 유전 형질이 섞여 있어 고양이마다 성격이 다르게 나타난다.

② 러시안 블루(Russian blue)

은은하게 파란빛이 도는 은색 털과 깊은 에메랄드색 눈이 매력적인 러시안 블루는 전 세계적으로 인기 있는 품종 중 하나이다. 이 품종은 다른 고양이에 비해 털이 잘 빠지지 않고 얌전하며 조용해 고양이계의 신사로 불린다. 러시아에서 자연 발생한 품종이라 특별한 유전 질환이 없으며 장수하는 경향이 있다. 단, 식탐이 많아 비만이나 당뇨병에 걸리기 쉬우므로 식단 조절에 신경 쓰고 운동을 자주 시켜줘야 한다.

③ 페르시안(Persian)

이란의 옛 이름인 페르시아 제국의 사막을 이동하며 무역을 하던 캐러밴들의 무역 상품 목록에 '페르시안'이라 불린 긴 털을 가진 고양이가 포함되어 있었는데, 이 고양이가 현재의 페르시안 고양이의 선조로 추정되며, B.C. 1500년보다 훨씬 이전의 일일 것으로 추정한다. 16세기쯤에 이탈리아로 수입되어 18세기에 유럽으로 전해졌고, 19

세기 말에 미국으로 전해졌을 것으로 생각된다. 페르시안 고양이는 둥근 얼굴과 짧은 다리를 가지고 있으며, 털 색깔은 흰색, 검은색, 회색 등 다양하다. 이들은 보호자의 곁에서 느긋하게 누워있는 것을 좋아하며, 얌전하고 조용한 성격 덕분에 사람들에게 많은 사랑을 받고 있다.

④ 샴 고양이(Siamese cat)

태국(이전의 이름은 시암)을 원산지로 하는 품종묘 중 하나로, 19세기 유럽과 미국에서 큰 인기를 얻었다. 태국 왕족의 일원이 죽으면 샴 고양이가 그 영혼을 받아들인다고 여겨질 정도로, 태국 왕실과 사원에서 사랑받았으며, 이를 소유한 사람은 부자가 될 것이라는 믿음이 있을 만큼 태국 사람들이 좋아했다. 샴 고양이는 앞발과 꼬리, 얼굴 등의 털 색이 몸통과 다른 특징을 가지고 있다. 이러한 털 색의 차이는 온도에 민감한 털 단백질의 돌연변이로 인해 발생하며, 따뜻한 곳에서는 흰색을 띠고, 서늘한 곳에서는 어두운색을 띤다. 따라서 고양이의 몸에서 가장 차가운 부분인 얼굴, 발, 꼬리의 털 색이 더 진해지게 되었다. 일반적으로 더운 지방에 사는 샴 고양이보다 추운 지방에 사는 샴 고양이가 더 어두운 털 색을 가진 것으로 알려져 있다.

⑤ 터키쉬 앙고라(Turkish Angora)

튀르키예(터키)의 수도 앙고라(앙카라의 옛 이름)에서 유래한 고양이로, 앙고라가 붙은 동물들은 모두 이 지역에서 탄생했다고 보면 된다. 터키쉬 앙고라는 1520년 유럽에 처음 소개된 흰색 장모종 고양이로, 16세기에는 프랑스 귀족들 사이에서 큰 인기를 끌었다. 다양한 털 색을 가질 수 있고, 오드아이(이색증)를 가진 개체도 많이 볼 수 있다. 또한, 영리하고 눈치가 빠른 성격으로 잘 알려져 있으며, 평균 수명은 12~18세로, 장수하는 편이다.

⑥ 아비시니안(Abyssinian cat)

아비시니안은 1868년 영국 병사가 고대 에티오피아의 아비시니아 고원 지역에서 데려온 것이 유래되어 이름 붙여진 고양이 품종이다. 또 다른 설로는 이집트 피라미드 벽화에서 비슷한 모습의 고양이가 발견되었으며, 이는 황제였던 파라오의 고양이일 것이라는 추측도 있다. 실제로 피라미드에서 출토된 고양이 모양의 조각상들과 아비시니안은 매우 닮아있다. 또 다른 주장으로 유전적인 연구를 통하여 인도양 해안가 지역과 동남아시아가 아비시니안의 기원일 가능성도 제기되고 있다. 아비시니안 고양이는 단모종으로 호기심이 많아 집안을 잘 돌아다니며, 활동량이 많고 수다스러운 성격을 가지고 있어 초보자가 기르기에 당황스러울 수 있다.

⑦ 아메리칸 숏헤어(American short hair)

유럽에서 미국으로 이주할 때 배에 쥐 잡는 고양이로 실려 와서 미국에서 자생한 후, 1906년 미국고양이애호가협회(Cat Fanciers' Association, CFA)가 설립되면서 'Domestic short hair'이라는 품종으로 등록되었지만 1966년에는 아메리칸 숏헤어(American short hair)로 개명되어 현재 사용되고 있다. 아메리칸 숏헤어는 성격이 온순하고 강건하며 유전적 질병이 없는 특징이 있다. 다만 과식하는 경향이 있어 비만의 위험성이 높을 수 있다. 사람을 좋아하고 건강하며 똑똑하기 때문에 훈련이 쉬운 편이며, 어린아이나 다른 동물들과도 잘 지내기 때문에 초보 집사가 키우기에 적합하다는 평가를 받고 있다.

⑧ 노르웨이 숲 고양이(Norwegian Forest cat)

바이킹 시절 영국에서 노르웨이로 건너가 길냥이로 살다가 품종으로 확립된 고양이가 노르웨이 숲 고양이이다. 이 고양이는 외모가 서구적이며, 이마부터 코끝까지의 선이 일자이고 귀 끝과 턱을 이은 선이 정삼각형을 이룬다. 몸은 길지만 다리는 짧지 않고 균형을 이루며, 체격이 좋고 뼈대가 굵다. 성격은 조용하여 옆집 사람도 고양이가 있는지 모를 정도로, 새로운 환경에도 쉽게 적응할 수 있다. 대형종(수컷 기준 7.5 kg)이며, 1987년에 CFA에서 순종 고양이로 인정받았다. 추운 지방에 살다 보니 우리나라의 여름철에는 에어컨이 없으면 힘들어한다.

⑨ 랙돌(Ragdoll) 고양이

사람에게 안기는 걸 아주 좋아하는데, 안았을 때 몸이 축 늘어져 사람에게 착 붙은 모습이 봉제 인형(Ragdoll)과 같다고 해서 붙여진 이름이다. 이 품종은 4살이 되었을 때 수컷은 9 kg, 암컷은 4~6 kg에 이를 정도로 성장하는 대형 고양이다. 털이 가늘고 길어 잘 엉키기 때문에 일주일에 두세 번 정도 빗질해 주는 것이 중요하다. 1960년대에 미국의 사육사 앤 베이커(Ann Baker)에 의해 만들어진 품종으로, 사람을 잘 따르고 유순하며 침착한 기질과 애정 어린 본성을 가지고 있어 종종 '강아지 같은 고양이'로 불리기도 한다. 특히 미국과 영국에서 인기가 있으며, 크고 둥근 푸른색 눈, 긴 꼬리, 부드러운 몸이 신체적 특징이다.

⑩ 스코티쉬 폴드(Scottish fold)

스코티시 폴드는 스코틀랜드 출신(Scottish)의 고양이로, 귀가 앞으로 접힌(fold) 모양이 특징이다. 얼굴이 둥글고 귀가 접혀 있는 모습이 독특하다. 이 품종은 영국 왕실로부터 훈장을 받기도 했으며, 미국 CFA와 국제고양이협회(The International Cat Association, TICA)에서 품종으로 인정받았다. 그러나 영국 고양이 애호가 관리협회(Governing Council of the Cat Fancy, GCCF)에서는 품종 인정을 하였다가 유전성 질환인 골연골 이형성증을 이유로 1971년에 품종 인정을 철회한 바 있다.

3. 특수감각(Special Sense)*

1) 종류

감각은 체성감각, 내장감각, 특수감각으로 나뉘며, 특수감각은 미각, 후각, 청각, 시각의 네 가지로 구분된다. 체성감각인 촉각은 사람이 반려동물(개, 고양이)보다 촉각 수용체가 잘 발달 되어 있다. 어두운 환경에서 방향이나 장애물을 파악할 수 없을 때, 사람은 손가락 끝을 사용하여 물체를 가늠한다. 하지만 반려동물의 경우, 앞 발가락 대신 코끝(비경)과 수염(모낭에 감각신경과 모세혈관이 잘 분포되어 있음)을 이용한다. 사람의 손가락 끝처럼, 반려동물도 비경과 수염을 통해 촉각을 잘 발달시켰다. 따라서 고양이가 코를 들이대는 것은 냄새를 맡으려는 목적뿐만 아니라, 물체의 정체를 감지하려는 목적도 있다.

2) 시각

개와 고양이는 육식동물이기에 양안 시야가 넓어 먹잇감과의 거리 조정이 수월하다. 반면 초식동물은 양안 시야는 좁지만 단안의 시야가 넓어 360도를 볼 수 있어, 자

---

* 2023년 11월부터 데일리벳에 연재된 CEVA Santé Animale 한국지사의 반려동물 정보 시리즈 일부를 참고하였다.

신에게 위협이 되는 동물의 출현을 쉽게 파악할 수 있다. 시각은 반려동물의 뛰어난 감각 중 하나로, 전반적인 건강 상태에 대한 중요한 정보를 제공한다. 동물 병원에서 정기적으로 시력 검진을 받으면 눈 질환뿐 아니라 당뇨, 빈혈, 두부 외상, 통증 및 기타 질환도 발견할 수 있다. 조기에 질병을 발견하면 반려견의 시력을 보존하거나 회복할 수 있다. 그러나 고양이의 시력을 확인하려면 마취 후 디옵터를 측정해야 하며, 이는 연구 목적이 아닌 임상에서는 큰 활용이 어렵다. 대신 물건을 떨어뜨리거나 장애물을 피하는 모습을 통해 간접적으로 시력을 알아볼 수 있다.

고양이는 박명박모성(薄明薄暮性) 동물로, 먹잇감이 많이 움직이는 해가 뜨기 직전이나 지고 난 직후 활발히 활동한다. 고양이의 망막에는 두 종류의 세포가 있다. 하나는 흑백을 감지하는 간상(rod) 세포로, 고양이는 간상 세포가 사람보다 3배 많아 약한 빛에서도 물체를 볼 수 있다. 다른 하나는 색깔을 구분하는 원추(cone) 세포인데, 사람의 망막에는 빨강, 노랑, 파랑의 3원색을 인지하는 세포가 있지만 고양이는 빨강을 인지하는 원추 세포가 부족하여 빨간색을 황갈색으로 인지한다. 이는 고양이가 색맹이

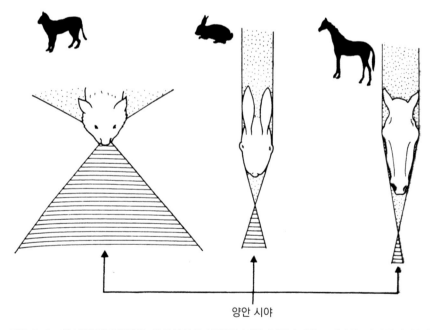

양안 시야

그림 2-6   육식동물(고양이)은 양안시야의 범위가 넓어 먹이가 있는 거리를 짐작하기 쉽게 하고, 초식동물(토끼, 말)은 단안시야가 넓어 모든 방향에서 공격하여 오는 포식자를 재빠르게 파악할 수 있다.[21]

라고 오해할 수 있지만, 사실 고양이는 사람과는 다른 색상으로 세상을 보고 있는 셈이다. 또한, 고양잇과 동물은 망막에 반사판(tapetum lucidum)이 있어, 밤에 불빛을 비추면 눈이 빛나는 것처럼 보인다. 이 구조물은 야간에 잘 보이도록 도와준다.

고양이에서 한 가지 특이한 사실은 눈의 위치로 인해 고양이의 코 바로 앞에 삼각형 모양의 사각지대가 있다는 점이다. 따라서 25 cm보다 가까운 물체에는 초점을 맞추지 못해, 장난감이나 간식을 놓아도 보지 못하고 반응하지 않는다. 또한, 사냥에 적응한 결과로, 움직이는 물체는 더 선명하게 보지만 천천히 움직이는 물체는 잘 인지하지 못한다. 또한 시각은 고양이의 의사소통에서 중요한 역할을 하는데, 고양이가 사용하는 많은 신체 언어와 얼굴 신호는 위협을 과장하기 위한 것이다. 털을 세우고(기립), 등을 굽혀 몸을 크게 보이게 하며, 입을 크게 벌려 이빨을 드러내는 행동이 이에 해당한다. 이러한 행동은 상대방에게 자신이 얼마나 크고 위험한 존재인지 알리는 시각적 신호로, 상대에게 함부로 대들지 말라는 메시지를 전달한다.

3) 후각

후각 능력은 후각 상피(olfactory epithelium)에 존재하는 후각 수용체의 수와 관련이 있다. 사람은 600만 개의 수용체를 가지고 있고, 고양이는 8천만 개, 개는 약 3억 개의 수용체를 가지고 있다. 이는 개의 후각 능력이 사람이나 고양이보다 훨씬 뛰어남을 보여준다. 마약탐지견, 폭발물탐지견, 공항이나 항만에서 여행객의 휴대 물품(마약, 축산물, 등) 탐지, 심지어 암에 걸린 사람을 탐지(호식 공기)하는 것 모두 개의 후각 능력을 이용한 것이다. 후각의 가장 흔한 사용 용도는 영역 표시(마킹)를 파악하는 것이다. 개의 경우 자기가 다닌 길을 표시하듯 소변을 스프레이(spraying)한다. 고양이 또한 영역 동물로, 후각을 사용하여 자신의 영역을 마킹한다. 고양이는 이동 경로를 따라 소변으로 영역을 표시하며, 소변의 신호는 24시간이 지나면 효과가 감소하기 때문에, 중간중간 흔적을 남긴다. 이러한 마킹은 자신의 영역 내에 다른 고양이가 다녀갔는지를 알아보는 방법으로도 이용한다.

고양이가 스프레이 하는 또 다른 하나의 원인은 '불안'이다. 여러 마리 고양이가 한 집에서 생활할 때 동거를 원하지 않을 수도 있고, 고양이가 원하는 만큼 충분한 공간이 제공되지 않을 때 긴장이 고조되어 스프레이 할 수 있다. 스프레이 외에도 발가락 사이의 분비선(interdigital glands)이나 얼굴 페로몬, 항문 분비물을 이용해 영역을 표시하기도 한다. 페로몬은 같은 종의 다른 개체에게 메시지를 전달하는 화학물질로, 보습코기관(vomeronasal organ, VNO)에서 감지된다. 페로몬은 정보를 전달하거나, 위험을 경고하거나, 생식·교배 가능성을 식별하는 역할을 하여 동물의 생리적·행동적 반응을 유도한다. '페로몬 반응' 중 하나는 입을 벌리고 혀를 낼름 거리면서 페로몬 분자를 앞니관으로 끌어들이고, 그 뒤에 보습코기관으로 가져가는 것이다. 이러한 행동은 고양이가 낯선 고양이의 소변 냄새를 맡았을 때 가장 흔하게 보이는 행동이다.

4) 미각

고양이는 뛰어난 포식자로, 사냥감을 찾기 쉬운 큰 안와와 육식에 적합한 치과 구조와 모양을 가지고 있다. 고양이는 30개의 치아를 가지고 있으며, 송곳니는 먹이를 잡고 척추를 분리하는 데 사용된다. 고양이의 치아에는 압력 수용체가 있어, 사냥감을 한 번에 죽이기 위해 어디를 물어야 할지 어림잡을 수 있다. 어금니(구치, molars)는 초식동물에서처럼 음식물을 저작하기 위한 구조가 아니라 고기를 소화되기 쉽도록 작은 조각으로 자르기에 적절한 모양을 하고 있고, 강력한 턱 근육에 의하여 조절된다. 맛의 종류는 짠맛, 단맛, 쓴맛, 매운맛, 신맛 5가지가 있으나, 육식동물인 고양잇과(호랑이, 사자, 표범 등)는 혈당조절이 덜 중요하므로 단맛을 잘 인식하지 못한다.

5) 청각

사람의 가청 영역은 20 Hz~20 kHz이다. 반면, 개는 64 Hz~44 kHz, 고양이는 55 Hz~ 77 kHz에 이르는 폭넓은 가청 범위를 가지고 있다. 이는 고양이와 개가 인간이 들을 수 없는 고주파(초음파) 영역의 소리를 감지하기 할 수 있다는 것을 의미한다. 그래서 미용상의 이유로 개나 고양이의 귀를 자르는 것은 법적으로 금지되어 있다. 고양이가 귀를 쫑긋 세우고 주변을 살피는 것은 우리가 듣지 못하는 소리를 감지하는 것으로 초음파 영역에서 9 m 밖에서 움직이는 물체의 소리를 감지할 수 있어 청각은 고양이의 생존에 중요한 요소라 할 수 있다. 또한 고양이는 전정기관이 발달하여 공중에서 떨어질 때 네 발로 착지할 수 있다. 균형을 잃을 경우, 머리를 돌려 얼굴을 아래로 향하게 하고, 앞다리와 뒷다리를 차례로 착지 지점으로 향하게 하여 안전하게 착지한다.

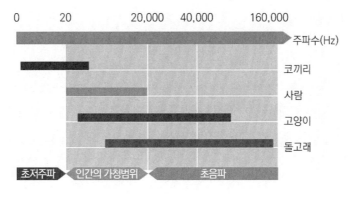

그림 2-7 여러 동물의 가청영역[22]

4. 동물매개치료

사람이 동물과 함께 생활함으로써 마음의 안정을 얻고 삶의 질을 향상 시키는 것을 동물매개치료라고 한다. 18세기 말, 영국 요크 지방의 한 정신병원에서는 환자를 위한 치료 프로그램으로 토끼나 닭을 이용하기 시작했고, 20세기에는 재활 승마와 개를 활용한 치료가 확산되었다. 미주와 유럽의 장애인을 위한 재활센터에서는 말 치료법이 적용되었고, 발달 및 정서와 행동장애 아동을 위한 '치료 농장 프로그램'도 시도되었다. 1973년 미국 파이크스 피크 지역의 요양원에서는 '이동 애완동물 방문 프로그램'이 시행되었고, 1975년 오하이오 주립대학의 코손은 반려동물 치료를 양로원 환자들에게 적용했다. 이를 통해 다양한 협회와 연맹이 설립되어 동물매개치료가 발전해 왔다.

동물매개치료는 단순한 치료 활동이 아니라 사람과 동물 간의 유대(human-animal bond)를 통해 마음의 안정을 찾고 삶의 질을 향상시키는 것이다. 반려동물과의 즐거운 생활을 통해 심리치료와 재활치료를 지원하며, 이러한 과정은 스트레스 감소, 혈압 저하, 불안감 완화 등 여러 긍정적인 효과를 가져온다. 연구에 따르면, 동물매개치료는 클라이언트의 운동 기술 향상, 활동 증가, 신체 기능 개선에도 기여하고 있다. 국내 동물매개치료는 반려동물이 주는 연구결과를 10가지 이점으로 정리하고 있다[23]. ① 스트레스 감소 ② 혈압 저하 ③ 고통 수용 능력 증가 ④ 혈중 콜레스테롤 수치 감소 ⑤ 정신적, 감성적 안정 ⑥ 사회화 과정의 용이성 ⑦ 뇌졸중 위험 감소 ⑧ 혈당 관리 향상 ⑨ 알레르기 예방 및 면역력 증가 ⑩ 아이들의 감수성 발달, 이러한 효과 덕분에 장애인, 치매 노인, 일반 노인, AIDS 환자 등을 대상으로 동물매개활동(Animal Assisted Activities, AAA), 동물매개치료(Animal Assisted Therapy, AAT) 등의 프로그램이 진행되어 긍정적인 성과를 얻고 있다. 일본에서도 1986년 요코하마의 특별양호노인홈 '사쿠라노 사토'를 시작으로 다양한 시설에서 동물 참여가 이루어지고 있으며, 이는 동물과의 상호 교감이 정서적 안정과 생활의 질 향상에 기여한다는 경험에서 비롯된 것이다. 우리나라에서는 장애 아동이나 비장애 아동을 대상으로 한 동물 프로그램 연구는 활발히 진행되고 있지만, 노인 관련 연구는 제한적이다. 노인 시설에서 동물을 키울 수 있는 곳은 거의 없는 실정이기 때문이다. 연구에 따르면, 반려동물과 함께 지내는 노인들의 우울증이 현저히 감소했으며, 동물 매개 치료가 사회적으로도 높은 효과가 있는 것으로 나타났다. 일본은 높은 노인 인구를 바탕으로 동물매개치료를 시도하고 있으며, 그 효과를 보고 있다. 노년기에 반려동물은 정서적 지지와 역할 부여 등 다양한 긍정적인 효과를 주는 중요한 존재이다.

5. 중성화

2022년 동물보호에 대한 국민 의식 조사에 따르면, 반려견 양육자(n=961) 중 실내견은 74.1%, 실외견은 40.0%가 중성화수술을 받았다. 반려묘 양육자(n=352)는 85.2%가 중성화수술을 받았다고 응답했다. 중성화수술에 대해선 찬반 의견이 나뉘고 있다. 중성화가 동물의 삶을 망가뜨린다고 주장하는 반대론자가 있는 반면에, 찬성론자들은 길고양이 개체 수가 급속히 증가하고, 나이 든 암고양이의 자궁축농증, 수고양이들 간의 싸움, 암고양이의 발정에 의한 소음 문제를 해결할 수 있다고 강조한다. 또한, 중성화수술을 받은 고양이가 더 오래 산다는 연구 결과도 있다.

일반적으로 생후 1년 정도에 성 성숙이 이루어지므로 이 시기에 중성화수술을 하는 것이 적절하다고 여겨진다. 길고양이의 개체 수 조절을 위하여 지방자치단체에서는 지역 수의사회의 지원을 받아 매년 1~2회 중성화수술을 하고 있다. 최근에는 외과적 수술 없이, 항뮐러호르몬(Anti-Müllerian Hormone, AMH) 주사로 암고양이의 난포 성장을 억제하고 배란 및 임신을 방지할 수 있는 유전자 요법이 개발되었다는 소식이 전해졌다(2023년 6월 7일). 연구에 따르면, AMH 유전자가 투여된 암고양이들은 주사 후 2년 동안 난포 발달과 배란이 억제되었지만, 에스트로겐 등 주요 호르몬에는 영향을 받지 않았으며, 특별한 부작용도 나타나지 않았다. 이는 FDA의 승인을 받았으므로, 우리나라에서도 곧 시행될 가능성이 높다. 이 경우 중성화수술의 필요성이 줄어드는 시대가 올 것으로 보인다.

6. 등록 및 장묘

1) 사육 현황과 등록

사람들이 '반려동물을 기르는 이유'에 대한 설문조사에 따르면, 반려동물과 함께 하면서 책임감 증가, 외로움 감소, 삶의 만족도 향상, 생활의 활기, 긍정적인 사고, 스트레스 감소, 운동량 증가, 대화 증대, 건강 향상, 자신감 향상 등의 순으로 긍정적인 효과를 경험했다고 한다. '반려동물 양육 실태 조사'에서는 참여자들이 반려동물을 기르게 된 이유로 동물을 좋아해서(29.7%), 외로워서(20.4%), 우연한 계기로(17.6%) 응답 했다. 다만 연령 별로 다소 차이가 있어, 20대에서는 '동물을 좋아해서' 기른다는 응답 이 58.8%로 가장 많았고, 70대(31.1%)와 80대(24%)에서는 '외로워서' 기른다는 응답이 더 높았다. 그렇다면 우리는 어떤 개를 기르고 있을까? 2020년 12월 18일 발표된 '2021 반려동물 보고서'에 따르면, 국내에서 반려동물을 기르고 있는 가구 수는 604 만 가구로, 전체 국내 가구의 29.7%에 이르며, 2018년(25.1%)보다 소폭 증가했다. 가장 많이 기르는 개의 품종은 말티즈로, 반려견 가구의 23.9%를 차지했고, 그다음은 푸들 (16.9%)과 시추(10.3%)가 뒤를 이었다. 이외에는 잡종(믹스견), 요크셔 테리어, 포메라니 안, 골든 리트리버, 치와와, 닥스훈트, 진돗개였다.

동물보호법 제16조에 의하면 소유자는 동물의 보호와 유실·유기 방지를 위해 2개 월 이상의 모든 개를 가까운 시·군·구청에 등록해야 한다. 다만 맹견이 아니고 도서 또는 시도지사가 지정한 지역(읍, 면)에서는 등록하지 않아도 된다. 맹견에 대해서는 별도로 규정을 정하고 있다.

맹견의 등록에 관해서는 동물보호법 시행규칙 제2조가 제시한 도사견, 핏불 테리 어, 아메리칸 스태퍼드셔 테리어, 스태퍼드셔 불테리어, 로트와일러와 이 개들의 잡 종 및 제24조에서 기질 평가 결과 공격성이 높다고 판정된 경우를 포함한다. 이들 맹 견은 농림축산식품부장관에게 수입신고를 하고, 허가를 받아야 하며, 예외 없이 신고 해야 한다. 또한 보험에도 가입해야 하고, 외출 시에는 목줄과 입마개를 반드시 착용해야 한다.

「2022년 동물보호에 대한 국민의식조사」에서 동물등록제 인지율을 살펴보면 반려견 양육자의 90.3%가 동물등록제를 인지하고 있었다. 이들 중 77.0%가 등록한 것으로 나타났으며, 해마다 조금씩(약 5% 정도) 증가하고 있다. 또한 도시(78.2%)와 농어촌 지역(67.9%) 간에 큰 차이가 없다는 점은 동물등록이 정착되고 있음을 보여준다.

반면 등록이 의무화되지 않은 반려묘 등록에 대한 의견(n=5000) 조사에서는 의무화 및 등록자에 대한 처벌이 필요하다는 응답이 64.0%로 가장 많았다. 현행대로 원하는 사람만 등록하는 시범사업으로 유지하자는 의견이 30.4%였고, 등록제도가 필요하지 않다는 응답도 5.7% 있었다. 길고양이를 줄이는 하나의 방안으로라도 반려묘의 등록을 의무화할 필요성이 검토될 때가 되었다고 본다.

2) 장묘

'펫팸족'은 반려동물을 뜻하는 '펫(Pet)'과 가족을 의미하는 '패밀리(Family)'를 합친 신조어로 사람들이 개나 고양이 같은 반려동물과 함께 생활하며 그들을 가족처럼 여기는 현상이다. 하지만, 개나 고양이가 죽으면 폐기물로 간주되어 폐기물 봉투에 넣어버려야 하며, 그렇지 않으면 동물 병원에서 의료폐기물로 처리하도록 의뢰해야 한다. 즉 매장을 하면 불법이라는 의미이다.

매장이 불법인 이유에 대해서는 인수공통감염병과 환경오염 등의 주장이 있으나, 민법에 근거를 두는 목소리도 있다. 우리의 법은 동물이라는 존재를 어떻게 바라보고 있을까? 안타깝지만 현행법상 동물은 물건(物件)과 같이 취급된다. 현행 우리나라의 법률 체계상, 이 세상에 존재하는 모든 대상은 오로지 '인간'과 '물건' 두 가지로만 분류한다. 우리 민법은 물건의 의미에 대하여 '물건이란, 유체물 및 전기·기타 관리할 수 있는 자연력을 말한다'고 되어 있다. 여기서 유체물이란 공간 일부를 차지하고 유형적 존재를 가지는 물건을 말한다. 독일은 동물을 물건과 동일하게 보았으나 1990년 법 개정을 통하여 '동물은 물건이 아니다. 동물은 특별 법률에 의해 보호 받는다. 다른 별다른 규정이 없는 한, 물건에 대하여 적용되는 규정이 준용된다.'는 내용의 규정을 민법 제90조에 마련하였고, 오스트리아는 1988년 민법 제285조에, 스위스는 2003년 민법 제641조에 규정하였다. 우리나라에서도 동물을 물건과 같이 취급할 것이 아니라, 동물에게 물건도 사람도 아닌 '제3의 지위'를 부여하는 법적 고려가 필요하다고 생각한다.

펫팸족이 증가함에 따라 반려동물의 장묘문화와 영안실과 같은 공간의 필요성이 대두되고 있고, 최근 동물장묘업체 출현으로 상황이 다소 개선되었지만, 여전히 현실은 냉혹하다. 최근 5년 동안 반려견의 죽음(안락사 포함)을 경험한 보호자의 '사체 처리 방법에 관한 설문조사'에 따르면, 반려견의 죽음을 경험한 보호자 중 47.1%는 직접 땅에 묻고, 27.9%는 동물 병원에 의뢰했으며, 24.3%는 장묘업체를 이용했다고 응답했다. 한국소비자원의 조사에서도 매장한 반려인 중 45.2%가 해당 행위가 불법인지 몰랐다고 밝혔다. 동물의 사체를 매장할 경우 경범죄 처벌법 제3조 1항 11호 '(쓰레기 등 투기) 담배꽁초, 껌, 휴지, 쓰레기, 죽은 짐승, 그 밖의 더러운 물건이나 못 쓰게 된 물건을 함부로 아무 곳에나 버린 사람'은 벌금 10만 원이 부과될 수 있다. 반려동물을 기르는 가구가 천만을 넘어섰지만, 농림축산식품부의 통계에 따르면, 지난 5년간 국내 동물 장례업체 수는 2016년 20곳, 2017년 26곳, 2018년 33곳, 2019년 44곳, 2020년 59곳으로 증가세를 보이고 있지만 턱없이 부족하고, 지자체가 동물장례시설 건립에 긍정적인 입장을 표하더라도 주민의 반대에 부딪혀 무산되는 경우가 많아 어려운 현실이다. 한편, 농림축산식품부는 2023년 4월에는 등록제를 허가제로 전환하여 장묘업종의 요건을 더욱 강화할 계획이다. 해외 장묘시설을 살펴보자면, 일본은 1996년부터 460여 개의 반려동물 기념 공원이 조성되었다. 이러한 공원은 반려인들이 자신들의 반려동물을 묻고 장례식을 진행하며, 저렴한 비용의 화장 서비스를 제공하고 여건에 따라 수목장, 납골당, 묘지 등 다양한 형태의 장례를 선택할 수 있도록 하고 있다. 미국은 주마다 조금씩 다르지만, 기본적으로 공동 장묘시설이 지역마다 마련되어 있다, 운영 주체에 따라 사설이나 공공묘지가 있고, 비영리단체가 운영하는 곳도 있다. 동물을 추모하는 비석을 세우거나 발 도장 등의 기념품을 제작하여 두기도 한다.

7. 반려동물의 주요 감염병

1) 광견병(Rabies)

광견병은 랍도바이러스과(Rhabdoviridae)의 리사바이러스속(Lyssavirus)에 속하는 인수공통감염병이다. 사람에게서는 구강경련으로 인하여 마치 물을 마시는 것을 두려워 하는 것처럼 보여 공수병(hydrophobia)이라고도 불린다. 이 병은 섬나라(영국, 호주, 일본 등)를 제외한 전 세계에 분포하며, 우리나라에서는 고려 중기 향자구급방(鄕者救急方)에 치료법이 기술되어 있다. 그러나 광견병은 1907년에 처음으로 발생한 기록(17두)이 있으며, 사람에게서는 1926년에 처음으로 보고되었다. 광견병은 도시형(개가 주요 전염원)과 삼림형(여우, 너구리, 박쥐 등 야생동물 전염원) 두 가지 경로로 전파된다. 이들의 바이러스는 교상(咬傷)을 통해 개에게 전달된다. 2005년 이후 광견병 발생 보고는 없지만, 접경지역에서는 여우나 너구리가 다니는 길목에 미끼 백신을 놓고, 개는 예방접종을 통해 방역한다.

사람의 공수병 피해 상황은 1926년부터 1938년까지 15,929명이 광견에 물렸고, 이 중 282명(약 1.77%)이 공수병에 걸린 사례가 확인되었다. 1984년의 1건 이후로는 1992년까지 발생하지 않았지만, 1993년에 강원도 철원군 동송읍에서 개 1두가 광견병으로 확인된 이래 현재까지 지속적으로 발생되고 있다. 특히 1998년과 2002년에는 발생 건수가 60건과 78건으로 예년에 비해 월등히 증가하였다. 보통은 예방접종과 치료로 대부분 생존하지만, 적기에 치료받지 못하여, 1999년, 2002년, 2003년, 2004년에 사망한 기록도 있다. 광견병은 감염되면 뇌척수염 등 중추신경계의 병변을 보이며 죽음에 이르는 치명적 질환이다[18]. 감염된 동물의 타액에 포함된 바이러스가 물린 부위(교상 부위)에 침입하여 바이러스가 신경계를 통해 퍼지면서 증상이 나타나기 시작한다. 동물 감수성은 다음과 같이 분류된다: ① 여우, 늑대, 코요테는 가장 감수성이 높고, ② 햄스터, 너구리, 고양이, 소는 감수성이 높으며, ③ 개, 산양, 면양, 말, 사람은 감수성이 보통이다.

길거리나 동네에서 사육하는 개에게 물렸을 경우, 먼저 그 개가 광견병 예방주사를 맞았는지를 확인하고 증상이 발현되기 전에도 바이러스가 전염될 수 있어 최소 1주일, 가능하다면 2주일 정도 일정한 장소에 두고 관찰해야 한다. 광견병에 걸린 개는 어두운 장소에 숨거나 식욕부진, 정서불안을 보이거나(1~2일간) 목쉰 짖음, 침 흘리기, 각막 건조(2~4일) 후에 운동 부전, 탈수, 의식불명의 마비 상태가 1~2일 지속되고 결국 폐사할 수 있다. 발병하는 개 중 약 20%는 발병 초부터 마비형 증상을 보이며, 이러한 마비 증상이 3~6일 지속된 후 폐사한다.

2) 디스템퍼(Canine Distemper)

개 홍역이라 불리기도하는 디스템퍼는 개 디스템퍼 바이러스(Canine Distemper Virus,

CDV, paramyxoviridae의 Morvillivirus속)는 사람의 홍역바이러스(Measles virus)나 우역바이러스(Rinderpest virus)와 유전적으로 매우 가깝다. 원래 식육목(Carnivora) 동물, 특히 개, 늑대, 여우, 스컹크, 족제비 등 육식동물들에게 주로 감염되는 것으로 알려져 있다. 한편 1990년대에 해양 포유동물인 바다표범, 바다사자 같은 동물들이 개 디스템퍼 바이러스에 감염되어 대규모로 폐사하는 사건이 발생하면서 큰 문제가 되었다.

전염력이 강하고 회복되기도 하지만 신경형으로 이행되면 90%가 폐사한다. 계절적으로 12월부터 2월 사이에 감염이 많다. 감염은 접촉감염이 주요 요인이지만 호흡기(비말)도 이루어진다. 잠복기는 4일 정도이며 비경, 안검이 건조하며 식욕감퇴, 폐렴이 수반된다. 내고부(內股部)에 발진이 있고 수포, 농포로 진행된다. 발열과 백혈구 감소 증상을 보이며, 점액변, 혈변을 보이기도 한다[16]. 다른 바이러스 감염병에도 비슷하지만 디스템퍼는 백신으로 효과가 뚜렷하여 발생이 현저히 감소하였다.

3) 고양이 범백혈구 감소증(Panleukopenia)

고양이 파보 바이러스(Feline Parvo Virus, FPV)에 의해 발생하는 바이러스성 장염으로, 병명에서 알 수 있듯 이 질병은 고양이에서 백혈구가 현저히 감소하는 감염병이다. 전염성이 매우 강하고 치사율이 높아 고양이에게 치명적이다. 전파는 감염된 동물의 체액이나 배설물과의 접촉을 통해 이루어지며, 감염 동물이 사용하던 밥그릇이나 침구류를 통해서도 전파될 수 있다. 잠복기는 4~6일이며, 감염되면 소화기 증상으로 설사, 혈변, 탈수, 빈혈이 나타나고 식욕부진, 발열, 구토, 무기력, 우울증 등의 증상을 보인다. 모든 바이러스 감염병과 마찬가지로 이차적인 세균 감염이 발생할 수 있다. 이 질병은 사람이나 개에게는 전파되지 않으며, 예방접종을 통해 예방할 수 있다.

Ⅳ. 야생동물(野生動物)

야생동물은 반려동물과 가축 이외에 포유류와 조류는 물론이고 어류, 양서류, 파충류와 무척추동물까지 광범위하다. 야생동물 분야는 그동안 수의사를 중심으로 동물원 동물을 주요 대상으로 다루어져 왔으나, 최근 들어 자연환경에 대한 국민적 관심이 높아짐에 따라 자연생태계의 한 축을 이루는 야생동물의 역할과 보호의 중요성이 커지고 있다. 실제로 풍부하고 다양한 야생동물을 함유하고 있는 자연은 생태계의 건강과 통합성을 유지해 주고 유독 성분을 흡수해 주며 민물의 공급조절, 영양 염류의 순환, 폐기물의 처리, 정화 기능 및 기상 조절의 작용을 해준다. 한편 야생동물 중에는 이구아나와 거북 등 일부 파충류와 앵무새를 비롯한 조류, 페럿, 햄스터, 고슴도치, 토끼 등 포유동물까지 반려동물로 기르는 경향이 있다.

1. 범주

수의학적 측면에서 야생동물의 사전적 의미는 자연스러운 환경에서 자유롭게 이동이 가능한 포유류, 조류, 양서류, 파충류, 담수어류 등의 척추동물을 말한다. 그러나 넓은 의미에서 야생생물은 무척추동물은 물론 식물까지 포함한다. '야생'은 일반적으로 가축화되거나 경제적 목적으로 길들여지지 않고, 인간의 도움 없이 자연 상태에서 서식하는 생물들을 의미한다. 그러나 야생의 개념은 생물학적 정의뿐만 아니라 국가나 지역에 따라 다르게 해석될 수 있다. 예를 들어, 우리나라에서 코끼리는 야생동물로 분류되지만, 인도나 태국에서는 짐을 운반하는 동물로 이용하기 때문에 가축으로 분류되고, 미국과 같은 넓은 나라에서는 주마다 사정이 다를 수 있다. 또한 어떤 동물이 야생동물로 분류되는지는 그 동물이 사람이나 다른 동물로부터 안전한지, 또는 인간에게 길들여졌는지에 따라 결정되지 않는다. 예를 들어, 사육상자 안에서 거의 움직이지 않는 이구아나나 동물원의 호랑이나 늑대는 그들 종(species)이 야생으로 분류되어 있기에 여전히 야생동물로 간주된다. 이처럼 동물원에 있는 동물은 포획 상태에 있어 자유롭게 야생에서 활동할 수는 없지만, 여전히 야생동물로 여겨진다. 동물원 동물과 야생동물은 모두 넓은 의미에서 야생동물로 간주되지만 진료의 측면에서는 동물원 동물은 개체로, 야생동물은 집단(herd)으로 취급한다. 외래종(exotic)이란 용어를 사용하기도 하는데 야생종과 외래종은 법적으로 구분이 된다. 우리나라에서도 크게 문제가 된 적이 있는 황소개구리나 뉴트리아는 야생종이 아니라 외래종으로 구분한다. 가령 외래종이 문제를 일으키는 동물로 생각하기 쉽지만, 모든 외래종이 문제를 일으키는 것은 아니며, 우리 생태계에 적응해 자생하는 종이 된 경우는 '귀화종'이라 한다. 이를테면 청둥오리 같은 새 일종이 많다.

1973년 미국수의사회는 '다음과 같은 목적을 위해 행해지는 야생동물 및 외래종에 대한 모든 상업적 거래를 금지한다'는 공식 정책을 채택하여 발표하였다. 특정 야생동물 및 외래종을 애완동물로 소유하여 질병, 식이, 운동 부족의 문제가 생기면, 문제를 가진 동물들은 야생으로 복원이 어렵기 때문이다. 그러나 이러한 정책은 외래조류라도 새장에 키우는 조류에는 적용되지 않는다. 우리나라에서는 조금 다르게 「멸종위기에 처한 야생동식물종의 국제 거래에 관한 협약」에 따라 국제거래가 규제되는 생물은 환경부 장관이 고시하는 종으로 「야생동물 보호 및 관리에 관한 법률」 제2조 3항에 게시하여 관리하고 있다. 멸종위기종이나 위기에 가까운 동물은 동법 제2조 2항에 '다음'과 같이 멸종위기종 국제거래협약 부속서 I급, II급, III급으로 구분하여 대통령이 고시하고 있다.

다 음

가. 멸종위기에 처한 종 중 국제 거래로 영향을 받거나 받을 수 있는 종으로서 멸종위기종 국제 거래 협약의 부속서 Ⅰ급에서 정한 것

나. 현재 멸종위기에 처하여 있지는 아니하나 국제 거래를 엄격하게 규제하지 아니할 경우 멸종위기에 처할 수 있는 종과 멸종위기에 처한 종의 거래를 효과적으로 통제하기 위하여 규제하여야 하는 그 밖의 종으로서 멸종위기종 국제거래협약의 부속서 Ⅱ급에서 정한 것

다. 멸종위기종 국제거래협약의 당사국이 이용을 제한할 목적으로 자기 나라의 관할권에서 규제받아야 하는 것으로 확인하고 국제 거래 규제를 위하여 다른 당사국의 협력이 필요하다고 판단한 종으로서 멸종위기종 국제거래협약의 부속서 Ⅲ급에서 정한 것

2. 교육

1761년, 러시아에서 발생한 우역이 유럽에서 창궐할 무렵 프랑스 리옹에서 학교 교육으로 시작된 수의학은 처음에는 말과 소가 그 대상이었으나 시대의 흐름에 따라 가축은 물론 개나 고양이 등의 반려동물, 나아가 마우스와 같은 실험동물로 확대되었다. 이러한 동물들도 처음에는 야생동물이었으나 오랜 세월이 흐르면서 가축, 반려동

물, 실험동물이 되었다. 그러나 아직도 야생에는 본래의 방식대로 살아가는 많은 야생동물이 있다.

제2차 세계대전 후, 고도 경제성장에 따른 난개발과 공해로 인한 환경오염 문제가 1970년대에 접어들면서 심각하게 대두되었고, 이에 따라 야생동물이 격감함에 따라 그 보호의 필요성이 점차 인식되었다. 이를 계기로 동물원이나 수족관의 신설이 이어졌고, 지역에 따라 조수 보호 센터도 설치되었다. 또한, 야생동물이 애완동물처럼 거래되기 시작했다. 이러한 사회적 변화 속에서 야생동물을 대상으로 한 의료나 연구의 필요성이 높아졌고, 젊은 세대가 야생동물에 대한 높은 관심을 나타내면서 점차 수의학 분야에서도 야생동물을 대상으로 하는 교육이 시작되었다.

우리나라에서는 야생동물이 주로 숲에서 생활하였기 때문에 산림청이 관리해 왔지만, 야생동물의 서식처가 물속 등으로 광범위해지면서 1994년에 출범한 환경부가 이를 담당하게 되었고, 천연기념물로 지정된 일부 동물은 문화재청이 관여하며, 해양수산부와 산림청이 각각 나누어 관리하고 있다[24].

야생동물이 우리 생활 주변의 문제로 다가오면서 UN을 비롯한 산하단체의 기관들이 야생동물의 보전은 물론 지구환경문제에 적극적으로 나서게 되었다. 1992년에 체결된 '생물의 다양성 조약'을 비롯한 국제적인 움직임에 따라, 야생동물을 포함한 생물 다양성 보전에 대한 관심과 의식이 서서히 높아져 갔다. 또한, 2000년대에 들어 고병원성 조류인플루엔자(HPAI)의 세계적인 감염 확산을 계기로 사람, 가축, 야생동물의 건강을 통합적으로 파악하게 되었다.

2004년, 미국의 야생생물보호학회(Wildlife Conservation Society, WCS)의 제안으로 '사람, 가축 및 야생생물 집단에서의 질병 전파 현황과 가능성에 관한 심포지엄'이 뉴욕 맨해튼에서 개최되었다. 이 심포지엄에서는 세계보건기구(World Health Organization, WHO), 유엔식량농업기관(Food and Agriculture Organization, FAO), 국제자연보호연합(International Union for Conservation of Nature, IUCN)을 비롯한 위생학이나 야생생물 보전 분야의 전문가들이 모여, 지구상의 생명체에 대한 위협에 대응하기 위한 국제적이고 학제적인 대처의 우선순위를 검토하였다. 그 결과, "세계는 하나, 건강도 하나(One World, One Health)"라는 맨해튼 원칙(Manhattan Principles)이 공표되어 사람과 동물 사이에서 유행하는 감염증을 예방하기 위한 포괄적 대책이 확립되었으며, 사람과 가축, 그리고 이를 지탱하는 생물 다양성에 이익이 되는 주춧돌 같은 생태계를 유지하라는 권고가 이루어졌다.

일본의 수의학 개론에서는 사람의 건강을 지키는 의학, 동물의 건강을 지키는 수의학, 생태계를 건전하게 유지하는 생태학이 융합하여 문제 해결을 도모하는 과학으로, 보존의학(Conservation Medicine)이라는 새로운 분야가 탄생하였다고 한다. 우리나라는 1985년에 서울대학교 수의과대학에서 야생동물에 관한 강좌가 처음 개설되었다. 현재는 전국 10개의 수의과대학에서 전임교수가 야생 동물학 강좌를 맡거나 다른 강좌와 겸임하여 강의하고 있다.

3. 생물 다양성(Biodiversity)과 멸종 위기종(Endangered Species)

예전에는 희귀한 야생생물의 개체나 자연보호시설 등을 손대지 않고 그대로 두는 것이 야생물을 보전하는 것이라 여겼던 시절도 있었다. 그러나 현재는 인간이 지구환경과 야생생물에 미치는 영향이 매우 크기 때문에, 한정된 보호구역이나 멸종 희귀종을 단순히 방치하는 것으로는 생태계를 유지하기 어려운 상황이다. 우리는 높은 빌딩이 가득한 도시에 살고 있어도, 주변의 언덕이나 산에서 자라는 식물들과 곤충, 청설모 등과 같은 작은 동물들과 함께 살아가고 있다. 이러한 생물들이 얼마나 다양한지를 뜻하는 말이 바로 '생물 다양성(biodiversity)'이다. 생물 다양성은 생물의 종뿐만 아니라 생물이 살아가는 기반이 되는 생태계와 생물을 구성하는 유전자의 다양성 모두를 아우른다. 따라서 한 종(種)의 개체 수를 늘리는 것이 아니라, 야생생물이 건전하게 진화할 수 있도록 생물 다양성을 유지하고 회복시켜야 한다.

생물 다양성은 1980년대 후반에 탄생한 새로운 용어로, 생물학적 다양성(biological diversity)의 줄인 말이며, 생태계의 다양성을 의미한다. 1992년 발표된 생물다양성협약은 자국 내에 살고 있는 생물자원에 대한 주권을 인정하되, 가입국이 자국 생물종의 세부 목록을 제출하고 주기적 감시를 의무화하도록 요구하고 있다. 그런 의미에서 우리나라에만 자연적으로 서식하는 고유종(endemic species)은 국가의 가장 중요한 생물자원이며, 생물 주권 확립에 있어 핵심 요소라 할 수 있다. 고유종은 외래종과의 경쟁에서 뒤처지거나 주변 환경에 매우 취약하여 주기적인 모니터링과 지속적인 관리가 필요하다. 고유종의 소실은 단순히 국가 단위의 생물자원 소실만을 의미하는 것이 아니라 지구상에서 멸종을 의미하기 때문에, 많은 국가와 국제기구 등에서는 멸종위기종(endangered species)의 범주에 두어 관리하고 있다.

우리나라에는 어떤 생물이 얼마나 많이 살고 있을까? 생물다양성협약(Convention on Biological Diversity, CBD)과 「지구생물다양성전망(Global Biodiversity Outlook, GBO) 보고서」에 따르면, 전 세계적으로 약 1,400만 종의 생물이 서식하는 것으로 추정된다. 우리나라에는 약 10만 종이 있을 것으로 추정하고 있으며, 2023년 말 기준으로 약 6만 10종이 확인되었고, 계속해서 새로운 종이 확인되고 있다. 국내에 서식·분포하는 종 중에서 가장 많은 분류군은 곤충 20,710종으로 전체의 약 34.5%를 차지하며, 척추동물은 2,090종으로 전체의 약 3.48%를 차지한다.

우리나라에서는 환경부, 해양수산부, 문화재청, 산림청 등에서 멸종위기에 있거나 희귀한 생물들을 각각 보호 대상으로 법에 명시해 관리하고 있다. 대부분의 야생생물을 관할하는 환경부(국립생태원, 국립야생동물질병관리원)는 「야생생물 보호 및 관리에 관한 법률」을 근거로 야생생물의 멸종을 예방하고, 생물의 다양성을 증진하여 생태계의 균형을 유지하며, 사람과 야생생물이 공존하는 환경을 조성하려 하고 있다. 2018년 10월 경상북도 영양군에 국립생태원 멸종위기종복원센터가 설립되어 우리나라 멸종위기 야생생물 종의 관리와 생물 다양성 확보를 위해 노력하고 있다. 이러한 노력에도 불구하고 무분별한 남획과 서식지 파괴로 우리나라도 멸종위기 야생동물이 꾸준히 증가하고 있으며 호랑이, 늑대, 독도 강치 등 이미 절멸된 종들도 있다. 환경부는 이에 멸종위기 야생생물을 지정해 법적으로 보호하고 있으며, 그 종의 수가

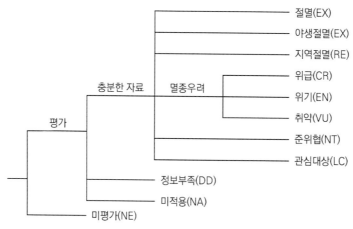

그림 2-8 지역 적색 자료집 (http://www.korearedlist.go.kr)

지속적으로 증가하고 있다. 법적 보호 대상인 멸종위기 야생생물은 1989년 92종에서 2018년 총 267종(1급 60종, 2급 207종)으로 약 2배 가까이 증가했다. 해양수산부가 관리하는 해양생태계는 「해양생태계의 보전 및 관리에 관한 법률」에 따라 해양 보호 생물 77종이 지정되어 있으며, 이 외에도 문화재청이 문화재보호법에 따라 지정한 천연기념물 중 동·식물 70종, 산림청이 지정한 희귀식물과 특산식물 571종이 법적으로 보호받는 생물종이다[24]. 문화재청이 지정한 천연기념물 70종 중 51종은 환경부 지정 멸종위기종과 중복돼 있다.

4. 멸종위기종의 증가와 야생으로의 복귀

지구상에는 약 5,000여 종의 포유동물이 서식하고 있다. 그러나 인간에 의한 포획이나 사냥과 같은 직접적인 원인, 그리고 서식지 파괴 등의 간접적인 원인으로 매년 종의 수가 감소하고 있으며, 현재 27%의 포유동물이 절멸 위기에 처해 있다. 그 결과, 일부 동물은 동물원에서만 볼 수 있고, 이미 절멸된 종도 있다. 국내에서는 멸종위기 동물을 보호하기 위하여 환경부령으로 멸종위기 동물 I급(현재 야생동물 28종 지정), 멸종위기 동물 II급(현재 야생동물 64종 지정)으로 구분하여 관리 보호하고 있다. 또한, 국제자연보전연맹(The International Union for Conservation of Nature, IUCN)은 가속되는 종의 절멸을 막기 위하여 동물의 중요도에 따라 적색목록을 작성하여, 이를 절멸(Extinct, EX), 야생 절멸(Extinct in the Wild, EW), 위급(Critically endangered, CR), 위기(Endangered, EN), 취약(Vulnerable, VU)으로 구분하였다. 이 중 위기, 위급, 취약의 범주를 합하여 '멸종 우려(threatened)'라 한다(그림 2-8).

처음 발간한 보고서(1966년) 표지가 위험을 나타내는 붉은색이어서 '적색 자료집'(Red Data Book)이라 불리는데, 멸종위기 생물의 현황과 위험 정도를 널리 알리고 보호 활동을 위한 자료로 활용되고 있다. 세계 각국은 국가별로 IUCN이 규정하는 평가범주와 기준에 따라 적색목록을 만들어 적색 자료집을 발간하고 있다. 우리나라의 경우 2011년부터 총 10개 분류군(조류, 양서·파충류, 어류, 포유류, 관속식물, 연체동물, 곤충 I, 곤충 II, 곤충 III, 거미류)에 대해 적색목록을 만들고 보고서로 발간하고 있다. 우리나라에서 현재까지 작성한 적색목록 대상 종은 총 8,000여 종이며, 이 중에서 멸종 우려종 범주인 위급(CR), 위기(EN), 취약(VU)에 속하는 생물종은 총 533종으로 전체 국내 생물종의 약 6.6%에 해당한다.

📖 적색목록 등급

- 절멸(EX, Extinct): 해당 분류군의 마지막 개체가 사라진 것이 확실한 상태
- 야생 절멸(EW, Extinct in the Wild): 야생 상태에서 멸종되고 사육 또는 보호 상태에서만 존재
- 절멸 위급(CR, Critically Endangered): 야생에서 극히 높은 멸종위기에 처해 있는 상태
- 절멸 위기(EN, Endangered): 야생에서 매우 높은 멸종위기에 처해 있는 상태
- 취약(VU, Vulnerable): 야생에서 높은 멸종위기에 처해 있는 상태
- 준위협(NT, Near Threatened): 위협 등급에 해당하지 않으나 근래 위협등급으로 평가될 수 있는 상태
- 최소 관심(LC, Least Concern): 개체수가 풍부하여 위협등급 또는 멸종에 근접하지 않은 상태
- 정보 부족(DD, Data Deficient): 위협 수준을 평가할 수 있는 자료가 부족한 상태
- 미평가(NE, Not Evaluated): 적색목록 기준에 의한 평가가 이루어지지 않은 상태

현재 멸종위기 야생생물 282종은 환경부에서, 천연기념물(동·식물) 461종은 문화재관리청에서, 해양보호생물 83종은 해양수산부에서, 희귀식물, 특산식물 931종은 산림청에서 맡고 있다. (국립생태원 기관별 국가 보호종 전체 종 목록 참조) 이러한 생물다양성 감소와 야생동물 멸종을 부르는 주요 원인으로는 ① 서식지의 남획과 파괴 ② 무분별한 밀렵행위 ③ 가축과 농작물 보호를 위한 사냥 행위 ④ 환경오염(토양, 폐기물, 대기, 수질) ⑤ 서식지 내 외래종의 도입 ⑥ 감염병의 전파가 있다. 우리나라에서 멸종위기종으로 지정된 것 중 포유류 I급에는 늑대(RE), 대륙사슴(RE), 반달가슴곰(EN), 붉은박쥐(VU), 사향노루(CR), 산양(VU), 수달(VU), 스라소니(RE), 여우(EN), 표범(RE), 호랑이(RE) 11종이 있고, II급에는 담비(VU), 무산쇠족제비(VU), 물개(VU), 물범(EN), 삵(VU), 작은관코박쥐(EN), 큰바다사자(NA), 토끼박쥐(VU), 하늘다람쥐(VU)의 9종으로 총 20종이 있다. 그리고 조류(I급, II급)는 검독수리(EN), 넓적부리도요(CR), 노랑부리백로(EN), 두루미(EN), 매(VU), 먹황새(EN), 저어새(VU), 참수리(EN), 청다리도요사촌(EN), 크낙새(RE), 호사비오리(EN), 흑고니(EN), 황새(EN), 흰꼬리수리(VU), 개리(EN),

검은머리갈매기(EN), 검은머리물떼새(VU), 검은머리촉새(VU), 검은목두루미(LC), 고니(VU), 고대갈매기(EN), 긴꼬리딱새(VU), 긴점박이올빼미(EN), 까막딱따구리(VU), 노랑부리저어새(VU), 느시(EN), 독수리(VU), 따오기(RE)의 69종이 있다.

멸종위기종 국제거래협약(Convention on International Trade in Endangered Species, CITES)에서는 환경부 장관이 I급, II급, III급을 구분하여 고시하고 있다. 1973년 채택된 '멸종위기에 처한 야생동식물의 국제거래협약'은 멸종위기 야생 동·식물의 국제 거래를 규제하여 서식지에서의 무분별한 채취와 포획을 억제하고 있으며, 학술연구가 목적일 경우 거래를 가능하게 하였다. 지역 내에서 잠재적인 번식능력을 갖춘 마지막 개체가 죽거나 야생에서 사라졌다고 확실할 경우 이를 '지역 절멸(Regionally Extinct, RE)'이라 하며, 국내에서는 늑대, 대륙사슴, 스라소니, 표범, 호랑이가 이 범주에 포함된다.

야생동물의 멸종은 해당 종에만 국한되지 않고, 먹이사슬에도 영향을 미친다. 한 예시로 도도새에 의한 칼바리아(Calvaria) 나무의 멸종이 있다. 아프리카 마다가스카르 앞바다 인도양의 모리셔스(Mauritius)섬에서 1600년쯤 네덜란드 선원에 의하여 처음 발견된 도도과(Raphidae)에 속하는 도도새는 발견 후 채 10년도 되지 않아 멸종하고 말았다. 과학자들은 박물관에 있는 기록을 통해 도도새가 원래 날 수 있었으나, 먹이가 풍부하고 천적이 없는 섬의 환경에서 많은 에너지를 소모하는 방식인 날아다니는 것보다 땅에 남아있는 것이 더 효율적이라 에너지를 절약하기 위해 날지 않도록 진화했을 것이라 추측하고 있다. 도도새는 처음 발견한 네덜란드 선원들에게 식용으로 이용되기도 하였지만, 멸종의 주된 원인은 산림 파괴로 인한 먹이 부족과 선원들이 데려온 고양이, 쥐, 돼지들이 도도새의 둥지를 파괴하면서 서식 환경이 악화된 것으로 보고 있다. 또한, 도도새가 나무의 열매를 먹고 배설을 통해서만 발아할 수 있는 나무가 있었는데 도도새의 멸종으로 그 나무 또한 멸종되었다. 이러한 사실을 통해 야생동물 보존 정책은 미시적인 측면뿐만 아니라 생태계의 고리가 끊어지지 않도록 거시적인 면도 함께 신중히 고려해야 한다는 것을 알 수 있다.

5. 농업 피해

강력한 야생동물 보호 정책으로 개체 수가 증가하여 인명피해는 물론 농업에 대한 피해가 증가함에 따라 지방자치단체는 물론 환경부에서는 피해 보상에 나서고 있다.

야생동물 중 멧돼지와 까치가 가장 주목받는 유해 동물이다. 농촌지역의 개발 확대, 농업인의 증가와 함께 야생동물의 개체수 증가로 인하여 야생동물의 서식지와 먹이가 줄어들면서 야생동물에 의한 피해가 점점 증가하고 있다. 철원군의 예를 보면 2016년 42건, 2017년 101건, 2018년 121건으로 피해 신고가 증가하고 있다. 철원군은 2005년 3월 「철원군 야생동물에 의한 농작물 피해보상금 지급조례」를 제정하여 운영 중이다. 「철원군 야생동물에 의한 농작물 피해보상금 지급조례」에서 위임된 사항과 그 시행에 필요한 사항을 시행규칙에 규정하고 있으며, 피해 보상의 요건으로 [제2조 2항] '철원군 소재 농경지에서 재배한 농작물', '철원군에 주소를 두고 거주하고 있는 경작자', '농작물 피해에 관하여 다른 법령에 따른 지원 또는 보상받은 경우가 아닐 것'으로 제한하고 있다. 철원군은 2019년도 피해보상금 예산 중 1억 500만 원을 예상 보상금액으로 책정하고 있다. 또한, 접경지역에서 야생 너구리에 의한 광견병 전파 방지를 위해 반려견에 대한 예방백신은 물론 너구리가 다니는 통로에 예방백신이 들어있는 먹이(미끼 백신)를 두어 광견병 차단을 시도하고 있다.

2019년 10월 3일 야생 멧돼지에서 처음으로 아프리카돼지열병 바이러스가 검출된 이후 2024년 6월 말 기준, 모두 4,071건이 발생하였다. 야생 멧돼지에서 아프리카돼지열병이 발생한 시·군은 총 43개 시·군으로 최초 발생지역인 강원도에서 경기도, 충청북도, 경상북도를 거쳐 부산광역시에 이르기까지 전국적으로 확산되었다. 아프리카돼지열병은 야생 멧돼지와 사육 돼지에서 발생하는 바이러스성 전염병으로, 급성형의 경우 치사율이 95~100%에 이르고, 바이러스의 생존력이 강하며, 치료법과 백신이 개발되어 있지 않다. 이 질병은 아프리카 지역에서는 풍토병으로 자리 잡았으며, 현재 중국과 북한의 양돈 농가에서도 발생하고 있다.

6. 구조 실태

상처를 입은 야생동물을 구조하는 일은 동서고금을 막론하고 인도적인 행위로 이루어져 왔다. 야생동물 구조는 인간성의 발로이자 무상 행위로 시작되었지만, 최근에는 야생동물의 멸종 방지와 서식지 보전 등 구조활동의 공공적인 중요성이 더욱 강조되고 있다. 또한, 야생동물 구조활동은 조류 인플루엔자를 비롯한 인수공통감염증의 방역 대책 측면에서 감염증의 전파경로를 파악하고, 유행을 모니터링하는데 도움이 된다. 이처럼 야생동물 구조의 목적은 생물 다양성을 보전할 뿐만 아니라 질병 전파의 경로를 이해하여 예방할 수 있게 하는 두 가지 측면을 가지고 있다. 또한 국립 야생동물 질병 관리원은 야생 포유류(멧돼지, 고라니, 노루, 너구리, 박쥐)를 대상으로(사체 포함) 감염병의 검사(항체, 항원)를 통하여 질병을 예방하고 있다.

야생생물 보호 및 관리에 관한 법률(야생생물법)에 따라 2006년부터 야생동물구조센터를 운영 중인 환경부는 2023년 전국 17개 야생동물구조센터에서 구조, 치료, 방사한 통계를 발표하였다. 20,408마리(폐사체 포함)를 구조하였으며, 그중 7,321마리가 치료 후 자연으로 방사되었다. 이 중 1,192마리가 멸종위기종이었으며, 멸종위기종 중 356마리(29.9%)가 치료 방사되었다. 이러한 2023년의 결과는 2019년 대비 구조 건수 기준 43.8%가 증가한 수치이다. 종별 구조는 조류가 75.4%(15,915마리)로 가장 많았으며, 다음으론 포유류 20.9%(4,411마리), 그 외 파충류, 양서류도 있었다.

한편, 야생동물 중에도 야생동물 보호 및 관리에 관한 법률 제43조 1항에 근거하여 수렵이 가능한 동물이 있다. 수렵 동물은 포유류 3종(멧돼지, 고라니, 청설모)과 조류 13종(꿩<수꿩>, 멧비둘기, 까마귀, 갈까마귀, 떼까마귀, 쇠오리, 청둥오리, 홍머리오리, 고방오리, 흰뺨검둥오리, 까치, 어치, 참새)이 있다. 수렵은 연중 내내 할 수 있는 것은 아니며, 대통령령에 따라 시장, 군수, 구청장으로부터 면허를 받아 시장, 군수, 구청장이 지정한 수렵 장소에서만 이루어진다.

1. 과학세대 옮김 (J.C 블록 원저), 인간과 가축의 역사, 도서출판 새날, 1996

2. 한국가금발달사 편찬위원회, 한국가금발달사, 선진문화사, 1985

3. 임동주, 인류역사를 바꾼 동물과 수의학, 마야, 2018

4. 김진준 옮김(재레드 다이아몬드 원저), 총, 균, 쇠, 문학사상, 2013

5. 정창국, 임상만보, 정창국교수 정년기념사업회, 1988

6. 김정민, 권순균 등, 수의사가 말하는 수의사 II, 2019

7. 이희훈, 韓민족과 한우, (사)전국한우협회, 2017

8. 김경원 옮김, 히라타 마사히로 원저, 우유가 만든 세계사, 돌배개, 2018

9. 이혜원, 한국의 우수 젖소, 네팔 낙농업의 젖줄되다. 낙농육우, 2022

10. Knut Schmit-Nielson, The physiology of the camel, Scientific American, 1959

11. 이희훈, 가축문화사, 현축, 2018

12. 김재민, 김태경, 황병무, 옥미영, 박현욱, 대한민국 돼지산업, 팜커뮤니케이션, 2019

13. 김천호, 친환경과 유산양, 송학문화사, 2009

14. 남도영, 한국마정사, 과천, 마사회박물관, 1997

15. 60년사 편찬위원회, 한국마사회 60년사, 한국마사회, 2010

16. 최원필, 송희종, 김순재 편집, 수의전염병학, 경북대학교 출판부, 1994

17. 천명선, 이항, 조선시대 가축전염병의 발생과 양상, 농림축산검역본부, 2015

18. 최철순, 최신인수전염병학, 서흥출판사, 2006

19. 국립수의과학검역원, 100년사 회고록(112, 박종명), 국립수의과학검역원, 2009

20. 박영철 옮김(스탠리 코렌원저), 개는 어떻게 말하는가?, 보누스, 2020

21. 양일석, 수의생리학실험, 광일문화사, 1987

22. 윤철희 옮김(사라 브라운 원저), 고양이, 그 생태와 문화의 역사, 연암서가, 2020

23. 김옥진, 동물매개치료 입문, 동일출판사, 2018

24. 이우신, 박찬열 등, 야생동물 생태관리학, 라이프사이언스, 2010

제3편
수의사의 활동 영역

교양으로 읽는 수의학 이야기

수의사가 하는 일은 크게 임상과 비임상으로 구분할 수 있으며, 임상은 다시 대동물 수의사와 소동물 수의사로 나눌 수 있다. 비임상 수의사는 임상을 제외한 모든 진출 분야를 아우르며 공무원으로 취업할 수도 있고, 대학이나 연구소에서 교육이나 연구에 임할 수 있다. 수의사의 주 업무는 과거에는 전염병이나 질병의 진단, 치료에 주력하였으나 사회 문화적 환경의 변화와 급격한 경제성장에 따라 새로운 동물진료기술의 개발 및 가축생산기술의 향상, 야생 및 수생동물의 보전, 생명과학연구에 필수적인 실험동물에 대한 연구, 축산식품을 비롯한 각종 식품의 안전성 확보, 인수 공통 전염병의 예방 및 환경보호를 통한 인류보건의 향상, 의약품 및 신물질 개발 등에 대한 생명공학기법의 개발에 이르기까지 그 영역이 광범위하게 확대되었다.

이 장에서는 수의사의 활동 영역을 임상, 공직, 기업, 관련 기관 및 단체, 국제활동 중심으로 간단히 기술하고자 한다.

Ⅰ. 임상

임상 수의사들이 관리하는 동물은 크게 농장동물, 반려동물, 야생동물로 나눌 수 있다. 2022년 수의사 현황(표 3-1)을 살펴보면, 약 14,123명의 현업 수의사 중 대략 60%가 동물병원(반려동물, 농장동물, 야생동물 등)에 종사하고 있다. 반려동물 수의사 대부분은 도시 지역에 밀집해 있는 반면, 농장동물 수의사는 주로 농촌 지역에 근무하여 가축 질병 치료 및 관리 역할을 담당한다.

농장동물 수의사는 점차 감소하고 있으며, 이 분야의 인력난이 지속적으로 보고되고 있다. 주로 가축을 돌보는 농장동물 수의사 직군은 3D(힘들고, 위험하고, 더러운)업종으로 여겨지며, 젊은 수의사들의 유입이 상대적으로 적어 평균 연령이 높아지고 있다. 예를 들어, 반려동물 수의사의 평균 연령은 약 41.4세인 반면, 농장동물 수의사의 평균 연령은 약 53.4세에 달한다. 이로 인해 농장동물 수의사들의 고령화 현상이 두드러진다. 또한, 공공 수의직과 농장동물 수의사에 대한 처우 개선 요구가 지속되면서, 수당 인상과 주거 지원 등의 혜택이 논의되고 있지만 근본적인 인력난 해결에는 아직 어려움을 겪고 있다. 축산농가에서 주로 민간 수의사들과 협력하여 가축 방역업무를 강화하는 방안이 일부 논의되기도 했다. 정부와 수의사회는 농장동물 수의사의 부족 문제를 해결하기 위해 제도 개선 방안을 모색하고 있으며, 농장동물 수의사의 전문성 신장(伸張)을 목표로 관련 정책을 발전시키고 있다.

반려동물 수의사들은 개, 고양이와 같은 소동물에 대한 진료가 주를 이루며, 일반 진료, 수술, 예방 접종, 건강 상담 등 다양한 의료 서비스를 제공한다. 또한, 수의사들의 수요가 증가함에 따라 전문 분야도 점차 세분화되고 있어, 피부과, 치과, 안과, 영상의학과 같은 전문 클리닉도 증가하고 있다. 특히, 반려동물 진료 분야에 다양한 첨단 기술이 도입되고 있으며, 디지털 헬스케어, 유전자 검사, AI 진단 시스템 등이 반려동물 의료의 효율성을 높이고 있다. 특히, AI 기반의 영상 진단 기술활용이 늘어나면서 정확한 진단과 빠른 처치가 가능해질 것으로 기대된다. 반려동물 진료는 일반적으로 예약제로 이루어지며, 진료비는 동물 종류와 진료의 난이도에 따라 다르다. 일부 지역과 병원에서 동물 의료보험 시범 사업을 진행하고 있지만, 대부분의 진료 비용은 여전히 보호자가 부담하고 있다. 또한 반려동물 의료 산업이 빠르게 성장하고 임상 수의사 수요도 지속적으로 증가하면서 최근 몇 년 동안 수의사 전문의 제도 도입이 논의되고 있으며, 내과, 안과, 외과 등 일부 분야에서 전문의 자격을 부여하고 있다(P41 참조).

야생동물 수의사는 주로 구조 및 치료와 함께 다양한 질병의 관리 및 예방, 서식지 보전 활동 등에 참여하고 있다. 최근 야생동물과 가축 간의 질병 전파 방지와 생태 보전 중요성이 증가하면서 국립야생동물질병관리원과 같은 전문기관과의 협력이 활발히 이루어지고 있다. 예를 들어, 대한수의사회는 야생동물 검역 제도 강화를 위해 국립야생동물질병관리원과 협약을 맺어 감염병 대응체계를 강화하고 있다. 이는 야생동물의 바이러스성 질병과 인수공통 감염병의 전파를 막기 위한 중요 사항으로, 관련된 수의사들의 역할도 더욱 중요해지고 있다. 또한, 지자체와 NGO는 지역의 야생동물 보호소를 통해 수의사들이 구조된 야생동물의 건강을 관리하고 재활 프로그램을 운영하는 데 기여하고 있다(지역수의사회별로 길고양이 중성화(TNR) 프로그램과 야생동물 구조 활동에 수의사들이 참여하고 있다. 이는 시민단체와의 협업을 통해 확대되고 있다). 한편, 야생동물 진료와 관련해서는 해당 분야 전문 수의사 수가 제한적이어서, 대부분 환경보전기관과의 협력을 통해 활동하고 있다.

특수동물 수의사의 수요는 증가하고 있지만, 그 수가 여전히 적고 관련 인프라도 부족한 상태이다. 특수동물 수의사는 개, 고양이와 같은 반려동물과는 달리 다양한 동물 종의 특성에 맞춘 전문성이 필요하다. 최근 반려동물 양육 가구가 늘면서 페럿, 고슴도치, 도마뱀, 토끼, 앵무새 등과 같이 다양한 동물들을 키우는 가구가 증가했고, 이들은 각각 고유의 생리적 요구와 환경 조건을 지니고 있어 복잡한 진료 과정이 요구된다. 하지만 특수동물 수의사의 수는 전체 수의사에 비해 미미하며, 현재 특수동물 전문 병원은 많지 않아 보호자들은 제한된 시설을 이용하기 위해 먼 거리를 이동해야 하는 경우를 흔히 볼 수 있다. 또한 특수동물은 보통 예민한 특성이 있어 진료 시 스트레스 관리가 필요하며, 소화기계와 같은 주요 장기에 질병이 발생할 때 즉각적인 대응이 필수적이다. 특히, 토끼와 기니피그 같은 초식동물은 위장관 장애가 치명적일 수 있기 때문에 빠른 진료가 요구된다. 이처럼 특수동물 수의사의 필요성은 날로 증가하고 있지만, 인프라와 지원은 부족한 실정이며, 외국 자료와 연구에 의존하여 진료 및 치료법을 습득하는 경향이 크다. 반려동물 산업의 성장과 함께 다양한 동물의 특성을 이해하고 치료하는 전문가로서 특수동물 수의사의 역할은 중요성이 커질 것이다.

수생동물 수의사는 해양 및 담수 생태계를 다루며 주로 양식업과 수족관에서 일한다. 국내 수생동물 수의사들은 물고기와 해양 포유류의 건강을 관리하며, 기생충 감염, 환경 오염의 영향, 수질 문제 등 다양한 수생동물 질병을 다룬다. 특히, 양식업에 수산물의 생산성과 품질을 유지하기 위해 물고기의 건강과 질병 예방이 중요하며, 이는 경제적 이익과도 직결되어 있어 수생동물 수의사의 역할이 필수적이다. 수생동물 수의사에 대한 교육은 주로 수의과 대학에서 제공되며, 학생들은 수생동물의 특수성을 고려한 병리학, 생리학, 해부학 등의 기초 지식을 습득한다. 그러나 수생동물 관련 과목의 비중이 상대적으로 낮아 추가적인 해외 연수나 전문 프로그램 참여를 통해 실무 경험을 쌓는 경우가 많다. 예를 들어, 코넬대학교의 AQUAVET® 프로그램은 수생동물 임상수의학에 특화된 교육 과정을 제공하여 국내외 수생동물 수의사들이 주요 실무 경험을 쌓을 기회를 제공한다. 또한 한국수산자원공단 제주본부에서 2021년부터 매년 국내·외 대학 수의학과에 국제 해양생물 부검 교육 과정을 운영하여 국내외 수생동물 실무 역량을 강화할 수 있도록 돕고 있다. 현재 국내에서는 해양포유류와 어류를 다루는 수의사들이 부족한 편이므로, 국내 수산업과 수생 생태계를 보호하고 발전시키기 위해서 더욱 전문적인 교육과 현장 중심의 실습이 필요한 상황이다.

II. 공직

1. 국가 수의 업무(National Veterinary Service) 개요

수의학의 궁극적인 목표는 공중보건을 개선하고, 인류의 건강을 증진하며, 환경과 생태계를 보호하는 데 있다. 이런 점에서 볼 때 수의학은 사회 공동체를 지지하는 중요한 공공재로써 그 소명과 책임이 분명하다. 예를 들어, 구제역이나 고병원성 조류인플루엔자와 같은 천문학적인 피해와 사회적 파장을 몰고 오는 국가 재난형 가축질병 통제, 미국산 쇠고기발 광우병 사태로 인한 축산 식품 안전 문제, COVID-19과 같은 인수공통감염병 팬데믹 관리 및 대응은 민간 분야에서 해결하기 어려운 과제들이다. 이러한 문제들은 대표적인 시장실패(Market-failure)의 사례로, 공공영역의 역할이 요구되는 정부 임무형 국가 수의 업무의 필요성을 강조한다. 따라서 국가 수의 업무의 핵심은 전문성을 바탕으로 공공의 이익에 부합하는 수의 서비스를 제공하는 것이며, 주요 업무는 다음과 같이 요약할 수 있다(그림 3-1).

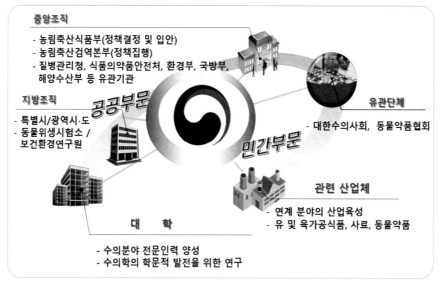

그림 3-1 수의사의 활동 영역

① **동물방역**: 동물(야생동물·어패류 포함)의 질병 통제
② **동·축산물 검역**: 수출입 동·축산물을 통한 외래질병, 유해물질의 유입 및 전파 방지
③ **축산식품 위생관리**: 동물 또는 동물유래 식품에 대한 과학적인 위생관리 및 안전성 보증
④ **동물용 의약품 등 관리**: 동물용 의약품 관련 법제도 운영, 인허가 및 품질관리
⑤ **동물보호·복지증진**: 동물 보호·복지증진 및 국민 의식 함양
⑥ **수의과학기술개발연구**: 수의 분야 과학 기술 개발 및 연구

2. 국가 수의조직 체계

현대적인 관점에서 우리나라 국가 수의조직은 1948년 농림부의 축정국 내 수의과가 설치되면서 처음으로 제대로 된 행정체계를 갖추게 되었으며, 가축 위생, 축산물 검사, 육류와 어패류 위생, 수의 행정과 관련된 업무를 수행했다[1]. 이후 새로운 업무 발굴, 조직 확대 등의 변화를 거듭하면서 2017년에 처음으로 국장급 수의 전담 조직인 방역정책국이 신설(방역정책과, 구제역방역과, 조류인플루엔자방역과의 3개과 편제)되었으며, 국가 수의 업무 전반에 관한 법령·제도, 기획·조정 등 총괄관리와 함께 세계동물보건기구(WOAH) 등 수의분야 국제기구에서 대한민국 정부를 대표하여 활동하고 있다.

농림축산식품부가 입안하거나 기획한 수의시책이 실행력을 갖추고 일선현장에 적용되기 위해서는 이를 담당할 집행체계가 필요하며 이는 사무범위에 따라 중앙조직과 지방조직으로 구분할 수 있다. 농림축산검역본부는 농림축산식품부 소속으로, 국가 수의 실무를 책임지는 유일한 중앙집행기관이다. 이 기관은 수의사 재직 인원이 가장 많은 조직이며, 거의 모든 수의 행정 서비스를 제공하는 전문기관으로 평가받고 있다.

지방정부는 중앙정부가 하달한 정책을 현장에 적용하고 집행하게 되는 데, 광역자치단체(시·도)와 기초자치단체(시·군·구)에 각각 국가 수의 업무를 수행하는 부서를 두고있다. 지방 수의 조직은 각 자치단체의 행정 여건, 경제·산업구조, 사회·문화 특성에 따라 조직의 명칭과 형태, 인력 규모 등이 각각 다르다. 예를 들어, 2023년 기준으로 서울특별시는 푸른도시여가국 산하 동물보호과에서 동물방역, 동물복지업무를 맡고 있다. 또한, 경기도는 축산동물복지국에 동물방역위생과, 동물복지과, 반려동물과를 두고 있으며, 충청남도는 농림축산국 소속 동물방역위생과에서 지역의 수의

업무를 담당한다. 이와는 별도로 각 광역 단체는 동물과 축산물의 방역·검사 및 연구 업무를 효과적으로 수행하기 위하여 동물위생시험소를 운영하고 있다.

3. 수의 법규의 이해

공공영역에서 수의 업무가 성공적으로 이루어지려면, 실행 규범과 일정한 수준의 행정권한이 보장되어야 한다. 즉, 동물 질병을 효율적으로 방역하기 위해서는 제한된 자원과 인력으로 관리 가능한 질병의 종류와 우선순위를 정하고, 적합한 정책 수단을 결정하며, 그 효과를 평가하는 방법을 고려해야 한다. 이 과정에서 공익을 위해 개인의 자유나 사유재산을 제한해야 하는 경우가 생길 수도 있다. 따라서 법령은 각 업무 단위별로 합리적이고 상식적인 수준에서 표준화된 업무절차와 방법, 그리고 필요한 권한을 명확히 규정하고 부여함으로써 집행의 추진력을 제공하게 된다. 국가 수의 업무를 지원하는 주요 법령으로는 가축전염병예방법, 축산물위생관리법, 동물보호법, 동물용 의약품 등 취급규칙이 있다.

가축전염병예방법은 1961년에 제정된 법으로, 가축의 전염성 질병 발생과 확산을 막아 축산업을 발전시키고 공중위생을 향상시키는 목적을 가지고 있다. 이 법은 가축 전염병의 정의와 종류, 국가와 지방자치단체 역할, 가축방역, 수출입 검역, 수의과학 기술 개발 계획 등을 다루고 있어, 국가 수의업무의 근간이 되는 가장 중요한 법령이다. 또한 가축 방역관(제7조), 동물검역관(제30조) 등 수의직 공무원의 자격 요건과 권한도 규정하고 있다.

축산물위생관리법은 1962년 축산물가공처리법을 시작으로 53차례의 개정을 거쳐 현재에 이르렀다. 이 법은 가축의 사육, 도살, 처리와 축산물의 가공, 유통 및 검사 등 모든 단계에서 필요한 사항을 규정하고 있다. 주요 내용으로는 축산물의 정의와 분류, 축산물 등의 기준 및 규격, 위생관리, 검사, 영업의 허가 및 신고 사항 등이 포함하고 있다. 또한 법 13조(검사관과 책임수의사)에서는 축산물위생 검사관의 자격을 수의사로 규정하고, 그 임무와 권한을 명시하고 있다. 현재, 이 법의 주관부처는 식품의약품안전처이지만, 법 44조(권한의 위임 및 위탁)에 따라 농림축산식품부 장관에게 생산 단계(농장, 도축장 및 집유장)에서의 위생, 질병, 품질 관리, 검사 및 안전관리 인증 기준 운영에 관한 사항을 위탁하고 있어, 축산물 안전관리는 사실상 농림축산식품부와 식품의약품안전처로 이원화되어 있는 실정이다.

동물보호법은 다른 수의 관련 법령에 비해 비교적 늦은 1991년에 처음으로 제정되었다. 제정취지는 동물의 생명 보호, 안전보장 및 복지증진을 통해 사람과 동물이 조화롭게 공존할 수 있는 환경 조성에 있다. 최근 반려동물 사육 인구 천만 시대를 맞아, 동물 학대 금지, 동물의 보호와 관리, 동물실험관리, 반려동물 관련 영업 사항 등을 다루는 내용이 추가되었다. 특히 법 48조(전임수의사)에서는 일정 규모 이상의 실험동물을 보유한 기관은 반드시 전담 수의사를 채용해야 한다고 규정하여, 동물 보호 분야에서 수의사의 핵심적인 역할을 강조하고 있다.

약사법 제85조(동물용 의약품 등에 대한 특례)에서는 '동물용으로만 사용할 것을 목적으로 하는 의약품 등의 소관은 농림축산식품부장관 또는 해양수산부장관의 소관으로 한다'고 규정하였다. 이에 따라, 동물용 의약품의 국가 출하 승인 및 동물용 의약품, 동물용 의약외품, 동물용 의료기기 및 동물용 체외진단의료기기의 제조·수입·판매에 관한 사항은 농림축산식품부령인 '동물용 의약품등 취급규칙'에서 다루고 있다. 다만, 동물용 의약품등 취급규칙 제2조 2항에서는 수산 전용 의약품 및 의약외품의 제조·수입에 관한 사항은 해양수산부 소속 수산물품질관리원 소관으로 한다는 예외를 두고 있다.

4. 공직 수의사의 개요와 현황

공직 수의사는 국가 수의 업무에 종사하는 사람을 말하며, 연구직 공무원을 제외하면 수의사 면허 소지자를 대상으로 제한경쟁채용 절차를 통해 임용된다. 이는 국가 수의 업무를 규정하는 법령에서 자격 요건을 수의사로 제한하고 있기 때문이다.

표 3-1 수의사 활동현황　　　　　　　　　　　　　　　　　　　　　　　　　　(단위 : 명)

구분	현업 종사	구분						
		동물병원	공무원	공중방역 수의사	산업계	학계	군진	기타
2020년	14,051	8,386	2,556	495	1064	712	186	652
2021년	13,277	7,665	2,549	421	1057	771	187	627
2022년	14,123	8,515	2,517	447	1017	834	178	615

(출처: 농림축산식품부)

농림축산식품부 통계자료에 따르면[2], 2022년 기준 공직 수의사는 2,517명으로, 현업에 종사하는 수의사 14,123명의 약 17.8%를 차지한다. 이는 동물병원 등에 근무하는 임상수의사(8,515명, 60.3%) 다음으로 많은 수치다(표 3-1). 그럼에도 불구하고, 공공부문에 종사하는 수의사(가축방역관, 동물검역관, 검사관)의 부족 현상이 두드러져 보이는 데, 정원 1,784명 중 411명이 공석으로, 결원율이 약 23%에 이른다. 이러한 현상은 반려동물 산업이 급성장하면서 임상수의사로의 인력 쏠림 현상과 상대적으로 낮은 급여 및 열악한 근무 여건 때문으로 분석된다.

5. 공직 수의사의 분류

일반적으로 공무원은 공공부문에서 매우 다양한 업무를 수행하기 때문에, 비슷한 업무를 하는 사람들을 묶어 분류하고 관리한다. 또한 임용 주체도 중요한 분류기준이 된다.

1) 직무내용(직군 · 직렬)

국가공무원법에 따르면, 직무의 성질이나 내용이 유사한 업무 단위를 직군(職群)이라 하고, 직무의 종류가 비슷하지만 책임과 난이도가 다른 단위를 직렬(職列)이라 정의한다. 요약하면 직군은 직렬보다 포괄적이고 광범위한 개념으로 이해할 수 있다.

국가 수의 업무를 수행하는 수의사는 크게 수의직 공무원과 연구직 공무원으로 구분할 수 있다. 수의직 공무원은 과학기술직군의 수의직렬에 속하며, 연구직 공무원은 기술직군의 수의연구직렬로 분류된다. 수의직 공무원은 농림축산식품부, 농림축산검역본부, 지방자치단체(시·도 또는 시·군·구) 관련 부서, 동물위생시험소 및 유관 기관에 근무하며, 연구직 공무원은 농림축산검역본부, 동물위생시험소에서 수의 과학기술 개발 업무 등을 담당한다.

2) 임용주체

중앙정부에서 선발하고 임용하는 공무원은 국가직 공무원이라 하고, 지방정부(자치단체)에서 고용하는 공무원은 지방직 공무원으로 분류된다. 예를 들어, 농림축산식품부, 농림축산검역본부, 식품의약품안전처 등 중앙기관에 근무하는 수의사는 국가

직이고, 지방자치단체 관련 부서 또는 동물위생시험소 소속 수의사는 지방직 공무원에 해당된다. 국가직과 지방직 수의사 간에 수행하는 일이나 법적 권한, 책임의 정도는 거의 차이가 없다.

3) 직급체계

　공무원은 업무의 난이도나 책임, 권한에 따라 계급이 나뉜다. 임기가 보장되는 일반직공무원 중에서는 행정직군이나 과학기술직군(수의직렬 포함) 등 대부분의 공무원이 1급에서 9급까지의 9등급 체계를 따른다. 연구직 공무원은 연구사와 연구관으로 구분된다. 현재 수의직 공무원은 국가직과 지방직 모두 7급으로 최초 임용되며, 연구직 공무원은 수의연구사로 채용된다. 다만, 최근 수의직의 경우에는 일부 지자체에서 임용직급을 6급으로 상향하였으며 이러한 추세는 점차 확대될 것으로 보인다. 수의직공무원의 직급체계는 7급(수의주사보), 6급, 5급(수의사무관), 4급(과학기술서기관), 3급(부이사관), 고위공무원단(1급 또는 2급)으로 구성되어 있다.

6. 공직 수의사 직무

　공직 수의사는 국가 수의 업무의 모든 분야에서 핵심적인 역할을 하며, 과학적 지식과 전문 기술을 바탕으로 공공의 이익을 위해 수의 서비스를 제공해야 할 의무를 갖고 있다. 시대의 흐름이나 경제·사회 구조의 변화에 따라 국가 수의 업무의 범위와 내용도 자연스럽게 변화하고 있다. 20세기 초 우역(牛疫)은 이환율과 폐사율이 높은 급성 전염병으로 농가에 큰 피해를 주었고, 당시 동물 방역 업무에서 최우선으로 해결해야 할 문제였다. 그러나 2011년 세계동물보건기구(WOAH)가 우역이 지구상에서 완전히 근절되었다고 공식 발표하면서, 이 질병은 수의 업무에서 더 이상 다루지 않게 되었다. 반면, 최근 급증하고 있는 동물 학대 문제에 대한 과학적 입증의 필요성이 대두되면서 수의법의검사가 새롭게 추가되었고, 파충류나 양서류를 기르는 사람들이 많아지면서 이들 동물의 수입 검역 수요도 급격히 증가하고 있다. 이처럼 공직 수의사의 업무는 시대와 사회의 변화를 반영하면서 계속 변화하고 있지만, 동물의 건강과 복지를 증진하고, 나아가 인류의 공중보건 향상과 자연생태계 보전이라는 국가 수의 업무의 궁극적인 목표는 변함이 없다.

1) 동물방역

동물의 전염성 질병을 적절하게 통제하여 축산 농가에 발생할 수 있는 사회·경제적 피해를 최소화하고, 궁극적으로는 공중위생을 개선하기 위한 모든 공적인 활동이 동물방역 활동에 포함된다. 동물 방역 업무의 법적 근거는 가축전염병예방법으로, 관리 대상 가축을 소, 말, 당나귀, 노새, 면양, 염소, 사슴, 돼지, 닭, 오리, 칠면조, 거위, 개, 토끼, 꿀벌 및 그 밖에 대통령령으로 정하는 동물로 규정하고 있다. 또한 주요 가축전염병 68종을 전파율, 폐사율, 피해 정도에 따라 1종, 2종, 3종으로 구분하여 법정

표 3-2 법정 가축전염병 지정현황

축종	법정전염병		
	1종	2종	3종
소	우역, 우폐역, 구제역, 가성우역, 럼피스킨병, 블루텅, 리프트계곡열	탄저, 기종저, 브루셀라병, 큐열, 결핵병, 요네병, 소해면상뇌증, 아나플라즈마병, 타이레리아병, 바베시아병	소유행열, 소아까바네병, 소전염성비기관염, 소류코시스, 소렙토스피라병
돼지	아프리카돼지열병, 돼지열병, 돼지수포병, 수포성구내염	돼지오제스키병, 돼지일본뇌염, 돼지텟센병, 돼지인플루엔자	돼지전염성위장염, 돼지생식기호흡기증후군, 돼지유행성설사, 돼지단독, 돼지위축성비염
양·산양	양두	스크래피	–
사슴	–	사슴만성소모성질병	–
말	아프리카마역	말전염성빈혈, 서부말뇌염, 말바이러스성동맥염, 말전염성자궁염, 동부말뇌염, 베네주엘라말뇌염, 구역, 비저, 마웨스트나일열	–
닭	뉴캣슬병, 고병원성조류인플루엔자	추백리, 가금티푸스, 가금콜레라	닭마이코플라즈마병, 뇌척수염저병원성조류인플루엔자, 마렉병, 닭전염성후두기관염, 전염성F낭병, 전염성기관지염
오리	–	오리바이러스성간염 오리바이러스성장염	–
개	–	광견병	–
꿀벌	–	낭충봉아부패병	부저병
토끼	–	–	야토병, 토끼출혈병, 토끼점액종

(출처: 국가법령정보센터)

전염병으로 지정하고 있다(표 3-2). 이는 제한된 자원과 인력을 효율적으로 활용하여 최선의 결과를 도출하기 위한 실행 규범으로 이해할 수 있다.

동물 방역 업무에는 전염병 예방, 조기 발견 및 신고체계 구축, 방역 정보 수집·분석 및 조사·연구, 질병 발생 시 긴급 방역 대책 수립 및 시행, 교육·홍보 등이 포함된다. 이 과정에서 농림축산식품부는 방역 정책을 수립하여 하달하고, 농림축산검역본부는 세부적인 실행 지침과 행동 요령을 마련하며, 지방정부는 이를 현장에 반영하여 집행하는 구조로 운영되고 있다.

2000년 구제역 양성축 확인을 시작으로, 2003년 고병원성 조류인플루엔자, 2019년 아프리카돼지열병, 2023년 럼피스킨병에 이르기까지 폐사율이 높고 전파속도가 빨라 경제·사회적인 피해가 극심한 이른바 국가재난형 질병들이 잇달아 발생하면서, 방역당국의 고민이 깊어지고 있다. 특히 아프리카돼지열병은 현재까지 활용가능한 상업용 백신이 없어 질병근절을 위한 방역 활동에 큰 어려움을 겪고 있다.

동물방역 분야에서 중요한 현안 중 하나는 생산성 저하 질병의 효율적인 제어관리이다. 이 질병들은 국가재난형 질병에 비해 상대적으로 폐사율이 낮지만, 사료 섭취 감소, 증체율 저하, 산란율 저하, 유량 감소 등 가축의 생산성에 영향을 미치며, 농가에 현실적인 어려움을 준다. 소바이러스성설사병(IBD), 돼지 소화기·호흡기·생식기증후군(PRRS), 돼지 유행성설사병(PED), 가금티푸스 등이 대표적인 생산성 저하 질병이다. 최근에는 기후변화로 인해 흡혈 곤충과 진드기 등 위생해충의 서식 환경이 변화하면서, 이들이 전파하는 매개체성 신종 가축전염병이 주요 이슈로 떠오르고 있다. 따라서 지속적인 매개체 모니터링 시스템을 구축하고, 진단 기술 확보, 예찰강화, 예방백신 개발 등 효율적인 방역 대책이 필요하다.

2) 동·축산물 검역

교통과 통신의 급속한 발전으로 세계가 하나의 마을처럼 가까워지면서, 국경이라는 물리적 장벽은 점차 의미를 잃어가고 있다. 이에 따라 국가 간의 인적 및 물적 교류가 빈번해지면서, 다양한 교역 과정을 통하여 유입될 수 있는 전염성 병원체, 해충, 유해물질 등의 관리가 중요한 업무로 자리 잡게 되었다.

검역은 이러한 위험 요소(전염병, 해충, 유해물질 등)들을 국경단계에서 검사, 소독, 격리 등의 방법으로 통제하는 일련의 공적 조치를 말한다. 14세기 유럽에서 흑사병으로부터 해안 도시를 보호하기 위해 베니스로 들어오는 선박을 40일간 입항 제한한 것이 검역의 기원으로 여겨진다. 현재 사용하고 있는 검역(Quarantine)이라는 용어도 억류 기간이었던 40일을 의미하는 라틴어 'Quaresma'에서 유래하였다.

가축전염병예방법에서는 수·출입 시 검역을 받아야 하는 물품을 '지정검역물'이라 부르며, 동물과 사체, 동물의 생산물과 그 용기 또는 포장, 전염성 질병의 병원체를 퍼뜨릴 우려가 있는 사료, 기구, 건초, 깔짚 및 이에 준하는 물건으로 규정하고 있다. 따라서 이러한 품목을 수입하거나 수출할 때는 반드시 정부의 검역 절차를 거쳐야 한다. 현재 동·축산물의 검역업무는 농림축산검역본부가 전담하고 있으며 관련법으로 지정된 동물검역관이 검역 절차를 진행한다. 즉 검역물이 공항이나 항구에 도착하면 기내 또는 선상에서 1차 검사를 받고, 이후 검역 장소로 이동하여 서류검토, 관능검사, 정밀검사 등을 받는다. 그중 살아있는 동물의 경우, 일정 기간 동안 특정 장소에 계류하여 임상검사와 정밀검사를 통해 전염성 질병 감염 여부 등을 확인한다(그림 3-2).

검역물은 주로 휴대품이나 화물 형태이지만, 소량 또는 부피가 작은 경우 국제우편을 통해 수입되기도 한다. 최근에는 전자상거래 및 해외직구의 활성화로 특급 탁송 화물의 검역 수요가 급증하고 있다. 검역물의 종류와 형태가 워낙 다양하고 물량도 방대할 뿐만 아니라, 민원인의 불편을 고려하여 X-ray 검사와 검역탐지견을 사용하는 등 검역효율을 높이기 위한 노력이 이루어지고 있다. 새로운 가축 전염병이 국내에 유입될 경우, 축산 농가가 입을 경제적 피해와 방역 과정으로부터 수반되는 사회적 혼란을 고려할 때 '검역은 제 2의 국방'이라는 표현은 결코 과장이 아니다.

검역은 물건이 국내에 들어오는 단계에서부터 이루어지므로, 업무 절차나 관리 수단이 사후적이고 수동적이라는 한계점을 갖고 있다. 그렇기 때문에 위험 요소가 국내로 들어오지 않도록 미리 방지하는 사전적이고 능동적인 조치가 더 효과적일 수 있다. 수입위험분석은 수입되는 검역물로 인하여 동물전염병이 국내로 유입되거나 전파될 위험이 있는지 미리 평가하고, 그에 따른 생물학적, 경제적 피해를 사전에 예측하여 적절한 위험관리 방안을 마련하는 일련의 과정이다. 이 과정의 핵심 전략은 위해 요소 확인, 위험 평가, 위험 관리, 그리고 위험 정보 교환으로 다음과 같이 8단계로 구성되어 있으며, 위험 요소가 국내로 들어오기 전에 미리 차단하는 사전적 대응을 목표로 하고 있다.

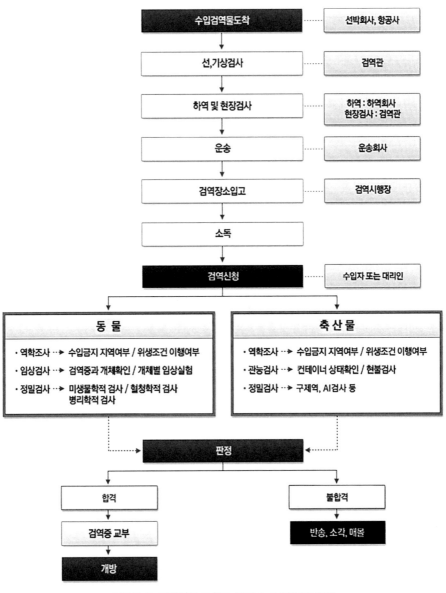

그림 3-2 검역업무 흐름도 (출처: 농림축산검역본부)

(1단계) 수입허용 가능성 검토

• 수입금지 지정검역물의 수입허용 요청 시, 수출국이 제출한 가축위생 상황 및 WOAH 정보 등을 토대로 예비 위험평가를 실시하고 그 결과에 따라 수입위험분석 진행 여부 결정

(2단계) 수출국 정부에 가축위생설문서 송부

- 가축위생설문서를 수출국에 송부하여 수출국의 수의조직, 가축위생 제도, 가축 전염병의 발생 상황 및 방역관리 등에 대한 정보 요청

(3단계) 가축위생설문서에 대한 답변서 검토

- 수출국이 제출한 답변서를 근거로 수출국의 수의조직, 가축위생 제도, 가축전염 병 통제 및 진단능력 등 분석

(4단계) 가축위생실태 현지조사 및 수입위험평가 실시

- 수출국이 제공한 정보의 정확성 확인 및 검증을 위해 현지 출장하여 가축위생실 태를 조사하고 해당 품목과 관련된 가축전염병의 유입 가능성, 위험관리 여부 등 을 종합적으로 분석하여 수입위험평가 결과 보고서 작성

(5단계) 수입허용 여부 결정

- 수입위험평가 결과 및 위험관리방안 등을 종합적으로 고려하여 수입허용여부 결 정(필요 시 중앙가축방역협의회 자문)

(6단계) 수출국과 수입위생조건(안) 협의

- 가축전염병 국내 유입 방지 및 축산물 안전성 확보를 위한 수입위생조건(안)을 마 련하여 수출국과 협의

(7단계) 수입위생조건 제정 및 고시

- 수입위생조건 입안예고 등을 통해 이해 당사자 의견 수렴 및 수입위생조건 제정

(8단계) 수출작업장 승인 및 검역증명서 서식 협의

- 수출국의 수출작업장 승인 및 수입위생조건을 반영한 검역증명서 서식(안) 협의

3) 축산식품 위생관리

농업축산식품 관련 주요 통계에 따르면, 2022년 기준으로 우리나라 1인당 축산물 소비량이 57.4 kg으로, 전통적인 주식인 쌀 소비량(56.7 kg)을 처음으로 넘어섰다. 이는 소비자들의 식습관이 서구화되면서 축산식품이 식단에서 다소비 식품으로서 중요한 위치를 차지하게 된 결과다. 따라서 매일 식탁에 오르는 식품의 완전무결성을 보장하는 일은 국민의 건강과 행복에 직결되는 중요한 과제가 되었다. 특히 지난 2009년 미국산 쇠고기 광우병 사건이나 2017년 유럽의 살충제 계란 사태처럼 축산물 안전사고가 미치는 사회적 파장을 고려할 때, 축산식품의 안전과 위생관리는 더 이상 논쟁의

여지가 없는 중요한 문제다.

축산식품은 자연환경에서 자란 가축의 생산물 그 자체이거나 이를 원료로 하는 가공식품이기 때문에, 위생관리는 사육 농장에서부터 시작된다. 이후 제조·가공, 유통 단계를 거쳐 소비자에게 전달되는 모든 과정이 안전 관리의 대상이다. 축산식품의 안전·위생관리는 축산물위생관리법에 따라 식품의약품안전처가 총괄하고 있지만, 농장이나 도축장, 집유장과 같은 생산단계의 위생과 품질관리는 농림축산식품부가 담당한다. 이러한 축산식품은 생산부터 소비까지, 즉 '농장에서 식탁까지(Farm to Table)' 일괄관리가 필수적이지만, 현재 두 기관이 업무를 나누어 관리하고 있는 부분은 아쉬운 대목이다.

축산물 안전 관리에서 수의사는 법적으로 검사관의 권한을 부여받아 도축장·집유장의 위생 관리, 도축 검사와 같은 현장 업무와 축산식품의 기준 및 규격 검사, 미생물 및 유해물질 검사 등 실험실 업무를 담당한다. 중앙 정부 조직인 식품의약품안전처와 농림축산식품부는 축산물 위생관리 정책과 법령을 마련하고, 지자체는 그 정책을 실행하며, 관할 동물위생시험소가 현장 업무와 정밀 검사 등을 맡고 있다.

식품 안전 관리의 핵심 개념은 한국식품안전관리인증원(Hazard Analysis & Critical Control Point, HACCP), 즉 위해요소 중점 관리 기준이다. HACCP은 식품의 원료 생산부터 소비자가 섭취하는 마지막 단계까지 각 단계에서 생물학적, 화학적, 물리적 위해요소가 식품에 섞이거나 오염되는 것을 방지하기 위한 위생관리시스템이다. 우리나라는 1995년부터 이 제도를 도입해 운영하고 있다. 이는 단순히 최종 제품을 검사해 안전성을 확인하는 사후관리 개념이 아니라, 생산, 가공, 유통, 소비 전 과정을 통합 관리하여 완전무결성을 보장하는 예방 차원의 관리 방식이다. 여기에 덧붙여 축산식품의 전주기적 정보를 기록·관리하여 위생, 안전사고를 사전에 방지하고 문제가 발생할 경우에는 그 이력을 추적함으로써 원인분석, 신속대응이 가능하도록 하는 축산물이력제도도 운영하고 있다.

축산식품 안전관리분야 당면 현안은 잔류허용물질목록제도(Positive List System, PLS) 시행이다. PLS는 가축을 사육할 때 잔류허용기준이 설정된 동물용의약품만을 사용하고 그 외에는 원칙적으로 사용을 금지하는 개념으로 우선 소고기·돼지고기·닭고기·우유·달걀 5종을 대상으로 2024년부터 시행되고 있다(그림 3-3). 이에 따라 사용이 허가된 물질(동물용의약품, 농약 등)은 허가과정 중 설정된 잔류허용기준으로 관리하고

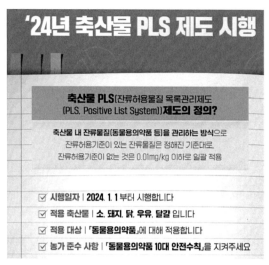

그림 3-3 축산물 PLS 제도의 개요 (출처: 농림축산식품부)

그 외 물질은 불검출 수준의 일률기준(0.01 mg/kg)을 적용함으로써 생산단계에서 동물용의약품 등의 오남용을 방지하고 안전사용을 유도할 수 있을 것으로 기대하고 있다. PLS의 성공적인 연착륙을 위해서는 축산종사자들의 적극적인 동참과 협조가 필요해 보인다. 먼저 동물용의약품 제조·수입업체는 축산현장에 필요한 약품을 적기에 공급함과 동시에 대상동물, 용법·용량, 휴약기간 등 허가사항을 명확하게 정비하고 약사사고에 대비한 시판 후 모니터링을 게을리하지 말아야 한다. 축산농가는 수의사 처방에 따라 약품을 사용하되 주의사항과 휴약기간을 반드시 지켜야 하며 약물사용 기록을 철저히 보관하는 습관이 중요하다. 아울러 임상 수의사도 축산농가에 동물약품 허가사항 준수를 지도하여 안전하고 정확한 약품사용을 유도해야 할 것이다.

4) 동물용 의약품 등 관리

동물용 의약품 등 취급규칙에 따르면, '동물용 의약품'은 동물용으로만 사용함을 목적으로 한 의약품을 말하며, 양봉용·양잠용·수산용 및 애완용(관상어 포함) 의약품이 포함된다. 동물용 의약품은 사용 목적이나 방식에 따라 투약, 주사 등 다양한 경로로 사용된다. 또한, 동물의약품 외에도 동물에 대한 작용이 경미하거나 직접적이지 않은 동물용 의약외품(구강청량제, 소독제, 비타민제 등)과 동물용 의료기기가 임상현장에서 사용되고 있다. 따라서 '동물용 의약품 등'이라는 용어는 동물용 의약품, 동물용

의약외품 및 동물용 의료기기를 포함하는 포괄적인 개념으로 통용된다.

한국동물약품협회의 발표에 따르면 우리나라 동물약품 산업규모는 2022년 기준 약 1조 4천억 원으로 세계시장 63조 원의 약 2.2%를 점하고 있다. 또한 동물약품 업체 현황을 보면 의약품 170개소(제조 63개소, 수입 107개소), 의약외품 335개소(제조 204개소, 수입 131개소), 의료기기 596개소(제조 353개소, 수입 243개소)로 모두 1101개소에 이른다. 업체 중 상당수가 연매출 20억 이하인 중소기업으로 복제약품 위주의 생산구조를 갖고 있으며 신약개발 R&D 등 재투자 여력이 부족하여 내수시장의 성장에는 한계가 있는 것으로 보고 있다. 다만, 최근 일부 선발업체를 중심으로 반려동물을 겨냥한 퇴행성 질환치료제, 항암제 개발 노력이 이루어지고 있어 향후 동물약품업계 판도를 바꿀 수 있는 긍정적인 모멘텀으로 보인다.

동물약품 분야에서 국가 수의 업무의 궁극적인 목표는 안전하고 유효한 동물용 의약품의 공급과 적정한 품질관리를 보장하는 것이다. 국내에 유통되는 모든 동물용 의약품은 원칙적으로 국가기관의 허가 과정을 통해 안전성과 유효성을 평가받는다. 허가를 받은 동물약품은 통상 국가출하승인검사와 우수의약품제조관리기준(Good Manufacturing Practice, GMP)에 기반을 둔 자율 관리 체계를 통해 품질을 유지하게 된다. 출하 승인검사는 국가가 시판 전에 품질을 평가하여 유통 여부를 결정하는 제도로, 예방백신과 혈청 치료제와 같은 생물학제제를 대상으로 한다. 그 외의 동물용 의약품은 업체가 GMP에 따라 고도화된 제조 및 품질 관리 기준을 통해 자체적으로 관리한다. 이와함께 국가는 시중에 유통되는 동물용 의약품을 무작위로 수거하여 품질 관리가 잘 되고 있는지 지속적으로 감시하고 있다. 농림축산검역본부는 동물용 의약품의 안전성과 유효성을 평가하여 허가 여부를 결정하고, 국가 출하 승인 검사 및 무작위 수거 검사를 실시하는 등 동물용 의약품 품질 관리를 책임지고 있다. 이러한 체계는 동물용 의약품의 안전성과 품질을 확보하기 위한 중요한 기반이 되고 있다.

5) 동물보호 · 복지증진

우리나라에서 동물 보호가 공적 사무 영역에서 다루어지기 시작한 것은 1991년 동물보호법 제정 이후라고 할 수 있다. 동물을 생명체로서 존중하고 보호해야 할 대상으로 인식하면서, 학대 방지, 유기 동물 관리, 동물 실험 윤리 등 기본적인 사항을 규정한 것은 당시 국민들의 동물에 대한 인식을 고려했을 때 매우 진보적인 성과로 평가된다. 법 제정 이후 약 30년이 지난 현재는 더욱 적극적이고 포괄적인 동물보호 원칙이 마련되었다. 동물사육자에게는 동물 보호의 기본 원칙을 준수할 의무(제3조)가 부과되며, 국가와 지방정부는 물론 일반 국민에게도 동물 보호에 대한 책무(제4조)가 규정되어 있다.

농림축산식품부는 동물 보호와 복지를 위한 업무 방향을 제시하는 '동물복지종합계획'을 5년마다 수립하는 등 정책을 총괄한다. 동물보호·복지 분야의 주요 정책으로는 동물등록제가 있으며, 주택이나 준주택, 그 외의 장소에서 반려 목적으로 기르는 2개월령 이상 개의 소유주는 반드시 가까운 시·군·구청에 동물을 등록해야 한다. 이는 유기 동물을 방지하고, 동물 보호를 강화하기 위한 조치이다. 한편 산업동물의 경우에는 사육, 운송, 도축 등 과정이 동물 복지 기준에 부합하는지를 국가가 평가하는 동물복지축산농장인증제가 운영되고 있으며 인증된 농장에서 생산된 축산물에는 인증 마크가 부여된다.

최근 동물 학대에 대한 사회적 관심이 높아지면서, 학대 여부를 과학적으로 입증하려는 노력이 늘어나고 있으며 이에 따라, 수의법의검사가 새로운 업무 영역으로 자리 잡고 있다. 농림축산검역본부는 2023년부터 수의법의검사 조직과 인력을 확충해 관련 서비스를 제공하고 있으며, 향후 지자체에 수의법의검사기관(가칭)을 지정해 업무를 수행할 수 있도록 법적·제도적 준비를 진행하고 있다.

6) 수의과학기술개발연구

국가 수의 업무는 고도의 전문성을 바탕으로 가장 효과적인 정책 수단을 선정하는 것이 매우 중요하다. 이를 위해서는 축산 현장에서 발생하는 애로사항을 정확하게 파악하고, 이를 해결할 수 있는 방안을 도출해야 하며, 이 과정에서 연구 개발은 필수적이다. 즉, 수의 정책의 과학적인 기반을 제공하고, 현장 적용을 높이기 위한 일련의 과정이 수의과학기술개발업무에 녹아 있다고 볼 수 있다.

수의과학기술개발업무는 전파력이 강하고 위험성이 높은 병원체를 다루어야 하기 때문에, 안정적인 연구 인프라 구축에 막대한 비용과 시간이 필요하다. 이로 인해 민간 연구에서 추구하는 수익성과 시장성을 반영하기에 한계가 있으므로 기초연구, 백신과 치료제의 산업화는 민간이 담당하고, 가축전염병 방역이나 인수공통감염병 제어와 같이 정책 수립과 연계되는 과제는 국가연구개발사업으로 진행하고 있다.

수의과학기술개발업무는 농림축산검역본부에서 전담하며, 국가 수의 업무의 실행력을 확보하기 위해 우수한 연구 조직과 국내 최고 수준의 시설 및 장비를 갖추고 있다. 주요 연구 분야로는 국가재난형 질병의 진단, 예찰, 제어·예방 기술 개발, 축산 현장에서 문제시되는 생산성 저하 질병의 피해 저감 방안, 브루셀라, 결핵, 중증열성혈소판감소증과 같은 인수공통감염병 제어 기술, 수의 분야 미래 대응 신기술, 동물용 의약품 및 동물 복지 기술 개발, 꿀벌 보호를 위한 다부처 공동 대응 기술, 국제 공동선도 연구 및 네트워크 구축 등이 있다. 또한, 세계동물보건기구(WOAH)가 지정한 8개의 국제표준실험실(브루셀라병, 뉴캣슬병, 광견병, 일본뇌염, 사슴만성소모성질병, 구제역, 살모넬라, 조류인플루엔자연구실)을 운영하고 있으며, 이는 우리나라 수의 연구 역량이 세계적으로 인정받고 있음을 보여준다.

7. 수의 분야 공공기관

협의의 관점에서 보면, 수의 분야의 공공서비스는 농림축산검역본부, 동물위생시험소 등 전문기관이 주로 담당하고 있다. 하지만, 보다 더 넓은 의미에서는 농림축산식품부, 지방자치단체의 관련 부서뿐만 아니라 업무 추진 과정에서 긴밀한 협업 관계를 유지하는 질병관리청, 식품의약품안전처 등도 포함될 수 있다.

1) 농림축산식품부

우리나라 수의 정책을 입안하고 관련 법령을 운영하며, 국가 수의 업무의 기획·조정을 총괄하는 컨트롤 타워 역할을 한다. 그중에서도 방역정책국은 동물방역, 동물용 의약품 관련 제도 운영, 그리고 대한민국 정부를 대표하는 수석수의관(Chief of Veterinary Officer, CVO)활동 등 수의 분야에서 핵심적인 역할을 하는 조직으로 평가받는다. 국제협력관실 검역정책과는 동물 검역 관련법과 제도를 운영하며, 동·축산물 수입 위생조건 협상 업무를 담당한다. 근래에 들어 동물복지에 대한 사회적 인식이 높아짐에 따라, 2022년 12월에 신설된 동물복지환경정책관실이 동물복지(동물복지정책과) 및 동물의료관리(반려산업동물의료팀) 업무를 관장하고 있다. 또한, 유통정책관실 내 농축산물품질위생팀은 식품의약품안전처로부터 위임받은 생산 단계의 축산물 안전 관리 정책 수립 및 제도 운영을 담당하고 있다(그림 3-4).

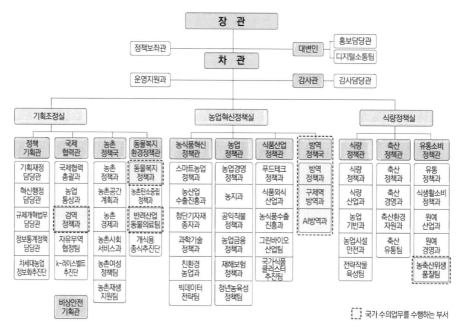

```
                          ┌─────────┐
                          │  장 관   │
                          └─────────┘
        ┌──────────┐          │           ┌────────┐   ┌──────────┐
        │ 정책보좌관 │──────────┼───────────│ 대변인 │───│ 홍보담당관 │
        └──────────┘      ┌─────────┐     └────────┘   ├──────────┤
                          │  차 관   │                  │ 디지털소통팀 │
                          └─────────┘                  └──────────┘
        ┌──────────┐          │           ┌────────┐   ┌──────────┐
        │ 운영지원과 │──────────┼───────────│ 감사관 │───│ 감사담당관 │
        └──────────┘                      └────────┘   └──────────┘
```

기획조정실	농업혁신정책실	식량정책실

기획조정실
- 정책기획관: 기획재정담당관 / 혁신행정담당관 / 규제개혁법무담당관 / 정보통계정책담당관 / 차세대농업정보화추진단
- 국제협력관: 국제협력총괄과 / 농업통상과 / 검역정책과 / 자유무역협정팀 / k-라이스벨트추진단
- 농촌정책국: 농촌정책과 / 농촌공간계획과 / 농촌경제과 / 농촌사회서비스과 / 농촌여성정책팀 / 농촌재생지원팀
- 동물복지환경정책관: 동물복지정책과 / 농촌탄소중립정책과 / 반려산업동물의료팀 / 개식용종식추진단
- 비상안전기획관

농업혁신정책실
- 농식품혁신정책관: 스마트농업정책과 / 농산업수출진흥과 / 첨단기자재종자과 / 과학기술정책과 / 친환경농업과 / 빅데이터전략팀
- 농업정책관: 농업경영정책과 / 농지과 / 공익직불정책과 / 농업금융정책과 / 재해보험정책과 / 청년농육성정책팀
- 식품산업정책관: 푸드테크정책과 / 식품외식산업과 / 식품수출진흥과 / 그린바이오산업팀 / 국가식품클러스터추진팀
- 방역정책국: 방역정책과 / 구제역방역과 / AI방역과

식량정책실
- 식량정책관: 식량정책과 / 식량산업과 / 농업기반과 / 농업시설안전과 / 전략작물육성팀
- 축산정책관: 축산정책과 / 축산경영과 / 축산환경자원과 / 축산유통팀
- 유통소비정책관: 유통정책과 / 식생활소비정책과 / 원예산업과 / 원예경영과 / 농축산위생품질팀

[┆ ┆] 국가 수의업무를 수행하는 부서

그림 3-4 농림축산식품부 조직도 (출처: 농림축산식품부)

농림축산식품부 소속 수의직 공무원은 통상적인 공개채용 절차를 통해 선발되며, 수의사 면허가 필수 자격 요건이다. 채용 절차는 서류 심사와 면접을 거쳐 이루어지며, 합격자는 7급(수의주사보)으로 임용된다. 또한, 수의직 공무원은 농림축산검역본부와의 인사 교류가 활발하여, 두 기관 간 전입, 전출이 빈번하게 이루어진다.

2) 농림축산검역본부

농림축산검역본부는 우리나라에서 유일한 중앙 수의 전문 기관으로, 인적 구성, 시설, 장비 등 모든 면에서 국내 최고 수준으로 인정받고 있다. 이 기관은 국립수의과학검역원, 국립식물검역소, 국립수산물품질관리원이 통합되어 2011년 6월에 농림수산검역검사본부로 출범한 후, 축산물위생관리와 수산물안전관리 업무가 각각 식약처와 해수부로 이관되면서 2013년 3월에 농림축산검역본부로 개칭되었다.

우리나라 국가 수의업무의 뿌리를 살펴보면 1909년 업무를 개시한 수출우검역소가 훗날 국립동물검역소로 발전하였고, 이와는 별도로 우역 치료제 연구개발을 담당하던 우역혈청제조소(1911년 설립)는 가축위생연구소를 거쳐 수의과학연구소로 거듭나게 되었다. 이후 양 기관은 1998년 국립수의과학검역원으로 통합하였고 현재의 농림축산검역본부 모태가 되었다. 이처럼 깊은 역사를 자랑하는 농림축산검역본부는 명성에 걸맞게 1,143명의 재직정원 중 315명이 수의직 공무원으로 구성되어 있어, 단일 기관으로는 가장 많은 수의사를 보유하고 있다. 경상북도 김천에 위치한 본부에는

그림 3-5 농림축산검역본부 조직도 (출처: 농림축산검역본부)

동물질병관리부, 식물검역부, 동식물위생연구부 등 3개 부와 24개 과, 10개 방역센터가 소속되어 있다. 또한, 주요 공항과 항만을 거점으로 5개 지역본부와 21개 사무소가 설치되어 있어 전국적인 방역 및 검역 활동을 지원하고 있다(그림 3-5).

농림축산검역본부는 국가 수의업무 전반에 걸쳐 공공서비스를 제공하는 기관으로, 특히 수·출입 동·축산물에 대한 검역·검사, 동물용 의약품 등의 인허가 및 품질관리, 그리고 수의과학기술 연구 개발은 농림축산검역본부만의 독점적인 고유 업무이다(그림 3-6). 최근에는 아프리카마역, 가성우역 등 새로운 동물질병이 유입될 가능성이 높아지면서 신속 진단법 개발, 예찰활동 강화, 백신 비축 등 선제적인 대응 체계 구축에 집중하고 있다. 이와 함께, 여행객의 반려동물 동반 증가, 해외직구 및 특송 화물 등의 지정 검역물 유통 경로 다양화에 따른 동물 검역 분야의 현안 해결에도 특별한 노력을 기울이고 있다. 또한, 반려동물 학대 사건의 과학적인 입증을 위한 수의법의학 검사, 축산물 PLS제도, 첨단 동물용 의약품 개발 수요에 따른 제도 선진화도 중요한 과제로 손꼽힌다.

농림축산검역본부가 수행하고 있는 업무 중 특히 눈에 띄는 분야는 수의과학기술 개발연구로 사실상 공공영역의 수의 R&D를 총괄하고 있다. 연구직 공무원 137명이 43개 전문 연구실에서 근무하고 있으며, 연간 400억 원의 연구 예산이 투입될 만큼,

그림 3-6 농림축산검역본부의 주요 업무 (출처: 농림축산검역본부)

대한민국 수의 연구의 중심 역할을 하고 있다. 연구 성과도 눈에 띄는데, 2022년 기준으로 논문 발표 실적이 99편(SCI급 71 편), 특허 73건(출원 47 건, 등록 26 건), 정책건의 29건, 국내외 학술발표 352건 등의 성과를 냈다[3]. 특히, 농림축산검역본부가 개발한 브루셀라균 10종 동시 감별진단 키트(2012년), 세계 최초 구제역 감별진단 키트(2018년), 세계 최초 면역증강용 구제역 백신 플랫폼(2022년)은 그 독창성과 실용성을 인정받아 정부연구개발 우수성과 100선에 선정되었다[3].

한편 세계동물보건기구(WOAH)에서는 주요 질병별로 진단능력이 검증되고 해당 분야 연구활동이 우수한 전문가를 지정하고 국제표준실험실로 인증하고 있는데 농림축산검역본부도 모두 8개의 국제표준실험실을 보유하고 있다. 국제표준실험실은 회원국의 요청에 따라 해당 질병에 대한 진단서비스 제공은 물론 필요시 표준진단액 제공, 기술자문, 교육훈련 등 다양한 활동을 전개하고 있다. 특히 지난 2012년부터는 매년 개발도상국 정부관계자를 초청 '세계동물보건기구 표준실험실 국제동물질병진단워크숍'을 개최하여 질병진단 표준화에 기여하고 관련분야 인력양성 프로그램을 제공하는 등 국제사회의 일원으로서 책임감 있는 역할을 수행하고 있다.

농림축산검역본부 직원 채용은 결원직위에 대하여 통상 연 1~2회 이루어지는데 수의직과 연구직으로 구분하여 실시한다. 먼저 수의직은 수의사 면허증 소지자를 대상으로 1차 서류심사, 2차 면접전형을 거쳐 선발하는데 서류전형에서는 자격요건 검토가 이루어지고, 면접전형은 공무원으로서 자세, 태도, 해당직무 수행에 필요한 능력과 함께 전문분야 영어 구술능력 평가가 병행된다. 수의연구직의 경우는 ① 수의사면허증, 축산기술사, 축산기사(경력 3년 이상), ② 관련분야(수의학, 동물학, 분자생물학, 생화학, 의학, 한의학, 미생물학, 생물학) 3년 이상 경력자, ③ 관련분야 석사학위소지자 중 어느 한 가지에 해당되면 응시가 가능하며 외국어능력검정자격, 박사학위 소지자는 우대한다. 수의직과 마찬가지로 1차 서류심사를 통하여 자격요건을 확인하고 2차 면접전형에서는 공무원으로서 자세, 태도, 연구적격성심사(발표·구술시험)를 거치게 된다. 채용시험에 합격하면 수의직은 수의주사보(7급), 연구직은 수의연구사로 각각 임용되며 결원형편에 따라 본부 또는 지역본부에서 근무하게 된다.

3) 동물위생시험소

농림축산식품부가 수의정책을 입안하여 지방정부에 시달하게 되면 시·도, 시·군

·구의 해당부서가 집행업무를 담당하게 되는데 이 과정에서 지방자치단체에도 현장 실무를 담당하는 전문기관이 필요하다. 동물위생시험소는 관계법령(동물위생시험소법)에 따라 특별시를 포함한 광역자치단체에 설치된 수의조직으로 현장 최일선에서 공공 수의서비스를 담당하고 있다. 일반적으로 관할구역 내 가축질병 진단, 검사, 시험 및 조사(가축전염병예방법)와 축산물의 검사, 위생관리(축산물위생관리법)를 수행하게 되는데 필요에 따라서 지방자치단체장은 해당 지역에 동물위생시험소의 지소를 둘 수 있다. 현재 우리나라에는 광역자치단체별로 모두 17개의 동물위생시험소가 운영되고 있으며 지소는 전국적으로 29개소가 설치되어 있다.

동물위생시험소의 조직편제나 인력구성은 해당 자치단체의 산업구조, 가축 사육 두수, 지리적 여건 등에 따라 상이하지만 업무내용은 비교적 대동소이하다(그림 3-7). 동물위생시험소에 근무하는 직원은 인력수급 상황을 고려하여 필요시 해당 지방자치단체 주관으로 채용하게 된다. 모집단위는 수의직, 연구직이며 자격요건은 수의사면허 소지자로 제한하는 경우가 일반적이지만 이 또한 지자체별로 차이가 있으므로 모집요강을 꼼꼼히 살펴볼 필요가 있다. 채용직급은 수의직이 지방수의주사보(7급), 연구직은 지방수의연구사이며 해당지자체 관할구역 내에서 근무하게 된다.

그림 3-7 동물위생시험소 조직도(예시 : 전라남도 동물위생시험소)

4) 유관기관

수의는 사람을 제외한 모든 동물, 즉 수생동물과 야생동물을 포함한 동물들의 질병 진단 및 치료를 담당하며, 나아가 인수공통감염병, 식품위생, 공중보건 등 다양한 분야에서 전문성을 발휘한다. 현대 사회에서 국가 행정서비스는 점점 더 복잡해지고 고도화되고 있으며, 이에 따라 다수의 조직들이 수의 기술 지원을 필요로 한다. 또한 기관 간 유기적인 협업체계는 성공적인 업무 수행에 필수불가결한 과정으로 자리 잡고 있다. 예를 들어, 농림축산식품부가 동물질병 방역 정책을 수립할 때에는 질병관리청(인수공통감염병 관리), 환경부(야생동물 관리), 해양수산부(수생동물 관리), 국방부(군견 운용) 등 유관 부처와의 긴밀한 협력과 소통이 필수적이다.

질병관리청은 국민을 감염병으로부터 보호하고 안전한 사회를 구현하는 것을 목표로 관련 분야의 조사, 연구 및 예방 관리 정책을 수행하는 기관으로, 수의 분야 관련 기관들과 밀접한 협업 관계를 유지하고 있다. 잘 알려진 대로, 감염병의 약 65%는 인수공통감염병이며, 이 중 상당수가 동물을 자연 숙주로 이용한다. 따라서 성공적인 감염병 관리를 위해서는 수의전문가의 지원과 역할이 매우 중요하다. 질병관리청의 보건직공무원은 보건직류와 방역직류로 나뉘며, 수의사는 방역직류에 응시할 수 있다.

식품의약품안전처는 식품과 의약품의 안전 관리를 담당하는 주무부처로, 축산물위생관리법을 운영하며 기관 내에서 수의사의 활동이 매우 활발하다. 현재는 생산단계(집유장, 도축장)의 축산물 위생 및 안전관리를 농림축산식품부에 위임하고, 유통 단계의 축산물 안전관리 실무를 담당하고 있다. 식품의약품안전처의 공무원 채용 분야에는 수의직렬도 포함되어 있으며, 자격 요건은 수의사 면허 소지자로 축산물 안전관리 및 작업장 위생 감시 업무를 맡고 있다.

아프리카돼지열병과 고병원성 조류인플루엔자와 같은 가축에 심각한 피해를 주는 질병들은 대부분 야생동물에 대해서도 감수성을 보인다. 예를 들어, 야생 멧돼지에서 발생한 아프리카돼지열병이 국내 양돈장으로 전파되었다는 조사 결과와, 야생 철새가 고병원성 조류인플루엔자의 중요한 전파 요인이라는 점은 이미 잘 알려져 있다. 현행 법령에 따르면 야생동물 관리는 환경부의 소관으로, 산하기관인 야생동물질병관리원에서 주요 질병의 방역과 조사 및 연구를 담당하고 있다. 특히 2024년 5월부터는 파충류에 대한 국경 검역이 의무화되면서 이 또한 야생동물질병관리원의 소관 업무가 되었다. 야생동물질병관리원에서는 수의직과 수의 연구직 공무원을 모집하고 있으며, 채용 절차는 다른 수의 분야 공공기관과 유사하다.

8. 공직 수의사의 미래 전망

한국고용정보원은 '2019 한국직업전망' 보고서에서 향후 10년간 우리나라 대표 직업 196개에 대한 전망을 발표하였다. 이 보고서에 따르면 수의사는 취업자 수가 증가할 것으로 예측되는 19개 직업 중 하나로, 반려동물 문화의 확산, 글로벌화에 따른 검역 업무 증가, 그리고 생태계 보전의 필요성이 커짐에 따라 수의사에 대한 수요가 꾸준히 증가할 것이라 분석했다. 반려 동물에 대한 보호와 복지, 동·축산물 검역 및 검사, 자연환경의 보존 등의 업무는 시장 경제를 추구하는 민간 분야보다 공적영역에서 다루는 것이 적합하다. 또한, 2019년부터 시작된 코로나19 팬데믹은 신종 인수공통감염병 관리의 중요성을 절감하게 했다. 이 과정에서 수의사들의 헌신과 희생은 그들이 공공재로서의 얼마나 중요한 역할을 하는지를 다시 한번 확인시켜 주었다. 아울러 매년 반복되는 국가재난형 가축 질병의 방역 관리, 신종 가축 질병 유입 방지, 살충제 계란이나 고름 우유와 같은 심각한 사회적 충격을 초래하는 축산식품 안전사고 예방 등은 공공 수의 업무의 중요성을 강조한다. 이러한 업무는 앞으로도 지속될 것이며, 인류 역사와 함께 영원히 필요한 역할이 될 것이다.

공직 수의사로서 국민에게 봉사하고 공중보건 향상에 기여함으로써 국가 발전에 이바지한다는 자긍심은 공직 수의사의 가장 큰 매력 중 하나다. 민간 영역에서 수의사의 역할도 중요하지만, 공직 수의사로서의 선한 영향력과 사회적 파급 효과는 매우 크다. 이는 공공재로서의 수의학적 가치를 가장 올바르게 실현하는 방법이 될 것이다.

III. 기업

수의사라는 직업은 동물병원에 종사하는 임상수의사뿐만 아니라 산업 전반에 걸쳐 다양한 방식으로 기업 활동에 참여하고 있으며, 이러한 참여의 영역과 빈도는 꾸준히 증가하는 추세이다. 최근에는 사회적 가치변화에 따라 수의학 분야에서도 새로운 업종이 다양하게 등장하고 있으며, 이에 따라 수의학적 전문성과 기술에 대한 수요도 증가하고 있다.

1. 동물용의약품 제조업체

동물용의약품은 수의사의 업무에서 필수적인 자재로, 수의학 및 축산업과 밀접한 관계가 있다. 관련 법령에서 동물용의약품은 '동물에게만 사용함을 목적으로 하는 의약품을 말하며 양봉용, 양잠용, 수산용, 애완용을 포함한다'로 정의하고 있지만, 산업적으로는 동물용 의료기기까지 포함하는 보다 넓은 개념으로 사용된다.

우리나라 동물약품산업은 전체 매출액 대비 업체 수가 과도하게 많고 대부분이 영세규모의 중소기업이며 신약개발을 위한 R&D 투자가 미흡하여 내수시장은 정체상태에 머물고 있다. 다행스러운 점은 근래에 들어 예방백신, 체외진단용키트 등을 중심으로 해외시장이 활황을 보이고 있고 수요처도 다변화되는 등 수출이 성장을 견인하고 있다. 또한 세계동물약품시장규모가 2021년 5억 3천만 달러에서 2027년에는 7억 1천만 달러로 연간성장율이 5.3%를 기록할 것이라는 시장조사기관의(Business Research Insight) 관측은 수출중심의 성장전략이 국내 동물약품산업의 지향점이라는 전망에 힘을 보태고 있다.

동물용의약품 제조업체에 근무하는 수의사의 직무는 해당기업의 주력 품목, 대상 축종, 영업 방식 등 여러 요인에 따라 달라지지만, 일반적으로 수의학적 전문 지식을 바탕으로 다양한 기업 활동을 지원하는 역할을 맡는다. 이러한 역할은 수의컨설턴트(Veterinary Consultant) 또는 기술지원 수의사로 불리며, 주로 다음과 같은 업무를 수행한다.

① **제품 소개:** 동물병원, 약품 도매상, 축산 농장을 대상으로 자사 제품의 특장점, 사용 방법, 주의사항 등을 설명하고 홍보한다. 또한 컨퍼런스나 세미나를 통해 신상품을 고객에게 소개하는 업무도 포함된다.
② **연구 개발:** 동물용의약품 제조업체가 새로운 제품을 출시하는 과정에서 수의사는 제품의 안전성과 유효성을 평가하고 기술적 지원을 담당한다.
③ **임상수의사 컨설팅:** 임상수의사로부터 요청을 받아 희귀 질환의 치료 방향을 조언하거나 약물 부작용 등 이례적인 임상 상황에 대한 해결 방안을 제시한다.
④ **마케팅 및 영업 지원:** 수의학적 관점에서 최상의 판매 전략을 수립하고 고객을 발굴하며 관리하는 역할을 수행한다. 이 업무는 현장 고객과의 원활한 소통이 중

요하므로, 담당 지역에 상주하면서 영업 활동을 진행하기도 한다.

⑤ **정보 수집 및 분석:** 임상 데이터나 시장 정보를 수집하고, 동물병원 및 축산 농가의 요구 사항을 반영하여 제품 개발 트렌드를 분석하는 업무를 수행한다.

오래전부터 산업적 측면에서 인체용 의약품과 동물용 의약품의 경계는 점차 허물어지고 있으며 이에 따라 글로벌 제약회사들은 수의사의 전문성을 중요한 전략 자산으로 인식하고 있다. 이를 뒷받침하는 사례로 세계 최초 코로나 백신을 출시한 화이자의 CEO인 앨버트 불라가 수의사 출신이라는 사실이나, 코로나 신속진단키트를 개발하여 상업화한 업체 중 상당수가 동물용 의료기기에 특화된 기술을 보유하고 있다는 점 등을 들 수 있다. 또한, 신종 인수공통감염병의 유행 가능성이 상존할 뿐 아니라, 동물용의약품이 인체용의약품의 성공 가능성을 평가하는데 적합한 테스트베드로 여겨진다는 점에서, 내수 시장의 부진에도 불구하고 동물용의약품 산업은 블루오션으로 기대를 모으고 있다.

동물용 의약품 업체에서 수의사는 보통 회사별 채용 공고를 통하여 모집하며, 수의·축산분야 취업박람회와 같은 채용 행사에서도 구인할 수 있다. 수의사로서 기본적인 전공지식이 요구되며, 약간의 임상 경험과 소통 능력을 갖춘다면 취업에 유리할 것이다.

2. 사료제조업체

2021년 전 세계 육류 생산량은 약 3억 5천만 톤으로, 전년 대비 4.2% 증가했으며 1997년 이후 가장 높은 수치다. 국제식량농업기구(FAO)는 2020년 기준으로 향후 10년 동안 육류 소비량이 약 14% 증가할 것으로 전망하였으며, 동물성단백질에 대한 수요가 급증할 것으로 예측하였다. 저명한 경제동향 분석기관인 인사이트에이스 애널리틱은 이러한 추세가 사료산업의 성장을 견인할 것으로 내다보고 글로벌 배합사료 매출 규모가 2021년 약 4,260억 달러(약 517조 원)에서, 2030년에는 5,960억 달러(약 723조 원)에 이를 것으로 평가하였다. 이는 기후 변화, 환율 변동, 유가 상승 등 여러 위협 요소에도 불구하고 사료 업계의 활황세가 지속될 것이라는 긍정적인 전망이 가능해 보이는 이유이다.

표 3-3 국내 배합사료 주요 생산업체(2021년 기준)[4]

업체명	생산량(톤)*	점유율(%)
카길애그리퓨리나	1,663,413	7.9
제일사료	1,397,330	6.7
팜스코	1,386,773	6.6
팜스토리서울사료	827,718	4.0
우성사료	806,622	3.9
선진	800,331	3.8
씨제이피드앤케어	707,242	3.4
대한사료	617,457	3.0
하림	501,820	2.4
참프레	489,676	2.3
농협	6,487,886	31.0

(출처: 농림축산식품부)

우리나라 배합사료 시장은 2023년 기준으로 연매출액이 14조 원, 생산량은 2천만 톤을 넘어 세계 10위권 수준이다. 특히, 국내 토종기업들은 생산공정과 품질관리에서 우수한 경쟁력을 바탕으로 중국과 동남아시아에 진출해 30여 개의 현지 공장을 운영하고 있다[4]. 최근에는 반려동물 전용 사료 시장의 성장세가 두드러지고 있으며, 영양 강화 및 기능성 제품, 친환경 사료 등 차별화된 제품 수요가 급증하고 있어 사료 업계의 미래에 긍정적인 신호로 작용하고 있다.

사료제조업체에 근무하는 수의사의 업무영역은 동물용 의약품 제조업체의 기술지원 수의사와 유사하다. 소, 돼지, 닭 등 경제동물을 대상으로 하는 경우, 수의사는 농장별 사육 규모와 환경에 맞는 제품을 추천하고 질병 관리 요령을 안내하며, 사료 급여 프로그램을 설계하는 등의 현장 업무를 수행한다. 또한, 동물의 성장단계에 따른 영양 요구량 산정이나 기능성 첨가물 조성 등 제품 개발에 필요한 기술지원과 자문역할을 맡는다. 내근 업무로는 마케팅 전략 수립, 지역 대리점 관리, 농가 교육 등이 포함된다.

수의사 채용 방식은 주로 결원 발생 시 수시모집 형태로 이루어지며, 전임자의 추천으로 입사하는 경우도 많다. 각 회사별로 요구하는 채용 기준은 다소 차이가 있지만, 일반적으로 농장동물 임상이 가능하거나 관련 분야 경험자를 우대하며 제품 개발을 담당할 경우, 영양학적인 전문 지식을 요구하기도 한다.

3. 유가공업체

우유는 그 자체로도 완전식품이지만 여러 가지 가공기법을 거쳐 다양한 제품으로 활용되는 중요한 단백질 공급원이다. 시장조사업체인 Precedence Research가 발표한 '2021~2030년 글로벌 유제품 시장분석 보고서'에서는 2021년 세계 유제품 매출액이 약 553조 원을 기록한데 이어 향후 10년 동안 연평균 3.2%의 성장세가 예측되는 유망 업종으로 평가하고 있다. 식습관이 서구화되고 외식문화가 대중화됨에 따라 국내 우유소비량도 2012년 335만 톤에서 2021년 444만 톤으로 약 32.4%의 기록적인 증가율을 보이고 있는데 건강식단을 선호하는 트렌드에 힘입어 이러한 추세는 지속될 것으로 전망된다.

2023년 말 기준으로 우리나라 유가공업체수는 대략 400여 개이며 원유를 수집하는 집유장은 55개소로 확인된다. 원유는 수많은 유가공품의 주원료이며 대표적인 다소비품목으로서 공중보건학적 측면에서 엄격하고 철저한 위생관리가 필요하다. 이에

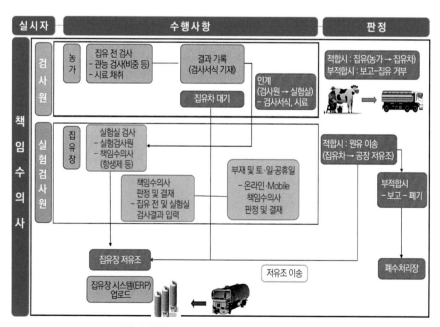

그림 3-8 집유장 책임수의사의 임무와 역할 (출처: 농림축산검역본부)

따라 축산물위생관리법에서는 집유업의 영업자는 원유검사를 담당하는 책임수의사를 지정하도록 의무화하고 있다.

유가공업체(집유장)에 근무하는 수의사는 대부분 법에서 정한 책임수의사의 권한을 부여받아 관련업무를 수행하게 되며 책임수의사를 고용한 영업자는 해당 업무수행 시 독립성을 보장하도록 강제하고 있다. 축산물위생관리법에서는 집유장 책임수의사가 ① 원유검사, ② 영업장 시설 위생관리, ③ 종업원에 대한 위생교육, ④ 검사에 불합격한 원유의 처리, ⑤ 검사기록 유지·보고, ⑥ 착유우 위생관리 등을 수행하도록 정하고 있다(그림 3-8).

유가공업체에 근무하는 수의사의 채용은 개별업체의 여건에 따라 수시로 이루어지는데 이들의 자격요건은 수의사로서 축산위생관리법에서 정한 소정의 위생교육을 이수한 자로 제한하고 있다.

4. 반려동물 연관산업

급속한 고령화, 나홀로 가구의 증가 등 사회 변화에 따라 반려동물의 양육 인구가 늘어나고 있으며, 이에 따른 동물의 지위 상승으로 반려동물 관련 제품과 서비스의 수요가 빠르게 성장하고 있다. 특히 IT, BT 등 첨단기술이 접목되면서 이 산업은 고부가가치 신성장 산업으로서 큰 잠재력을 지니고 있다.

반려동물 연관 산업은 사료, 헬스, 장묘, 용품, 보험 등 반려동물의 양육과 관련된 다양한 산업을 포함한다. 2022년 기준 국내 산업 규모는 약 8조 원으로, 글로벌 매출액의 1.6% 수준이지만, 향후 10년 동안 연평균 성장률이 9.5%로 예측되어 세계시장 성장률인 7.6%를 크게 초과할 것으로 보인다[5].

반려동물 연관산업을 업종 특성에 따라 분류하면 ① 펫푸드 ② 펫헬스케어 ③ 펫서비스 ④ 펫테크 등 4개 분야로 나눌 수 있겠다.

① **펫푸드**: 가축용 사료와는 차별화된 개념으로, 고품질 영양식과 건강기능식 등으로 세분화되어 있으며, 특히 건강식 부문의 성장세가 두드러져 보인다.
② **펫헬스케어**: 펫보험, 기업형 동물병원, 진료과목별 전문 클리닉, 생애 전주기 건강관리, 노령동물 요양관리 서비스 관련 수요가 꾸준히 증가하고 있다.

③ **펫서비스업:** 반려동물 위탁보육, 산책 서비스, 단기 돌봄, 장묘대행업 등이 포함되며, 바쁜 현대인의 생활 패턴을 겨냥한 틈새 시장을 공략하고 있다.

④ **펫테크:** 인공지능과 딥러닝 등 첨단기술을 적용한 웨어러블 건강관리 디바이스, 로봇 장난감, 스마트 화장실 등이 상업화 단계에 접어들고 있다.

2022년 기준으로 업종별 글로벌 시장 점유율은 펫헬스케어(48.8%), 펫푸드(32.8%), 펫서비스(16.8%), 펫테크(1.3%) 순으로 나타났다. 반면에 향후 10년간 연평균 성장 전망치는 펫테크가 12.7%로 가장 높았고, 이어서 펫서비스 9.1%, 펫헬스케어 7.7%로 나타났으며 펫푸드가 6.1%로 가장 낮은 것으로 평가되었다[5].

반려동물 산업이 가진 성장잠재력이나 사회적 니즈를 고려하여 정부도 2022년 농림축산식품부에 전담조직인 동물복지환경정책관을 신설하였고 국내의 산업동향 실태조사를 진행하여 2023년 8월에 '반려동물 연관산업 육성대책'을 발표, 본격적이고 종합적인 지원체계를 가동하고 있다(그림 3-9).

동물약품이나 사료산업 등 전통적인 동반산업에 비하여 후발주자인 반려동물 연관산업은 대부분이 1인기업 또는 소규모 벤처기업의 형태로 운영되므로 수의사 채용 수요가 많지 않은 편이다. 그럼에도 불구하고 수의학적 전문성과 함께 반짝이는 아이디어를 갖추고 있다면 창업도 충분히 고려할 만하다.

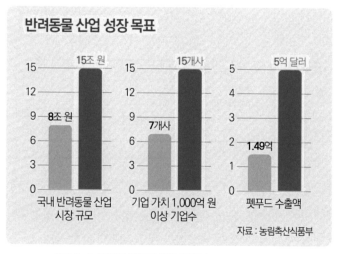

그림 3-9 반려동물연관산업 성장목표 (출처: 연합뉴스)

5. 공기업

중앙정부 또는 지방정부가 출자하거나 지분의 대부분을 소유하는 공기업들은 국민에게 물품이나 용역을 제공하며, 이 과정에서 대가를 받는 점에서 일반적인 행정기관과는 차이가 있다. 이러한 공기업들은 전기, 수도, 가스, 도로, 철도 등 공중의 일상 생활에 필수적인 서비스를 제공한다. 일반적으로 공기업은 보수와 복리후생 등 근무 여건이 양호하고, 임기도 안정적으로 보장되기 때문에 많은 구직자들이 선호하는 직장으로 손꼽힌다.

1) 가축위생방역지원본부

일본이 2000년 말까지 돼지콜레라를 청정화 하겠다는 목표를 발표하자, 우리나라 역시 돼지콜레라 청정국 지위를 획득해야 할 필요성이 커졌다. 이를 계기로 1999년에 돼지콜레라 박멸 비상대책 본부가 출범하였다. 이후 동물방역과 축산물 위생관리 등으로 업무 범위를 확대하였고, 2000년에는 사단법인 가축위생방역지원본부로 재탄생했다. 2003년에는 특수법인으로 전환되었고, 2007년에는 농림축산식품부 산하 공공기관으로 지정되어 현재까지 운영되고 있다. 가축위생방역지원본부의 조직 구성은 본부장, 전무이사, 기획지원부서(기획혁신실, 경원지원실), 고유 업무를 수행하는 사업처, 그리고 전국에 9개의 지역본부와 3개의 검역사무소(용인, 부산, 광주)로 이루어져 있으며, 전체 직원 수는 1,286명이다.

가축전염병예방법 제9조에 따르면, 가축 방역 및 축산물위생관리에 관한 업무를 효율적으로 수행하기 위하여 가축위생방역지원본부를 설립하도록 규정하고 있다. 주요 기능으로는 ① 가축의 예방접종, 약물목욕, 임상검사, 시료채취 ② 축산물의 위생검사 ③ 가축전염병 예방을 위한 소독 및 교육·홍보 ④ 가축사육시설 관련 정보의 수집·제공, ⑤ 검사원의 교육 및 양성 ⑥ 검역시행장의 관리수의사 업무 ⑦ 국가와 지방자치단체로부터 위탁받은 사업 및 그 부대사업이 있다. 방역, 축산물위생 등 현장 실무는 주로 가축방역사(가축전염병예방법 8조에 따라 수의사인 가축방역관의 업무를 보조하는 자)와 축산물검사원(축산물위생관리법 14조에 의거 수의사인 축산물검사관을 보조하는 자)이 담당하고 있다.

가축위생방역지원본부 소속 수의사들은 주로 검역시행장에서 수입 축산물의 검역

표 3-4 관리수의사 및 검역시행장 현황

구분	용인검역사무소	광주검역사무소	부산검역사무소	합계
관리수의사(명)	30	28	13	71
검역시행장(개소)	41	31	25	97

(출처: 가축위생방역지원본부)

및 검사를 담당한다. 2024년 기준 전국에는 97개의 검역시행장이 있으며, 71명의 관리 수의사가 근무하고 있는데(표 3-4) 이들은 검역물 입고에서 출고까지 전 과정을 감독하고, 종사자 및 관계인에 대한 방역 교육, 검역시설 관리 및 소독 관련 업무를 총괄한다.

수의사 채용은 결원 발생 시 수시로 진행되며, 전형 방법은 1차 서류심사와 2차 면접시험으로 진행된다.

2) 한국마사회

한국마사회법에 근거하여 경마의 공정한 시행과 말산업 발전을 목적으로 1922년 설립된 농림축산식품부 산하 공기업이다. 한국마사회는 한국마사회장을 중심으로 경영관리본부, 경마본부, 고객서비스본부, 말산업본부, 제주본부 등 5개 본부로 구성되어 있으며, 과천, 부산, 제주에 각각 경마장을 운영하고 있고 원당, 장수, 제주에 육성·번식 목장을 운영하고 있다.

한국마사회에서 수의사는 다양한 업무를 수행한다. 가장 핵심적인 업무는 경주마의 건강 상태를 점검하고, 최상의 컨디션으로 경주에 임할 수 있도록 관리하는 것이다. 순간적이고 폭발적인 근력을 요구하는 경마의 특성상 부상 위험은 피할 수 없다. 단순한 외상부터 고난도의 편골 제거 수술까지 정확한 진단과 신속한 처치를 해야 하며, 부상이 경주 능력에 미치는 영향을 최소화해야 한다. 또한, 말에게 치명적인 전염병 예방 활동도 매우 중요하다. 예를 들어, 말인플루엔자는 공기 전파와 기계적 전파가 가능한 전염병으로, 2007년 호주에서는 7만 6천 마리가 감염되는 피해가 발생했다. 최근 태국, 라오스 등 동남아지역에서 유행하고 있는 아프리카마역은 치사율이 95% 이상으로, 국내 유입 시 말산업에 큰 타격을 줄 수 있는 위험한 질병이다.

경주마 관리에 있어서 장제(말발굽에 맞는 신발 제작과 장착)는 매우 중요한 과정이며, 이와 관련된 기술 개발과 인력양성 또한 수의사의 몫이다. 경주마의 운동 생리 연구는 한국마사회 소속 수의사들이 중점을 두고 있는 분야로, 국내 실정에 맞는 경주마 훈련 방법을 개발하여 조교사에게 기술을 전수하고 있다. 경주 당일에는 경주마의 건강상태를 면밀하게 확인하여 출전 여부를 판단하고, 출전 공백이나 부상 유무에 따라 마체 검사를 지시하는 등 공정한 경마 시행을 감독하는 수의 위원으로서 역할도 수행한다. 마사회가 운영하는 말 목장에도 수의사가 근무하는데, 번식마 관리, 육성마 진료를 주로 담당하고 있다. 이 밖에 본인 희망이나 업무상황에 따라서 사업기획, 말복지, 경마운영, 심판위원, 국제협력 등 행정업무에 종사할 수도 있다.

2024년 현재 한국마사회에는 43명의 수의사가 근무하고 있으며, 대부분 말 보건 분야에서 활동하고 있다. 수의사 채용 과정은 면허 소지자를 기준으로 자기소개서 기반의 서류 전형, 1차 실무자 면접, 2차 임원진 면접으로 진행된다. 면접 준비를 위해서는 자료를 구조화하고 논리적으로 말하는 능력, 소통 기술, 갈등 해결을 위한 조정 능력을 키우는 연습이 필요하다. 또한, 한국마사회에서 운영하는 실습 프로그램이나 인턴십 과정에 참여하여 실무 경험을 쌓는 것도 매우 도움이 될 것이다.

Ⅳ. 관련 기관 및 단체

수의학의 학술연구단체로는 대한수의학회(大韓獸醫學會), 한국임상수의학회(韓國臨床獸醫學會), 한국예방수의학회(韓國豫防獸醫學會), 한국실험동물학회(韓國實驗動物學會), 한국우병학회(韓國牛病學會) 등이 설립되어 있어 수의학 분야의 전반적인 학술활동을 담당하고 있다. 또한 축종별 생산자단체인 한우협회, 한돈협회, 양계협회, 낙육우농협회 등과 같이 관련업계 종사자들이 모인 자생조직들이 있다. 이와는 별도로 수의사들의 학술 창달, 권익신장, 윤리확립 및 복지향상을 목적으로 1948년 10월 서울대학교 수의학과에서 사단법인 대한수의사회(大韓獸醫師會)를 결성하여 현재에 이르고 있으며 전국 각 시·도에 지부를 두고 있다.

수의분야의 대표적인 학회인 대한수의학회, 단체인 대한수의사회와 한국동물약품협회, 인증기관인 한국수의학교육인증원, 학생협회인 국제학생협회 등에 대하여 간단히 기술하고자 한다.

1. 대한수의학회(Korean Society of Veterinary Science, KSVS)

대한수의학회는 1957년 7월에 창립총회를 시작으로 1999년 9월 사단법인 설립인가를 받은 비영리 공익법인 단체로 현재 평생회원 51명 및 정회원 870명으로 구성되어 있다(2024년 10월). 연 2회 학술대회를 개최하며, 2종의 저널(대한수의학회지, J Vet Sci)을 발행하는데, 대한수의학회지는 1961년에 창간되었고 연 4회 J Vet Sci는 2000년에 창간되어 2006년에 SCIE에 등재되었다(연 6회 발간). 2018년부터 대만, 일본과 함께 동아시아 수의학회를 주기적으로 개최하고 있으며 수의학분야 연구자들을 독려하기 위하여 매년 학술상을 시상하는데, 세부 내역으로 수의학술대상, 젊은과학자상, 차세대과학자상 등이 있으며, 미래 수의과학자를 양성하기 위하여 2022년부터 '대학원 우수 연구자상'을 신설하여 시상하고 있다.

대한수의학회는 수의학을 대표하는 종합학회로서 국내의 대표성을 가지며 전국 수의과대학의 교수를 비롯하여, 수의학 관련 관·산·학·연 소속의 연구자 및 수의사들이 참여하고 있다. 학술대회 세션은 회원들의 제안을 바탕으로 구성함으로써 회원들에게 필요한 세션을 개방하고 있다. 춘계학술대회에는 5~6개의 세션으로 진행되며, 500여 명이 참석하고 150개 정도의 초록이 발표되고 추계학술대회에는 16~18개의 세션으로 진행되며, 800여 명이 참석하고 300개 정도의 초록이 발표되고 있다. 2025년부터는 춘계 및 추계 학술대회와 더불어 연중 전국 10개 수의과대학 및 검역본부를 순회하면서 세미나/워크숍을 개최할 예정이다.

대한수의학회는 국내외 수의학 전문가 및 수의사들 간의 학술정보 교류 및 산·학·연 협력체계 구축을 통하여 국가 R&D, 방역기술 정책수립, 관련산업 발전 및 공중보건 향상을 목표로 활동하고 있다.

2. 대한수의사회(Korean Veterinary Medical Association, KVMA)

대한수의사회는 1948년 서울대학교 수의학과에서 처음 출범한 이래 1957년 10월 수의사법 제24조에 설치근거를 마련하였고 같은 해 11월 농림부장관으로부터 정식으로 설립인가를 받게되었다. 1만 5천 명의 현업수의사를 대표하는 대한수의사회는 수의사의 권익을 신장하고 수의업무의 적정성을 유지하며 수의학술의 연구보급 및 수의사 윤리확립을 목적으로 다양한 활동을 전개하고 있다.

대한수의사회는 직선제로 선출된 회장을 중심으로 법제위원회, 학술홍보위원회, 수의사복지위원회, 교육위원회, 방역식품안전위원회, 동물보호복지위원회와 사무처를 두고 있으며 시·도·군진 등 지부 18개, 분회 226개소, 산하단체 12개를 거느리고 있다(2024년). 대한수의사회의 회무를 총괄하는 핵심부서인 사무처는 경영관리국, 수의정책국, 평가협력국으로 구성되어 있으며 대략 20여 명의 직원이 근무하고 있다. 먼저 경영관리국은 경리, 회계, 총무, 대한수의사회지 발간, 홍보업무를 수행하고, 수의정책국은 수의사법, 동물방역, 축산물위생관리 제도개선, 농림축산식품부 국가지원사업 수행 등 정책·학술업무를 담당하며, 평가협력국은 주요 국제행사, 대외협력, 동물보건사 업무를 분장하고 있다.

3. 한국동물약품협회(Korea Animal Health Product Association, KAHPA)

동물용의약품 제조, 수입업체가 모여 동물약품산업 발전, 건전한 유통 질서 확립, 대외협력 강화를 목적으로 1971년 설립한 사단법인이다. 동물용의약품 제조업체 61개소, 수입업체 33개소, 의료기기 제조·수입업체 18개소 등 총 113개 업체가 회원사로 참여하고 있다.

조직구성을 보면 회장은 최고의사결정기구인 회원사 총회에서 선출하고 협회 운영에 필요한 중요사항을 심의하는 이사회와 회무·회계 제반 사항에 대한 감시 기능을 담당하는 감사를 두고 있다. 협회 실무는 회장 산하에 있는 기획처와 사무처에서 총괄하며 전체 직원수는 15명 내외로 기획·조사, 대외협력 및 권익 보호, 조직관리, 홍보·발간, 정부 위탁 업무를 수행하고 있다. 이와는 별도로 2006년부터 동물용의약품 품질관리 연구개발, 약품 효능평가, 위탁검사를 담당하는 동물약품기술연구원을 운영하고 있다. 연구원에는 행정실, 화학제제실, 미생물제제실이 조직되어 있고 제조사의 자가검사를 위탁받아 대행하는 품질검사, 조달물자에 대한 적정성을 평가하는 조달청 전문기관 검사, 사료 검정 업무 등 분석 업무와 관련 기술 연구개발을 주 업무로 하고 있다.

4. 한국수의학교육인증원(Accreditation Board for Veterinary Education in Korea, ABVEK)

한국수의학교육인증원(이하 수인원)은 수의학교육과 수의료 서비스의 질적 향상을 위하여 수의학 및 관련 교육 전반에 대한 연구, 개발, 평가를 수행하고, 수의료 관련 정책과 제도 등에 관한 연구를 통하여 수의·축산 분야의 발전에 기여함을 목적으로 설립되었다. 우리나라 수의학교육이 6년제 학제로 개편되면서 그에 적합한 수의학교육 프로그램 정립의 필요성에 따라 수의학교육협의회, 한국수의과대학장협의회와 대한수의사회가 수의학교육인증기구 설립을 추진하여 2010년 5월 11일 수인원 설립 추진위원회를 구성하였고 2010년 11월 29일 수인원 창립총회를 개최하였다. 2011년 6월 10일 농림축산식품부장관으로부터 사단법인 설립 허가를 받았으며 초대 원장으로 이흥식 서울대학교 명예교수가 취임하였다.

우리나라 수의학교육인증평가는 2012년 1월 1주기 인증 기준을 수립하여 2014년 4월 최초로 제주대학교 수의과대학을 인증하였고, 2020년 8월 경북대학교 수의과대학을 인증하여 전국 10개 수의과대학에 대한 1주기 인증을 완료하였다. 1주기 인증평가 과정에서 미흡한 평가 기준을 보완한 2주기 인증 기준을 수립하여 2021년부터 건국대학교 수의과대학을 시작으로 2024년에는 전남대학교 수의과대학을 인증하면 9개 대학에 대한 인증을 완료하고, 2025년에 경북대학교 수의과대학의 인증을 마지막으로 2주기 수의학교육 인증평가를 종료할 계획이다. 2026년부터는 유럽수의학교육인증기구(EAEVE)와 AVMA(미국수의사회)의 선진 수의학교육 인증 기준과 국내 보건의료평가 인증 기구의 인증 기준을 분석하여 정량평가를 포함한 강화된 인증 기준을 적용하여 3주기 인증평가를 시행할 예정이다.

수의학교육 인증 평가는 수의과대학이 기본 역량을 갖춘 수의사를 양성할 수 있는가를 평가하는 것으로 수의과대학이 자체평가 보고서를 통해 자율적으로 수의학교육의 질적 향상을 도모하기 위해 수의학교육기관의 조직, 교육, 학생, 교수, 시설 및 자원 분야를 평가하고 있다. 수의학교육 인증 평가는 수의학교육과 동물의료 서비스의 질적 향상을 추구하기 위하여 수의 전문직 본연의 임무를 충실히 수행하고 사회적 책무를 높이며, 국민 복리 향상과 수의 축산 분야의 발전에 기여할 뿐만 아니라 한-미 자유무역협정(Free Trade Agreement, FTA)와 같은 수의료 시장의 개방정책 속에서 보다 유리한 교두보를 확보하기 위한 우리의 대비이기도 하다. 수인원은 우리나라 수의학교육의 발전을 위하여 매년 농림축산식품부의 지원으로 연구사업을 수행하여 수의학교육 졸업역량(2016년), 수의학교육 임상분야 세부역량(2017년), 수의학교육 최종학습성과(2018년), 수의학교육 학습성과모델(2019년). 수의임상술기 항목 설정(2020년), 수의진료수행 항목 설정(2021년), 임상술기 지침작성(2022~2023년)에 관한 연구 결과를 발표하여 수의과대학 졸업생의 역량 강화와 대학에서 중점적으로 교육하여야 할 지표를 제시하였다. 2024년에는 수의진료수행지침(2024년)에 관한 연구를 수행하여 발표할 예정이다.

수인원은 우리나라 수의학교육의 방향과 미래를 설정해야 한다는 책무성을 가지고 지속적으로 연구과제를 개발하여 수행할 계획이며, 우리나라 수의사의 역량은 수의학교육에서 완성하여야 한다는 신념으로 수의학교육인증평가 기준을 개발하여 수의학교육인증평가에 활용하고 있다.

5. 국제수의과대학학생협회(International Veterinary Students' Association, IVSA)

국제수의과대학학생협회(IVSA)는 "To benefit the animals and people of the world by harnessing the potential and dedication of veterinary students to promote the international application of veterinary skills, education, and knowledge"이라는 슬로건 아래 1953년 수의대생들이 자발적으로 설립한 비영리 단체다. IVSA는 전 세계 약 4만명의 수의과대학 학생들이 가입되어 있으며, 현재 참여 국가는 84개국이다. 이 단체는 회원상호간의 협력을 확대하여 미래의 수의사로서 경험을 풍부하게 하고, 기술을 향상시키는 데 도움을 준다. 이를 위해 정기적 행사(Congress and Symposium)를 개최하고 학생들 간의 학술 및 문화 교류를 장려하며 동물 복지, 원헬스, 교육, 웰니스에 초점을 맞춘 다양한 프로젝트와 교육 기회를 제공하고 있다.

IVSA 행사는 central(본부)이 주관(전 세계 회원국에 문호가 개방)하고 매년 여름과 겨울에 개최되는 정기적 행사(congress와 symposium)가 있다. 이에 비하여 지역행사라 할 수 있는 Member Organization이 주관하는 비정기적 행사가 있는데, 여기에는 우리나라가 소속된 아시아지역의 Asia conference가 있다. 또한 각 나라의 Member Organization 간 그룹교환 프로그램(group exchange program)과 개별 교환 프로그램(individual exchange program)이 있다. 그룹 교환 프로그램은 교류 협약을 맺은 나라 사이에 방학 때 돌아가며 행사를 주최하고, 행사를 진행하는 두 나라 학생들만 참여하는 프로그램이다. 두 나라 간의 소규모 행사이기에 해당 국가에 대해 폭넓게 알아가고, 그 나라 친구들과 깊게 친해질 수 있다. 개별 교환 프로그램은 IVSA를 매개로 하여 해당 국가의 교류를 넓혀가는 프로그램이다. 이처럼 IVSA는 단순한 교류가 아니라 동물 복지, 원헬스, soft skill은 물론 서로 다른 문화를 익힐 수 있는 기회를 넓혀간다. 일부의 학생들은 세계수의사회(WVA)가 주관하는 세계수의사사대회(World Veterinary Congress, WVC) 등에도 참가하고 있다.

우리나라는 'South Korea'라는 명칭으로 2007년 가입하였으며, 국제학생단체 형태로 10개 대학에 존재한다. 우리나라에서 2011년 Congress("VET MED of FAR EAST" 서울, 청주, 전주)를 개최하였고, 2019년에는 Symposium(서울, 전주)을 개최하였다. 또한 Asia conference를 두 번이나 개최하는 등 IVSA 활동에 적극적이다(http://ivsasouth korea. quv.kr).

V. 국제 활동

1. 수의분야 글로벌 이슈

세계화가 급격히 진행됨에 따라 인류는 경제, 사회, 문화 등 다양한 분야의 정보를 실시간으로 교환하고 사회 현상을 공유하며 공동의 목표를 위해 협력하고 있다. 특히, 수의분야에는 공중보건 향상과 생태계 건강 유지와 관련하여 국제 사회가 함께 고민하고 해결해야 할 시급한 문제들이 많이 존재한다.

1) 원헬스(One Health)

사스(2003년), 신종인플루엔자(2009년), 메르스(2015년)에 이어 코로나19 팬데믹까지, 감염병 공포는 인류의 안전을 위협하는 심각한 문제로 떠올랐다. 이에 따라 감염병 대응체계 구축은 세계 보건 분야에서 중요한 이슈로 인식되고 있다. 문제의 핵심은 전체 감염병의 65% 이상이 인수공통감염병이며, 신종 감염병의 약 75%가 야생동물

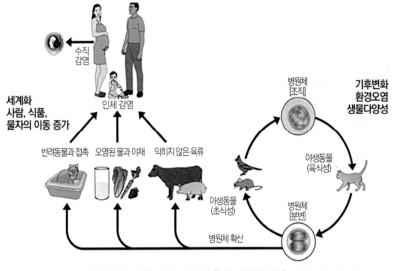

그림 3-10 야생동물-가축-인간 상호작용과 감염병 전파 (출처: 질병관리청)

유래 바이러스라는 점이다[6]. 이러한 관점에서 볼 때, 효과적인 질병 제어를 위해서는 사람과 동물의 통합적인 관리가 필수적이다. 또한, 지구 온난화, 습지 소멸, 위생 해충의 서식 변화 등 생태 환경의 변화 또한 감염병 발생에 큰 영향을 미치는 중요한 요소로 평가되고 있다(그림 3-10).

원헬스는 동물, 인간, 그리고 환경의 건강이 상호 연결되어 있음을 인식하고, 이들모두에게 최적의 건강을 제공하기 위한 다학제적 협력 전략을 의미한다. 여러 국제 보건 단체들이 독립적으로 원헬스를 정의하지만, 핵심은 세 분야 사이의 협력, 소통, 공유이다. 수의역학 권위자인 캘빈 슈바베는 동물, 인간 및 환경의 보건을 통합한 '하나의 의학(One Medicine)'이라는 개념을 정립했으며, 이를 기반으로 2003년 미국의 수의학자 윌리엄 카레쉬가 원헬스라는 용어를 처음으로 제안하였다[7].

오늘날 원헬스는 전 세계 공중보건 분야에서 핵심 이념이자 실행 전략으로 자리 잡고 있다. 미국은 2009년 질병통제센터(Communicable Disease Center, CDC)에 원헬스 전담부서를 설치하고, 미국수의사회 및 반려동물 산업 자문위원회 등 관련 기관 및 단체와 협력체계를 구축해 정보 공유와 교육을 진행하고 있다. 더불어, 2018년부터는 정기적으로 웹세미나를 개최하여 인수공통감염병, 항생제내성, 식품안전, 매개체감염병 등의 주요 문제에 대한 활발한 논의를 이어가고 있다. 유럽연합(EU)은 22개 회원국과 44개 기관이 참여한 '원헬스 합동 프로그램(One Health European Union Joint Programme, OHEJP)'을 통해 공중보건, 동물 질병, 식품 안전, 항생제내성 문제에 대한 범국가적 연구를 진행하고 있으며, 이는 원헬스 국제 협력의 대표적인 사례로 평가받고 있다. 한국도 원헬스를 새로운 건강 정책 패러다임으로 도입하였으며, 인수공통감염병, 수인성 식품매개 감염병, 항생제 내성 관리 등의 주요 현안 해결을 위한 다부처, 다분야, 다학제 협력을 강화하고 있다. 이러한 노력의 일환으로 2018년에는 다부처 합동으로 '국가인수공통감염병 종합관리대책'을 수립하여 원헬스 관련 법 개정, 연구 확대, 국제 협력 등의 청사진을 제시하였다[6].

국제기구나 단체들도 글로벌 보건 문제를 해결하는 가장 효과적인 방법으로 원헬스 접근 방식을 강조하며, 국가 간 협력을 촉구하고 있다. 세계 경제를 선도하는 주요 국가들의 협의체인 G7과 G20은 2021년 정상회의에서 원헬스를 주요 의제로 채택하였고, 감염병 예방과 대응을 위한 'One Health Intelligence Hub' 구축 등 구체적인 실행 방안을 논의하였다 . 특히, 세계보건기구(WHO), 세계동물보건기구(WOAH), 국제식량농업기구(FAO), UN환경계획(UNEP)이 공동으로 운영하는 '원헬스 고위급전문가 협의체(One Health High-Level Expert Panel, OHHLEP)'는 2023년에 각국이 원헬스 실행 계획을 이행할 수 있도록 가이드라인을 발표하였다. 이 협의체는 원헬스가 인간, 동물, 환경의 건강을 개선할 뿐만 아니라 투자수익률이 90%에 달하는 효과적인 정책 플랫폼이라고 강조하며, 원헬스가 2030 지속가능개발목표(Sustainable Development Goals, SDGs)를 달성하는 데 필수적이라고 주장하였다.

원헬스를 성공적으로 실현하기 위해 특히 수의사의 역할이 중요하다. 수의사는 가축과 야생동물의 건강뿐만 아니라 공중보건과 환경위생 분야에도 전문적인 식견을 갖추고 있다. 그렇기 때문에 수의사들은 사람, 동물, 환경의 건강을 통합적으로 아우르는 원헬스의 목표에 보다 체계적이고 과학적으로 접근하여 합리적인 해결방안을 제시할 수 있다. Samantha는 원헬스 분야에서 수의사의 역할을 다음과 같이 정리했다. ① 공중보건 분야에서는 기아 감소, 인수공통질병 감시와 제어, 식품 위생 관리를 담당하고, ② 동물 위생 분야에서는 질병 진단, 감시, 통제, 예방 및 상담, 가축 생산성 향상, 동물 복지를 책임진다. 또한, ③ 기후변화 적응, 야생동물 질병 감시 및 통제, 생물다양성 보호, 자연자원 보존에도 기여함으로써 생태계 건강을 유지하는 데 중요한 역할을 해야 한다고 주장하였다.

이처럼 수의사는 원헬스 분야에서 요구되는 다양한 역할을 충실히 수행할 수 있는 최적의 전문가로 평가받고 있다.

2) Disease-X(미지의 신종감염병)

'X'는 알 수 없는 존재나 정보가 불충한 상태를 상징적으로 나타내는 로마 문자로, 최근에는 인간에게 위협이 될 수 있거나 또 다른 팬데믹을 일으킬 가능성이 있는 미지의 새로운 질병을 뜻하는 신조어로 'Disease-X'가 자주 사용되고 있다. 세계보건기구(WHO)에서는 Disease-X를 '과거에 알려지지 않은 새로운 병원체에 의해 발생하여 공중보건에 문제를 일으키는 질병'으로 정의하며, 2018년부터 연구개발이 시급한 국제 우선병원체목록(Global Priority Pathogens List)에 포함시켜 관리하고 있다. 한편, 미국의학원(Institute of Medicine, IOM)은 '최근 20년 동안 발생이 증가했거나 가까운 미래에 더 많이 발생하여 위협이 될 수 있는 감염병'을 신종감염병(Emerging Infectious Disease, EIDs)으로 명명하였다. 이는 신종 또는 재출현 감염병뿐만 아니라 현재 발생하고 있는 감염병 중 미래에 계속 발생하거나 증가할 것으로 예상되는 질병까지 포함하는 넓은 의미로 해석된다. 우리나라에서도 '처음 발견된 감염병 또는 병명을 정확히 알 수 없으나 새롭게 발생한 감염성 질병'을 신종감염병증후군으로 규정하고 1급 법정감염병으로 지정하여 관리하고 있다.

최근 들어 신종감염병의 출현 빈도가 높아지고 있으며 발생 주기도 점점 짧아지는 추세이다. 실제로 1970년 이후 확인된 신종 질병만 30종이 넘으며, 이러한 현상은 특정 지역에 국한되지 않고 전 세계적으로 나타나고 있다(그림 3-11). 신종감염병 빈발의 주된 원인은 인간과 환경 간의 상호작용의 변화에 기인하며 다음과 같이 7가지 범주로 분류할 수 있다.

① 인구증가, 해외여행 증가 등 행동양식 변화

② 도시화, 노령인구 증가 등 사회적 요인

③ 지구 온난화, 삼림파괴 등 생태환경 변화

④ 음식의 생산체계, 소비패턴 등 식품요인

⑤ 혈액제제 사용, 장기이식 등 보건의료 요인

⑥ 약제 내성, 유전자 변이 등 병원체의 적응

⑦ 공중보건 인프라 부족

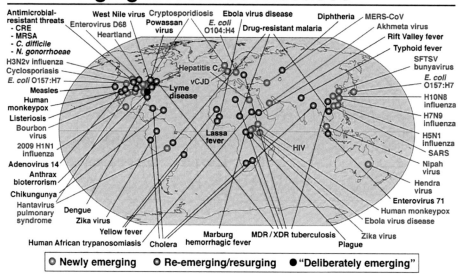

그림 3-11 신종 및 재유행 감염병의 글로벌 사례 (출처 : Annals of Internal Medicine, 2017)

신종감염병은 병원체, 전파 경로, 임상 증상, 치사율 등에 대한 정보가 부족해 선제적인 대응이 어렵기 때문에 국제사회의 관심과 우려를 불러일으키고 있다. 이에 따라 미국은 Disease-X에 대응하기 위한 전략으로 감시, 응용연구, 예방 및 방제, 공중보건 인프라 강화 등을 제시했으며, 2010년에는 신종감염병 및 인수공통감염병 센터 (National Center for Emerging & Zoonotic Infectious Disease, NCEZID)를 설립하는 등 빠르게 대응하고 있다[8]. 영국 역시 2006년부터 향후 10~25년간의 미래 감염병 관리계획을 수립하고, 진단, 질병 특성 규명, 모니터링 체계를 운영하고 있다. 세계보건기구(WHO)는 Disease-X와 같은 새로운 위협에 대응하기 위해서는 혁신적인 패러다임이 필요하다고 보고, 2015년 감염병에 대한 R&D 종합계획을 발표하였다[9]. 이와 함께 우선 관리 대상 감염병의 우선순위를 선정하고, 사람과(야생)동물의 질병 발생 상황과 병인체 변화 양상을 지속적으로 감시하면서, 감염경로, 전파 양식, 면역 기전에 대한 정보를 축적해 나가겠다는 계획을 세웠다. 또한 이러한 정보들을 바탕으로 진단 기법, 예방 백신, 치료제 개발을 추진하며, 유전체와 단백체를 활용해 예방과 치료 효율을 극대화하기 위한 전략을 제시하고 있다[9].

신종감염병 대부분이 동물 숙주에서 사람으로 옮겨오는 인수공통감염병이기 때문에, 생태계를 포함한 전체적인 접근이 필요하다. 이러한 맥락에서 보면, 생태계에 뿌리를 두고 있는 야생동물과 가축에서 발생하는 질병의 패턴이나 병원체 특성의 변화를 감시하는 것이 신종 질병 관리를 위한 출발점이라는 점은 누구도 부인할 수 없다. 이와 같은 이유로, 신종 질병 관리에 있어 전문성을 갖춘 수의사의 역할이 매우 기대되고 있다.

3) 기후변화 대응

우리가 흔히 사용하는 석유, 석탄, 천연가스와 같은 화석연료는 저장과 운송이 용이하고 효율이 높다는 특성 때문에 오랫동안 최고의 에너지원으로 여겨져 왔다. 그러나, 화석연료의 지속적인 사용으로 이산화탄소 배출량이 급격히 증가하였고, 이는 기후 위기의 주범으로 지목되고 있다. 실제로 세계 90개국이 참여하는 국제기구인 '글로벌 탄소 프로젝트(Global Carbon Project, GCP)'가 2023년 12월 발표한 보고서에 따르면, 2023년에 화석연료로 인한 전 세계 이산화탄소 배출량이 사상 최고치를 기록했다고 한다. 또한, 2030년 이전에 지구 평균온도가 산업화 시대 이전보다 1.5℃ 상승할 가능성이 50% 이상이라는 예측도 나왔다. 1.5℃는 기후변화 대응의 중요한 기준점으로, 2015년 유엔 기후변화협약 당사국 총회(The twenty-first session of the Conference of the Parties, COP21)에서 회원국들이 이를 목표로 삼고 이산화탄소 배출량 감축에 합의하였다.

세계보건기구(WHO)는 앞으로 10년간 공중보건 분야에서 해결해야 할 과제 중 하나로 기후변화에 인한 건강 문제를 최우선으로 선정했다. 저명한 학자들은 신종 및 재출현 인수공통감염병 증가, 정신질환 증가, 농축산물 생산성 감소 등이 기후변화와 밀접한 관련이 있다고 분석하였으며 이를 21세기 가장 심각한 글로벌 위협으로 보고 있다. 최근 미국 하와이대 연구팀은 기후변화와 감염병 전파 경로에 대한 약 7만 건의 논문을 분석하여, 기후 요인과 질병 간의 중요한 상관관계를 도출했다. 연구 결과, 375종의 주요 감염병 중 58%에 해당하는 218종이 기후변화로 인해 악화된 것으로 나타났다. 계속되는 기후변화는 결국 인간의 건강에 더욱 큰 위협이 될 것으로 예측하였다. 또한, 미국 조지타운대의 콜린 칼슨 교수팀은 포유류와 인간 간의 접촉으로 발생하는 바이러스 감염 가능성을 분석한 결과, 기후변화가 심화됨에 따라 사람과 동물 간의 교차 감염이 증가할 것이며, 2070년까지 약 1만 5천 건 이상의 인수공통감염병이 발생할 것으로 예상하였다. 한편, 2009년 국제수역사무국(Office International des Epizooties, OIE, 세계동물보건기구의 전신)는 126개 회원국을 대상으로 기후 및 환경변화가 동물 전염병과 축산업에 미치는 영향을 조사한 결과, 약 71%가 '기후변화가 동물건강에 미치는 영향이 우려스럽다'고 답했으며, '기후변화 관련 가축 질병이 국내에서 1건 이상 발생했다'고 응답한 비율도 51%에 달한다고 발표하였다.

장기간에 걸친 기후변화가 인간과 동물의 질병 발생에 영향을 미치는 이유는, 기후변화가 생물 종과 개체수의 변화를 일으켜 생태계 전체의 균형을 깨뜨리기 때문이며 이는 병원체, 환경, 숙주라는 질병 발생의 3대 요소 모두에 영향을 미친다(그림 3-12). 특히 주목할 점은, 기후변화가 질병을 옮기는 매개체의 생존과 번식에 큰 영향을 주어, 매개체성 질병의 확산을 촉발할 수 있다는 우려이다. 많은 과학자들은 기후변화로 인해 모기, 진드기, 벼룩, 새와 같은 질병 매개체의 서식지가 변화하고, 그 활동 범

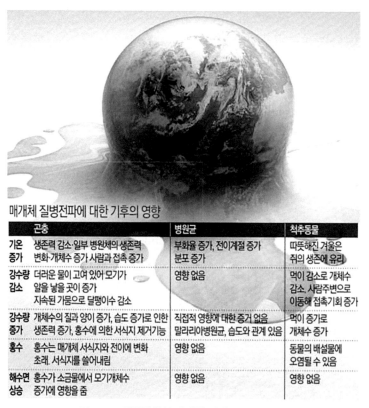

매개체 질병전파에 대한 기후의 영향

	곤충	병원균	척추동물
기온 증가	생존력 감소·일부 병원체의 생존력 변화·개체수 증가 사람과 접촉 증가	부화율 증가, 전이계절 증가 분포 증가	따뜻해진 겨울은 쥐의 생존에 유리
강수량 감소	더러운 물이 고여 있어 모기가 알을 낳을 곳이 증가 지속된 가뭄으로 달팽이수 감소	영향 없음	먹이 감소로 개체수 감소. 사람주변으로 이동해 접촉기회 증가
강수량 증가	개체수의 질과 양이 증가, 습도 증가로 인한 생존력 증가, 홍수에 의한 서식지 제거기능	직접적 영향에 대한 증거 없음 말라리아병원균, 습도와 관계 있음	먹이 증가로 개체수 증가
홍수	홍수는 매개체 서식지와 전이에 변화 초래. 서식지를 쓸어내림	영향 없음	동물의 배설물에 오염될 수 있음
해수면 상승	홍수가 소금물에서 모기개체수 증가에 영향을 줌	영향 없음	영향 없음

그림 3-12 기후변화와 매개체 질병 (출처: 헬스경향)

위가 넓어짐에 따라 뎅기열, 웨스트나일병, 흑사병, 라임병 등 매개체성감염병이 전 세계로 확산될 가능성이 높다고 경고하고 있다. 실제로, 박쥐에서 유래했다 알려지는 코로나 바이러스의 창궐도 지구온난화로 인한 박쥐의 서식지 변화와 개체수 증가의 결과라는 분석이 있다.

1988년 세계기상기구(World Meteorological Organization, WMO)와 유엔환경계획(UNEP) 은 기후변화에 대한 국제적 협력을 위해 '기후변화에 관한 정부 간 협의체(Intergovernment Panel on Climate Change, IPCC)'를 설립하였다. IPCC는 인간 활동이 기후에 미치는 영향을 평가하고, 이를 바탕으로 실현 가능한 대응 전략을 개발하는 역할을 하고 있다. 또한 국제수역사무국(OIE)은 2008년 총회에서 기후변화가 공중보건에 미치는 파급효과를 강조하는 결의안을 통과시키고, 5개 분야의 연구 우선순위와 실천 계획을 제시하였다.

주요 선진국에서도 국가 차원의 연구·개발 노력이 활발히 이루어지고 있다. 먼저 미국의 국립보건원은 산하 NIEHS(National Institute of Evironmental Health Sciences) 주도로 기후변화의 건강 영향을 연구하는 프로그램을 지원하며, 2009년에는 보다 체계적인 연구를 위한 IWGCCH(Interagency Working Group on Climate Change and Health)를 구성하였다. 영국은 2008년 세계 최초로 기후변화법을 제정하고, 보건부를 중심으로 기후변화에 의한 감염병 대응을 위한 새로운 전략을 발표하였다. 이와 함께 보건부에 건강보호국을 신설하여 매개동물에 의한 전염병, 수인성 및 식품매개 전염병 감시체계를 관리하는데 집중하고 있다. 우리나라도 질병관리청 주관으로 기후변화 감염병 다부처 대응 연구 사업을 추진하고 있으며, 2026년부터 5년 동안 총 2,000억 원을 투자해 기후변화에 따른 환경 및 생태계 변화, 매개체 서식지 및 생활사 변화, 감염병 전파양상 연구를 진행할 예정이다.

기후변화 감염병 대응 전략의 핵심은 선제적인 감시를 동반하는 조기 경보시스템 구축으로, 이는 주요 병원체의 신속 검색 기법 개발과 매개체의 이동 및 확산 경로에 대한 연구 강화를 포함하며, 특히 모기와 진드기 같은 기후변화에 민감한 매개체 연구가 중요하다. 동물의 건강과 생태계의 안녕을 책임지는 수의사는 기후변화감염병 대응의 최첨병으로서 전문성과 역할을 요구받고 있다.

4) 항생제 내성

1928년 알렉산더 플레밍이 발견한 페니실린은 세균을 사멸하고 증식을 억제함으로써 감염병 치료와 예방에 큰 전환점을 가져왔다. 이를 계기로 다양한 항생제들이 개발되었으나 이 기간 동안 세균도 항생제에 맞서 진화하며 저항성을 획득하였다. 그 결과 항생제의 효과를 기대할 수 없는 내성균이 등장하게 되었고, 특히 여러 항생제에 내성을 가진 다제내성균(Multi Resistant Bacteria)의 출현은 공중보건에 심각한 위협이 되고 있다.

WHO의 마가렛 찬 사무총장은 2015년 총회에서 "세계는 이제 단순 감염만으로도 사망할 수 있는 항생제불용시대(Post Antibiotics Era)에 진입하고 있다"며 항생제 내성(Anti Microbial Resistance, AMR)의 심각성을 경고했다. 스웨덴의 비영리단체 글로벌 챌린지스 재단(Global Challenge Foundation)은 항생제 내성을 세계 인구의 10% 이상을 파괴하여 인류 생존을 위협할 수 있는 10가지 위험 요소 중 하나로 꼽았다. 2016년 세계경제개발기구(OECD)의 자료에 따르면, 매년 약 70만 명이 항생제 내성균으로 인해 사망하며, 이는 인플루엔자, 결핵, 후천성면역결핍증(AIDS)으로 인한 희생자의 수를 합친 것보다 많다. 더욱 충격적인 예측은, 향후 AMR에 적절히 대응하지 못할 시 2050년까지 전 세계 사망자가 1,000만 명에 이를 것이라는 것이다(그림 3-13). 이는 매년 암으로 인한 사망자 수인 820만 명을 넘어서는 수치로, 그 영향은 상상을 초월하는 수준이다. 한편 AMR로 인한 경제적 피해도 상당한데, 향후 35년간 세계 GDP의 3.5%, 즉 약 100조 달러의 비용이 발생할 것으로 예상되며, 우리나라의 경우 연간 사회경제적 손실이 최대 12조 8000억 원에 이를 것이라 추정하고 있다[10].

항생제 내성이 글로벌 보건에서 매우 중요한 이슈로 인식됨에 따라, 국제 사회의 대응 속도도 빨라지고 있다. 제68차 세계보건총회에서는 항생제 내성이 인류 건강에 심각한 위협이라는 데 모든 회원국이 동의했고, 이에 전략적으로 대응하기 위해 항생

그림 3-13 항생제 내성에 따른 사망자 예측 (출처: 한겨레신문)

제 내성 글로벌행동계획(Global Action Plan on Antimicrobial Resistance, GAPAR)을 채택하였다. 글로벌행동계획은 각국이 AMR 대응 방안을 수립할 때 고려해야 할 원칙을 ① 사회적 인식 제고 ② 감시체계 구축 ③ 감염병 발생 감소 ④ 적정사용 ⑤ 연구개발 등 5가지로 나누어 제시하였다. 또한, 2016년 유엔총회에서도 AMR을 주요 의제로 다루어, 글로벌행동계획에 대한 국가별 후속 조치 이행 및 인체와 동물용 항생제에 대한 모니터링과 규제 등을 포함하는 결의안을 발표하였다. 국제식품규격위원회(Codex Alimetarius Commission)도 2016년부터 항생제 내성 관리를 위한 항생제내성특별위원회를 구성하여 국제 규범에 따라 협력하고 있으며, 우리나라는 2017년부터 4년 임기의 의장국으로 선출되어 핵심적인 역할을 수행 한 바 있다. 최근에는 유엔식량농업기구(FAO), 유엔환경계획(UNEP), 세계보건기구(WHO), 세계동물보건기구(WOAH) 등 다양한 이해관계자들이 파트너십 플랫폼을 구성하여 원헬스 접근법을 통해 항생제 내성 문제 해결 방안을 모색하고 있다.

AMR 파급 효과를 최소화하기 위한 다양한 활동들은 국가 단위에서도 진행되고 있다. 미국은 1996년부터 식품의약품안전청(FDA)의 주도로 국가 항생제 내성 감시 체계를 운영하고 있으며, 질병통제센터(CDC)와 농무성(USDA) 등 10여 개 기관이 참여하는 범부처 특별 작업반을 구성하여 공동 대응하고 있다. 엄격한 항생제 내성관리 제도를 운영하는 것으로 잘 알려진 유럽은 인체 항생제 감수성을 모니터링하고 내성균을 감시하기 위해 EARS-Net(European Antimicrobial Resistance Surveillance Network)과 가축용 항생제 내성 모니터링 프로그램인 ARBAO(Antibiotic Resistance in Bacteria of Animal Origin)를 핵심 관리수단으로 활용하고 있다[11]. 우리나라 또한 2016년 관계 부처 합동으로 '국가 항생제 내성 관리 대책'을 발표하고, ① 항생제 적정 사용, ② 내성균 확산 방지, ③ 감시체계 강화, ④ 연구개발 확충, ⑤ 협력체계 활성화를 주요 실행 계획으로 삼았다[12].

영국의 Jim O'Neil은 AMR 관련 학술 논문 134 편을 분석한 결과, 동물에서의 항생제 사용과 사람의 항생제 내성 출현 간의 상관관계가 있다고 언급한 논문이 100여 편에 이른다고 밝혔고 일부 보건 전문가들도 농·수·축산 분야에서의 항생제 오남용이 사람에서 AMR을 초래했다고 주장하고 있다[13]. 그럼에도 불구하고 학계에서는 이에 대한 반론과 논란이 이어지고 있다. 많은 과학자들은 동물과 사람에서 항생제가 많이 사용될수록 AMR 발생이 빈번하다는 점은 인정하지만, 동물유래 AMR이 사람에게 실제로 전파되는지, 그 전파 방식과 종류, 그리고 사람의 AMR 중 동물유래 비중이 얼마인지에 대해서는 여전히 실증적이고 과학적인 증거가 부족하다는 입장이다[7]. 미국 CDC는 사람의 과도한 항생제 사용이 AMR의 가장 중요한 원인이라고 발표하였고, Bywater와 Casewell은 AMR의 96%가 사람 간 전파로 인한 것이라는 연구 결과를 제시했다. 항생제 내성은 다양한 요인이 얽혀 있는 복잡한 문제이므로, 이를 해결하기 위한 접근법도 그 요인들을 세심하게 고려한 통합적인 방법이어야 할 것이다.

항생제는 동물의 건강을 유지하고 질병을 통제하는 데 필수적인 도구이지만, 가축의 생산물이 식품 사슬에 들어가 소비되는 만큼, 수의사는 과학적이고 합리적인 방법으로 항생제를 관리해야 할 책임이 있다. 수의사의 관리를 벗어난 항생제 사용은 오남용으로 이어질 수 있으며, 이는 항생제 내성균 출현의 주된 원인이 될 수 있다. 따라서, 항생제 내성 관리에 있어 수의사의 역할은 매우 중요하다.

2. 국제기구

글로벌 이슈 해결을 위해서는 전 세계적인 협력이 필요하다. 또한, 국제적 문제들은 여러 이해관계가 얽혀 있고, 복잡하다는 특성을 가지므로 포괄적이고 전체론적인 접근이 더 효과적이다. 더구나 하나의 목표를 향해 때로는 조직과 역량을 융합하기도 하고 때로는 독립적인 형태를 유지하면서 협력을 강화하기 때문에 개별 국제기구의 업무한계를 규정짓는 것은 무의미할 수도 있다. 이러한 측면을 고려하여 수의를 핵심 업무영역으로 하는 세계동물보건기구(WOAH), 동물용의약품 국제기술조정위원회(VICH)을 중심으로 알아보기로 한다.

1) 세계동물보건기구(World Organization for Animal Health, WOAH)

세계동물보건기구(WOAH)는 전 세계적으로 동물 감염병을 통제하고 공중 보건을 향상시키기 위해 만들어진 정부 간 조직(International Organization)으로, 수의학 분야에서는 최고의 국제기구이다. 1920년 인도에서 브라질로 수출된 소가 벨기에에서 환적 중 우역이 발생하면서 막대한 경제적 피해가 발생하였고, 이 사건으로 인해 가축 질병에 대한 체계적 대응의 필요성이 대두되었다. 이를 계기로 1924년 1월 25일, 프랑스 파리에서 28개 국가가 모여 국제수역사무국(OIE)을 창설하고, 프랑스를 초대 의장국으로 선출했다. 이후 OIE는 수의학 분야에서 국가 간 현안 조정 및 협의 기능을 수행하며 질적·양적으로 발전해 왔다. 1995년에는 세계무역기구(World Trade Organization, WTO)의 설립과 함께 '위생 및 식물검역 조치 적용에 관한 협정(Sanitary and Phytosanitary Measures, SPS)'이 체결되면서, 동물 및 축산물 교역에 관한 세계 표준을 제정하는 유일한 국제기구로 공인받아 권위와 위상이 한층 높아졌다. 최근 급변하는 국제 환경과 다양한 글로벌 이슈에 효과적으로 대응하기 위해, 2022년부터 WOAH로 명칭을 변경하고 새로운 브랜드와 로고를 발표하여 면모를 일신하였다. 2024년 WOAH는 창립 100주년을 맞이하였으며, 183개국이 회원국으로 활동하고 있다. 우리나라는 1953년 정식으로 가입하였다.

세계동물보건기구(WOAH)의 조직 구성은 다음과 같다(그림 3-14) .

① **총회(World Assembly)**: 개별 회원국이 지명한 수석 수의관(Chief Veterinary Officer, CVO)들의 모임으로, 최고 의사결정기구다. 매년 5월 파리 본부에서 열리며, 국제 기준 채택, 주요 동물 질병 지위에 관한 결의, 의장, 부의장, 사무총장 선출 등 주요 안건을 의결한다.

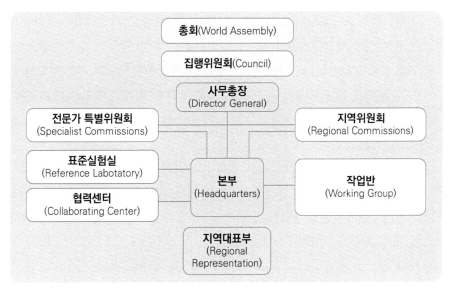

그림 3-14 세계동물보건기구 조직도 (출처: WOAH)

② **집행위원회(Council):** 의장, 부의장 등 임원과 각 지역별 대표로 구성된 9명의 위원으로 이루어져 있으며, 총회에 상정할 주요 의제에 대한 기술적 검토와 예산 편성을 담당한다.

③ **사무총장(Director General):** 총회에서 선출되며 임기는 5년이다. 본부의 경상 업무와 예산 집행을 총괄하는 책임을 맡고 있다.

④ **지역위원회(Regional Commissions):** 아프리카, 미주, 아시아·극동·오세아니아, 유럽, 중동 등 5개 지역에서 운영되며, 지역별 당면 현안, 동물 위생 관련 기술적 문제 및 지역 협력 사항을 논의하고 의결한다.

⑤ **전문가 특별위원회(Specialist Commissions):** 회원국들이 제기한 과학적이고 기술적인 문제를 다루고, 국제 기준을 개발하는 핵심 실무 조직이다. 현재 육상동물위생규약위원회(Code Commission), 동물질병과학위원회(Scientific Commission), 생물학적 표준위원회(Laboratories Commission), 수생동물위생규약위원회(Aquatic Animal Commission)가 활동 중이며, 임기는 3년이다.

- **육상동물위생규약위원회:** 1960년에 설립, 동·축산물 교역 시 통용되는 국제 기준을 제정
- **동물질병과학위원회:** 질병 예방과 관리 전략을 개발하여 국가별 적용 방법을 제시
- **생물학적 표준위원회:** 동물 질병의 진단 표준 제정 및 백신의 품질 평가
- **수생동물위생규약위원회:** 수산물의 교역 기준과 수생동물의 질병 상황을 평가

⑥ **표준 실험실(Reference Laboratory):** WOAH가 인증한 국제적 전문성이 인정되는 실험실로, 진단 서비스, 기술 자문, 교육 및 훈련, 정보 수집 등의 기본 임무를 수행한다. 우리나라에도 8개의 표준 실험실이 지정되어 운영 중이며, 모두 농림축산검역본부 소속이다.

⑦ **협력 센터(Collaborating Center):** 동물 건강 관리, 동물 생산 및 복지, 실험실 운영, 훈련 및 교육 등 특정 분야에 대한 전문 지식과 자원을 제공하고 국제 협력을 촉진하는 목적으로 WOAH가 회원국 소속 기관이나 조직중에서 인증 절차를 거쳐 지정한다.

⑧ **지역 대표부(Regional Representation):** 5개 지역(아프리카, 미주, 아시아·극동·오세아니아, 유럽, 중동)에서 각각 운영중이며 해당 지역에 필요한 수의 서비스를 제

공하고 질병 발생상황의 감시·통제를 담당한다.

⑨ **작업반**(Working Group): 주요 현안에 대한 문제 해결을 위해 한시적으로 운영되는 실무 조직이다.

세계동물보건기구(WOAH)는 다양한 기능을 수행하고 있지만, 개별 회원국들의 관심도가 가장 높고 의견이 활발히 교환되는 분야는 바로 위생규약 등 국제기준 제정이다. 이러한 국제기준은 과학적 근거를 바탕으로 회원국 간 합의로 총회에서 채택된다. 일반적으로 국제기준이 총회에 상정되면, ① 주제선정(Topic), ② 검토(Review), ③ 초안(Draft), ④ 의견조회(Comment) 의 4단계를 거친다. 이 과정은 보통 2년에서 4년이 소요되지만, 긴급한 사항의 경우 1년 이내로 신속하게 진행될 수 있다.

WOAH의 운영 경비는 회원국이 납부하는 분담금, 자발적 기여금, 국가나 단체로부터의 기부금, 그리고 기타 수입(출판물 판매 수익, 수수료 등)으로 구성된다. 특히 회원국에 의무적으로 부과되는 분담금이 재원의 대부분을 차지하며, 분담 수준은 액수가 가장 많은 1등급에서 6등급까지로 나뉜다. 국가별 분담금액은 각 회원국이 스스로 결정하도록 하고 있으며 우리나라는 1등급 분담국이며, 미국, 캐나다, 호주 등 16개국도 여기에 속한다.

WOAH의 인적 구성은 본부와 지역 대표부를 포함하여 약 180명 정도이며, 이 중 20명 내외는 개별 회원국에서 파견한 직원이다. 우리나라에서도 1명의 파견관이 2년 임기로 WOAH 본부에서 근무하고 있으며, 임기가 만료되거나 결원이 발생할 경우 농림축산식품부 소속 공무원 중에서 선발한다. 파견관을 제외한 직원 대부분은 WOAH에서 직접 고용하며, 일반적으로 수의사 면허와 자국의 수의 당국에서의 근무 경력이 요구된다.

2) 동물용의약품 국제기술조정위원회(Veterinary International Cooperation on Harmonisation, VICH)

VICH는 1996년 미국, 유럽, 일본의 동물용 의약품 허가 당국과 산업체가 주축이 되어 설립된 3자간 협의체이며, 동물용의약품 허가 절차와 품질 관리를 위한 국제적 기준 및 기술을 조화시키는 것을 목적으로 하고 있다. 이 국제표준의 출발점은 1983년 미국 FDA가 주관한 '국제 동물용의약품 등록에 관한 기술자문회의(International Technical Consultation on Veterinary Drug Registration, ITCVDR)'에서 찾을 수 있다. 이후 1993년 유럽 동물약품협회(Animal Health Europe)는 '허가요건의 국제적 조화(Global Harmonisation of

Standards, GHOST)'를 제시하였고, 이를 바탕으로 ITCVDR과 OIE가 협의한 결과 1994년 특별작업단이 출범하며 VICH가 탄생하게 되었다. VICH의 설립을 위하여 여러 국제기구와 단체의 협력이 있었지만, WOAH의 자문과 후원이 특히 중요한 역할을 했다. WOAH는 현재도 VICH의 운영 전략이나 활동 방향에 상당한 영향을 미치고 있으며, VICH에서 제시하는 동물용 의약품 가이드라인과 기술 지침은 WOAH 회원국들의 국제표준으로 제공되어 활용되고 있다.

회원국 구성 및 지위체계를 보면 창립회원국(미국, 유럽, 일본), 상임회원국(호주, 뉴질랜드, 캐나다, 남아프리카공화국, 영국), 옵저버국(스위스) 및 포럼참가국(대한민국 등 33개 국가)으로 나눌 수 있으나 사실상 창립회원국이 주도권을 독점하고 있다. VICH의 조직구성은 다음과 같다(그림 3-15).

① **운영위원회**(Steering Committee, SC): 창립회원국의 허가 당국과 산업체 대표로 구성되어 있으며, 최고의사결정기구로 국제 조화를 위한 전략 설정과 임원 선출 등 주요 안건을 의결한다. 상임 회원국은 SC에 출석할 수 있으나, 토론 참여나 투표권 행사는 불가하다.

② **사무국**(Secretariat): SC 및 포럼에서 논의될 안건을 작성하고 가이드라인, 지침 등의 출판물을 간행하는 역할을 담당한다.

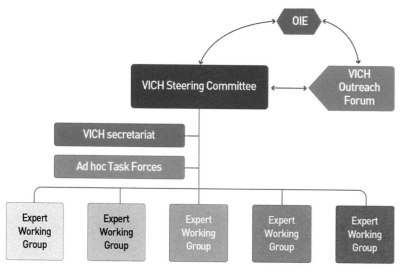

그림 3-15 동물용의약품 국제기술조정위원회 조직도 (출처: VICH)

③ **전문가 실무그룹**(Expert Working Group, EWG): 국제 가이드라인 초안을 작성하고 검토하는 핵심 조직으로, 동물 약품 분야의 글로벌 이슈를 다룬다.

④ **VICH 포럼**(VICH Outreach Forum): 비회원국을 대상으로 주제별 가이드라인과 지침 정보를 공유하고 의견을 수렴하는 역할을 담당한다.

VICH는 동물용의약품 허가와 등록의 글로벌 표준을 구현하기 위한 가이드라인 제정과 이행에 집중하고 있다. 이 과정은 회원국과 산업체는 물론 비회원국에도 큰 영향을 미치며, 복잡한 이해관계를 고려할 때 공개적이고 투명한 절차가 필수적이다. VICH 가이드라인 승인과 이행절차는 다음과 같은 9단계로 구성되어 있다.

- **1단계**: SC가 제안서의 우선순위와 작업 대상을 결정하고, 주제별로 EWG를 구성
- **2단계**: EWG가 SC의 요청에 따라 가이드라인 초안을 작성하여 사무국에 제출
- **3단계**: 사무국은 가이드라인 초안에 대한 SC승인을 받고 회람 절차를 진행
- **4단계**: 가이드라인 초안은 6개월 동안 공개되고 이 기간 동안 회원국이 검토 의견을 제시
- **5단계**: 검토 의견은 EWG에서 반영 여부를 논의한 후 수정안을 작성하여 사무국에 제출
- **6단계**: 사무국이 가이드라인 수정안을 SC에 보고
- **7단계**: SC는 논의를 거쳐 최종 가이드라인을 승인하고 회원국 회람과정을 진행
- **8단계**: 각 회원국이 최종 가이드라인이 적절하게 이행되고 있는지 SC에 보고
- **9단계**: SC는 매 5년마다 채택된 가인드라인의 정상 작동 여부와 개정 필요성을 검토

통상질서의 표준을 정하는 작업은 국제교역에 있어서 시장지배 구조를 좌우할 수 있는 매우 중대한 과정이므로 VICH의 국제적 위상과 영향력은 무시할 수 없다. 현재 우리나라는 VICH 포럼 단순참가국 지위에 머무르고 있어 주요 의사결정과정에 직접적으로 참여하기 어려운 상황이다. 그럼에도 불구하고 VICH 주관 회의나 행사에 아국 대표단 파견, EWG 전문가위원 참여, 채택된 가이드라인 이행, 검토의견 개진 등을 통하여 VICH 내 입지를 공고히 하여야 한다는 목소리가 힘을 얻고 있다.

3. 주요 국가별 수의관련 공공기관

　동・축산물의 국제 교역이 증가하고 인적・물적 교류가 활발해짐에 따라 신・변종 인수공통감염병이 국경을 넘나들고 있다. 이와 함께 축산물 소비의 확대, 위생관리 및 안전성 확보, 기후 변화, 생태계 변화 등의 문제들이 글로벌 메가이슈로 떠오르고 있다. 이에 따라 많은 나라가 수의조직을 확대 또는 개편하거나 독립기관을 신설하여 대응력을 강화하고 있다. 국가별로 사회・경제적 상황에 따라 대응 전략이나 접근 방식은 다를 수 있지만, 전문성을 바탕으로 공중보건 향상에 기여하고자 하는 공통의 목표를 가지고 있다.

1) 미국(동식물검역청, 농업연구청, 식품안전검사청)

　미국 농무부(United States Department of Agriculture, USDA)는 공공 수의업무를 총괄하는 중앙조직으로, 농・축산물을 8개 영역으로 나누고 담당 차관이 각 영역별 업무를 지휘하는 구조를 갖추고 있다. 이 중 마케팅 및 규제 차관(Under Secretary for Marketing and Regulatory Program) 소속의 동식물검역청(Animal and Plant Health Inspection Service, APHIS)은 동물 방역, 동・축산물 검역, 동물 복지 및 동물약품 관리 업무를 맡고 있다. 또한, 식품안전 차관(Under Secretary for Food Safety) 산하 식품안전검사청(Food Safety Inspection

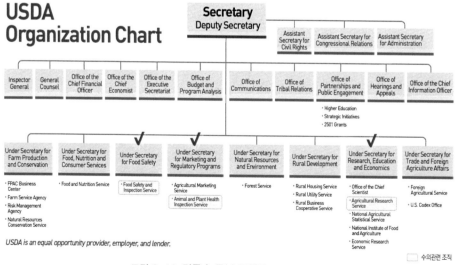

그림 3-16 미국 농무부 조직도 (출처: USDA)

Service, FSIS)은 축산물 위생 관리 업무를 담당하고 있으며 수의 분야의 연구개발은 연구·교육 및 경제 차관(Under Secretary for Research, Education & Economics) 소속의 농업연구청(Agriculture Research Service, ARS)에서 주로 수행하고 있다(그림 3-16).

동식물검역청(APHIS)은 1972년에 설립된 연방정부기관으로, 동식물의 건강을 증진하고 농업 자원을 보호하는 역할을 담당하고 있으며 8,000여 명의 과학자, 기술자, 행정직원이 근무하고 있다. 조직체계는 경영지원국과 사무국을 포함한 직할부서와, 기관의 고유 임무를 수행하는 6개의 실무부서로 구성되어 있다.

① 동물관리팀(Animal Care)
② 생명공학규제서비스팀(Biotechnology Regulatory Service)
③ 국제서비스·무역지원팀(International Service & Trade Support Team)
④ 식물보호 및 검역팀(Plant Protection & Quarantine)
⑤ 수의서비스팀(Veterinary Service)
⑥ 야생동물서비스팀(Wildlife Service)

이 중에서 수의 업무를 담당하고 있는 팀은 수의서비스팀이며, 주요 전략과제로는 ① 동물질병 감시·대비·대응(Surveillance·Preparedness·Reponse Service, SPRS) ② 동·축산물 수출입(National Import Export Service, NIES) ③ 과학기술 및 분석(Science, Technology & Analysis Service, STAS) ④ 프로그램지원(Program Support Service, PSS)을 들 수 있다. 수의서비스 팀은 동물방역, 동·축산물 검역, 질병 진단, 동물용 생물학제제 관리 등 핵심적인 역할을 수행한다. 이와는 별도로 APHIS 산하에 국립수의연구소(National Veterinary Service Laboratory, NVSL)를 설치하여 질병 진단 서비스, 관련 분야 연구개발 및 인력양성에도 힘쓰고 있다.

우리나라 농촌진흥청에 비견되는 미국 농업연구청(Agricultural Research Service, ARS)은 1953년에 설립된 최고 권위의 농업 분야 종합 연구기관이다. 현재 8,000명의 국내외 과학자가 약 800여 개의 연구과제를 수행하고 있으며, 매년 약 1조 3천억 원의 예산이 투입된다.

농업연구청은 4대 전략 연구 분야로 ① 영양 및 식품안전 ② 동물생산 및 보호 ③ 작물생산 및 보호 ④ 천연자원과 지속가능한 농업을 제시하고, 이와 관련된 15개 국가프로그램을 운영하고 있다. 이 중 수의 연구는 '동물생산 및 보호' 영역에 포함되며, '동물건강(Animal Health)'과 '수의·의용·도시곤충학(Veterinary, Medical, Urban Entomology)'이라는 국가프로그램에 속한 연구과제로 진행된다. 주로 항생제 내성, 기후 변화, 매개체성 질환, 전염성 해면상 뇌증, 감염병의 생물학적 방어 기전 등을 연구주제로 삼고 있다[14]. 최근에는 연구 역량을 집중하고 시설·장비 활용도를 높이기 위한 노력도 이어지고 있다. 동식물검역청 산하 국립수의연구소(NVSL), 농업연구청 소속 국립동물질병센터(National Animal Disease Center, NADC) 및 수의생물학센터(Center for Veterinary Biologics, CVB) 등 세 개의 기관이 통합하여 국립동물보건센터(National Center for Animal Health, NCAH)로 재탄생한 사례는 이러한 노력의 일환이다. 또한, 주요 가축 질병별로 특화된 지역 연구소가 NCAH를 중심으로 유기적인 상호 협력 체계를 유지하고 있다는 점도 주목할 만하다(그림 3-17).

식품안전검사청(Food Safety Inspection Service, FSIS)은 1981년에 설립된 농무부 산하의 연방 기관으로, 축산식품의 안전성을 확보하고 위생 수준을 향상시키는 것을 목표로 하고 있으며, 우리나라 식품의약품안전처와 유사한 임무와 기능을 가지고 있다. FSIS의 가장 핵심적인 업무는 연방 육류검사법, 가금류검사법 및 계란제품검사법에 따라 미국에서 생산되거나 유통되는 모든 육류, 가금류 제품 및 계란을 검사하여 위생 관

그림 3-17 미국 농업연구청 산하 가축전염병연구소[14]

리 상태와 안전성을 점검하는 것이다. 또한 식품 안전에 대한 소비자들의 인식을 높이고, 식중독과 같은 식품 매개 질병을 예방하기 위한 활동에도 중점을 두고 있다. 이를 위해 FSIS는 화학물질, 방사선, 생물학적 요인 등 주요 식품 오염원에 대한 모니터링과 리콜 시스템을 운영하고 있다.

2) 영국(동식물보건청, 퍼브라이트연구소, 식품기준청)

1986년 영국에서 소해면상뇌증(Bovine Spongiform Encephalopathy, BSE, 일명 광우병)이 처음 공식적으로 보고된 후, 질병의 급격한 확산으로 1992년에는 5만 마리의 소가 도살되었다. 특히, 사람의 변종 크로이츠펠트·야콥병과 BSE 간의 인과관계가 밝혀지면서 유럽 전역이 공포에 휩싸였고, 영국은 전 세계의 비난을 받았다. 2001년에는 구제역 발생에 따른 직접적인 피해액이 4조 원에 달했으며, 축산업 붕괴와 함께 정치, 사회, 경제 전반에 심각한 혼란을 초래했다. 이러한 경험은 동물 방역 체계 개혁의 중요한 계기가 되었고[15], 영국 정부는 2001년 6월 농수산식품부를 환경식품농촌부(Department for Environment, Food and Rural Affair, DEFRA)로 개편했다(그림 3-18). 또한 '가축 질병 긴급 대응 계획'을 수립하고, 민간과 정부가 협력하는 전문적인 연합조직을 구성하여 과

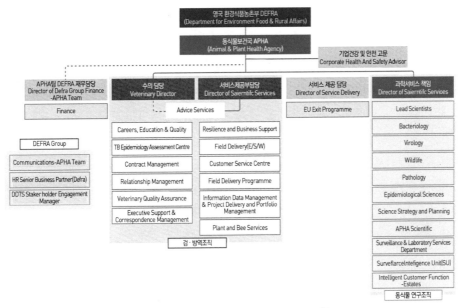

그림 3-18 영국 동식물보건청의 조직체계[14]

학적이고 체계적인 대응 체계를 갖추게 되었다[16]. 이러한 노력은 동물방역 및 동·축산물 검역 업무를 주관하는 동물보건원(Animal Health, AH)과 R&D 총괄 조직인 수의연구청(Veterinary Laboratory Agency, VLA)의 통합을 이끌어 2011년 4월 동물보건연구청(Animal Health and Veterinary Laboratory Agency, AHVLA)의 출범으로 이어졌다. 이후 2014년에는 식품환경연구청(Food and Environment Research Agency)에서 수행하던 식물과 꿀벌 건강 관리 기능을 흡수하여 동식물보건청(Animal and Plant Health Agency, APHA)으로 개칭하고 조직을 확대했다. 오늘날 APHA는 환경식품농촌부 산하의 책임 집행 기관으로, 동·식물 재난형 질병 관리·예방, 동축산물 및 식물 검역, 동식물 건강 관리를 위한 연구 개발, 양봉장 검사·진단, 멸종 위기의 야생동물 보호 등 매우 다양한 업무를 수행하고 있다.

APHA 본부는 웨이브리지에 위치해 있고, 약 2,300명의 연구자, 수의사, 역학 전문가가 근무하고 있으며, 영국 전역에 10개의 특화된 전문 실험실을 운영하고 있다[14]. 특히, 5개의 대학 연구소가 APHA의 질병 예찰 프로그램의 협력 파트너로 참여하고 있어, 동물 방역 분야에서 민관 협업의 모범사례로 주목받고 있다. APHA 연구 조직은 주로 우결핵, 큐열, 브루셀라와 같은 세균성질병, 광견병, 돼지열병, 구제역, 조류인플루엔자와 같은 바이러스질병, 그리고 매개체성 가축질병과 소해면상뇌증에 대한 연구와 역학 및 질병 감시 분야에 역량을 집중하고 있다.

영국 수의 연구분야의 또 다른 중심축인 퍼브라이트 연구소(Pirbright Institute, PI)는 연구혁신청 산하의 '생명공학 및 생물과학 연구위원회(Biotechnology & Biological Sciences Research Council, BBSRC)'로부터 전략적 자금을 지원받는 공익법인이다. 이 연구소는 구제역, 블루텅, 아프리카돼지열병 등 주요 가축 질병의 세계 표준을 선도하는 글로벌 연구기관으로, 1914년에 소 결핵시험소로 설립되어 이후 영국 최고의 바이러스 진단 및 감시 센터로 발전했다. 1986년에 동물건강연구소(Institute for Animal Health)로 명칭이 변경되었고, 2012년에 지금의 'Pirbright Institute'로 개칭하였다. 현재 연구학생을 포함하여 약 350명의 인력으로 구성되어 있으며, 국내외 바이러스성 가축 전염병의 위협 및 잠재적 공격에 대한 예측, 탐지, 이해 및 대응 능력을 개발하는 연구에 집중하고 있다.

1980년대 이후 영국의 식품 안전 관리 체계는 정계와 대중의 지속적인 관심을 받아 왔지만, 그럼에도 불구하고 식품에 의한 사고를 줄이거나, 위생 관리 수준을 크게 개선시키기에는 부족했다. 특히, BSE가 인간에게 치명적인 질병을 일으킬 수 있다는 사실이 밝혀지면서 쇠고기를 포함한 식품 위생 관리가 중요한 사회적 화두로 떠올랐다. 이러한 사회적 요구에 따라, 2000년에는 식품 기준청(Food Standard Agency, FSA)이 설립되어 식품 소비와 관련된 모든 위험 요소로부터 공공의 안전을 지키고 소비자의 이익을 증진하기 위한 노력을 기울이고 있다.

식품기준청의 운영구조는 매우 독특하다. 이 기관은 독립된 비내각 부처로, 장관이 아닌 이사회의 지휘와 감독을 받고 있다. 이로 인해 특정부처에 소속되지 않고 독립적으로 식품 안전 평가를 수행할 수 있어 의사결정 과정이 투명하고 공개적이며, 다른 이해관계의 영향을 받지 않는다. FSA의 직원수는 약 1,300여 명이며, 이들은 식품 및 사료 안전 관리, 식품표시와 알레르기 유발 물질 관리, 식품 위생 등급제, 항생제 내성, 식품 감시 시스템 운영, 국제 식품 규격 위원회 대응, 식품 시스템의 복잡성 연구 등에 역량을 집중하고 있다. 또한, 미래 먹거리의 안전성을 관리하기 위한 새로운 규제 프로그램 개발에도 활발히 노력하고 있다.

3) 일본(동물검역소, 국립동물위생연구소)

일본의 국가 수의업무를 총괄하는 컨트롤타워는 농림수산성(Ministry of Agriculture, Forestry and Fisheries, MAFF) 내의 소비안전국이다. 이는 우리나라 농림수산식품부 방역정책국에 해당하는 조직이다. 소비안전국에는 동물위생과, 축수산안전관리과, 가축방역대책실, 국제위생대책실 등 여러 부서가 있으며, 이들은 수의법령 및 제도 운영,

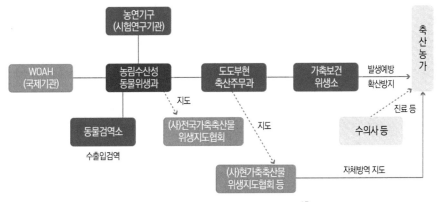

그림 3-19 일본의 가축방역 조직체계[17]

축산식품 위생관리, 가축전염병 방역, 가축위생협정, 검역대책 수립 등을 담당하고 있다[14]. 또한, 각 지방자치단체인 도도부현에는 축산과와 가축보건위생소가 설치되어 있으며, 해당 지역 내의 방역업무를 수행하고 있다(그림 3-19).

동물검역소(Animal Quarantine Service, AQS)는 농림수산성 산하기관으로, 수출입 동물 및 축산물(수생동물 포함)의 검역과 검사업무를 담당하며 주요 악성 전염성 질환의 국내 유입을 방지하고 공중위생을 향상을 목표로 하고 있다. 요코하마에 위치한 본소를 비롯하여 전국의 공항과 항만을 중심으로 8개 지소와 18개의 출장소를 운영하고, 약 526명의 직원이 근무하고 있다[17]. 본소에는 기획관리부와 총무부 등 운영 지원 부서가 있으며, 검역업무는 검역부와 정밀검사부에서 수행한다. 특히 주목할 점은, 우리나라에서는 가축전염병예방법에 따라 동물검역관 자격을 수의사로 제한하고 있지만, 일본에서는 수의사뿐만 아니라 축산 관련 학과 졸업자도 검역 업무를 수행할 수 있도록 허용하고 있다는 것이다[17]. 실제로 일본 전체 검역관 중 30%만이 수의사로 구성되어 있어, 동물검역관 부족 문제를 겪고 있는 우리나라 상황과 비교했을 때 시사하는 바가 크다.

농업·식품산업기술연구기구(National Agriculture & Food Research Organization, NARO)는 일본 농업연구의 중심 기관으로 농림수산성 산하의 19개 연구기관을 통합하여 설

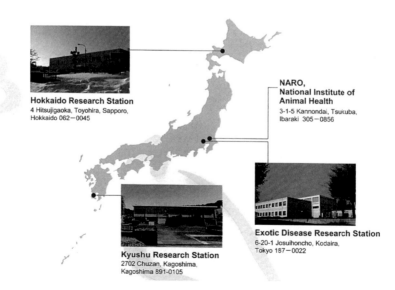

그림 3-20 일본 국립동물위생연구소(NIAH)와 지역연구센터[17]

립되었다. NARO의 소속기관 중 하나인 국립동물위생연구소(National Institute of Animal Health, NIAH)는 일본에서 유일한 수의 분야 연구기관이다. NIAH는 1921년에 동물전염병연구소(Institute for Infectious Disease of Animals)으로 시작하여, 1947년에는 국립동물보건연구원으로 이름을 바꾼 후, 2001년 NARO에 통합되었다. 조직체계를 살펴보면 본부는 2부 4과로 구성되어 있으며, 연구인력 128명을 포함해 총 230명의 직원이 근무하고 있다. 주요 연구부서는 바이러스질병 및 역학분석과, 초국경성 동물 질병과, 세균 및 기생충성 질병과, 병리 및 병태생리과로 나뉘며, 각 부서별로 3~4개의 연구실이 운영되고 있다[14]. 또한, 유우 위생 및 관련 질병을 전문으로 연구하는 북해도연구센터(Hokkaido Research Station), 해외 질병 연구에 특화된 외래질병연구센터(Exotic Research Station), 아열대 질병 연구 중심의 큐슈연구센터(Kyshu Research Station)를 운영하고 있다(그림 3-20).

4. 국제활동 수의사의 역할과 전망

현대를 사는 인류의 건강과 행복을 위협하는 다양한 문제들이 글로벌 이슈로 부각됨에 따라, 국제사회는 이를 효과적으로 관리하고 해결하기 위해 끊임없이 노력하고 있다. 이러한 맥락에서 보면 국가 간 연대와 국제기구 간 협력은 필수적이며 자연스러운 과정으로 볼 수 있다. 여기에는 글로벌 프로젝트, 국제 공동 연구, 공적 개발 원조(Official Development Assistance), 연대 협력 사업(Joint Cooperative Project) 등 다양한 형식과 전략이 존재하며, 국적이나 인종, 지역에 따른 차별은 있을 수 없다

'수의는 글로벌 공공재이다(Veterinary serives are global public goods)'라는 슬로건은 WOAH가 수의사 역할의 공익성을 강조하기 위하여 자주 사용된다. 이는 공중보건 향상, 동물 건강 관리, 생태계 보호, 빈곤 퇴치, 식품 안전 확보 등 전 세계가 직면한 과제를 해결하는 데 수의사가 필수적임을 강조하고, 적극적인 참여를 독려하는 것이다.

최근 국제기구들이 공공의 이익을 위해 다양한 활동을 진행하면서, 수의사의 전문성을 필요로 하는 영역도 꾸준히 늘고 있다. 특히 세계동물보건기구(WOAH)는 183개국의 회원국 정부, 그리고 70여 개의 국제기구와 활발한 협력사업을 전개하고 있다. 또한, 세계동물보건기구(WOAH), UN식량농업기구(FAO), UN환경계획(United Nations Environment Program, UNEP), 세계보건기구(WHO) 등 4대 국제기구는 다학제 간 접근 방

식을 바탕으로 원헬스와 같은 다양한 공동 관심분야에서 전략적 협력체계를 강화하고 있다. 이 외에도 국제원자력기구(International Atomic Energy Agency, IAEA)가 주관하는 인수공통감염병 모니터링사업 ZODIAC(Zoonotic Disease Integrated Action), 세계자연기금(World Wide Fund for Nature)의 야생동물 및 해양 보전 사업, 세계은행(World Bank)의 최빈국 경제 지원 프로젝트 등 다양한 분야에서 많은 수의사들이 헌신적으로 활동하고 있다.

국제기구에서 수의사의 역할은 각 기관의 사업 목표나 근무 부서에 따라 다양하다. 예를 들어, WOAH와 함께 가장 많은 수의사가 활동하는 FAO에서는 로마 본부나 지역사무소에서 근무하게 된다. 본부 소속 수의사들은 사업기획, 교육, 국가 간 협력사업을 주관하며, 지역사무소에서는 지역 내 회원국 관리, 보고서 작성, 회의 준비 및 진행 등 특정 사업의 실행을 담당한다. 또한 국제승마연맹(Federation Equestre Internationale, FEI)에서도 수의사들이 근무하고 있으며, 이들은 주로 경주마의 위생관리와 검역 업무를 수행한다. 소수의 수의사는 축산 자원 개량이나 가축 질병 관리와 같은 현장 실무 및 진료 업무에 참여하기도 한다.

유엔 헌장에 따르면, 국제기구에서 근무하는 직원들은 소속 기관 외 다른 당국의 지시를 받지 않는 독립적인 국제공무원으로서 특권을 인정받는다.

표 3-5 유엔 전문직 및 고위직(P급 및 D급이상) 직급체계

직급	직위	필요경력	비고
SG	Secretary-General	-	사무총장
DSG	Deputy Secretary-General	-	사무부총장
USG	Under Secretary-General	-	사무차장
ASG	Assistant Secretary-General	-	사무차장보
D-2	Director	15년이상	국장급
D-1	Principal Officer	최소 15년	부국장급
P-5	Senior Officer	최소 10년	선임과장급
P-4	First Officer	최소 7년	과장급
P-3	Second Officer	최소 5년	실무직원
P-2	Associate Officer	최소 2년	실무직원
P-1	Assistant Officer	-	실무직원

(출처: 국제기구인사지원센터)

일반적으로 국제기구의 직원은 유엔의 직렬(Categary)과 직급(Grade)을 따르며, 이는 다음과 같이 구분된다(표 3-5).

① **전문 · 고위직**(Professional & Higher Categories: P & D+) 전문가 및 국장급 간부
② **일반 · 기능직**(General Service & Related: G, TC, S, PIA, LT) 비서, 타이피스트, 운전기사 등
③ **국내채용직**(National Office: NO) 국제기구 본부 또는 사무소 소재국의 국민 채용
④ **현장직**(Field Service: FS) 현장 임무를 위한 행정, 기술, 수송 등 지원 업무

국제기구에 근무하는 대부분의 수의사는 전문가 직렬인 P급에 해당된다. 국제기구는 직원들과 일정 기간 고용계약을 체결하며, 근무 실적에 따라 계약을 연장하는 구조로 운영된다. 채용 절차는 비교적 공개적이고 투명하게 진행되며, 자격 요건은 기관에 따라 다를 수 있지만, 기본적으로는 전공지식, 특히 역학, 전염병, 공중 보건 등과 같은 글로벌 이슈에 대한 깊은 이해와 일정기간 이상의 국가기관 또는 국제기구에서의 근무경력이 요구된다. 또한 다양한 국적의 직원들과 함께 근무하게 되므로 의사소통 능력도 필수적이다. 영어는 공통 언어로 필수이며, 불어, 라틴어 등 제2외국어를 구사할 수 있다면 더욱 유리하다. 마지막으로, 소통 능력과 타인에 대한 배려가 중요하다. 업무 특성상 지역 및 국가 간 상충되는 의견이나 이해관계를 조정하고 이를 바탕으로 합리적인 대안을 제시해야 하므로, 원활한 소통이 필수적이다. 더불어 서로 다른 사회문화적 관습이나 배경을 이해하고 존중하는 자세도 빼놓을 수 없는 덕목이다.

현재 국제기구에서 활동하는 우리나라 수의사는 대략 10여 명 안팎으로 알려져 있다. 대한민국의 국력이나 국제적 신인도를 고려할 때, 이는 다소 초라한 수치라 볼 수 있다. 국제사회는 한국 수의사들이 지닌 근면성과 성실성을 바탕으로, 다양한 글로벌 이슈 해결에 적극적으로 참여해 줄 것을 요구하고 있다. 이러한 요구에 부응하고 책임 있는 국제 사회의 일원으로서 소명을 다하기 위해서 역량 있는 수의사들의 참여와 관심이 절실히 필요하다.

참고문헌

1. 국립수의과학검역원, 한국수의학사, 2010

2. 농림축산식품부, 수의사 수급현황 및 전망분석(용역결과보고서), 2023

3. 농림축산검역본부, 2022년 농림축산검역본부 연보, 2023

4. 농림축산식품부, 글로벌 곡물시장과 국내외 사료산업(용역과제 3차 보고서), 2024

5. 관계부처합동, 반려동물연관산업 육성대책, 2023

6. 관계부처합동, 국가 인수공통감염병 종합관리대책(안), 2018

7. 김용상, 수의정책콘서트, 2020

8. CDC, Addressing emerging infectious disease threats : A prevention strategy for the United States, Atlanta, GA : U.S. Development of health and human services, Public Health Service, 1994

9. WHO, Blueprint for R&D preparedness and response to public health emergencies due to highly infectious pathogens, 2015

10. 질병관리본부, 항생제내성균 감시를 위한 원헬스개념의 대응방안 연구(정책용역연구사업 최종결과보고서), 2017

11. 식품의약품안전처, 항생제내성 안전관리 국제협력 연구(자체최종연구보고서), 2011

12. 관계부처합동, 국가항생제 내성관리 대책, 2016

13. Chaired by Jim O'neil, Tackling drug-resistant infection globally: Final report & recommandations, The review on antimicrobial resistance, 2016

14. 농림축산검역본부, 동식물 검역검사 R&D 효율화 및 기능강화 방안 연구(용역연구결과보고서), 2020

15. 과학기술정책연구원, 전염성 동물질환에 대한 과학기술적 대응방안(정책연구), 2011

16. 한국과학기술기획평가원, 재난형가축전염병 대응 과학기술의 역할 및 R&D 추진전략 연구(연구보고), 2018

17. 농림축산검역본부, 동·식물 검역관 자격관련 해외사례조사(용역연구보고서), 2023

제4편
수의윤리 특수성과 사례

교양으로 읽는 수의학 이야기

I. 수의사 역량과 수의윤리

최근 여러 사회적 요인과 인식의 변화로 반려동물 산업이 발전하고 반려동물 가구가 증가하고 있다. 반려동물 산업이 발전하면서 수의사라는 직업에 대한 관심도도 높아지고 이에 따라 수의사는 단순한 치료를 넘어 보호자와 반려동물의 관계를 고려한 복합적인 역할을 수행하게 되며, 수의학교육에서도 윤리와 소통의 중요성이 더욱 강조되고 있다. 이와 같은 사회 문화의 변화에 따라 수의사들은 동물 복지와 생명 윤리에 대해 중요한 책임감을 가지고 있으며, 최근에는 과잉 진료, 반려동물 안락사, 의료행위의 윤리성 같은 문제들이 활발히 논의되고 있다. 또한 수의사는 동물의 복지뿐 아니라 보호자와의 소통에서 발생할 수 있는 윤리적 갈등을 해결하기 위해 노력하고 있다. 수의사는 동물을 사랑하는 이들에게 만족도가 높은 직업이 될 수 있지만, 다음과 같은 다양한 역량과 동시에 생명을 다루는 직업인 만큼 큰 책임감과 윤리 의식이 요구된다[1,2].

1. 다양한 역량

① **수학과 과학 배경 지식**: 수학, 과학적 배경지식을 바탕으로 임상과 비임상에서 사용되는 실험 기계들을 다룰 때, 그리고 환자에 따른 진료 과정에서 공학적 응용 능력을 갖추어야 한다. 예를 들어, 체중에 따른 의약품 계산, 효과 극대화를 위한 혼합 공식, 영양 성분에 대한 이해가 핵심이다. 또한, 해부학/조직학/영상학 등을 통해 얻을 수 있는 동물 생체 내 데이터들을 어떤 기준으로 판별하고 해석하는지에 대한 공감각적 능력을 겸비해야만 환자에게 적절한 진료를 진행할 수 있다. 이처럼 하나의 기초 분야나 하나의 응용 분야만을 고려하는 것이 아니라 수의학적 지식에 기반하여 여러 분야의 지식을 응용하여 진료에 맞게끔 가공하는 과학적 사고 능력이 중요하다.

② **문제 해결 능력**: 수의사는 진단하고 치료를 권장해야 하는 많은 상황과 마주하기에, 비판적 사고를 포함한 논리와 추론을 통해 자신이 할 수 있는 최선의 해결책과 대안을 추천할 수 있어야 한다. 또한, 수의사의 진료 및 치료는 본인의 의지

243

만으로 일어나지 않을 수도 있다. 본인이 원하는 처치와 보호자가 원하는 처치가 다를 수도 있으며, 보호자가 치료를 포기할 수도 있다. 추가로, 대동물과 야생동물 수의사의 경우에는 인수공통감염병 등에 대해 인간을 우선시해야 한다는 의무로 윤리적 스트레스를 받을 수도 있다. 이러한 가치가 충돌하는 상황에서도 동물과 인간 양쪽을 최대한 고려하는 방안을 모색해야 한다.

③ **의사결정**: 올바른 판단력과 의사결정은 이 직업에서 필수적으로 요구되는 기술이다. 수의사는 동물에 있어서 최고의 전문가로, 자신이 알고 있는 수의학적 지식과 동물-인간-사회라는 원 헬스 적 관점에서 가장 윤리적인 결정을 해야 한다. 수의사는 단순히 상업적인 활동이 아닌, 생명을 구한다는 사회적 책무도 지게 되지만, 소동물과 대동물의 치료 목적과 차이점에 대해 파악하고 그에 따른 올바른 의사결정을 내릴 줄 아는 판단력도 중요하다. 반려동물은 생명이 최우선이지만, 대동물은 주로 경제적인 측면을 먼저 고려한다. 예를 들면, 육류로 공급되는 농장동물일 경우, 안전상의 이유로 인해 허용되는 약품에도 제한이 있고, 감염병에 걸린 가축일 경우 가축전염병예방법 제20조에 따라 감염병 예방을 위해 살처분을 하기도 한다.

④ **적극적인 소통**: 보호자로부터 정보를 얻고 다른 사람들과 협력하여 문제가 무엇인지 파악할 수 있는 능력이 중요하다. 수의사 직업 특성상 환자인 동물과의 직접 소통이 어렵기 때문에 동물과 교감하고 보호자와 소통함으로써 문제 상황을 해결해야 한다. 안락사 등 중대한 결정을 앞두고 환자의 의사를 알 수 없는 경우에는 본인의 판단에 따라 보호자를 설득해야 할 수도 있다.

⑤ **비즈니스 및 관리**: 임상 수의사의 경우 병원의 운영과 고객과의 관계를 맺는 것이 중요하다. 병원을 원활하게 운영하기 위해서는 적정 예산 범위 내에서 소유한 자원들을 통해 경영할 수 있어야 한다. 환자에 대한 기록, 청결한 병원 환경을 유지하며 반려동물과 농장동물의 특성에 맞춘 명확한 진료 서비스를 제공하는 것이 여기서 말하는 경영이다. 임상에서 보호자들을 유치하기 위해 수의학적 지식을 통한 전문가로서의 신뢰감을 주는 것이 중요하다. 특히 농장동물은 개인이 소규모로 사양하는 방식이 아니라 계열화, 규모화된 산업으로 형성되어 있기 때문에 농장주들과의 지속적인 결속을 통한 사업 동반자로서 발전시키는 것이 중요하다. 비임상의 경우에는 임상 수의사보다 많은 분야의 사람들과 협업할 요소

가 많기 때문에 사교적인 성향을 통해 연구, 검역 등의 업무를 공동체로 수행할 수 있는 능력을 갖추는 것이 필수적이다.

⑥ **타인과의 협업**: 수의사는 한 사람의 결정으로 진행되는 것이 아닌, 내과, 외과, 산과, 영상진단학 등 다양한 세부 분야와 함께 협력으로 진행되는 일이기 때문에 한 가지의 주제에 대해서도 여러 사람의 의견이 중요하므로 동료와의 협업과 신뢰감 형성이 중요하다. 또한, 수의사가 직접적인 소통을 하는 대상은 치료 대상자가 아닌 보호자이므로 보호자가 해당 처치에 대하여 충분한 이해를 할 수 있도록 설명하여 불안감을 해소하고 이를 통한 신뢰감 형성이 중요하되 반려동물 보호자와 농장동물 보호자의 치료 목적이 다를 수 있으므로 이에 맞는 적절한 응대 방식을 아는 것도 중요하다.

2. 수의윤리의 특수성

수의윤리는 수의 진료의 윤리적 딜레마를 해결하기 위해 전문가와 준전문가가 윤리적 이론, 원칙 및 규칙을 적용하는 것을 말하며, 지난 수십 년 동안 빠르게 발전해 온 비교적 새로운 개념이다. 다양한 이론과 원칙이 정의되고 있으며, 수의사의 행동을 측정하고 평가할 수 있는 지식과 이해의 토대가 된다. 국민 소득이 증가하고 사회가 발전함에 따라 동물 진료의 관행도 변화해야 하며, 윤리적 진료와 비윤리적 진료 사이의 경계도 재정의되어야 한다. 또한 수의사의 영향력 스펙트럼이 전통적으로 수의사의 영역으로 간주되지 않았던 야생동물, 수생동물, 원헬스 분야까지 넓어지면서 수의사 진료에 새로운 도전이 시작되고 있다. 이러한 영역은 원칙과 이론, 결과적으로 규칙과 규범의 적응을 요구하고 있다[3].

또한, 고등 교육을 받은 보호자의 증가, 경제적 지위 향상, 의사소통의 용이성 등으로 인한 글로벌 사회 역학 관계의 변화로 인해 수의사라는 직업에 새로운 윤리적 가치를 수용해야 한다는 사회적 압력이 커지고 있다. 물론 새로운 가치의 효과와 최선의 행동에 대한 과학적 근거를 밝히기 위한 연구가 필요하지만, 수의사 개개인의 결정은 사건의 상황에 따라 주관적으로 내려져야 할 것이다. 따라서 동물에게 적절한 치료를 제공하려는 수의사들은 윤리적 딜레마에 직면할 가능성이 높다[3].

3. 역사와 발전

과거에 수의사에게 있던 주된 윤리적 개념과 관점은 '동물 치료를 수의사에게 맡긴다.'와 같은 직업적 행동 문제였으며, 1948년 영국에서 법적으로 동물 치료에 대한 단독 권한을 수의사에게 부여하였다. 그러나 1970년대 후반과 1980년대에 이르러서 동물 사용과 동물 복지(동물 윤리)에 관련된 새로운 윤리적 관점이 생겨났다. 수의윤리는 발전 과정 중에 의료 윤리, 연구 윤리, 동물 윤리 및 동물 복지에서 많은 영향을 받아왔으며, 진료 기술, 가축 생산 시스템, 국가 간의 관계 변화 등이 수의윤리 발전에 영향을 미치고 있다[4].

수의사의 권위와 전문성은 수의사 간의 관계와 수의윤리 발전의 핵심을 이루는 두 가지 개념이다. 수의사는 다른 의료인과 마찬가지로 동물을 돌볼 도덕적 의무가 있다고 사회로부터 인정받았는데, 이는 치료 전문직에 대한 신뢰를 의미하는 '에스쿨라피안(aesculapian) 권위'를 가지고 있기 때문이다. 이러한 신뢰는 다음 세 가지 주요 직업 속성을 기반으로 한다. 첫째는 '지각적 권위'로, 수의사가 보호자에 비해 동물 의료 지식에 대한 지혜와 우월한 지식을 보유하고 있다는 인식에 기반한 권위이다. 둘째는 '도덕적 권위'로, 수의사는 환자와 보호자의 필요와 최선의 이익을 위해 행동해야 하며 조언과 지도를 모두 제공해야 한다는 원칙에서 비롯된 것이다. 셋째는 '카리스마적 권위'로, 역사적으로 이 권위는 치료사가 치유할 수 있는 신적 또는 마법의 힘을 가졌다는 믿음에 기반한다. 따라서 보호자는 수의사를 신뢰하는 경향이 있으며 수의사가 해당 건강 문제를 돕고 해결할 수 있다고 믿고 있다. 에스쿨라피안 권위는 부분적으로 자기 규제를 통해 도덕적 의무를 다하는 등 대중의 기대에 부응할 것이라는 믿음과 함께 치유 전문직에 사회적으로 부여된다. 수의사의 권위와 전문성은 수의사에게 수의 서비스 제공에 있어 독점적인 권한을 부여하지만, 이는 수의사에 의해 남용될 수 있다. 이에 대응하여 각국 정부는 수의사 직업 행동 강령을 규제하는 기관을 설립했다[3].

수의사 직업윤리의 중요성은 수의사가 직업에 입문하거나 진료 등록을 할 때 하는 선서에도 반영되어 있다. 대부분의 국가에서 수의사 선서에는 수의사 윤리 원칙, 수의학의 전문적이고 윤리적인 기준, 직업 윤리 강령, 행동 강령 또는 수의학의 윤리적인 실천을 직접적으로 언급하고 있다. 예를 들어, 미국에서는 수의사가 수의윤리 원칙(Principles of Veterinary Medical Ethics, PVME)에 따라 진료할 것을 선서한다. 영국과 아일랜드 선서에는 윤리에 대한 언급이 없지만, 수의사는 각각 영국왕립수의과대학 (Royal Veterinary College)과 아일랜드수의사회에서 정한 직업 행동 강령을 준수할 의무가 있다. 이와 같이 수의사는 동물 복지를 옹호하고 동물의 고통을 줄일 것을 서약한다. 동물도 고통을 느끼고 주변을 인식하며 행복을 표현한다는 점에서 지각 있는 존재라는 인식과 동물이 사람과 유대감을 형성할 수 있다는 사실은 동물에 대한 윤리적 대우를 옹호하게 만들었고, 이는 수의윤리(수의사는 동물의 고통을 덜어주고 동물에게 직간접적으로 해를 끼치지 않아야 한다는 등)의 발전에도 영향을 미쳤다[5].

4. 의료윤리와 수의윤리

수의사와 환자의 관계에 대한 연구가 수의사와 동물 보호자의 관계와 밀접하게 관련되어 있다는 점에서 인간의 의료 윤리와 유사하다. 수의윤리의 기밀 유지, 자율성 보호, 유익성, 진실 전달, 내부 고발, 사전 동의 및 의사소통에 대한 전문성과 직업적 책임과 관련된 많은 부분은 의료계에서 수행된 연구 내용들을 준용하였다. 따라서 인간 환자와 동물 환자의 차이는 의사와 환자, 수의사와 보호자 간의 전문적인 논의에 방해가 되지 않는다[6]. 그러나 의사의 의무는 대가를 치르더라도 생명을 보존하는 것이지만, 수의사는 동물의 목적(예: 농장동물)에 따라 건강과 생명 연장에 대한 태도를 조정해야 한다는 점에서 차이점이 존재한다. 수의윤리와 인간 의료 윤리의 또 다른 주요 차이점은 법과의 상호 작용이다. 인간 의료 윤리는 많은 국가에서 주목할 만한 다양한 법적 문제(예: 조력 자살, 낙태, 주의 의무, 치료 거부권 등)와 관련되어 법의 변화를 유도하는 경우가 많았지만 그 반대의 경우도 있다. 하지만, 수의윤리는 이처럼 강력한 상호 작용을 하지 않는다. 동물에 대한 법적 문제가 법 체계의 높은 곳까지 도달하는 경우는 드물며, 전문성 및 주의 의무에 대한 이의제기와 관련된 사건은 주로 수의사 관리 기관을 통해 처리된다. 한마디로 요약하면 의료윤리는 생명윤리에 집중하여 있고 수의윤리는 직업윤리에 집중되어 있다[7].

수의사 직업은 전 세계적으로 대부분 자율 규제(AVMA)를 유지하고 있기에 그 이유에 대해 논란이 일었다. 버나드 롤린은 자율 규제를 유지하면서 대중의 신뢰를 유지하는 것이 어렵다는 점에 대해 신뢰와 공정성도 중요하지만 가장 중요한 것은 직업이나 전문가의 필요보다 고객의 필요를 우선시하여 자기희생적인 직업이 되어야 한다고 언급했다[4]. 그 대가로 사회는 기본적으로 규제할 만큼 잘 이해하지 못하는 직업에 대해 "우리가 당신들이 하는 일을 이해한다면 우리가 규제할 방식으로 당신들을 규제할 것이지만, 우리는 이해하지 못하기 때문에 당신들은 스스로를 규제하라. 하지만 여러분이 제대로 자율 규제를 하지 않는다면 우리는 이해 부족에도 불구하고 엄격한 규칙으로 여러분을 규제할 것이다."라고 버나드 롤린은 말한다[8]. 미국 수의사회(AVMA)는 윤리 원칙을 정기적으로 검토하고 업데이트하고, AVMA 사법위원회는 이 원칙이 최신 상태인지 확인한다. 인간의 의료법과 마찬가지로 수의사도 "진보적인 윤리 행동 강령을 준수"해야 하고, 전반적으로 역량, 동물 복지, 수의사-보호자-환자 관계, 전문성 기준, 정직, 법률 준수, 평생 교육, 역량 범위 내에서의 행동, 공중 보건 개선 등의 영역을 포괄하는 8가지 주요 원칙이 있다[5].

II. 미국수의사회가 제시하는 수의의료윤리원칙(PVME of AVMA)[5]

모든 수의사는 수의의료윤리원칙(PVME)으로 알려진 진보적인 윤리 행동 강령을 준수해야 하고, AVMA 이사회는 수의학 윤리와 관련된 모든 문제에 조언하고 주기적으로 원칙을 검토하여 이것이 시대에 맞고, 적절한지 확인해야 한다.

① 수의사는 환자의 복지, 고객의 요구, 대중의 안전, 수의사 직업에 부여된 대중의 신뢰를 유지해야 할 필요성에 의해서만 영향을 받으며, 이해관계의 충돌 또는 그러한 것처럼 보이는 것을 피해야 한다.
  (1) 수의사는 위에서 언급한 것 이외의 어떠한 이해관계, 특히 금전적 이해관계가 치료 또는 동물 진료의 선택에 영향을 미치도록 허용해서는 안 된다.
    ㉠ 수의사는 특정 제품을 사용하거나 처방함으로써 혜택을 받는 공급업체의 인센티브 프로그램 또는 기타 계약에 참여할지 여부를 결정할 때 이해 상충(또는 그러한 것처럼 보일 수 있는)을 일으킬 수 있는 가능성을 고려해야 한다.
    ㉡ 수의사의 의학적 판단은 소속 협회나 학회가 체결한 계약이나 합의에 영

향을 받지 않아야 한다.

ⓒ 수의사는 환자를 소개하는 대가로 금전적 인센티브를 받거나 제공하지 않아야 한다.

⑵ 전시, 경주, 번식용으로 판매되는 동물의 유전적 결함을 숨기기 위해 어떤 종에 서든 외과 수술이나 기타 시술을 하는 것은 대중에게 오해를 불러일으킬 수 있으며 비윤리적인 행위이다. 그러나 개별 환자의 건강 또는 복지를 위해 유 전적 결함의 교정이 필요한 경우, 환자를 불임상태로 만드는 것을 권장한다.

⑶ 수의사는 성분을 알 수 없는 비법, 치료법이나 기타 제품을 홍보, 판매, 처방, 조제 또는 사용해서는 안 된다.

② 수의사는 동물 복지와 인간의 건강에 대한 연민과 존중을 바탕으로 수의사-고 객-환자 관계(Veterinarian Client-patient Relationship, VCPR)에 따라 유능한 수의학적 의료 서비스를 제공해야 한다.

⑴ 수의사는 고통이나 공포를 최소화하면서 질병, 고통 또는 장애를 예방하고 완화하기 위해 환자의 필요를 먼저 고려해야 한다.

⑵ 동물병원 소유권과 관계없이, 환자, 고객, 그리고 대중의 이익을 위해서는 모든 환자 진단 및 치료에 관한 결정이 VCPR 하에서 수의사들에 의해 이루 어져야 한다.

ⓐ VCPR 없이 수의사 진료에 임하는 것은 비윤리적이다.

ⓑ 주치의 수의사가 환자의 1차 진료에 대한 책임을 맡는 경우, 주치의 수의 사와 VCPR이 성립된다.

ⓒ 고객은 언제든지 VCPR을 종료할 수 있다.

ⓓ 진행 중인 의학적 또는 수술적 치료가 없는 경우, 수의사는 더 이상 해당 환자 및 고객에게 서비스를 제공하지 않겠다고 고객에게 통보함으로써 VCPR을 종료할 수 있다.

ⓔ 진행 중인 의학적 또는 수술적 치료가 진행 중인 경우, 환자는 진단, 관리 및 치료를 위해 다른 수의사에게 의뢰되어야 한다. 이전 담당 수의사는 전 환 기간 동안 필요에 따라 계속 치료를 제공해야 한다.

⑶ 담당 수의사는 환자를 위한 치료 요법을 선택할 책임이 있다. 담당 수의사는

고객에게 예상 결과와 비용, 각 치료 요법의 관련 위험에 대해 알려줄 책임이 있다.

(4) 동물에 대한 인도적인 안락사는 윤리적 수의 처치 과정이다.

③ 수의사는 전문직 표준을 준수하고 모든 업무상 상호작용에서 정직해야 하며, 인성이나 능력이 부족한 수의사를 해당 기관에 신고해야 한다.

(1) 원칙을 위반할 수 있는 행동에 대한 불만은 적절하고 시의적절한 방식으로 처리해야 한다.

(2) 지역 또는 주 수의사회는 회원의 직업적 행동을 모니터링하고 지도할 책임이 있다. 지역 및 주 위원회의 구성원은 현지 관습과 상황을 잘 알고 있으며, 이러한 위원회는 모든 관련 당사자와 협의할 수 있는 가장 좋은 위치에 있다. 지역 및 주 수의사회는 활동 지침으로 원칙 또는 유사한 강령을 채택하고 평생 교육 프로그램에 윤리적 문제에 대한 논의를 포함시켜야 한다. AVMA 이사회는 적절하다고 판단되는 경우 주 또는 지역 차원의 조사 전, 조사 중 또는 조사 후에 불만 사항을 처리할 수 있다.

(3) 수의학 교육자는 모든 수의대 학생을 위한 전문 수의학 커리큘럼의 일부로서 윤리적 문제를 강조해야 한다. 이와 함께, 수의사 시험관은 시험에 직업윤리에 관한 질문을 준비하고 출제할 것을 권장한다.

(4) 수의사는 허위 또는 오해의 소지가 있는 방식으로 다른 수의사의 직업적 지위나 명성을 훼손하거나 명예를 손상해서는 안 된다.

(5) 수의사는 학위를 취득한 수의학 학교에서 수여한 전문 학위 직함만 사용해야 한다.

(6) 수의사가 해당 자격증을 수여받고 유지하지 않은 경우, 자신을 AVMA가 인정하는 전문 단체의 회원이라고 밝히는 것은 비윤리적이다. AVMA가 인정하는 수의학 전문 단체의 인증을 받은 수의사만 자신을 전문가라고 지칭해야 한다.

(7) 다른 수의사에 대한 감독 권한을 가진 수의사는 다른 수의사가 원칙을 준수하도록 합당한 노력을 기울여야 한다.

(8) 수의사가 특정 행위를 지시하거나 특정 행위를 알고도 승인한 경우, 또는 다른 수의사에 대한 감독 권한이 있는 수의사가 그 결과를 피하거나 완화할 수

있는 시기에 해당 행위를 알고도 합리적인 시정 조치를 취하지 않은 경우, 수의사는 다른 수의사의 원칙 위반에 대해 책임을 져야 할 수 있다.

⑼ 장애가 있는 수의사는 수의사의 자격으로 행동해서는 안 되며 자격을 갖춘 기관이나 개인의 도움을 구해야 한다. 장애가 있는 수의사의 동료는 해당 수의사가 도움을 구하고 장애를 극복할 수 있도록 격려해야 한다.

⑽ 수의사는 고객에게 잠재적인 이해 상충을 공개해야 한다.

⑾ 수의사의 광고는 허위, 기만적 또는 오해의 소지가 있는 진술이나 주장이 없을 때 윤리적이다. 허위, 기만적 또는 오해의 소지가 있는 진술이나 주장은 허위 정보를 전달하거나 중대한 누락을 통해 잘못된 인상을 남기려는 의도를 가진 진술이나 주장을 말한다. 회원 평가 또는 추천은 광고에 해당하며, 회원 평가, 추천 및 기타 형태의 광고와 관련된 연방거래위원회 가이드 및 규정과 같은 관련 법률 및 지침을 준수해야 한다.

④ 수의사는 법을 존중해야 하며, 환자와 공중보건의 최선의 이익에 반하는 법과 규정의 변경을 요구할 책임이 있음을 인식해야 한다.

⑴ 수의사는 자신이 거주하고 수의학을 진료하는 관할 구역의 모든 법률을 준수해야 한다.

⑵ AVMA 이사회는 회원 및 비회원의 위반 혐의를 해당 기관에 신고할 수 있다.

⑶ 비전문 조직, 단체 또는 개인이 전문 지식, 자격증 또는 서비스를 이용하여 불법적인 수의학 행위를 조장하거나 신뢰성을 빌려주는 것은 비윤리적이다.

⑤ 수의사는 고객, 동료 및 기타 의료 전문가의 프라이버시 권리를 존중하고 법의 범위 내에서 의료 정보를 보호해야 한다.

⑴ 수의사와 그 직원은 고객의 개인 사생활을 보호해야 하며, 수의사는 법에 의해 요구되거나 다른 개인이나 동물의 건강과 복지를 보호하기 위해 필요한 경우를 제외하고는 기밀을 누설해서는 안 된다.

⑵ 수의사 진료 기록은 수의사 진료의 필수적인 부분이다. 기록은 주 및 연방법에서 정한 기준을 준수해야 한다.

㉠ 의료 기록은 동물병원 및 동물병원 소유주의 재산이다. 원본 기록은 법에

서 요구하는 기간 동안 동물병원에서 보관해야 한다.

ⓛ 동물 의료 기록에 포함된 정보는 기밀이다. 법에서 요구하거나 허용하는 경우 또는 환자 소유주의 동의가 있는 경우를 제외하고는 공개해서는 안 된다.

ⓒ 수의사는 고객이 요청하는 경우 의료 기록의 사본 또는 요약본을 제공할 의무가 있다. 수의사는 해당 제공을 문서화하기 위해 서면 동의서를 확보해야 한다.

ⓔ 진료소 소유주의 명시적 허가 없이 수의사가 개인적 또는 직업적 이익을 위해 진료 기록 또는 기록의 일부를 삭제, 복사 또는 사용하는 것은 비윤리적이다.

⑥ 수의사는 과학적 지식을 지속적으로 연구, 적용 및 발전시키고, 수의학교육에 전념하며, 고객, 동료 및 대중에게 관련 정보를 제공하고, 필요한 경우 상담 또는 의뢰를 받아야 한다.

(1) 수의사는 동료, 고객, 다른 보건 전문가 및 일반 대중에 대한 자신의 이미지를 개선하기 위해 노력해야 한다. 수의사는 전문적이고 과학적인 지식을 사용하여 전문적인 모습을 보여주고 허용되는 전문 절차를 따라야 한다.

(2) 수의사는 수의학 지식과 기술을 향상시키기 위해 노력해야 하며, 지식과 전문성 개발을 위해 다른 전문가와 협력할 것을 권장한다.

(3) 적절한 경우, 담당 수의사는 상담 및/또는 의뢰의 형태로 도움을 구할 것을 권장한다. 상담 또는 의뢰에 대한 결정은 주치의와 의뢰인이 상의하여 결정해야 한다. 담당 수의사는 고객의 의뢰 요청을 존중해야 한다.

ⓐ 개인 임상 상담이 이루어지는 경우, 담당 수의사는 해당 사례에 대한 1차적인 책임을 지고 VCPR을 계속 유지한다.

ⓛ 상담에는 일반적으로 정보 교환 또는 검사 결과 해석이 포함된다. 그러나 컨설턴트가 환자를 진찰하는 것이 적절하거나 필요할 수 있다. 정보를 수집하거나 진단을 입증하기 위해 고급 또는 침습적 기술이 필요한 경우, 담당 수의사가 환자를 의뢰할 수 있다. 케이스를 의뢰한 수의사와 새로운 VCPR이 성립된다.

(4) 의뢰는 진단 및 치료의 책임을 의뢰한 수의사로부터 의뢰를 받은 수의사에게 이전하는 것을 말한다. 의뢰하는 수의사와 받는 수의사가 소통해야 한다.

ㄱ 의뢰하는 수의사는 의뢰받은 수의사가 환자 또는 보호자와 처음 만나기 전 또는 그 시점에 해당 사례와 관련된 모든 필요한 정보를 의뢰 받은 수의사에게 제공해야 한다.

ㄴ 의뢰된 환자를 진찰하는 경우, 의뢰를 받은 수의사는 의뢰한 수의사에게 즉시 알려야 한다. 제공된 정보에는 진단, 제안된 치료법 및 기타 권장 사항이 포함되어야 한다.

ㄷ 환자가 퇴원하면 담당 수의사는 의뢰한 수의사에게 환자의 지속적인 치료 또는 케이스 종결에 대해 조언하는 서면 보고서를 제공해야 한다. 가능한 한 빨리 상세하고 완전한 서면 보고서를 제출해야 한다.

(5) 고객이 의뢰서 없이 다른 수의사에게 전문적인 서비스나 의견을 구하는 경우, 새로운 주치의 수의사와 새로운 VCPR이 설정된다. 연락을 받으면 이전에 환자의 진단, 관리 및 치료에 관여했던 수의사는 환자와 고객이 의뢰된 것처럼 새 담당 수의사와 소통해야 한다.

ㄱ 고객의 동의 하에 새 주치의는 새로운 치료 계획을 진행하기 전에 이전 담당 수의사에게 연락하여 기존의 진단, 관리 및 치료 내용을 파악하고 모든 문제를 명확히 해야 한다.

ㄴ 이전 담당 수의사의 행동이 환자의 건강 또는 안전을 명백하고 현저하게 위협했다는 증거가 있는 경우, 새 담당 수의사는 해당 지역 및 주 협회 또는 전문 규제 기관의 해당 당국에 해당 사안을 보고할 책임이 있다.

⑦ 관련 법률에 따라, 수의사는 응급상황을 제외하고 적절한 환자 치료를 제공할 때 봉사할 대상, 동료, 수의학적 치료를 제공할 환경을 자유롭게 선택할 수 있다.

(1) 수의사는 진료 대상을 선택할 수 있다. 수의사와 고객 모두 수의사-고객-환자 관계를 설정하거나 거부하고 치료를 결정할 권리가 있다. 치료 및 관련 비용의 수락 또는 거절 결정은 임상 소견, 진단 기술, 치료법, 예상 결과, 예상 비용, 합리적인 지불 보증에 대한 충분한 논의를 바탕으로 이루어져야 한다. 수의사와 고객이 합의하고 수의사가 환자 치료를 시작한 후에는 환자를 방

치해서는 안 되며, 이전에 합의한 한도 내에서 해당 부상 또는 질병과 관련된 전문 서비스를 계속 제공해야 한다. 이후 환자 치료에 대한 필요와 비용이 확인되면 수의사와 고객은 지속적인 치료와 비용에 대한 책임에 대해 협의하고 합의해야 한다. 통보받은 고객이 추가 치료를 거부하거나 비용에 대한 책임을 지지 않으려는 경우, 양 당사자 중 한쪽이 VCPR을 종료할 수 있다.

⑵ 수의사는 응급 상황에서 생명을 구하거나 고통을 완화하는 데 필요한 경우 고객의 동의가 있을 때까지(또는 고객이 없는 경우 동의를 얻을 수 있을 때까지) 동물에게 필수적인 서비스를 제공할 윤리적 책임이 있다. 이러한 응급 치료는 고통을 완화하기 위한 안락사 또는 다른 동물 치료 기관으로 이송하기 위한 환자의 안정화 조치로 제한될 수 있다.

⑶ 수의사가 서비스를 제공할 수 없는 경우, 수의사는 해당 지역의 필요에 따라 고객이 응급 서비스를 받을 수 있도록 쉽게 접근할 수 있는 정보를 제공해야 한다.

⑷ 수의사는 특정 응급상황을 최선의 방법으로 관리하고 치료할 수 있는 경험이나 장비가 없다고 판단되는 경우, 고객에게 다른 곳에서 더 자격이 있거나 전문적인 서비스를 이용할 수 있다고 조언하고 해당 서비스를 신속하게 소개해 주어야 한다.

⑸ 응급 서비스를 제공한 수의사는 가능한 한 빨리 원래 담당 수의사 및/또는 보호자가 선택한 다른 수의사에게 환자 및 치료 지속 정보를 보내야 한다.

⑹ 수의사는 전문 서비스(진료, 상담, 접수 및 의뢰 포함)에 대한 수수료를 청구할 수 있다.

　　㉠ 청구하거나 받는 수수료에 관계 없이 서비스 품질은 일반적인 전문가 수준으로 유지되어야 한다.

　　㉡ 수의사는 실험실, 약국, 자문 수의사 등 제3자 제공업체의 이용과 관련하여 수의사가 제공하는 서비스에 대해 수수료를 부과할 수 있다.

　　㉢ 수의사는 조제 대신 처방전 또는 수의사 사료 지시서에 대한 고객의 요청을 존중하되, 이 서비스에 대해 수수료를 부과할 수 있다.

　　㉣ 수의사 단체 또는 협회가 수수료 일정이나 고정 수수료를 준수하도록 수의사에게 강요하거나 압력을 가하거나 수의사 간의 합의를 이끌어내는 행위를 하는 것은 비윤리적이다.

⑧ 수의사는 지역사회의 개선과 공중보건 향상에 기여하는 활동에 참여할 책임을 인식해야 한다.

- 수의사 직업의 책임은 개별 환자와 고객을 넘어 사회 전반으로 확장된다. 수의사는 자신의 지식을 지역사회에 제공하고 공중 보건을 보호하는 활동에 서비스를 제공하도록 권장된다.

⑨ 수의사는 자신이 관여할 수 있는 모든 직업 활동이나 상황에 있는 모든 사람을 오로지 개인의 능력, 자격 및 기타 관련 특성에 근거하여 개인으로 보고, 평가하고, 치료해야 한다.

- 수의사는 동물 및 공중보건의 발전을 추구하는 보건 전문가로서 고객/환자에게 양질의 동물 및 공중보건 의료 서비스를 제공하는 데 장애가 되거나 수의사 동료/학생 및 기타 동물보건의료팀 구성원에게 교육, 훈련 및 고용 기회의 부족으로 이어질 수 있는 모든 형태의 편견과 차별에 맞서고 이를 거부하기 위해 노력해야 한다. 이러한 형태의 편견과 차별에는 인종, 민족, 신체적 및 정신적 능력, 성별, 성적 지향, 성 정체성, 부모 신분, 종교적 신념, 군복무 여부, 정치적 신념, 지리적, 사회경제적, 교육적 배경, 기타 해당 연방법 또는 주법에 따라 보호되는 모든 특성이 포함되지만 이에 국한되지 않는다.

Ⅲ. 수의윤리의 특수성과 딜레마(Dilemma)

수의사는 대부분의 경우 보호자가 있는 환자를 돌보는데, 의료 문제에 관한 책임과 의무는 동물에게 있어야 하는지, 보호자에게 있어야 하는지는 수의윤리의 근본적인 문제이다. 이 문제에 대한 보호자의 입장이 수의사의 입장과 다를 수 있으며, 이 경우 윤리적 딜레마가 발생할 수 있다. 수의학은 의료 분야이기 때문에 의료 윤리와 마찬가지로 수의사의 일차적 의무는 환자에 대한 것이지만, 다른 한편으로는 수의사는 보호자를 중심으로 경제적 고려를 하고 진료로 환원하는 이중성을 지니고 있다[3].

경제학에서 동물에 대한 재산권은 동물을 사적 재화로 소유할 수 있고, 경제적 이익을 위해 동물을 이용할 수 있으며, 법이 허용하는 방식으로 동물을 처분할 수 있다는 것을 의미한다. 따라서 보호자는 이러한 재산권을 보유한 소유자가 된다. 동물을 재산으로 보는 관점은 수의사가 직면하는 윤리적 딜레마의 원천이며 수의사-동물(환자)-보호자(소유자) 관계에 영향을 미친다. 보호자는 자신이 동물을 소유하고 있으므로 수의사의 지위는 부차적이어야 한다고 주장하며 수의사에게 자신의 결정에 따를 것을 요구할 수 있다. 동물과 보호자 사이의 유대감이라는 개념도 있으며, 이는 반려동물과 특별한 고가 동물의 경우 상당히 강할 수 있다. 강한 유대감은 특히 안락사와 관련된 문제에서 수의사와 보호자 사이에 심리적 장벽을 만들 수 있다[3].

버나드 롤린은 수의사 진료에 대한 사회의 인식을 조사하기 위해 수의사를 '소아과 의사' 또는 '차고 정비사'로 비유하는 두 가지 모델을 사용했다. 소아과 의사 모델은 소아 환자의 이익이 중심이 되는 반면, 정비사 모델은 보호자의 의지와 지불 능력이 중심이 되는 관계이다. 동물 건강 관리를 다룰 때 수의사는 정비사 모델에 더 가깝다는 것이 그의 견해이다. 이러한 관점은 수의 서비스 제공이 상업적 활동으로 간주될 때 특히 중요하다. 수의사, 동물, 보호자, 국민이 관련되는 항생제 잔류와 같은 수의 공중보건 문제를 고려할 경우 동물과 국민 중 누구를 우선적으로 고려해야 할지 심각하게 고민해 보아야 한다[4].

수의사 직업에서 오랫동안 지켜온 윤리 원칙과 일상적인 업무 수행에서 수의사가 직면하는 딜레마가 있다. 종종 수의사는 동물 복지, 도덕적 기준, 인류 전체를 완벽하게 대변하는 롤모델로 여겨지거나 그렇게 여겨지기를 원한다. 이는 교육 시스템, 전문가 단체, 입법부, 직업 생활에서 엄격하게 준수해야 하는 일련의 규칙과 절차, 강제력이 있는 비문서적 관행이 존재한다는 점에서 잘 드러난다. 그러나 이러한 절차가 존재함에도 불구하고 현실은 이 모델을 달성하기 어렵게 만드는 여러 가지 상황들이 있다. 대부분의 문제는 의사결정 과정에서 여러 가지 딜레마가 존재하고, 결정이 내려진 후 그 행동의 결과가 윤리적, 법적, 재정적(경제적), 사회적 영향을 미치기 때문에 발생한다. 이러한 딜레마의 핵심은 수의사가 윤리적 문제와 복지 문제를 구분하지 못하기 때문에 발생하는 것일 수 있다. 또한, 서로 다른 의무를 가진 다수의 플레이어로 인해 많은 수의사가 행동 방침에 대해 약간 혼란스러워하면서도 전문적인 목표를 유지하고 비즈니스를 수익성 있게 관리한다[3].

수의사 직업은 수의사가 동물의 생명을 보호하고, 보살핌을 제공하며, 복지를 유지해야 하는 의무를 주요 기능으로 한다는 점에서 독특하다. 이는 모든 수의과대학의 주된 관심사이며, 졸업생에게 가능한 최고 수준의 전문 지식을 전달하기 위해 노력하지만, 동물 보호자 및 전문 동료와의 상호 작용과 같은 직업의 다른 측면은 간과되고 있다. 이러한 측면은 종종 수의대 재학생들이 다양한 기간 동안 실습에 '파견'되거나 수의학 규정 및 복지에 대한 몇 시간의 강의 과정을 통해 졸업생에게 전수된다. 국가 기관(국가 통제, 반자율 또는 자율)은 일반적으로 이러한 권한을 부여하는 법령을 시행하여 윤리를 집행할 책임이 있다. 이러한 이유로 수의사가 내리는 직업적 결정은 윤리적 영향 여부와 관계없이 개인마다 다르다[3].

① 수의사-보호자-동물의 삼각관계

수의사-보호자-동물의 삼각관계는 수의사가 보호자의 동의가 필요한 행동에 대해 자율적으로 결정할 수 있는 능력을 제한하지만, 수의사와 동물보건사는 매일 복잡한 결정을 내려야 하는 상황에 직면한다. 또한 수의사가 보살피고 생명을 보호하고자 하는 동물은 동물을 대신하여 보호자가 결정할 권한이 있기 때문에 '동물에게 최선의 이익'을 위한 수의사의 결정이 보호자에 의해 그렇게 평가되지 않을 때 딜레마가 발생한다. 이러한 딜레마 중 일부는 의사소통 기술과 동물 보호자와의 공동 의사 결정을 통해 해결할 수 있다. 그러나 이러한 딜레마 중 상당수는 윤리적인 문제와 연관되어 있어서 쉽게 해결할 수 있는 해결책이 없다. 윤리적 딜레마는 두 가지 이상의 선택이 서로 직접적으로 충돌하는 경우가 많기 때문에 스트레스를 유발한다. 수의사는 윤리적 원칙에 대한 지식과 윤리적 의사 결정에 대한 신중한 접근 방식을 통해 이러한 갈등과 관련된 스트레스를 줄일 수 있다. 그러나 윤리적 의사 결정에 대한 이러한 신중한 접근 방식은 많은 수의사회에서 제공하는 윤리 강령에서 다루지 않으며 수의학 커리큘럼에서 가르치는 경우도 드물다. 결과적으로 많은 수의사들이 쉬운 해답이 없는 윤리적 갈등에 직면했을 때 압박감을 느낀다. 실제로 윤리적 딜레마를 해결하려면 상충되는 원칙을 투명하게 밝히고, 각 윤리적 이해관계의 가치와 기여도를 인정하며, 모든 이해관계자를 참여시키고, 어려운 결정에서 상충되는 원칙의 균형을 맞추는 과정이 필요하다[3].

② 안락사

옥스퍼드 사전에 따르면 안락사는 '불치병이나 고통스러운 질병을 앓고 있거나 돌

이킬 수 없는 혼수상태에 빠진 환자를 고통 없이 죽이는 것'으로 정의되어 있다. 안락
사는 대부분의 국가에서 인간에게 금지되어 있으며 의료 전문가와 비전문가 사이에
서 여전히 논쟁의 대상이 되고 있지만, 수의사 직업에서는 동물의 고통을 없애고 복
지를 보호하기 위한 인도적인 이유로 동물의 생명 종료를 허용하고 있다. 따라서 수의
사는 대부분의 심리학자들이 그러하듯이, 동물에게 지속적인 영향을 미친다고 동의
하는 절차를 수행해야 할 의무가 있다. 이로 인한 후유증으로는 스트레스와 우울증 가
능성이 있으며, 이는 수의사의 정신 건강에 영향을 미친다. 한편, 안락사의 이유와 수
단에 대한 해석은 다양한 주체, 특히 동물 복지 주기에 있는 주체들의 면밀한 조사를
불러일으켰다. 어떤 이유로 수의사가 안락사를 수행해야 하는 상황은 일반적으로 정
의에서 규정하는 것보다 더 광범위하며, 이로 인해 안락사를 수행할지 여부를 결정할
때 딜레마에 빠지게 된다. 수의사라는 직업의 특성상 보호자가 수의사와 다른 의견을
가질 수 있기 때문에 상황은 더욱 복잡해진다. 다음 두 가지 시나리오는 수의사에게
어려운 윤리적 딜레마의 예를 보여준다. ① 보호자가 개인적인 이유로 생명 종료를
원하는 건강한 동물의 경우(예: 보호자가 이사를 가면서 동물을 입양하기 꺼려하거나 노령
동물). ② 수의사가 안락사를 실시하는 것이 동물에게 최선의 이익이라고 판단하지만
보호자가 개인적인 이유로 안락사 허가를 거부하는 동물의 경우. 어떤 방법이 인도적
인 동물의 생명 종료 수단의 '모든' 조건을 충족하는지에 대해서는 논란이 있다. 권장
되는 안락사 방법에는 동물의 종, 나이, 상황에 따라 화학물질/약물 사용, 물리적 방
법, 또는 두 가지 방법을 함께 사용하는 방법이 있다. 안락사에 권장되는 대부분의 화
학약품은 수의사와 이 절차를 수행할 수 있는 법적 허가를 받은 기타 범주의 전문가가
사용하도록 허가된 처방전 전용 의약품으로 분류된다. 따라서 모든 상황에서 사용할
수 있는 것은 아니다. 또한 이러한 약품의 효능은 사람에게도 마찬가지로 의심스러운
부분이 많다. 참수, 감전, 총과 같은 물리적 수단은 주로 적용 후 신체의 물리적 반응
으로 인해 논쟁의 대상이 되고 있으며, 원하는 효과를 얻기 위해 특히 정확하게 적용
해야 한다는 것은 모든 조건에서 입증하기 어렵다[3].

③ 대체 수의학

기존 수의학은 사용 조건에 따라 효과가 입증된 규제된 약제를 사용한다. 또한 효과
와 효능이 과학적으로 입증되었을 뿐만 아니라 부작용, 상호 작용, 작용 방식도 알려

져 있다. 최근 보완 및 대체 동물용 의약품의 개발은 특히 소동물 의약품에서 인기를 얻고 있다(아마도 인간 대상의 사용 증가로 인한 결과일 것이다). 이러한 제품들은 승인 전에 기존의 엄격한 테스트를 거치지 않았다. 게다가 작용 방식, 부작용, 상호 작용에 대한 정보가 거의 알려지지 않았다. 현재도 연구 중인 전통 치료법에 대한 많은 지식이 있지만, 지역사회(특히 개발도상국)에서는 효과, 복용량, 유효 성분, 부작용, 작용 기전을 밝히기 위한 실험이 진행 중인 가운데에도 이러한 치료법을 계속 사용하고 있다. 이러한 치료법을 유료로 처방, 조제 및 적용하는 것이 윤리적인가에 대한 심각한 고민이 필요하다[3].

④ 공중 보건 이슈

수의사는 동물성 제품과 관련된 본질적인 위험에 노출되지 않도록 대중을 보호하는 임무를 맡고 있다. 일반적으로 이러한 위험은 생산 과정에서 발생하는 물질의 생물학적 또는 화학적 특성이다. 점점 더 많은 수의사들이 비용 절감과 제약 제조업체들이 농부들에게 직접 제품을 판매하려는 공격적인 노력으로 인해 수의사만 투여해야 하는 약품을 자신의 동물에게 직접 투여하는 경우가 늘고 있다. 스포츠 도핑의 경우와 마찬가지로, 이러한 행위를 신고하고 소비자에 대한 위험성을 입증하는 것이 수의사에게는 더 어려울 수 있다. 또한 수의사는 식용으로 도축되는 동물이 도축 과정에서 인도적인 대우를 받았는지 확인해야 한다. 그러나 안락사의 경우와 마찬가지로 무엇이 인도적인 기절 방법에 해당되는지에 대해서는 모호한 부분이 있다. 또한, 특정 종교적 도살의 경우 신념에 따라 설정된 기준이 필요한데, 이러한 기준은 인도적인 방법임을 과학적으로 증명하기 어렵다[3].

⑤ 국가 재난형 질병 관리 전략

감염된 동물이나 그 무리와 접촉한 모든 동물(건강한 동물, 감염된 동물, 아픈 동물)을 도살(살처분)하여 위생적으로 처리하는 전염병 근절 전략에 대량 안락사라는 특례가 적용된다. 구제역 및 고병원성조류인플루엔자와 같은 질병으로 인해 동물이 대량 살처분되고 사체가 소각되었다. 특정 질병이 발생하여 조기에 발견될 경우를 대비하여 모든 전염병 비상 대비 계획에 유사한 조치가 명시되어 있다. 효과적인 백신이 알려진 질병의 경우 이 전략에 대한 정당성이 있는지에 대한 의문이 제기될 수 있다. 오늘날 일부 개발도상국에서는 길 잃은 개와 고양이를 살처분하여 광견병을 예방하는 정책이 여전히 존재한다. 최근 연구에 따르면 이 방법은 광견병 퇴치에 효과가 없는 것으로 밝혀졌지만, 여전히 전 세계 일부 국가에서는 이 방법을 시행하고 있다. 이러한 동물들을 중성화 및 거세하는 대체 방법이 옹호되고 있으며 전 세계 여러 국가에서 일부 성공을 거두었지만, 몇 가지 요인으로 인해 이러한 기술의 광범위한 적용이 제한되고 있다[3].

⑥ 동물의 육종

동물 사육 분야의 기술 발전으로 인류는 식용 동물의 생산성을 향상시켜 지속적으로 증가하는 세계 인구의 식량 안보 향상에 기여할 수 있게 되었다. 적은 투입으로 더 많은 산출물을 얻는 데 중점을 두다 보니 절름발이, 유방염, 난산과 같은 동물 복지 문제를 희생하는 대신 생산량 증가에 유리한 생리적 특성을 활용하는 동물 사육 프로그램이 생겨났다. 농장동물을 다루는 수의사들은 특정 질병을 통제하기 위해 농장주에게 동물을 키우지 말라고 조언해야 할지 딜레마에 직면한다. 인구가 증가하고 소득이 향상됨에 따라 점점 더 많은 사람들이 동물성 단백질을 필요로 할 것이며, 따라서 생산량이 증가할 것이므로 이러한 딜레마는 가까운 미래에도 계속 존재할 것으로 생각된다. 육종과 유전적 선택의 발전은 생산을 위한 육종보다 더 혼란스럽고 논란의 여지가 많다. 수년 동안 특정 종의 동물은 스포츠와 미적 이유로 사육되고 특별히 선택되어 왔다. 말, 개, 고양이 품종은 경주, 드래프트(draft, 짐 수레 끄는 동물), 사냥, 싸움, 경호, 크기, 모양 등 다양한 이유로 소비 사회의 특정 요구에 맞게 사육되어 왔다. 따라서 특정 품종에서는 여러 세대에 걸쳐 다양한 건강 문제가 전파되어 왔으며, 수의사는 이러한 질병에 대처해야 하기에, 이는 재정적, 사회적 영향을 미치는 윤리적 딜레마이다[3].

⑦ 야생동물

야생동물은 인간과 가축에게 질병을 일으키는 매개체의 저장고 역할을 하기 때문에 야생동물의 포획, 연구를 위한 추적 장치 부착, 질병 감시를 위한 샘플 채취 등 다양한 이유로 수의사의 참여가 증가하고 있다. 여기에는 안전한 취급과 조작을 위해 항공 또는 지상 차량을 사용하여 야생동물을 추적하고 강력한 화학 물질을 투여하기 위해 마취 다트를 날려 야생 동물을 진정시키는 작업이 수반된다. 이 과정에서 수역에서 안식처를 찾던 동물이 익사하거나 포식자가 먹이를 잡거나 약물 투여 후 도망치다가 부상을 입는 등 의도하지 않은 사건이 발생하기도 한다. 이러한 활동은 장기적으로 인간과 동물의 삶의 질을 개선하는 데 중요하지만, 단기적으로는 동물에게 가해지는 위험을 고려할 때 이러한 행위가 도덕적으로 정당한지에 대한 윤리적 딜레마가 존재한다[3].

⑧ 비즈니스 환경

과거에는 수의진료가 주로 전문직에 따라 운영되었지만, 오늘날 수의진료의 세계는 상당히 역동적이다. 다른 '영리를 목적으로 하는' 동물병원과의 경쟁, 세금 감면과 자선 기부금을 받을 수 있는 '비영리' 동물병원 및 하위 병원(특히 개발도상국)과의 경쟁 심화, 규모의 경제를 누리는 동물병원들의 독점적 경향, 가축의 집약적 운영과 경기 침체로 인해 점점 더 많은 수의사들이 비즈니스 모델을 따르고 있다. 또한, 자유 시장 경쟁의 흐름은 수의사회와 법정 기관이 지금까지 가능했던 것보다 더 많은 수의사 간의 경쟁을 허용해야 한다는 도전을 받고 있다. 예를 들어, 덴마크 수의사 협회는 덴마크 경쟁위원회에 의해 더 많은 경쟁(보호자가 수의사를 선택할 수 있도록 하고 독점 구역을 설정하거나 독점 기간을 설정하여 동물병원을 보호)을 허용하기로 결정하였다. 따라서 실제로는 흔하지 않았던 광고 및 실습 프로모션이 경쟁이 치열한 곳을 중심으로 확산되고 있다. 이러한 진료 현실은 일부 수의사들이 경쟁을 약화시키는 방법을 채택하거나 보호자에게 기회주의적으로 행동할 수 있기 때문에(도덕적 해이) 수의사 간의 마찰과 윤리적 딜레마를 증가시킬 가능성이 높다. 장기적으로 공정한 경쟁은 진료 가격을 낮추고 동물병원의 비용 구조를 개선(즉, 낮춤)하고 품질을 향상시키도록 동기를 부여하므로 보호자에게도 좋은 일이다. 영국에서도 비슷한 일이 벌어졌는데, 1976년 독점위원회는 왕립수의외과의사회의 광고에 대한 '윤리적' 제한이 동물병원 간의 경쟁을 위축시키고 보호자로부터 정보를 숨기는 것이므로 공익에 반한다고 판단하였다. 대부분의 수의사들이 이 정책을 선호했음에도 불구하고 전문가들의 말에 국민이 의문을 제기하고 있었기 때문에 RCVS는 1984년에 제한을 해제할 수밖에 없었다[3].

⑨ 원헬스 접근

원헬스는 인간의 건강, 동물의 건강, 환경의 건강이 하나로 연결되어 있음을 인식하고 모두에게 최적의 건강을 제공하기 위한 다학제 협력전략으로 국제보건단체마다 독립적으로 정의를 내리고 있지만 그 기저에는 삼자 간의 협력, 소통, 노력이라는 키워드가 관통하고 있다. 수의역학의 권위자로 알려진 캘빈 슈바베는 동물, 사람 및 환경의 보건을 통합함으로써 '하나의 의학(One Medicine)'이라는 개념을 정립하였고 이에 영향을 받은 윌리엄카레쉬(미국의 수의학자)가 2003년 처음으로 원헬스라는 용어를 제안하였다. 오늘날 원헬스는 세계 각국의 공중보건분야 핵심 이데올로기이자 실행전략으로 자리매김하고 있다. 원헬스를 성공적으로 구현하기 위해서는 수의사의 역할이 가장 중요하다. 수의사는 가축과 야생동물의 건강을 책임지고 공중보건과 환경위생 분야에도 전문적인 식견을 갖고 있다. 사람, 동물, 환경 모두의 건전성을 추구하는 원헬스의 지향점에 과학적이고 체계적으로 접근할 수 있으며 이를 통하여 합리적인 해결 방안을 찾아내는데 매우 적합하다. 최근 수의사와 의사를 하나로 모으자는 아이디어를 홍보하기 위해 전 세계적으로 다양한 유명 과학 대회가 열리고 있다. 인간과 동물 모두에게 적용되는 윤리적 기준을 정의하는 것이 딜레마가 될 수 있다. 인간에게 적용되는 윤리적 기준을 동물에게도 적용해야 되는지에 대한 적극적인 논의가 필요하다[9].

Ⅳ. 수의윤리 사례모음[4]

   우리나라의 수의학교육에서 수의윤리학은 아직 크게 주목받지 못하고 있다. 국내 10개 수의대학 중 오직 한 곳에서만 수의예과 과정에 윤리 과목이 포함되어 있을 정도다. 반면, 한국은 급격한 경제 성장으로 경제 강국이 되었고, 이제는 그에 걸맞은 사회적, 윤리적 논의가 필요하다. 이와 같은 배경에서 수의윤리학에 대한 관심이 더욱 중요하다. 현재 우리나라에는 수의윤리학 관련 도서가 많지 않다. 번역서로는 An Introduction to Veterinary Medical Ethics Theory and Cases(Bernard E. Rollin, 2006년)와 수의윤리학(Veterinary Ethics, 2009년)이 소개된 바 있으며, 그중 일부는 초판이 절판된 상황이다. '교양으로 읽는 수의학이야기'에서는 롤린(Rollin) 교수의 저서와 사례(Case)를 인용하여 수의윤리학에 대해 설명하고 있다. 따라서 의견란에 필자 혹은 1인칭은 Dr. Rollin을 지칭함을 밝힌다[1, 4].

대한수의사회는 1999년 9월 6일에 수의사 윤리강령을 3차 개정하면서, 수의사의 역할을 "동물을 질병으로부터 보호하고 가축의 건강과 성장을 위하여 노력하고 기여하는 종래의 수의업무 영역이 현대에 이르러서는 반려동물 동물과 실험동물을 비롯한 모든 동물자원의 건강관리를 통한 건전한 생활문화의 선도와 축산물, 식품의 안전성 확보를 비롯한 인류의 공중보건향상 등의 분야로 확대한다"라고 기술하였다. 이는 시대가 흐름에 따라 수의사의 윤리적 책임이 단순히 동물 치료에 그치지 않고, 다양한 사회적 역할로 확장되었음을 보여준다.

최근 수의윤리와 관련된 다양한 주제들이 언론을 통해 소개되고 있다. 예를 들어, '농장동물을 위해 수의사는 무엇을 할 수 있는가?'(최유진, Daily Vet 2024년 5월 7일) '반려동물 학대와 수의사'(주설아, Daily Vet 2024년 6월 10일), 반려동물 안락사에서의 윤리 (천명선, Daily Vet 2024년 7월 1일) 등의 기사에서 농장동물과 반려동물에 대한 수의사의 윤리적 역할이 논의되었다[10, 11, 12].

1. 수의사가 생산성을 높이기 위한 약제를 처방해도 되는가?

1) 질문

수의사가 가축 치료나 예방 목적이 아닌 생산성 향상을 위해 약을 처방해도 될까?

2) 의견

역사적으로 생산성을 높이기 위해 항생제나 호르몬제가 처방되어 왔다. 말을 가축으로 간주한다면, 경마에서 성과를 높이기 위해 진통제, 이뇨제, 항염증제 같은 약물도 사용되었다. 하지만 이런 약을 사용하는 것은 여러 이유로 문제가 된다고 생각한다.

첫 번째 이유는 동물의 복지에 해를 끼친다는 점이다. 경주마의 경우, 고통을 느끼지 못하게 만드는 약을 사용하면 부상에도 계속 달려야 하고, 이로 인해 더 큰 부상을 입을 위험이 커진다. 농장동물에게도 비슷한 문제가 있다. 예를 들어, 수의사가 동물을 살 찌우기 위해 포만감을 억제하는 약을 처방하면, 농장주는 이득을 보지만 동물은 사지 질환 같은 부작용을 겪을 수 있다. 또 소에게 성장호르몬인 BST(BGH)(Bovine Somatotropin, Bovine Growth Hormone)를 투여할 경우, 유방염 발생률이 높아진다는 지적도 있다. 이런 사례가 사실이라면, BST를 처방하는 것은 의료윤리를 어기는 것이다. 두 번째 이유는 이런 약이 사람에게도 해를 줄 수 있다는 점이다. 가축에 사용된 약물의 잔류물이 고기나 유제품을 통해 사람에게 전달될 수 있다. 특히 항생제를 과도하게 사용하면 병원균이 내성을 가지게 되어 사람과 동물 모두에게 위험한 질병이 생길 가능성이 높아진다. 세 번째 이유는 환경오염의 위험성이다. 살충제나 제초제가 지하수를 오염시키는 것처럼, 가축에게 사용된 약의 성분이 환경에 악영향을 미칠 수 있다. 만약 가축의 배설물을 통해 약물이 토양이나 강으로 유입된다면, 이는 DDT(Dichloro-Diphenyl-Trichloroethane, 살충제)처럼 야생 동식물이나 생태계의 균형에 심각한 문제를 일으킬 수 있다. 이런 이유로 생산성 향상을 위해 약물을 사용하는 것은 윤리적으로 잘못된 일이라고 생각한다.

2. 농가의 불법 성장 촉진제 사용

1) 상황

송아지 사육유닛(veal unit)에서 농장주가 송아지(육우)들에게 성장호르몬과 항생제 (테트라사이클린)를 피하 주사로 투여하는 장면을 수의사가 목격하였다. 농장주는 이러한 방식이 사료 세일즈맨 추천으로 시작되었으며, 이를 통해 농장의 수익이 크게 개선되었다고 주장한다. 하지만 수의사는 성장호르몬제 사용이 불법임을 경고했지만, 농장주는 "알고 있지만 모두가 하는 일"이라며 정당화한다. 농장주는 법적 처벌을 받지 않고 있으며, 시장에서 생존하려면 어쩔 수 없다고 한다. 이러한 상황에서 수의사는 이를 묵인해도 되는가?

2) 의견

이 사례에 대해 논의하기 전에 몇 가지 가정을 세워야 한다. 먼저 해당 시술이 동물에게 고통을 주거나 복지를 해치지 않는다고 가정한다면, 수의사의 동물에 대한 윤리적 책임은 고려에서 제외될 수 있다. 또한, 수의사가 해당 시술을 추천하거나 동의한 것이 아니며, 우연히 알게 된 상황이므로 약제의 승인 문제와도 연관이 없다. 남은 것은 '고발'과 관련된 윤리적 문제다. 이 상황은 다음의 비유와 유사하다. 친구의 차에 함께 타고 있다가 그 친구가 주차장에서 다른 차를 긁고 아무 조치 없이 떠나는 상황을 목격했을 때, 그 친구를 신고할 도덕적 의무가 있는가 하는 문제이다. 이 경우, 자기 자신(목격자)은 위법행위와 직접 관련은 없지만, 그 장면을 목격했다는 점에서 갈등을 겪을 수 있다. 이런 상황에서 신고할 도덕적 의무가 있는지에 대한 판단은 매우 애매할 수 있다.

우선 이 사례는 상반된 도덕적 원리가 충돌하는 전형적인 상황이다. 불법적 행위를 막으려는 노력은 도덕적으로 칭찬받아야 할 일이나, 누군가를 '통보' 혹은 '고발'을 하는 것은 불편하고 관계에 긴장을 초래할 수 있다. 특히 지인을 잃게 될 위험도 있다. 이러한 상반된 압박감은 우리를 어려운 도덕적 딜레마로 몰아넣는다. 많은 사람들이 어릴 때 학급에서 부정행위를 목격했을 때 이를 고자질하는 것이 꺼려졌던 경험을 해본 적이 있을 것이다. 이처럼, 대개의 경우 딜레마는 '신고하지 않은 결과가 얼마나 중대한가'를 따져보면 어느 정도 해결될 수 있다.

이 사례에서 수의사가 제일 먼저 고려해야 하는 것은 불법적 관행의 결과가 얼마나 중대한지, 그리고 그것이 고발로 인한 결과 – 예를 들어, 농장주나 다른 농가와의 관계 손상이나 자신의 신용 손실 가능성 – 보다 더 중요한지 여부이다. 특히, 불법 투약된 송아지 고기가 사람에게 유해할 가능성이 있기 때문에 신고의 필요성이 더욱 커질 수 있다. 호르몬 피하 주사는 흡수율이 높아, 송아지의 조직 내에 호르몬이 축적될 가능성이 있다. 현대 사회에서 식품 안전 윤리가 강조되고 있는 만큼, 수익을 위해 식품 안전을 무시하는 것은 받아들일 수 없는 일이다. 따라서 이러한 위반 행위는 중대한 문제로 여겨져 묵과해서는 안된다.

수의사가 고려해야 할 두 번째 문제는 성장촉진제를 사용하는 불법적이고 위험한 방법이 축산업 전반에 널리 퍼진 관행인지, 아니면 일부 농장주만의 개별적인 사례인지 파악하는 것이다. 만약 개별 농장의 예외적인 행위라면 신고에 대한 부담은 상대적으로 덜할 수 있다. 이 경우 수의사가 문제를 조용히 해결하고 분란을 최소화한다면 농장주들이 수의사의 조언을 더욱 신뢰하고 따를 가능성이 높다. 이미 사회는 축산업계의 윤리에 대해 의심을 품고 있기 때문에, 이 문제와 관련된 스캔들이 발생하면 위험이 명확해질 것이다. 만약, 이 사례가 특정 농장만의 단발적 사례라면, 수의사가 내비친 고발 경고와 동료들의 압박만으로도 위법 행위를 멈추게 할 수 있을 것이다. 하지만, 만약 성장촉진제 사용이 업계 전체에 퍼져 있고 경쟁에서 살아남기 위해 어쩔 수 없는 상황이라면, 수의사의 고발 부담은 상대적으로 덜해질 수 있다. 오히려 이 문제는 수의사 전체의 과제로 간주되어야 하며, 공중위생을 위해 송아지 육성업자들을 설득하고 교육하는 방향으로 접근하는 것이 필요하다. 단순히 특정 농가의 위법행위만 신고해 희생양을 삼는 것은 근본적인 문제 해결에 도움이 되지 않는다.

따라서 수의사는 혼자 해결하려 하지 말고 동료들에게 도움을 요청하며, 협업을 통해 업계 전반에 퍼진 불법 관행에 맞서 싸워야 한다. 이렇게 할 때, 윤리적 책임은 수의사 전체 커뮤니티가 함께 지게 될 것이다.

3. 수의사는 동물 학대를 신고해야 하는가?

1) 질문

의사는 아동 학대 사례를 의무적으로 신고해야 한다. 그렇다면 수의사도 동물 학대 사례를 신고해야 할까?

2) 의견

동물 학대에 대한 우려는 인류 역사 초기까지 거슬러 올라간다. 이 사상은 구약성경, 고대 그리스·로마 철학, 그리고 동양의 다양한 사상 속에서도 찾아볼 수 있다. 이러한 흐름이 동물 학대 방지법으로 구체화된 것은 19세기 초 영국에서 시작된 일이다. 오늘날 문명국가 중 동물 학대 관련 법률을 두지 않은 나라는 없다.

동물 학대에 대한 철학적 관심과 사회적 우려의 근본에는 두 가지 요소가 있다. 첫째, 동물이 의식 있는 존재로서 고통받는 것에 대한 직접적인 우려다. 둘째, 동물에게 잔인한 사람은 결국 인간에게도 폭력을 행사할 위험이 있다는 생각이다. 이 사고는 역사적으로도 중요한 의미를 가진다. 성 토마스 아퀴나스는 이러한 입장을 지지했으며, 이는 로마 가톨릭교회의 신학적 교의로 이어졌다. 미국의 동물 학대 관련 법 해석에서도 아퀴나스의 주장이 반영되고 있다.

현대 사회 윤리도 이 두 가지 전통적 우려를 내포하고 있다. 첫째, 동물에 대한 사회적 인식이 발전하면서 직접적인 학대뿐만 아니라 실험, 연구, 공장식 축산에서 발생하는 고통까지 고려하는 윤리가 확산되고 있다. 둘째, 동물 학대가 인간 학대로 이어질 수 있다는 전통적 직관을 뒷받침하는 연구들이 등장하고 있다. 연쇄살인범 중 많은 이들이 동물 학대 경력을 가진 것은 잘 알려진 사실이다. 특히 동물 학대와 아동 학대는 밀접하게 연관되어 있다.

역사적으로도 어린이와 동물의 위치는 유사했다. 둘 다 본질적으로 소유의 대상으로 여겨졌으며, 이는 19세기까지도 이어졌다. 오늘날에도 일부 지역에서는 이러한 경향이 남아 있다. 아이러니하게도, 미국에서는 어린이 학대 방지법보다 동물 학대 방지법이 먼저 제정되었다. 사실 재판에 회부된 최초의 유아학대 사례도 동물학대방지법에 의거하여 고발된 것이다.

동물 학대와 아동 학대의 관련성은 쉽게 추측할 수 있다. 어린이와 동물 모두 완전히 의존적이고 상처받기 쉬운 존재다. 정신질환자이든 약자를 괴롭히는 사람이든, 한쪽을 학대하는 사람은 다른 쪽도 해칠 가능성이 크다. 미국수의사회 잡지(Journal of the American Veterinary Medical Association, JAVMA)에서는 이 두 가지 학대 유형의 관계를 분석하며 수의사의 역할에 대해 강조하고 있다.

이 질문에 대한 결론은 명확하다. 수의사는 동물 학대의 혐의를 신고해야 한다. 그 이유는 두 가지다. 첫째, 수의사는 동물에 대한 사회적 관심에 부응하는 최전선에 서 있어야 한다. 필자가 15년 전부터 주장해 온 바와 같이, 수의사는 사회가 기대하는 동물 보호자로서의 역할을 해야 한다. 동물 학대는 전통적으로 비난받아 왔고 법으로 성문화되어 있으며, 현대 사회는 목축업에서 동물원까지의 모든 동물 이용 형태에 대한 새로운 윤리적 관심을 키워가고 있다. 수의사가 동물 학대에 무관심하다면 어떻게 이러한 사회적 기대에 부응할 수 있겠는가? 둘째, 수의사는 공중위생과 복지를 다루는 전문가다. 동물 학대가 아동 학대 등 인간 학대로 이어질 가능성을 감안할 때, 위험인물을 조기에 색출하는 것은 수의사의 사회적 책무다. 또한, 동물 학대와 싸우는 것은 수의사 자신의 직업윤리에 부합한다. 수의사가 접하는 많은 학대 사례는 잔인한 행위보다는 방치와 무관심에서 비롯된 것이다. 수의사는 자신의 전문성을 지키기 위해서라도 명백한 학대 행위에 대응할 권한을 행사해야 한다.

필자가 속한 콜로라도주립대 수의대 부속병원에서는 학대가 의심되면 모든 임상 수의사가 병원장에게 의무적으로 보고해야 한다. 병원장은 이를 관계 당국에 통보한다. 이상적으로는 동물 학대 신고가 법적 의무가 되어야 한다. 우리나라도 이와 같은 사례를 타산지석으로 삼아야 한다.

4. 안락사를 결정하는 기준은 무엇인가?

1) 질문

수의사들은 보호자의 사정으로 인한 반려동물의 안락사를 거부하고 있다. 한편 대부분의 봉사동물(working animal)은 일할 수 없게 되거나 이익을 내지 않게 되면 도살 처분되고 있다. 동물을 살릴 것인가, 아니면 죽일 것인가를 결정할 때는 무엇을 기준으로 삼아야 할까? 그것은 그 동물의 종(種)일까, 경제성일까, 아니면 그 동물이 사용되는 용도에 따른 것일까?

2) 의견

이 질문에 대한 답은 단순한 사회적 합의나 윤리적 규범 속에서는 찾기 어렵다. 우리의 사회적 윤리는 인간 이외의 생명권에 대해서 본질적으로 침묵하고 있다. 즉, 사람 외의 생명에 관한 권리에 대해서는 명확한 기준이 없는 상태다. 결국 이런 결정은 수의사 개인의 윤리와 가치관에 달려 있다. 수의사는 무엇이 옳고 그른지, 무엇이 정의인지, 무엇이 정의가 아닌지를 스스로 고민하며 자신의 행동에 반영해야 한다. 향후 수의학계가 직업윤리의 일환으로 이와 같은 문제에 대한 원칙을 마련할 가능성도 있지만, 현재로서는 다양한 의견이 공존하고 있다. 특히 건강한 반려동물의 안락사 문제를 두고 수의사들 사이의 의견이 크게 엇갈리고 있다. 한 가지 예외는 실험동물 분야다. 고통을 수반하는 실험에 동물을 사용한 경우 대부분의 사회에서는 그 동물에게 안락사를 시행하도록 법으로 규제하고 있다. 또한 몇몇 나라에서는 동물이 극심한 통증을 겪을 때 안락사를 의무화하고 있다. 이러한 법적 기준은 일반 수의사의 진료에도 참고가 된다. 이는 동물이 어떤 목적으로 사용되든 고통을 받고 있다면, 고통을 끝내기 위해 안락사를 시행해야 한다는 것을 의미한다. 그러나 건강한 개, 고양이, 말, 새, 동물원 동물처럼 고통받고 있지 않는 동물의 경우는 상황이 다르다.

양심적인 수의사에게는 동물의 종, 사용 목적, 경제성과 같은 기준이 안락사 여부를 결정하는 도덕적 이유가 될 수 없다. 수의사의 일차적 책임은 보호자가 아닌 동물에게 있으며, 동물의 생명을 구하는 것이 자신의 직업적 사명이라고 생각하는 수의사들에게 이러한 기준은 아무런 의미가 없다. 자신의 윤리관에 반하는 행동은 도덕적 스트레스를 초래한다. 수의사가 옳다고 믿는 것과 실제로 행하는 일이 불일치할 때, 이로 인한 스트레스는 일에 대한 만족도를 떨어뜨리고 신체적·정신적 건강에도 악영향을 미친다. 그런 수의사들에게 안락사를 정당화할 수 있는 유일한 이유는 동물이 극심한 고통에서 벗어나는 경우뿐이다. 따라서 건강한 동물을 살처분하는 것은 이러한 수의사들에게 절대 받아들여질 수 없는 일이다. 그들은 어떻게든 합리적 대안을 찾아내려 노력한다. 예를 들어 말의 경우, 수의사들은 협력하여 경주에 참가할 수 없는 말에게 새로운 역할을 부여하거나 은퇴 농장으로 보내는 등의 대안을 모색하고 있다. 승마 연습용으로 활용되거나 여생을 평화롭게 보낼 수 있는 안식처를 찾는 것도 그 예에 해당한다.

반면, 동물의 생명을 구하는 것을 윤리적 의무로 여기지 않는 수의사도 있다. 이러한 수의사들은 주인의 사정에 따라 동물을 안락사시켜도 괜찮다고 본다. 이 경우 남은 과제는 동물의 죽음이 고통스럽지 않도록 하는 것이다. 하지만 동물의 고통을 외면하고 값싼 방법으로 안락사를 시행하는 것은 비난받아 마땅하다. 실제로 과거에 말의 안락사에 소독약 주사가 사용된 사례가 있었는데, 이는 비용 절감을 위해 동물의 고통을 외면한 행위로 강한 비판을 받았다. 미국수의사회(AVMA)에서는 이러한 "나쁜 죽음(bad death)"을 피하기 위해 수의사들이 준수해야 할 중요한 지침(guideline)을 제시하고 있다.

5. 안락사를 요구하는 개 주인

1) 상황

한 여성이 다섯 살 된 잉글리시 코커스패니얼을 데리고 내원하여 개의 안락사를 부탁했다. 이 여성은 단골 고객은 아니었고, 개를 안락사해야 할 이유를 묻자 그녀는 곧 남자친구와 반려동물 금지 아파트로 이사할 예정이며, 남자친구가 개를 싫어한다고 대답하였다. 다른 곳에 개를 입양 보낼 생각은 없냐는 질문에 그다지 신경 쓰지 않는다고 답하며, 만약 안락사해 주지 않으면 남자친구가 개를 사살할 것이라고 까지 위협하였다. 이 경우, 수의사가 개를 안락사하는 것이 윤리적으로 정당한가?

2) 의견

이 사례는 반려동물 임상 수의사들이 직면하는 가장 고통스럽고 어려운 문제 중 하나이다. 사소한 이유나, 아무런 이유도 없이 건강한 동물을 안락사하라는 요구는 수의사에게 큰 괴로움을 준다. 대다수의 수의사들은 주인의 개인적인 사정으로 건강한 동물을 안락사하는 것이 동물에 대한 윤리적 책임뿐만 아니라 사회적 책임, 그리고 자기 자신에 대한 책임에도 어긋난다고 생각한다. 따라서 '이 개를 안락사시키는 것은 윤리적으로 용인하기 어렵다'는 결론에 도달한다. 그렇다면 안락사 대신 어떤 방안을 고려할 수 있을까? 이미 견주는 새로운 입양처를 찾자는 제안에 대해 부정적인 반응을 보였다. 게다가 수의사가 안락사를 거부하면 자신의 남자친구가 그 동물을 사살하겠다고 위협하고 있다.

동물 윤리에 관심이 있는 수의사라면 모두 동의하겠지만, 이러한 상황에 적절히 대응하기 위해서는 특별한 기술이 필요하다. 동물을 사랑하는 전문가로서 역할을 다하기 위한 이 기술은 수의과대학에서는 보통 가르치지 않지만, 많은 수의사들은 타고난 능력과 경험을 활용하여 이러한 문제를 능숙하게 해결한다. 한 여성 수의사는 비슷한 상황에 처했을 때, 그녀 자신의 의료 전문직으로서의 권위와 상대방의 수치심 및 죄의식을 활용하여 고객을 설득하여 동물을 입양할 곳을 찾도록 한 경험을 공유하였다. 그녀는 "제가 10년 동안 공부하고, 수천만 원의 빚을 지면서 열심히 공부한 이유는 건강한 동물을 죽이기 위해서가 아닙니다. 이 개는 다른 가족들에게 큰 도움이 될 수 있습니다. 그동안 이 개가 당신에게 준 사랑을 생각한다면, 적어도 한 번 기회를 주는 것이 아닐까요?"와 같은 심리학적 접근을 통해 고객의 마음을 변화시켰다. 질문의 사례에서도, 만약 제가 그 수의사라면 위의 여성 수의사처럼 "상관없다고요? 그게 무슨 뜻인가요? 제가 하는 일은 동물의 생명을 구하는 것입니다. 물론 이 개와의 관계가 중요합니다. 만약 남자친구가 그 개를 사살하겠다면, 저는 가만히 있을 수 없습니다. 그 행위는 동물학대로 처벌받을 수 있습니다."라고 말하며 심리학적 접근을 하는 전략을 사용할 것이다.

수의사는 반려동물의 보호자 역할을 하기 위해 기꺼이 동물을 입양할 의지가 있는 사람들에 대한 정보를 제공할 수 있다. 때에 따라서는 병원의 입원실에 개를 무료로 맡기고, 견주에게 하루 동안 차분히 생각해 볼 기회를 주는 것도 좋은 방법일 수 있다. 그러나 그 견주가 생각을 바꾸지 않으면 어떻게 해야 할까? 많은 수의사들은 그 시점에서 설득을 중단하고, 견주에게 다른 수의사나 동물 보호 협회, 또는 수용시설에 가도록 권유할 것이다. 하지만 이는 책임을 회피하는 것일 뿐이다. 만약 그 개가 더 불행해질 것이 분명하다면- 예를 들어, 그 비상식적인 주인이 개를 달리는 차에서 내던진 다거나 익사시킬 것이라는 확신이 든다면, 수의사의 의무로서 안락사가 정당화될 것이다. 물론 그 경우에도 수의사가 그 개를 구하기 위해 최선을 다했다고 느낄 때만 가능하다.

많은 수의사들은 개를 구하기 위해 자신이 최선을 다했다고 생각하고 싶어 하기 때문에, 때로는 다른 위험한 길을 선택한다. 즉, 안락사에 동의하고 실제로는 그 절차를 진행하지 않는 것이다. 이는 법적 책임의 위험을 동반하지만, 수의사들은 종종 합리적인 도덕적 원칙에 의거하여 이러한 행동을 취한다. 그 원칙은 큰 악(건강한 동물을 죽이는 것)을 막기 위해 비교적 작은 악(절차를 지키지 않은 것)을 행하는 것은 용서된다는 것이다. 이런 수의사들은 발견 위험을 최소화하기 위해 일부러 멀리 떨어진 지역에서 동물의 입양처를 찾으려 하기도 한다.

6. 병든 고양이의 안락사를 거부하는 주인

1) 상황

8세 아메리칸 쇼트헤어가 숙면 부족과 식욕부진을 호소하며 동물병원에 입원하였다. 마지막 내원은 2개월 전이었으며, 당시 고양이는 요로감염증을 앓고 있었고, 다른 병원에서 시행된 요도성형술 부위에 심각한 염증이 발생한 상태였다. 첫 진찰에서 수의사는 안락사를 권유했지만, 주인이 치료를 고집해 링거 주사와 항생제 치료를 진행한 뒤 증세가 호전되었다. 그러나 이틀 전 증상이 급격히 악화되었다.

신체검사 결과 심각한 탈수, 서맥, 저체온증, 감염증이 확인되었고, 요도성형술 부위에 생긴 상처가 벌어져 구더기까지 생긴 상태였다. 수의사는 다시 안락사를 권유하였으나 주인은 이를 거부하고 고양이를 데리고 병원을 나갔다. 주인은 다른 병원을 찾겠다고 했다. 수의사는 다음과 같은 상황에서 어떻게 대처했어야 할까?

① 주인의 요청대로 치료를 재시도했어야 했을까?
② 주인의 희망을 무시하고 동물 보호를 위해 안락사를 진행했어야 했을까?
③ 인근 모든 병원에 고양이의 상태와 주인이 치료받을 곳을 찾고 있음을 알렸어야 했을까?

2) 의견

이 설명만으로는 몇 가지 중요한 정보가 빠져 있어 명확한 판단이 어렵다. 질문자는 안락사 권유가 적절했는지 묻지만, 치료가 불가능한지 여부나 상태의 심각성(예: 신부전 등)은 명확하지 않다. 따라서 몇 가지 가정을 세워 논의하겠다. 첫 번째 가정: 치료가 가능하지만 병원이 해당 전문치료를 제공하지 않는 상황이라면, 수의사는 전문 병원으로 의뢰했어야 한다. 이 상황에서 안락사를 권유하는 것은 불완전한 정보에 근거한 부적절한 대응이다. 적절한 전문가에게 의뢰하는 것만으로도 문제를 해결할 수 있다. 두 번째 가정: 안락사를 권유할 만한 충분한 이유가 있는 경우라면, 이를 정당화할 수 있다. 예를 들어, 말기 암으로 고통받는 동물에게 안락사를 권유하는 것은 수의사의 윤리적 책임이다. 하지만 이 사례는 조금 다르다. 주인은 다른 병원을 찾아가겠다는 엄포를 놓은 것이 아니라 아예 관계를 끊어버렸다. 이런 경우 수의사는 더 이상 주인과 협의할 기회가 없고, 수의사로서의 권위를 발휘해 동물의 이익을 도모하기도 어렵다.

질문에서 제시된 두 번째 선택지(주인의 희망을 무시하고 안락사를 강행)은 법적으로 불가능하며, 모든 가능한 치료를 시도하지 않은 상태에서 안락사에 의존하는 것은 윤리적으로도 정당화될 수 없다. 대신, 통증 조절과 완화 치료를 보호자와 논의하는 것이 더 적절하다. 고통을 효과적으로 경감할 수 있다면 안락사를 대신할 수 있는 방법이 된다. 이는 주인의 요청에 따라 재차 치료를 시도하는 첫 번째 선택지의 일종이다. 반면, 동물 보호의 관점에서 안락사를 강행하는 두 번째 선택지는 무의미하다.

세 번째 선택지(인근 병원에 알리는 것)은 주인이 병원으로 돌아오지 않을 것이라는 가정에 기초한다. 그러나 이 방법은 타당해 보이지 않는다. 무엇을 다른 병원에 알릴 것인가? 주인이 이치에 맞지 않는 치료를 고집한다고 알리는 것인가? 각 병원의 수의사는 독립적으로 판단할 수 있는 전문성을 갖추고 있다. 오히려 이런 행동은 수의사의 의료 능력과 윤리에 대한 자신감 부족으로 보일 수 있다. 대부분의 수의사들이 적절한 기술과 윤리관을 갖추고 있다고 가정해야 한다. 설령 그렇지 않더라도, 이를 알리는 것은 실질적인 도움이 되지 않는다.

7. 자신이 죽은 후 개를 안락사시키도록 말을 남기다

1) 상황

단골 고객이었던 남성이 사망한 후, 그의 아내가 남편의 애견인 세 살 된 셸티의 안락사를 요청하였다. 남편은 생전에 자신이 죽으면 이 개를 안락사시키고 유해와 함께 화장하여 산에 뿌려달라고 부탁했다고 한다. 아내는 이 개를 좋아하지 않아 기를 생각이 없다. 수의사는 이 요구를 들어줘야 할까?

2) 의견

필자는 주인의 사정으로 인한 안락사가 동물에 대해 도덕적으로 문제가 있을 뿐 아니라 수의사들의 근로의욕을 꺾고 심리적 부담을 극도로 키우는 것이라고 주장해 왔다. 물론 수의사는 고객의 요청을 존중할 의무가 있지만, 그보다 더 중요한 것은 동물과 자신에게 지는 윤리적 책임이다. 질문의 상황에서는 또 하나의 문제가 있다. 이 수의사는 고인(숨진 남편)으로부터 직접 안락사를 요청받은 것이 아니다. 단지 고인의 유언을 따르려는 아내가 요청한 것이다. 만약 고인이 직접 요청했더라도, 수의사는 이런 부당한 요구를 거절하고 설득하려 노력했을 것이다. 정상적인 상황에서 반려동물은 시간이 지나면 새로운 환경에 잘 적응한다. 주인이 사망했다고 해서 동물이 불행하거나 더 이상 살 수 없는 것은 아니다. 사람 역시 부모의 죽음을 겪고도 적응해 나가듯이, 동물도 시간이 지나면 회복된다. 설령 회복이 어려운 예외적인 경우가 있다 해도, 그건 매우 드문 일이다. 또한 아내와 개 사이에 아무런 유대가 없다는 점도 의문스럽다. 함께 지낸 시간 동안 최소한의 유대조차 형성되지 않았다는 것은 쉽게 이해하기 어렵다. 만약 내가 그 수의사라면, 이런 이유로 안락사를 거절할 것이다. 그리고 아내에게 이렇게 말할 것이다.

"어떤 수의사도 단지 유언을 이유로 건강한 개를 죽이지는 않을 것입니다. 남편의 부탁을 이해하려고 노력한 것은 훌륭한 일이지만, 그 요청은 윤리적으로 옳지 않은 일입니다. 만약 고인이 '가보인 렘브란트의 그림을 불태워라'거나 '전 재산을 바람에 흩뿌려라'라고 했다면 그대로 따르겠습니까? 이 개를 죽이는 것은 남편을 기리는 일이 아니라, 오히려 그의 평판을 손상시키는 일이 될 수 있습니다. 세상 사람들이 이 사실을 알게 된다면 남편에 대해 뭐라고 생각할까요?" 그리고 이렇게 제안할 것이다.

"남편의 기분을 헤아리고 싶다면, 남편이 그 개와 즐거운 시간을 보낼 수 있도록 기일에라도 그 개를 데려다주는 것이 어떻겠습니까?" 아내가 내 조언을 받아들이든 거절하든, 나는 절대로 이 개를 안락사시키지 않을 것이다.

8. 소 바이러스성설사병(BVD) 감염소를 매각한 고객

1) 상황

수의사와 농장주는 해당 농장에서 소 바이러스성설사병(Bovine Viral Diarrhea, BVD)을 근절하려고 노력하고 있었다. 이 과정에서 몇몇 소가 만성적인 BVD 증상을 보였고, 수의사는 이를 퇴출할 것을 권고하였다. 그러나 며칠 후, 농장주는 BVD 감염 사실을 알리지 않고 이 소들을 다른 농장에 판매하였다. 이 소를 구매한 농장 역시 수의사의 고객이다. 이러한 상황에서 수의사가 고객의 비밀유지 의무를 지키는 것이 윤리적으로 적절한가?

2) 의견

이 사례는 수의사가 처한 전형적인 윤리적 딜레마를 보여준다. 사람 의학과는 달리 수의 의료에서는 비밀유지 의무에 대한 법적 근거가 명확하지 않지만, 고객의 정보를 누설하지 않는다는 원칙은 효과적인 수의 진료 수행에 있어 매우 중요하다. 수의사가 고객 농장에서 보고 들은 정보를 누설하면, 고객은 해당 수의사에 대한 신뢰를 잃고 중요한 정보를 제공하지 않을 가능성이 크다. 이 경우, 수의사가 두 번째 고객(소를 구매한 농장)에게 BVD 감염 사실을 알리면 첫 번째 고객(소의 판매한 농장)과의 신뢰 관계에서 얻은 정보를 폭로하는 셈이다. 추가로 첫 번째 고객은 경제적으로 불리한 입장에 놓일 것이고, 평판에도 큰 타격을 입을 수 있다. 반면, 두 번째 고객에게 감염 사실을 알리지 않으면 그의 농장 전체가 질병에 노출될 위험이 있다. 만약 감염 사실을 알았다면 피할 수 있었을 경제적 손실뿐만 아니라 다른 소들에게도 고통을 줄 것이다. 따라서 이 사례는 수의사의 동물 복지와 공중위생에 대한 윤리적 책임이 포함된다. 특히, BVD는 쉽게 전파되는 질병으로, 관계자 모두가 협력해야만 관리가 가능하다. 감염된 소를 다른 농장에 판매하는 행위는 지역의 모든 수의사와 농장주들이 협력하여 BVD를 근절하려는 노력을 무색하게 만든다.

따라서 여기에서는 일반적으로 존중되어야 할 비밀유지 의무가 특별한 상황에서 다른 윤리적 원칙과 충돌하는 것으로 보인다. 하지만 모든 윤리 원칙은 무조건적이기보다는 조건부로 적용될 수 있다. 예를 들어, '말하지 말라'는 원칙이 언론의 자유를 지킬 때에도 적용되지만, 만원 극장에서 '불이야!'라고 외치는 것은 옳지 않으며, 전쟁 중에 군대의 위치를 공개해 병사의 안전을 위협하는 것도 허용될 수 없다. 어떤 윤리 원칙을 저버리려면 그에 충분한 근거가 있어야 하며, 앞서 언급한 예들은 모두 명확한 근거를 가지고 있다. 그렇다면 이 사례에서 특별한 상황이 수의사의 비밀유지 의무보다 우선할 수 있는가? 맞는 말이다. 첫째, 수의사가 행동하지 않는다면, 무고한 두 번째 고객과 그의 소들이 심각한 피해를 입을 수 있다. 물론, 이 이유만으로 비밀유지 의무를 어길 수 있다고 할 수는 없다. 왜냐하면, 비밀을 지키는 것은 때때로 손해를 감수하더라도 지켜야 할 가치이기 때문이다.

하지만 여기에는 또 하나 중요한 요소가 있다. 첫 번째 고객은 위험성을 분명히 알면서도 수의사의 조언을 무시하고 감염된 소를 팔았다. 이는 단순한 실수가 아니라, 구매자와 그 소들의 복지를 해치고, 질병을 관리하려는 수의사의 노력을 무시한 이기적인 행위이다. 이런 명백히 비윤리적인 행동이 있었기에, 수의사는 두 번째 고객에 대한 책무, 동물 복지에 대한 책무, 그리고 공중위생을 보호할 의무가 비밀유지 의무보다 우선한다고 볼 수 있다. 오히려 비밀유지 의무를 고수하는 것은 부도덕한 행위에 동조하는 것과 같다. 따라서 제가 그 수의사라면, 두 번째 고객에게 감염소의 사실을 알릴 것이다. 단, 그전에 첫 번째 고객에게 연락해 제 입장을 설명하고, 그가 스스로 상황을 해명할 기회를 줄 것이다. 만약 소송 등으로 증언이 요구될 경우에도, 사실을 말할 의무가 있음을 강조할 것이다. 결과적으로 첫 번째 고객이 저와 거래하지 않게 되더라도, 제 지역 내 평판에는 크게 영향을 미치지 않을 것이다. 대부분의 사람들은 감염 사실을 폭로한 제 결정을 지지할 것이다. 다른 고객들 역시 제가 비밀유지 의무를 어긴 것에 불신하기보다는, 무고한 사람들을 보호하기 위한 정당한 행동으로 받아들일 것이다.

9. 유즙 중 페니실린 잔류

1) 상황

혼합진료(mixed practice) 병원에서 일하는 신입 수의사에게 한 주일은 고생의 연속이었다. 시작은 금요일 오후였다. 작은 낙농 농장에서 보행 장애 증상을 보이는 어미소의 진찰한 결과, 지간부란(趾間腐爛, 발굽 사이 염증)으로 진단되었고, 다행히 합병증은 없었다. 수의사는 20ml의 프로카인페니실린G(300,000 IU/ml)를 근육 내 투여한 후, 유열(milk fever) 진료 요청이 있은 다른 농장으로 서둘러 이동했다. 일요일 오후가 되어서야 수의사는 지간부란으로 진단된 소의 유즙 출하를 중지하라고 말하지 않았다는 사실을 깨달았다. 서둘러 농장 주인에게 전화를 걸었지만, 그 소의 유즙은 이미 벌크탱크에 담겨 전날 출하된 상황이었다. 수의사는 농장 주인에게 상황을 설명했다. 유업관계자가 우유에 항생물질이 잔류된 사실을 확인할 가능성은 적지만(10건 중 하나), 문제가 발생할 경우 농가는 수익 손실과 벌금을 합쳐 약 1,000 달러의 손해를 볼 수 있으며, 동물병원의 신용에도 타격이 갈 수 있다. 수의사는 이 사실을 유업 관계자에게 보고해야 하는가?

2) 의견

이 사례는 본질적으로, 법을 어기면 이익이 되는 상황에서 적발될 위험이 적다면 사람들이 불법을 저지를 수 있을지를 묻는 윤리적 딜레마를 보여준다. 실제로는 많은 사람들이 비슷한 유혹을 느낀다. 예를 들어, 밤늦게 교차로에서 차를 몰고 갈 때 신호를 무시하고 싶어지기도 한다. 하지만 철학자 칸트가 지적했듯이, 모든 사람이 같은 상황에 같은 행동을 한다면 사회 질서는 무너질 것이다. 이 경우도 마찬가지다. 검사에서 적발되지 않을 것 같다고 해서 잔류 성분 규정을 어긴다면, 그 규정은 의미를 잃게 된다. 잔류 약물 규정은 두 가지 이유에서 매우 중요하다. 첫째, 오염된 우유 섭취로 인한 알레르기 반응을 막고, 질병이나 심각한 건강 위험으로부터 사람들을 보호하기 위해서다. 둘째, 식품 안전에 대한 불안을 줄이고 소비자들에게 안전성을 보증하기 위해서다. 유즙의 안전성이 보장되지 않는다면 낙농업 자체가 위험해질 수 있고, 수의사의 직업적 신용 역시 위태로워질 수 있다.

저라면 이 상황에서 즉시 생산자에게 통보하고 진실을 말한 후 자신의 과실을 인정하고 책임을 질 것이다. 이후 유가공업자에게 연락하여 상황을 설명할 것이다. 이로 인해 수의사의 신용이 손상될 가능성은 낮다. 사람은 모두 실수를 저지를 수 있으며, 이를 솔직히 인정하면 대개 용서받기 마련이다. 정직한 진료라는 평판은 매우 소중하다. 반면, 잘못을 숨기다 들키는 것은 잘못을 인정하는 것보다 훨씬 더 큰 손상을 초래한다. 이는 수의사나 생산자나 모두에게 해당된다. 일단 잃어버린 신용은 쉽게 회복되지 않으며, 유가공업자는 해당 농가로부터 우유를 구매하지 않을 수도 있다. 따라서 수의사가 아무런 말도 하지 않고 농가에도 알리지 않는 것은 윤리적으로나 실리적으로 잘못된 선택이다. 이런 종류의 은폐를 시도하다 적발될 가능성은 이전보다 커졌다. 미국에서는 1992년 이후 모든 벌크탱크의 잔류 약물 검사를 실시하고 있으며, 5 ppb까지의 미량 잔류도 검출할 수 있는 '챠름 테스트(Charm Test)'라는 방법을 사용해 오염된 탱크를 확실하게 밝혀낼 수 있다.

10. 도베르만의 단미(斷尾)와 단이(斷耳)

1) 상황

구역 내로 이사 온 도베르만 핀셸의 브리더(번식사)가 병원에서 ① 단미, ② 단이, ③ 며느리발톱 제거, ④ 거세 수술, ⑤ 중성화수술 ⑥ 성대 절제술, ⑦ 씹는 버릇이 있는 개의 송곳니 발치(拔齒) ⑧ 문신 새기기(tatoo) ⑨ 발육 불량 개체의 안락사, ⑩ 견사에서 개체수가 너무 증가하였을 때, 고령의 번식견 안락사에 대해 진료행위를 실시하고 있는지 문의하였다. 이 경우, 수의사가 위와 같은 진료행위를 실시하는 것은 윤리적으로 정당한가?

2) 의견

이 사례는 수의윤리의 기본적인 문제를 제기하고 있다. 수의사는 누구에게 책임을 져야 하는가? 주인에게, 아니면 동물에게? 이 문제는 농장동물과 같은 경제적 목적으로 사육되는 동물의 진료 현장 및 반려동물의 진료에서 초보 수의사들이 자주 마주하는 고민이다.

소아과 의사가 어린이 복지에 앞장서는 것처럼, 수의사들도 동물 복지에 앞장서는 역할을 해야 한다. 우리나라의 동물보호법(2022년 4월 27일 개정)에서는 수의사에게 동물의 이익을 보호할 책임이 있다고 명시하고 있다. 그러나 상황 설명에서 거론되는, 예를 들어 꼬리를 절단하는 단미나 귀를 절단하는 단이와 같은 진료행위는 도베르만에게 뚜렷한 이익을 주지 않으며, 오히려 고통을 초래할 수 있다. 게다가 이런 절차들은 순수하게 미적인 이유로 시행되곤 한다. 따라서 수의사는 이러한 관습을 폐지하기 위해 앞장서야 하며, 동물보호법에도 이러한 취지가 반영되어 있다. 수의사는 이런 종류의 수술을 거부하고, 고객에게 자신의 입장을 설명하는 것이 중요하다.

단미, 단이 등의 수술에 비해 중성화(거세와 피임) 수술은 다소 다른 범주에 속한다. 이 수술에 대해서는 일반인들 사이에서 찬반 의견이 있지만, 현재 우리나라에서는 지방자치단체와 지역 수의사회가 협력하여 유기견과 길고양이의 중성화 수술을 진행하고 있다. 이러한 수술은 동물에게는 별로 고맙지 않지만, 개체 수 증가로 인해 안락사되는 동물의 수를 줄이는 데 기여하고 있으며, 암컷의 경우 성견이 된 후 자궁암과 유방암 예방, 수컷의 경우 전립선 질환을 예방에 도움이 된다. 사람들이 반려동물을 책임 있게 기르는 문화가 형성된다면 이런 조치는 필요하지 않을 것이다. 그러나 현실적으로는 반려동물 주인을 위한 교육 프로그램보다 중성화 프로그램에 더 많은 자원과 노력이 투입되고 있다.

성대절제술과 송곳니 발치술은 인간의 부적절한 관리나 사육에서 비롯된 문제행동을 외과적으로 해결하려는 접근이다. 이러한 문제에 대해서는 수술보다는 동물행동 전문가와 상담하는 것이 더 바람직할 수 있다. 성대 절제술은 다른 모든 수단을 시도한 후에도 효과가 없을 때 고려할 수 있다. 공포로 인한 물기 행동(fear bitting)은 유전적 요소가 포함될 수 있어 훈련을 통해 해결하기 어려울 수도 있다. 그러나, 송곳니(견치) 발치는 신중해야 한다. 송곳니를 제거해도 무는 행동 자체는 여전히 남아 있을 수 있으며, 사회적 접촉이 줄어들어 동물이 불행해질 위험이 있다.

문신 새기기(tatoo)와 새끼 강아지의 며느리발톱(dewclaw, 퇴화한 발톱) 제거는 개에게 큰 해를 끼치지 않으면서 비용 대비 효과를 고려할 때 정당화될 수 있다. 문신은 나이에 상관없이 위험하지 않으며, 며느리발톱 제거 역시 생후 바로 하면 위험하지 않으며, 이러한 처치가 개에게 이익을 가져다준다. 문신은 영구적인 식별 표지가 되어 잃어버린 개를 찾는 데 도움이 된다(현재는 인식 칩을 삽입하기에 도움이 되지 않는다). 며느리발톱 제거는 개가 풀밭을 뛰어다닐 때 열상이나 감염을 방지하는데 유용하지만, 아파트에서 사는 개에게 필요성이 떨어진다. 따라서 수의사는 강아지가 어떤 환경에서 자랄지를 고려하여 이러한 조치를 결정해야 한다.

마지막으로 발육 불량 개체나 고령의 번식견 안락사 문제이다. 발육 불량 개체 혹은 고령의 번식견이 병으로 고통받고 있어 치료가 불가능할 경우 안락사는 유일한 해결책이 될 수 있지만, 주인의 사정으로 인한 안락사는 도덕적으로 받아들여지기 어렵다.

11. 광견병 예방 주사

1) 상황

캐나다 앨버타 주의 병원에서 근무하는 수의사에게 한 고객이 늙은 개를 데리고 내원했다. 이 고객은 개의 광견병 예방주사 통지카드를 가지고 왔으며, 카드에는 "모든 개는 매년 예방주사를 맞아야 한다"라고 적혀있다. 하지만 이 고객은 이 늙은 개에게도 매년 광견병 예방주사가 필요한지 궁금해한다. 알바타 주에서는 광견병 예방주사가 법적으로 강제되지 않으며, 미국과 캐나다 간의 개 반입과 반출 조건에 따라 광견병 예방주사는 3년 동안 효력이 있다. 이러한 상황에서 매년 광견병 예방주사를 권장하는 것이 윤리적으로 타당한가?

2) 의견

예방주사마다 효과와 지속 시간이 다르다는 것은 잘 알려져 있다. 예를 들어 우리나라에는 발생한 적이 없지만, 황열(yellow fever)은 한 번의 예방주사 접종으로 평생 98%의 예방 효과가 있고, 홍역과 B형 간염 백신은 각각 두 번과 세 번만 맞으면 평생 예방 효과를 유지할 수 있다. 파상풍 백신은 10년 간격으로 맞아야 하고, 인플루엔자 백신은 매년 접종이 필요하다. 코로나 백신은 고령층을 대상으로 세 차례나 맞았음에도 4차 접종을 권장하고 있는 상황이다. 결국 항체가가 혈중에 얼마나 유지되느냐에 따라 접종 주기가 결정된다.

광견병 예방주사의 경우 롤랑 교수에 따르면, 3년간 유효하다고 알려져 있으며, 미국식품의약국은 백신 제조사에 3년 유효 기간을 명시하도록 요구하고 있다. 하지만, 지역에 따라 법적 규제가 다르다. 일부 지역에서는 매년 투여하도록 요구하는 반면, 앨버터와 같은 곳에서는 의무가 아니다. 한국의 경우, 경기도 북부와 강원도 북부 등 접경 지역에서 광견병 예방접종이 권장된다. 이곳에서는 '생후 3개월 이상 된 강아지에게 1회 접종 후 6개월 후 재접종, 매년 추가 접종'을 권장한다. 광견병 예방은 공중보건을 위해 중요하므로 일반적으로 예방주사를 권장하는 것이 타당하다. 그러나 위와 같은 상황에서, 매년 광견병 예방주사를 접종하는 것은 고령의 개에게 부담이 될 수 있다. 나이 든 동물은 면역체계가 약해질 수 있기 때문에 주사에 대한 스트레스가 더 클 수 있다. 따라서 모든 동물에게 매년 접종을 무조건 권장하는 것은 윤리적으로 문제가 될 수 있으며, 예방주사가 꼭 필요하지 않다면 고령의 개에게 매년 접종을 권장하는 것은 신중해야 한다. 따라서 수의사는 보호자의 질문에 대해 광견병 예방주사의 유효성과 동물의 건강 상태, 지역의 법적 요구 사항을 고려하여 매년 접종이 반드시 필요하지 않을 수 있음을 설명하는 것이 윤리적으로 타당할 것이다. 이를 통해 보호자가 개의 건강과 복지를 존중하며 예방접종 결정을 내릴 수 있도록 돕는 것이 윤리적으로 올바른 접근일 것이다.

12. 강아지 회충을 무시하는 수의사

1) 상황

캐나다 매니토바 주 남부 농촌의 혼합진료형 동물병원에서 수의사로 근무를 시작하였다. 이 동물병원에서는 강아지가 생후 처음 진찰을 받으면 백신과 구충을 한다. 보강접종과 대변검사는 초진 후 24주 뒤에 실시한다. 하지만 수의사는 이 방식으로는 회충 감염이 적절히 통제되지 않는다는 점을 우려한다. 특히 어린아이가 있는 가정에서의 감염 위험을 걱정하고 있다. 강아지와 밀접하게 접촉하는 아이들이 내장유충이행증에 걸릴 수 있기 때문에 수의사는 강아지가 3개월령이 될 때까지 2, 3주마다 구충할 것을 제안한다. 그러나 병원 업주는 이 제안에 동의하지 않는다. 업주는 과학적으로 옳은 제안이지만 현실적으로 시행하면 사람들의 반려동물 사육 의욕이 떨어질 수 있고, 외부에서는 돈벌이주의로 보일 위험도 있다고 우려한다. 또한 기존의 구충 방식으로 아무 문제가 없었기 때문에 굳이 아이들의 눈병 감염 위험을 알려 고객을 불안하게 하거나 혼란을 주고 싶지 않다고 한다. 이 상황을 어떻게 대처해야 하는가?

2) 의견

이 사례는 윤리적 문제라기보다는 소통과 설득의 문제라고 본다. 수의사의 주요 책무 중 하나는 공중위생 유지이며, 강아지에서 비롯된 인수공통감염증이 아이들에게 안질환을 일으킬 수 있다는 점을 경시할 수 없다. 콜로라도주립대 기생충학 교수 존 체니 박사에 따르면, 미국 질병관리센터는 매년 미국에서 약 2,000건의 관련 사례를 보고하고 있다. 이 병의 유병률은 결코 낮지 않으며, 질문자가 제안하는 처방 계획으로 예방이 매우 쉽다. 체니 박사는 대변검사 결과가 음성이라고 해서 감염이 없는 것은 아니라고 경고한다. 또한 회충의 알은 매우 생명력이 강해 주변 환경에서 5년간 생존할 수 있으며, 포르말린에서도 죽지 않는다. 따라서 어린이들을 보호하기 위해 수의사가 제안한 투약 계획을 시행하는 것은 공중위생에 대한 윤리적 책무이다.

업주가 기존 방식으로도 지금까지 아무런 문제가 없었다고 주장하는 것은 단순히 운이 좋았을 뿐이다. 사람들이 반려동물을 기르는 것을 주저할 수 있다는 이유나, 고객에게 불필요한 불안을 조성하고 돈벌이주의로 비칠 위험을 우려해 투약 계획을 시행하지 않는 것은 윤리적으로 정당화될 수 없다. 이런 태도는 오히려 고객의 이해력을 무시하는 것이다. 수의사는 고객이 충분히 이해할 수 있도록 강아지 감염 위험과 그 예방 방법을 설명할 의무가 있다. 강아지에 의한 감염의 위험이 존재하지만 이 계획을 통해 합리적인 비용으로 완전히 예방할 수 있음을 설득해야 한다. 만약 같은 논리로 광견병 예방접종도 불필요하다고 주장한다면 어떻게 할 것인가? 광견병에 걸릴 확률은 이 질환보다 훨씬 낮음에도 업주는 광견병 예방접종을 권장하고 있다. 그러므로 감염 위험에 대해 설명하고 대처 방법을 권장한다고 해서 사람들이 반려동물을 기르고자 하는 마음이 꺾이는 일은 없을 것이다.

이 투약 계획을 추진해야 하는 이유는 단순히 공중위생을 위한 책임 때문만이 아니다. 이는 수의사 자신에 대한 책임이기도 하다. 어린이의 인수공통감염증 위험을 줄이기 위해 가능한 모든 조치를 취한다면 수의사는 앞으로 양심의 가책 없이 일할 수 있다. 만약 병원이 적절한 투약 계획을 시행하지 않아 고객의 아이가 감염되는 일이 생긴다면 병원 평판은 심각하게 손상될 것이고, 수의사들은 의료 과실로 소송당할 위험도 크다. 이는 수의사가 과학적으로 옳은 투약 계획을 알고도 시행하지 않았다는 사실이 분명하기 때문이다.

13. 진통 조치를 무시하고 계획된 동물실험

1) 상황

수의외과 의사는 개에서 창상 치료에 대한 두 종류의 유리산소 흡수제(oxygen free radical scavenger)의 효과를 연구하기 위해 실험 계획을 세웠다. 이 실험에서는 2마리를 사용하며, 각 개의 두 부위에서 피부와 그 아래 조직을 절제한 뒤, 일반적인 수의외과적 방법으로 상처를 봉합할 예정이었다. 실험 계획안은 동물관리위원회에 제출되었으나, 수술 후 통증 관리가 포함되어 있지 않았기 때문에 위원회는 모든 개에게 수술 후 통증 관리를 실시할 것을 요구하며, 투여 약제, 투여 경로, 통증 관리의 지속 기간 등에 대한 정보를 요청하였다. 이에 대해 수의외과 의사는, 일상적인 수의 진료에서는 이와 같은 처치에 수술 후 통증 관리가 필요하지 않으므로 실험에서도 필요하지 않다고 답했다. 수술 후 통증 관리 없이 이 실험을 진행하는 것은 용인될 수 있는가?

2) 의견

이 사례는 수의윤리와 동물 치료 윤리에 대한 몇 가지 중요한 논점을 제시하고 있다. 수의외과 의사가 "진료 현장에서 수술 후 통증 관리를 하지 않으니 실험에서도 필요하지 않다"라고 주장하는 것을 생각해 볼 필요가 있다. 방법의 옳고 그름을 떠나, 많은 사람들이 따르는 방식이 항상 의료적이거나 윤리적으로 옳다고 할 수는 없다. 과거에는 과학계, 의료계, 그리고 수의 의료계에서 동물이 느끼는 고통을 소홀히 다루거나 무시하는 경우가 많았지만, 최근 10여 년간 이러한 관점은 윤리적, 과학적, 의료적으로 더 이상 용납되지 않게 되었다. 미국수의사회(AVMA)의 동물의 고통에 관한 토론에서도 이러한 견해가 강조되고 있다.

최근 동물의 고통과 관련하여 이루어진 가장 큰 성과는 미국 연방법에서 실험동물의 통증(pain)과 고통(suffering)을 억제해야 한다고 명시한 것이다. 이는 동물을 대하는 사회적 윤리가 변하고 있음을 나타낸다. AVMA 토론 좌장을 맡았던 故하이람 키친 박사는 이 법률 제정이 수의 진료 기준의 변화를 가져오며, 앞으로 수의 의료에서 통증 관리가 더욱 중요한 역할을 할 것이라고 강조했다. 수의사들이 종종 감염 증거가 없을 때도 항생제를 처방하면서, 통증이 분명하지 않다는 이유로 통증 관리를 하지 않는 경우가 많지만, 오늘날 수많은 연구에 따르면 수술 후 통증 관리를 받은 동물들은 그렇지 않은 경우보다 회복이 빠르고 예후가 좋다. 따라서 이 수의사의 결정은 크게 잘못된 것이다.

첫째, 진료현장의 관행을 들어 동물실험에서 통증 관리를 시행하지 않는 것은 논리적으로 맞지 않으며, 오히려 동물실험이 수의 진료의 윤리적 모범이 되어야 한다. 둘째, 동물의 고통이 실험 결과에 변동 요소로 작용할 수 있기에 통증 관리를 통해 실험 결과의 신뢰성을 높일 수 있다. 상처받은 개가 상당한 통증을 느낄 것이라는 점은 의심의 여지가 없다. 셋째이자 가장 중요한 점은 인간의 이익을 위해 동물에게 고통을 가하는 것이 과연 정당한가에 관한 문제다. 이 문제에 대해서는 수많은 논의와 반대 의견이 있으며, 실험이 개에게 주는 고통은 개 자신에게 도움이 되지 않는다는 점에서 더욱 윤리적 논란이 크다. 그것은 당장 사람이나 과학자의 경력에만 도움이 될 뿐, 미래에 다른 동물에게 도움이 될 수는 있지만 적어도 현재 실험에 참여하는 개를 위한 것은 아니다. 만약 동물에게 실질적인 이득이 있더라도 통증을 최소화하려는 노력이 필요하며, 이익이 없다면 고통을 통제해야 할 의무는 더욱 강해진다. 마지막으로 동물의 통증 관리는 오랫동안 무시되어 왔으나, 최근 들어 수의사를 위한 동물 통증 관리 책이 나오기 시작했다는 점을 덧붙이고 싶다.

14. 동료 수의사의 오진

1) 상황

농촌지역의 동물병원에서 두 명의 수의사 중 한 명으로 근무하고 있다. 한 보호자가 계속 기침을 하는 개를 데리고 왔다. 이 개는 이전에 두 차례 동료 수의사가 진료했고 각각 다른 기침약을 처방했으나 두 약 모두 효과가 없었다. 일반 임상검사 결과 심각한 심잡음과 폐울혈이 발견되었고, 이것이 기침의 원인으로 보인다. 이뇨제와 강심제를 처방했더니 보호자는 이번에 처방한 약이 더 강한 기침약이냐고 물었다. 진단 결과를 정직하게 말해야 할까, 아니면 문제를 회피해야 할까?

2) 의견

동료 수의사의 진단이나 치료를 공개적으로 비판해도 되는지는 고민스러운 문제다. 다른 병원에서의 진단에 관해서는 더러 있지만, 같은 병원 동료의 진단에 대해 비판하는 것은 조심스럽다. 그러나 진실을 말하는 것은 기본적으로 모든 사람의 책무다. 철학자 토머스 리드는 대화의 기본 전제가 진실을 말하는 것임을 강조했다. 다만 진실을 말하는 것이 큰 해를 초래할 경우에는, 거짓말이 정당화되기도 한다. 예를 들어, 살인자를 피해 도망친 사람의 위치를 묻는 질문에 거짓말을 하는 것은 도덕적으로 정당화된다.

그렇다면 위의 상황에서도 진실을 말하지 않을 정당한 이유가 있는가? 나는 그렇지 않다고 본다. 진실을 말하기를 꺼리는 유혹은 충분히 이해된다. 보호자와 동료 간의 마찰, 보호자 이탈, 지역에서의 평판 악화, 동료와의 불편한 대립 같은 문제가 생길 수 있기 때문이다. 하지만 보호자를 속이는 것은 수의사로서의 직무를 저버리는 일이다. 보호자가 다른 전문가에게 물어 은폐가 드러난다면 병원의 신뢰에 더 큰 타격을 입힐 수 있다. 더구나 보호자가 병의 심각성을 이해하고 수의사의 설명에 따라 투약 지시를 지키는 것은 중요하다. 수의사도 이를 감시해야 하며, 이 문제를 해결하는 열쇠는 수의사의 소통 능력에 있다.

나라면 보호자에게 정직하게 진단 결과를 말할 것이다. 다만 동료 수의사에게 비난의 화살이 돌아가지 않도록 이렇게 설명할 것이다. "이건 기침약이 아닙니다. 이전에 처방된 기침약들이 효과가 없었던 걸로 보아, 기침의 원인이 심장에서 온 게 아닐까 의심됩니다. 만약 그게 원인이라면 이 약이 도움이 될 거라고 생각합니다." 또한, 보호자가 왜 이전에 심장 문제를 의심하지 않았느냐고 묻는다면 이렇게 답할 것이다. "심잡음이 있는 개가 많지만, 항상 기침과 연결되지는 않아요. 기침약이 효과가 없어서 다른 원인을 의심해 보는 건 자연스러운 일입니다." 이 설명에는 진실을 숨기려는 의도가 없다. 처음부터 심장이 원인일 가능성을 완전히 알 수는 없고, 최초의 기침이 다른 원인으로 발생했을 가능성도 있기 때문이다. 나아가 나는 이 사례에 대해 동료 수의사와 의논하고 해당 개의 진료 기록을 살펴볼 것이다. 만약 동료가 일반 임상검사를 하지 않았거나 그 결과를 기침과 연결시키지 못했다면, 이를 지적하는 것은 내 의무다. 이 과정에서도 소통 능력이 중요하다. 상대방에게 강하게 대하면 역효과가 날 수 있으므로, 신중하고 부드럽게 소통해야 한다.

15. 이전 수의사가 개의 복강 내에 거즈를 두고 수술을 마쳤다

1) 상황

구토 증상을 보이는 개의 개복 수술 도중 복강 내에서 거즈가 발견되었다. 개는 회복되었고 구토 증상도 멈췄다. 과거 이 개가 받은 수술은 다른 병원에서 받은 피임 수술뿐이다. 보호자에게 이 사실을 말해야 할까? 말할 경우, 수의사와 고객, 이전 수술을 담당한 병원, 그리고 지역 수의사회 간에 문제가 생길 수 있다.

2) 의견

　이런 상황은 수의사들이 종종 겪는 어려운 문제이며, 수의윤리에서도 중요한 부분이다. 다른 수의사의 실수를 보호자에게 알려야 하는가 하는 문제가 여기에 해당한다. 대부분의 전문직에서는 서로를 존중하고 단결하는 것이 중요하다. 그렇지만 서로를 지나치게 감싸는 모습은 외부의 개입을 불러와 전문직의 자율성과 신뢰를 해칠 수 있다.

　수의사가 완수해야 할 책무는 무엇일까? 몇 가지 가능성을 생각해 보자. 먼저 고객이 수의사에게 물어봤다고 한다면, 이대로 아무 말도 하지 않을 수가 없다. 첫째, 예를 들어 며칠이 지난 후 보호자로부터 전화가 왔고, "그런데 선생님, 결국 저의 개는 어디가 나빴습니까?"라는 질문을 받을 수 있다. 만약 거기서 처음 거즈에 대해 털어놓는다면 숨겼다는 의심을 살 만하다. 둘째, 이 경우 수의사가 실제로 말한 것(혹은 말하지 않은 것)과 진료 기록에 써놓은 것이 엇갈린다. 이와 같이 아무 말도 하지 않는 것은 수의사에게 있어서 지극히 위험이 크다. 따라서 개복 수술에서 어떤 사실이 밝혀졌는지에 대해 신중하지만 솔직하게 설명하는 것이 필요하다. 그렇다면 문제는 수의사가 무슨 말을 하느냐가 아니라 어떻게 말하느냐는 것이다. 내가 그 수의사라면 어떤 수의사라도 일을 하다 보면 이런 실수를 하는 경우가 있다고 설명하고, 수술한 수의사에게 전화를 걸어 이 일을 이야기해 보겠다고 할 것이다. 아마 상대인 수의사는 고객들에게 사과하거나 변상할 것이다. 지금 말한 접근방식은 그 수의사가 수술 후에 거즈를 빼는 실수는 거의 하지 않는다는 전제하에 한 것이다. 만약 해당 수의사가 같은 실수를 자주 저지른다면, 이를 지역 수의사회에 보고하는 것이 옳다. 그것이 보호자, 동물들, 그리고 수의사 직업군 전체를 지키기 위해서 해야 할 일이다.

V. 맺음말

　수의사는 교육과 높은 수준의 공신력을 바탕으로 동물의 복지뿐 아니라 공중 보건과 정신 건강에도 중요한 기여를 하는 지역 사회 보호자로 널리 인식되고 있다. 하지만 수의사라는 직업의 주된 책임이 동물 환자에게 있는지, 아니면 인간 고객에게 있는지는 아직까지 명확히 밝혀지지 않았다. 그 결과, 윤리적 딜레마가 수의사의 순수한 서비스 제공 능력에 영향을 미치고 있다. 수의사에게 수의윤리에 대해 교육해야 하는 가장 중요한 이유 중 하나는 수의사들이 자신이 접하는 사례에 대해 이해해야 할 의지와 책임감을 갖도록 하기 위해서이다. 또한 수의윤리는 수의사와 수의 관련 직원이 보호자 및 다른 전문가와 적절하고 전문적인 대화를 할 수 있도록 준비시킨다. 최선의 치료 계획과 결과를 결정하고 이를 보호자에게 전달하여 보호자가 이해할 수 있도록 하는 것이 수의윤리를 실천하는 유일한 방법이다. 수의사 직업과 그 윤리가 새로운 사회적 합의 윤리에 대한 기대에 부응하지 못하면 수의사의 직업적 자율성과 현재 사회에서 부러움을 사고 있는 수의사의 지위가 약화될 수 있다.

참고문헌

1. Tannenbaum, J., et al., Veterinary Ethics: Animal Welfare, Client Relations, Competition and Collegiality, Mosby, 1995

2. Fogle, C A., et al., Veterinary Clinical Ethics and Patient Care Dilemmas, The Veterinary Clinics of North America, Small Animal Practice, 2021

3. Kimera, S I., et al., Veterinary Ethics, Encyclopedia of Global Bioethics, 2017

4. Rollin, B E., et al., An Introduction to Veterinary Medical Ethics: Theory And Cases, Second Edition, 2nd ed, Wiley-Backwell, 2006

5. American Veterinary Medicine Association, Principles of Veterinary Medical Ethics of the AVMA, 2024

6. Veterinary News, New York State Veterinary Medical Society, 1965

7. Prendergast, H., et al., Front Office Management for the Veterinary Team, Elsevier Health Sciences, 2014

8. Rollin, B E., et al., Annual Meeting Keynote Address: Animal Agriculture and Emerging Social Ethics for Animals, Journal of Animal Science, 2003

9. Karesh, W B., et al., One World-One Health, Clinical Medicine (London, England), 2009

10. 최유진, 농장동물을 위해 수의사는 무엇을 할 수 있을까? Daily Vet, May 7, 2024

11. 주설아, 반려동물 학대와 수의사, Daily Vet, June 10, 2024

12. 천명선, 반려동물 안락사에서의 윤리, Daily Vet, July 1, 2024

수의학의 발자취

동물 이야기

수의사의 활동 영역

수의윤리 특수성과 사례

부록

부록

교양으로 읽는 수의학 이야기

Ⅰ. 대한민국 현대 수의학교육 태동기

미 군정은 우리나라 대학 교육을 초중고 12년 교육 후 대학에 입학하는 방식으로 개편하고, 일제강점기의 경성제국대학과 여러 분야의 전문학교를 하나로 통합하여 서울대학교를 설립하기로 결정하고 준비하였다. 농업교육의 경우, 수원농림전문학교를 농과대학으로 승격시켰다. 이러한 입학 자격을 해결하기 위하여 1946년 9월 1일 5년제 중학교의 수업연한을 1년 연장하여 6년으로 하였다(교육법에 따라 현재와 같은 중고등학교가 분리된 시점은 1951학년 학기 말인 1951년 8월 31일이다. 국회에서 새 학기 시작을 4월로 권고한 터라 학교마다 시행시기가 약간 달랐다). 입학생 중 수업연한이 부족한 학생들을 위하여 서울대학교는 청량리에 예과부를 두어 교양과정과 더불어 수업연한을 맞추도록 하였다. 수의학 부분으로 좀 더 좁혀보자. 수원농림전문학교. 1945년 입학생을 포함한 해방 당시의 재학생은 졸업장에 '서울대학교 농과대학 전문부'라고 기재되어 있다. 전문부 학생들은 수업연한이 1년 적음에 따라 수의학부(수의과대학)에 입학하기 위해 학사편입의 절차를 거쳤다(서울대학교 농과대학 수의학부 1회 졸업생인 김교헌, 이방환, 이장락, 조춘근은 수원농림전문학교 수의축산학과를 졸업하고 1947년 9월에 수의학부 3학년에 학사편입, 그리고 윤석봉, 조병율은 수원농림전문학교 수의축산학과 2학년을 수료하고 같은 시기에 수의학부 2학년에 편입하여 2회 졸업생이 되었다).

이러한 준비는 1946년 8월 22일 공포한 군정 법령 제102호 '국립서울대학교 설립에 관한 법령'에 근거하였으며, 8월 26일 신설 서울대 총장으로 군목인 법학박사 앤스테드(Harry B. Ansted) 대위를 정하고, 대학원장 윤일선 등 학장과 학부장을 내정하고 1946년 10월 15일 국립서울대학교를 개교하였다. 경성 대학과 전문학교가 연합하여 국립서울대학교로 힘차게 출발하였으나 국대안 반대(국립대학교 설립 반대) 운동이 확산되면서 사회적으로 신탁통치 찬반의 좌우익 이념투쟁으로 학사행정이 마비 상태에 이르렀는데(그래서 1946년 9월 입학생은 없었다), 거의 1년 후인 1947년 7월 8일 서울대학교 이사회에서 농과대학 수의축산학과를 수의학과와 축산학과로 분리하고, 수의학과는 수의학부로 명칭을 변경하고, 서울로 이전하기로 하였다. 당시의 이사회 기록을 살펴보면, 농과대학 수의학부는 "단과대학으로 승격할 것을 전제로 하고 수원 농과대학으로부터 분리"하기로 하였다[1]. 이처럼 수의와 축산이 구분된 진정한 의미의 수의학 고등교육은 해방 후 미군정이 시작하면서 12년 교육 후 입학하는 4년제 대학 체제이다.

서울농대 수의학부는 경성의학전문학교가 사용하던 건물을 인수하여, 동물병원과 강의실로 활용하기 위해 100평 정도의 단층 건물을 대대적으로 개·보수하였다. 수의대 학생들(수원농림 전문학교를 졸업한 학생 4명이 3학년에 학사편입)이 이 공사에 참여하여 힘을 쏟았다. 이 일을 진두지휘한 사람은 Benjamin Blood(1914~1992년)로 내부 설계를 직접 맡아 진행하였다. 그는 계단교실(임상강의실), 대소동물입원실, 대동물용 보정틀, 약품창고, 조제실, 소동물 처지실, 교수실(임상 검사실 겸용)을 만들어 이를 동물병원으로 사용하였다. 그는 1946년 6월 말경 공군중령으로 서울에 파견되어 같은 해 11월 17일 공군예비역 대령으로 전역한 후 주로 서울대학교 수의학부 객원교수자격으로 배치되어 동물병원에 상근하다가 1948년 7월 가족과 함께 미국으로 귀국하였다. 그의 아들 브라이언(Brian)은 한국에서 아버지의 역할에 대하여 "미군정청 보건후생부 수의분야 수석고문(Chief Advisor on Veterinary Affairs to the Department of Public Health and Welfare of the US Army Military Govenment in Korea)"이라 하였다[1]. 또한 조수 격으로 현역 육군대위(수의장교)인 Brooks와 Vacura가 그를 보좌하였다. 동물병원 개·보수에 소요되는 기둥 합판 페인트 철망 못 연장 등은 모두 미국에서 들여온 것으로 미군정청 보건후생부 Dietrich(소령, 보건후생부 수의국장, 이 당시는 수의국장이 두 사람이었는데 한국 측 국장은 한영우이었다)이 공급을 주선하였다. 완공된 후에는 각종 수의약품, 진료기구, 현미경을 포함한 간단한 검사기구, 영문타자기 등도 보급되었다[2]. 이와 같이 Blood 등은 일본식 수의임상을 배운 학생들에게 미국식 임상교육의 문을 열어준 셈이다. 동물병원이 개설되자 수의학과 3학년이지만 수원농림전문학교를 졸업하여 수의사면허를 소지하고 있던 학생들은 Dr. Blood의 지도 아래 교대로 근무하면서 환축을 진료하며 임상경험을 축적하여 갔다.

미군정 시기의 학년 시작은 9월이었다. 이는 미국의 새로운 학기 시작시기와 맞추려는 것이었을까? 그러나 해방이 8월 15일에 이루어졌고, 당시 일제강점기에는 4월에 새 학기가 시작되었던 점을 고려하면, 해방 후 모든 것이 중단된 상황에서 자연스럽게 9월로 학기시작을 정하였을 가능성도 크다. 그러나 신탁통치반대, 서울대학교 국립대안 반대 데모로 학사일정이 순탄치 못하여 1946년은 입학생이 없었고 1947년에 대학의 문을 열게 되었다. 그래서 서울대학교 수의학부는 1947년 9월 10일에 개교

식 겸 입학식이 있었는데 미군정 남조선과도정부의 최고 고문이었던 서재필박사가
축사를 하고 미군정청 수의장교들이 다수 참석하여 축하를 하였다.

　해방이 되고 갑자기 일본인들이 물러남으로 문제가 된 것은 비단 교육계뿐 아니었
지만, 특히 수의학교육에서의 교수 부족은 심각하였다. 해방직후(1945~1946년) 수원농
림전문학교 수의축산학과에 재직한 교수는 이근태(축산학, 축산각론), 김용필(병리학,
병리해부), 이용빈(축산학, 가축번식학), 이창희(수의내과학, 수의외과학, 임상학), 이종진
(가축생리화학), 김정화(해부생리학)로 6명 중 4명(이근태, 김용필, 이창희, 이종진)은 수의
학부로 옮겼다[3]. 당시(수의학부)의 임상교육은 이창희가 맡았다. 그는 마포수의전문학
교를 졸업하고, 만주국으로 건너가 용정의학전문학교를 졸업한 후 국립 만주국 훈련
소 의무교관으로 근무하다 해방에 발맞추어 귀국하였다. 1946년 6월 수원농림전문학
교 교수(임상학, 동물병원장)로 근무하였고, 수의학부가 출발하면서 수의학부로 옮겼
으나(당시는 유일한 임상교수), 미군정 시대이었으므로 미군수의사(3명)가 학교에 상주
할 시기라 주눅이 들어 제대로 말이나 하였을까? 이방환의 회고록에 미군정시대에는
'Blood와 Clark가 수의임상교육을 도맡다시피 하였다'는 기록으로 보아 일제강점기
아자부(마포)수의전문학교 임상교육으로는 자신의 전망이 밝지 않다고 판단하여
그는 1949년 5월 1일 국립가축위생연구소(당시는 부산이 본소)로 자리를 옮겼다. 이어
6·25 전란 중 서울대학교 수의학부의 전시연합대학(송도) 시절에는 수의외과학 강좌
를 맡아 출강(수의내과학은 홍병욱)하여, 서울대학교 수의과대학 수의외과학 교수로
기억되기도 한다. 그는 1965년 연구소를 퇴직하고 현재의 부산대학교(본교) 인근에서
'이창희의원'이란 병원을 개원하다가 1990년 말에 작고한 것으로 전해진다. 이러한
어려운 환경에서도 학사일정은 차곡차곡 진행되었다. 교과과정에 수의경찰 및 법규,
제철학은 찾을 수 없으며 수의행정, 안과학이 있는 것이 특이하다. 수의 임상분야는
대학에 근무한 분들의 노력도 많았지만 어떤 졸업생(임상수의사)은 미8군 수의사들이
가끔씩 실시한 강습회와 도축장에서 터득한 경험이 개원에 도움이 되었다고 전한다.

　1950년 1월 국회에서 우리나라의 새로운 학기는 4월이 적합하다고 결의함에 따라
서울대학교는 단번에 4월로 옮기면 한 학기가 달라지므로 경과규정으로 1950년은 6
월로 하였다(지금의 3월 학기는 당시 1~2월 혹한기에 방학을 하여 <방학일수가 연장> 월동비
를 줄이려는 목적으로 군사정부는 1962년부터 학기를 3월로 조정하였다). 그래서 서울대학교
수의학부 입학식을 1950년 6월 12일에 하였는데, 신입생은 입학식을 치른 지 보름이

채 되지 않아 한국전쟁이 발발하였다. 전쟁 발발 후 3일 만에 서울이 함락되자 서울대학교는 갑작스럽게 당한 일이라 일부 교수와 학생들이 개별적으로 도망가다시피 피난을 떠났으나 학교는 공식적으로 피난을 못하였기에 9·28 수복이 있기까지 3개월 동안 적 치하에서 지낼 수밖에 없었다. 대학을 점령하여 있던 인민군이 퇴각하면서 서울대학교 수의학부의 동물병원에 방화를 하고 떠나버렸다[4]. 수복 후 서울대학교 수의학부의 교수들 사이에도 피난을 떠났던 도강파와 피난을 떠나지 못했던 잔류파의 갈등이 있었고 잔류파 몇 분의 교수는 학교를 등지고 말았다.

1950년 10월 1일 38선을 넘어(이를 기념하기 위하여 정부는 이날을 국군의 날로 정하였다) 압록강까지 진격하였으나 중공군의 개입으로 다시 서울을 내어줄 수밖에 없었다 (이날이 1월 4일이므로 1·4 후퇴라 한다) 이때 서울대학교는 피난지 부산에서 다른 대학교와 연합대학을 만들었는데(수의학교육은 전남, 전북이 1951년 시작되었지만 두 대학은 피난을 가지 않았으므로 수의학교육은 연합대학이 이루어지지 않았다) 수의학부는 다른 단과대학과 달리 송도의 부산가축위생연구소에서 교육이 진행되었다. 서울대학교 수의학부는 피난지 부산에서 대학으로 승격되고(1953년 4월) 같은 해 8월에 서울(연건동)로 돌아왔다. 우선 학생들의 임상실습을 위하여 인민군의 방화로 소실된 동물병원을 중건(1954년 2월 10일)하여 다시 출발하였다.

II. 축산물 위생관리 체계의 변천사

1. 대한민국 정부 수립 이전

1896년(고종 33년) 1월 18일 대한제국 법률 중 제1호로 포사(푸줏간, 도살장의 뜻) 규칙이 제정 공포되었다. 이 법률은 위생에 관한 규정은 없고 단순히 세금을 부과하기 위함인 듯 탁지부(度支部, 현재의 재무부)의 지시에 따르게 하였다. 이 법률은 13년 후인 1909년 개정되어 법률 제24호 도수 규칙이 된다. 제1조에 식용에 제공하는 우, 마, 양, 돈 및 개(犬)의 도살 해체는 도살장 이외의 장소에서는 할 수 없도록 하였으며 도축장의 허가는 지방 장관의 허가를 받도록 하였고, 도수검사, 도수검사원, 해체료 등은 지방장관이 시행령을 제정 공포하도록 하였다.

조선총독부 초기 위생 업무는 내무부(府) 지방국 위생과(보건계 업무)와 경무총감부(府)위생과(위생계 업무)의 2원 체제로 출발하였으나 1912년 4월 위생업무를 경무총감부 위생과로 통일하였다. 1919년 3·1운동 이후 경무총감부를 폐지하고 경무국을 설치하여 그 편제를 경무과, 고등경찰과, 보안과, 위생과로 하였다. 1926년 4월 위생과의 업무를 보강하여 ① 약품 및 매약 ② 아편전매 ③ 수역예방 ④ 이출우검역에 관한 사항이 추가되었다. 1941년 11월에는 후생국(局)이 신설되어 편제를 보건과, 위생과(경무국에서 이관), 사회과, 노무과로 하였으나 1개월 후인 12월 7일 태평양전쟁이 시작됨에 따라 기구 개편으로 후생국이 폐지되고 위생과는 경무국으로 도로 이관되었으며, 위생과(課) 업무는 경무국 직제로 미군정에 연결되었다.

미군정청이 처음 시작한 기구 개편은 위생국의 신설이다. 1945년 9월 24일 자 미군정법령 제1호 「위생국 설치에 관한 건」에 의하여 조선총독부 시대 운영되었던 경무국(위생과) 일은 미군정청 위생과에서 의·약은 물론 인수공통감염병의 예방과 육류 등 축산물의 위생 감독까지 관장하였다. 이보다 1개월 후인 1945년 10월 27일 자 미군정법령 제18호로 위생국의 이름을 보건후생국으로 변경하게 된다. 곧이어 11월 7일 자 미군정법령 제 25호에 의하여 보건후생국에 수의과(獸醫課)를 설치하도록 하였다. 이듬해인 1946년 3월 29일 미군정법령 제64호 "조선정부 각 부서의 명칭"에 의해서 보건후생국은 보건후생부로 승격되어, 위생국, 보건국, 실험국이 설치된다(1946년 5월 31일 현재)(이때 장관 <한국측>에 해당하는 자리에 한국인 이용설이 발령된다). 이 조직은 18개의 국으로 확대 개편된다. 이 당시의 조직(18개국)에 수의국이 포함되어 있다. 이때 수의국에는 3개 과인 위생과, 수의과, 방역과의 편제였다. 이 무렵 정부기구가 비대해졌다고 논란이 있었는데, 이를 반영하듯 남조선과도정부가 수립되면서 보건후생부(부장 이용설, 차장 주병환)의 국 숫자가 10개(총무국, 의무국, 예방의학국, 수의국, 약무국, 구호국, 치의무국, 조사훈련국, 간호사업국, 부녀국)로 축소되었지만 수의국은 유지되어 있다(1948년 조선연감). 조선연감의 편집후기에 "본 연감자료는 대체로 1947년 8월 말일부터 9월 말 현재임을 부언한다"라고 자료의 시점을 기술하고 있다.

2. 대한민국 정부 수립 후

대한민국 정부가 수립된 이후 농림부훈령 제1호(1949년 4월 8일)는 「남조선과도정부 기구인수에 관한 건」을 발표하게 되었는데 수의축산 관련 조항은 제3조에 있다. "제3조 축정국은 다음에 의하여 농림부 농산국 축산과, 보건후생부 수의국을 인수한다. ① 축정과는 농산국 축산과를 인수한다. ② 수의과는 보건후생부 수의국을 인수한다." 이로 미루어 보아 보건후생부 수의국은 수의 업무가 농림부로 이관될 때까지 지속된 것으로 보아야 할 것이다. 1948년 11월 4일 사회부가, 1949년 7월 29일 보건부가 신설되었으며, 1955년 12월 17일 보건부와 사회부가 통합되면서 위생행정은 보건사회부 방역국 위생과에서 주관하였다(1961년 10월 2일 방역국은 보건국으로 개칭). 대한민국 정부 수립 후 최초로 공포된 식품 관련 법률은 식품위생법(1962년 1월 20일)과 축산물 가공처리법(1962년 1월 20일)이다. 식품위생법은 보사부 방역국 위생과, 축산물 가공처리법은 농림부 축산국 가축위생과가 초안을 만든 정부 입법이었다.

축산물의 위생은 도축장이 시작이다. 당시 농림부의 축정국 수의과장이던 김영환의 회고록을 보면 "지금의 서울 마장동 도수장은 1964년(서울역사박물관은 1961년이라 표기)에 동대문 숭인동에 있었던 것을 옮겨온 것인데 도수장의 내부에 냉장 시설까지 되어 있어 소나 돼지의 지육과 내장을 저장할 수 있게 되었고, 또 돼지의 해체 작업도 자동식으로 할 수 있도록 설계되어 크게 현대화되었다. 숭인동에 있었던 도수장은 왜정시대에 설치 사용되어 온 것이지만 도수장의 시설과 도축작업이 전근대적으로 이루어지고 있었다."라고 기록하고 있다. 당시 중앙정부의 예산도 한계가 있고 서울시의 예산으로는 도저히 이전이 불가능하여 USOM(현재는 USAID, 미국국제개발처)의 지원으로 냉장 시설을 갖춘 도축장을 갖춰 축산식품의 유통기간을 대폭 늘린 뒷이야기를 볼 수 있다. 시간이 지나 1990년대에는 냉장 및 냉동설비를 갖춘 운송 수단의 발달로 지방에서 도축된 고기의 서울 반입이 무제한 허용되었다. 이로 인해 마장동(1998년), 독산동(2002년), 가락동(2011년)에 있던 도축장이 모두 지방으로 이전하였기에 현재 서울 시내에는 도축장이 남아 있지 않다.

1962년 제정 시에는 「축산물가공처리법」으로 공포되었으며 주무부처는 농림부 소관이었다. "농장에서 식탁까지" 슬로건 아래 소관 사항을 보건사회부가 맡느냐 농림부가 맡느냐는 논의는 지속되었다. 「축산물가공처리법」을 개정(3회)하다가 1984

년 「축산물위생처리법」으로 개칭하면서 업무조정을 하여, 축산물 가공식품의 위생 관리 업무 중 각종 식육의 처리단계인 도축 및 도계업무와 우유의 수집단계(집유)까지 의 업무는 종전처럼 농수산부 관장으로 하되, 축산식품을 단순히 절단하거나 가공하 여 포장한 냉장 냉동육을 비유제품, 난가공품 등 축산물을 주원료로 한 모든 가공식 품의 위생 관리 소관은 보건사회부 소관으로 이관하여 식품위생법에서 다루도록 하 였다. 1997년에 이 법률 중 가축의 사육·도살·처리와 축산물의 가공·유통·판매에 이르는 전 과정을 일관성 있게 농림부가 관리하도록 보건사회부와 업무를 조정하고, 다시 「축산물가공처리법」으로 명칭을 변경하였다.

정부조직법의 개정(2013년 3월 13일)으로 종전의 보건복지부의 식품의약품 안전기 능 기능과 농림수산식품부의 농축수산물의 위생안전 기능을 식품의약품안전처로 이 관하여 현재는 식약처가 맡고 있다. 1998년 발족할 당시는 보건복지부 외청인 식품의 약품안전청(식약청)으로 출발하였다. 현재는 총리 직속의 식품의약품안전처(식약처) 인 부(Ministry of Food and Drug Safety)로 승격하였다. 본부는 오송에 있는데, 축산물을 담 당하는 부서는 식품소비안전국이 있고 그 산하에 농축수산물안전과와 서울, 부산, 경 인, 대구, 광주, 대전의 5곳에 지방청이 있다. 식품의약품안전처에 근무하는 수의사 근무 부서는 전체 부서에 근무하고 있으나, 본부에서는 주로 수입식품정책국, 식품소 비안전국에 많이 근무하고 있으며, 지방청에서는 주로 농축수산물안전과, 수입관리 과, 식품안전관리과, 수입식품검사소에 근무하고 있다.

Ⅲ. 축산물 생산 및 살처분

조선시대에는 6축(畜)이라 하여 말, 소, 돼지, 염소, 닭, 개를 길렀으나 생활에 긴요 하였던 소, 말을 제외하면 그렇게 중요시되지 않았다. 소, 말의 경우에도 쌀 문명권에 서는 경종에 비해 목축 활동은 매우 미약했고 군마나 역용우를 제외하면 목축의 필요 가 크지 않았다. 조선시대 말까지 '길들여진 동물을 놓아기른다'는 의미의 목축(牧畜) 이라는 용어가 사용되어 왔으나 대한제국 시대 이르러 "가축 생산"의 준말인 일본어 에서 유래한 '축산'이란 용어가 사용되기 시작하였다. 일제강점기 초기에 그들은 한우(조선우)의 고기 맛이 좋음을 깨닫고 화성(현 수원시 오목동)에 축산지장을 설치하고, 한우의 증식과 육질 개선에 노력하여 한우를 일본으로 반출을 시도하였다. 한 편으로는 젖소, 돼지 등의 외래 품종을 도입하고 이들의 증식을 위해 노력하였다.

우리나라는 축산을 발전시키기 위하여 무던히 노력하였으나 대한민국 정부 수립 후 채 2년도 되지 않아 6·25 전쟁이 발발하여 3년 동안 지속되었다. 이 때문에 전쟁 복구가 시급하여 축산은 유축농업에 불과하였다. 5·16 후 제3공화국이 시작되면서 낙농이 자리 잡기 시작하였고 가축별로 신품종이 도입되면서 사료 재원 개발과 육종에 대한 연구가 시작되었다. 1970년 후반기부터 경운기를 비롯한 농촌의 기계화가 시작되면서 한우는 역우(역용 소)보다 고기소로 전환되면서 산지 소 가격이 상승하였고, 이에 따라 소 사육두수가 증가하기 시작하였다. 1990년대부터 축산물 수입 개방에 대한 대응책으로 고급육 생산을 위한 육종에 힘을 기울였고, 씨수소 선발과 우수 정액 공급에 서산의 한우개량사업소가 일정 기여를 하여왔다.

돼지의 경우는 잔반(殘飯)으로 가정에서 몇 마리씩 키우다가 1970년대부터 배합사료의 급여와 더불어 외국의 선진 기술 도입과 전업양돈의 기업화가 이루어졌고 1990년 이후는 돼지고기의 수출(일본)을 위한 고급육화에 노력하였다. 최근 분뇨에 대한 환경 문제도 상당히 개선되어 양돈의 전망은 밝은 편이다.

닭의 경우는 가정에서 몇 마리의 재래종을 사육하다가 귀한 손님이 오면 접대용으로 사용하였다. 1960년대부터 사료는 배합사료로 전환되기 시작하였고 산란계, 육용계로 구분되었으며, 1970년대부터 전업화, 기업화가 이루어졌고 1980년대부터 사육규모 확대, 시설 장비의 자동화로 육계 외식업의 발달에 기여하였다[5]. 이와 같이 우리나라 축산업은 경제성장에 따라 축산물 수입자유화가 점차 확대되어 가고 있음에도 불구하고 축산인과 정책당국의 노력으로 잘 버티어 가고 있다.

1960년부터 2000년에 이를수록 유축농업으로부터 전업 축산으로 변하게 되면서 최근 30~40년 동안 우리의 축산은 눈부신 발전을 하였다. 이를 뒷받침하듯 최근 30여 년 간의 농림통계자료를 보면 가축 사육 가구 수는 줄고 가축두수는 적게나마 증가하고 있다. 이러한 축산의 지속적 성장은 우리나라 농업을 떠받치고 있다(생산액 기준). 이를 증명하듯이 농림업 생산액 상위 5위까지 보면 쌀(1위), 돼지(2위), 한우(3위), 우유(4위), 닭(5위)이다.

한국의 축산물자급률(2000년 기준)은 육류(83.9%), 달걀류(100.0%), 우유류(81.0%)이다. 이에 비하여 일본은 육류(52.9%), 달걀류(98.4%), 우유류(79.3%)이다[6]. 우리나라의 경우 달걀류는 거의 수입하지 않지만(최근 조류인플루엔자로 산란계가 급격히 감소한 경우를 제외하면 달걀 수입은 하지 않고 지낼 수 있다) 2018년 자료에 의하면 육류 중 닭고기와 돼지고기 자급률은 89.9%, 71.6%인데 비해 소고기는 36.3%에 이르도록 감소하였다. 이러한 축산물 자급률 감소에는 자유무역(FTA)의 확산의 영향이 있으며, 앞으로도 축산물의 수입은 증가할 것으로 예상된다. 특히 수입소고기(미국, 호주, 뉴질랜드, 캐나다)의 한우와의 맛 차별화 정책과 가격 차를 줄이는 문제를 고민하여야 할 것이다. 한편 한우 소고기가 할랄식품으로 인정되어 말레이시아에 수출길이 열린 것은 반가운 일이다. 할랄이라는 말은 아랍어로 '허용된 것'이라는 뜻이 있으며, 말 그대로 이슬람 율법에 허용된 것이다.

농산물 교역의 규제를 완화하고 무역의 자유화를 촉진하기 위해 추진된 우루과이라운드 농산물협상(1986년부터 1994년까지 진행된 다자간 무역 협상)에 발맞춰 1991년 1월부터 육류(소고기와 돼지고기) 소매가격 자율화 등, 수입육의 파고가 커짐에 따라 육류 수급 대책이 이루어졌다. 즉 축산물 수입 개방화로 가격이 낮은 수입 육류가 고가의 국내산 육류로 둔갑하여 판매되는 것을 방지하기 위하여 소·돼지·닭·오리·달걀에 대한 축산물이력제, 축산물등급제, 최종소비지(음식점)에서의 원산지 표시를 의무화하는 제도이다. 이러한 제도는 축산물 유통질서를 바로잡는 역할을 하는 한편 위생 문제가 발생하였을 때 대처를 용이하게 한다. 이에 따라 축산물의 품질을 평가하는 축산물등급판정업무와 생산에서 소비까지 전(全)단계를 관리하는 축산물이력사업을 수행하는 '축산물품질평가원'이 신설되었다. 이는 「가축 및 축산물 이력관리에 관한 법률」에 근거하고 있으며 대상 가축은 소, 돼지, 닭, 오리이다. "이력관리"란 가축의 출생·수입 등 사육과 축산물의 생산·수입부터 판매에 이르기까지 각 단계별로 정보를 기록·관리함으로써 가축과 축산물의 이동경로를 관리하는 것을 말한다. 소고기 이력정보를 살펴보면 ① 개체정보(출생연월일, 소의 종류, 성별) ② 신고정보(소유주, 신고구분, 신고일자, 사육지) ③ 도축 및 포장처리정보(도축장, 도축일자, 도축검사결과, 육질등급, 포장처리장) ④ 구제역 백신정보 및 브루셀라병 검사정보(브루셀라 검사 최종일자 및 검사일자)가 기록된다. 축산인과 당국의 노력으로 이러한 축산물의 품질향상, 원활한 유통 및 가축개량의 촉진을 통하여 국내산 축산물의 국제경쟁력을 높이고, 축산농가 소득증대와 소비자의 이익에 기여하여 왔다.

1. 안전성

농장동물이 도축되어 시중에 출하되면 축산식품이 되므로 농장동물 수의사는 축주가 위생적으로 농장동물을 사양하도록 지원하여야 하며, 축산식품의 안전성에 대한 충분한 지식을 가지고 있어야 한다. 도축장의 설치는 세수 포착이 요인이었지만 대한제국 시절 제1호로 법이 제정될 정도로 도축은 우리 생활과 밀접한 문제이다. 이처럼 세수가 요인이 될 수 있지만 통제 없이 여기저기서 도축하면 농장동물의 적정 수를 유지할 수 없다. 이를테면 부드럽고 고기 맛이 좋다고 암송아지만 도축한다면 전국에 적정한 수의 소가 유지되겠는가? 또한 도축은 무엇보다 먹거리와 직접 연계되므로 위생에 문제가 발생할 수 있다. 따라서 도축은 「축산물위생관리법」에 통제받고 있으며 현장에는 지방자치단체의 수의사인 '도축검사관'이 관리하도록 하고 있다.

2. 도축 검사

도축은 생체검사, 해체검사, 실험실 검사의 3단계 검사로 나누며 도축검사관(수의사)은 검사 단계에 따라 도축 금지, 해체금지, 혹은 전량 폐기 명령을 내릴 권한을 갖고 있다. 또, 황달이나 염증 부위 등, 법으로 정해진 고기나 내장의 부분 폐기 권한도 가지고 있다. 생체검사란 도축될 생축이 사람 또는 다른 가축의 건강에 위해를 끼칠 우려가 있는지를 확인하기 위한 임상검사 등을 말한다. 이 과정은 수의사가 발행한 건강증명서 등 여러 증명 소지 여부를 확인하여 검사 대상의 과거에 앓았던 질병을 점검할 필요가 있으며 질병, 보행 및 기립 상태, 체표, 림프절, 발열 상태를 확인한다. 이러한 지침은 행정규칙인 농림축산검역본부의 "도축하는 가축 및 그 식육의 세부검사기준 (2013년)"에 따른다. 해체검사는 도축검사원이 도축된 가축의 지육, 두부, 내장 등에 대해 식용 여부를 판단하기 위하여 실시하는 육안 검사 등을 말한다. 필요한 경우에는 실험실 검사를 병행한다. 이는 미생물학적 검사, 병리조직학적 검사, 이화학 검사(병에 의한 대사산물, 잔류 항생물질, 잔류농약, 화학물질 등의 분석), 기생충학적 검사, 혈청학적 검사, PCR법, 특이적 바이러스 질환의 진단 등이 포함된다.

도축 검사에서 확인되는 식품 위생 문제 외에도, 도축 후 시간이 지나면서 세균 수가 증가함에 따라 세균 유래 독소가 생성되거나 심각한 식중독이 발생하는 사례가 늘어나고 있다. 그러나 냉장 시설이 보급됨으로써 식품의 보존기간이 연장되었다. 식중독은 식육뿐만 아니라 우유에서도 발생할 수 있어, 이를 완전히 예방하는 것은 불가능하다. 따라서 농장동물 생산 단계에서 식중독 발생 위험을 가능한 한 줄이기 위한 다양한 시도가 이루어지고 있다.

3. 우리나라 사람들의 고기 소비량은 어느 정도일까?

축산식품은 단백질의 공급원이다. 우리 주위에는 채식주의자도 있지만 경제 상황이 나은 국가일수록 고기 소비량은 증가해 왔다. 우리나라 사람들의 고기 소비량은 '통계로 본 축산업 구조 변화'에 따르면 육류 1인당 소비량은 1980년 11.3 kg에서 2018년 53.9 kg으로 증가하여, 약 40년 만에 5배 가까이 늘었다. 소고기, 돼지고기, 닭고기 소비량의 증가 정도를 보면 돼지고기는 6.3 kg(1980년)에서 27.0 kg(2018년)으로 가장 많았고, 닭고기는 2.4 kg(1980년)에서 14.2 kg(2018년)이었으며, 소고기는 2.6 kg(1980년)에서 12.7 kg(2018년)로 늘었다. 이 정보를 바탕으로 우리나라 사람들은 돼지고기를 선호함을 알 수 있다. 그러나 이에 비하여 적색고기(소고기, 돼지고기)는 백색고기(닭고기, 생선)보다 혈중 콜레스테롤을 높이는 등 성인병을 초래한다는 주장으로 소득 수준이 높을수록 닭고기 소비량이 증가하였다. 국민소득과 육류 소비량에 관한 경제협력개발기구(OECD) 자료에서 국민소득이 높은 나라들은 닭고기 소비가 증가하고 소고기와 돼지고기 소비는 감소 내지 정체하는 추세를 보였다. 유엔식량농업기구(FAO)에 자료에 의하면 모든 고기 소비량을 100%로 간주하고 2000년(25%)에 비하여 2020년(35%)의 닭고기 소비량은 10% 증가, 돼지고기는 39%에서 33%로 6% 감소, 소고기는 24%에서 20%로 4% 감소하였다. 기타 다른 고기는 12%로 변화가 없었다.

4. 대체육

대체육의 종류로는 ① 밭에서 나는 단백질이라는 콩으로부터 단백질을 추출하여 고기나 달걀과 비슷한 형태·맛으로 만드는 대체식품, ② 식용곤충을 활용한 곤충의 단백질로 만드는 대체식품, 그리고 ③ 동물세포의 줄기세포로 식용 고기를 만드는 배양육이 있다. 대체육이 일반 육류보다 비쌈에도 불구하고 대체육을 섭취하려는 사람들은 여러 이유가 있다. 이들 중 일부는 채식주의자이거나, 환경 문제와 동물 복지를 고려하여 일반 육류 섭취를 줄이려는 사람들이다. 또한, 대체육은 칼로리가 낮아 체중 조절을 원하는 사람들에게도 인기가 높다. 식물성 단백질은 동물성 단백질에 비해 콜레스테롤과 포화 지방산이 적어, 심혈관 질환을 앓고 있는 환자들도 많이 선택하여 섭취하는 것으로 알려져 있다. 대체육 시장은 아직 세계 육류 시장 대비 1~2% 정도에 불과하지만, 우리나라에서 앞서가는 식품업체 몇 개의 회사가 참여하고 있고 시장점유율은 해마다 조금씩 증가하고 있다.

5. 살처분(Test and Slaugther) 정책

농장동물은 무리로 함께 사육한다. 이러한 무리에서 살처분이 법으로 정해진 감염병이 한 마리라도 의심되면 확인하여 도태시켜야 한다. 결핵처럼 감염병의 속도가 아주 완만하면 해당 가축만 살처분하면 되지만, 조류인플루엔자, 구제역, 아프리카돼지열병 같이 전파력이 대단히 강한 전염병이 발생할 경우를 대비하여 정부(방역당국)가 미리 대응 절차를 마련한 것을 SOP(Standard Operating Procedure, 표준운영절차)라 한다. 해당 감염병이 발생하면 SOP에 따라 반경 수 km의 양계장이나 양돈장을 살처분한다. 이를 예방적 살처분이라 한다. 이러한 살처분에 의한 방역은 보상이 수반된다. 보상을 통하여 가축 소유자가 질병 발생을 신속히 신고하도록 동기를 부여하고, 정부의 시책을 신뢰하고 평소에 예찰에 적극 협조하도록 하기 위함이다.

살처분은 국가시책으로 결정하는 대단히 중요한 일이다. 물론 행정관청의 장이 결정하는 것이지만 전문가 회의를 거쳐 결정한다. 비교적 근래 있었던 우리나라의 살처분은 2010~2011년 145일간 경북 안동에서 발생한 구제역으로 소 15만여 마리를 살처분한 일이 있었고 철새에 의하여 전파되는 조류인플루엔자는 더 자주 발생하여 '2022년 전남, 1주일 사이 닭·오리 150만 마리 살처분'이 있었다. 이러한 살처분이 있게 되면 언론은 살처분이 너무 많이 이루어졌으며, 살처분 이외는 답이 없는지 묻는다. 소, 돼지, 염소, 양에 감염되는 구제역은 단순한 가축전염병에 그치지 않고 국민경제에 막대한 영향을 미칠 수 있다는 점을 확인시켜 준다.

2001년 영국에서 일어난 구제역 발생에 관한 정부 보고서에 따르면 전역을 휩쓴 9개월간의 구제역으로 인해 살처분된 가축은 모두 600만~700만 마리에 이른다. 축산

부문의 피해는 물론 관광 산업에까지 막대한 영향을 미쳤다. 처음 발병이 신고된 것은 2001년 2월 19일 잉글랜드의 한 도축장이었다. 곧바로 구제역으로 판정됐으나 이미 최소 57개 농가의 가축들이 구제역에 감염된 상태였다. 이후 구제역은 급속도로 확산되어 44개 시군의 2,000 곳에서 발병한 것으로 신고됐다. 구제역이 절정에 달했던 4월에는 수의사와 방역당국 요원 등 모두 1만 명 이상이 방역에 투입됐고 하루 최고 10만 마리의 가축이 살처분되기도 했다. 이로 인해 축산업이 붕괴된 것은 물론 관광 산업의 피해도 막중했다. 구제역이 발생하자 각 지역 정부는 관광객들의 진입을 차단했고 소각, 매장 등 살처분 장면과 살처분을 기다리는 가축들의 모습이 언론에 보도되면서 관광객 유입이 급격히 감소했다. 영국은 과거 경험을 토대로 구제역 위기관리 지침이 만들어져 있었으나 10개소 미만의 지역에서 구제역이 발생할 경우를 상정한 것이었다.

이와 같이 영국은 오랫동안 살처분 정책을 고수하다가 2001년 2월 발생한 구제역으로 농수산식품부(MAFF)를 해체하고 환경식품농촌부(Department of Environmental, Food, and Rural Affairs)로 변경하였다. 이는 영국 농업이 구제역으로 근본적 변화를 맞는 계기가 되었다. 영국은 신속한 초동대응에 실패한 데다 끝까지 살처분 정책을 고수하여 대재앙에 빠진 셈이다. 이에 비하여 같은 해 영국에서 구제역이 전파된 네덜란드는 초기에 신속하게 가축 이동을 금지하고 백신 정책을 효과적으로 활용하였으며, 구제역을 신속하게 종식시키고 5개월 후 청정국 지위를 회복하게 되었다. 이들에 앞서 대만도 1997년 68년 만에 발생한 구제역으로 돼지 380만 마리(당시 대만에서 사육하던 돼지의 38%)를 포함한 500만 마리의 가축을 살처분하였다[7]. 이러한 살처분은 양돈산업에 엄청난 타격이 따른다.

참고문헌

1. 양일석, 블러드 벤저민, 한국수의인물사전, 대한수의사회 한국수의사학연구회, 2017

2. 이방환, 흑판을 등지고 돌아본 수의축산반세기, 정년기념사업위원회, 1990

3. 김현욱, 축산 70년, 서울대학교 축산 70년 기념사업회, 2007

4. 김교헌, 회고록, 재미한인수의사회 회보, 1980

5. 최윤재, 광복후 우리나라 축산업의 발전현황 및 여건 변화, 국립축산과학원 심포지움, 2015

6. 유철호, 축산물과 유통, 한국농촌경제연구원, 2019

7. 이천일, 정연근, 생명산업축산 이야기, 석탐출판, 2018

교양으로 읽는 수의학 이야기

초판 발행	2025년 3월 10일
초판 2쇄발행	2025년 4월 4일
지은이	양일석 · 한호재 · 이명헌
펴낸이	노 현
편 집	한도겷
기획/마케팅	김한유
표지디자인	권아린
제 작	고철민 · 김원표
펴낸곳	㈜ 피와이메이트
	서울특별시 금천구 가산디지털2로 53, 210호(가산동, 한라시그마밸리)
	등록 1959. 3. 11. 제300-1959-1호(倫)
전 화	02)733-6771
f a x	02)736-4818
e-mail	pys@pybook.co.kr
homepage	www.pybook.co.kr
ISBN	979-11-7279-088-2 93520

정 가	20,000원

박영스토리는 박영사와 함께하는 브랜드입니다.